航空发动机基础与教学丛书

航空发动机故障诊断

王俨剀　廖明夫　丁小飞　著

科学出版社

北　京

内 容 简 介

本书根据航空发动机故障诊断工作过程中的特点,划分成"航空发动机状态监测技术""航空发动机故障分析技术"和"航空发动机健康管理技术"三篇。首先,讨论发动机试车和机载的测量/测试系统、监测的特征参数以及故障检测红线的相关标准。然后,揭示发动机整机/主要部件的典型故障机制。从典型的单一故障入手,再到气-构-液-热的多场耦合故障。最后,介绍融合诊断、状态评估和智能诊断的新方法,介绍学科交叉新技术在发动机故障诊断中的应用。

本书融入了作者在航空发动机故障诊断领域多年的科研成果和经验,揭示了航空发动机特殊故障的产生机制,分析了多场耦合故障的影响规律,适合航空发动机设计、试验、质量和地勤保障工程师阅读。同时,本书结构完整,内容全面,也适合作为飞行器动力工程专业本科生和研究生的教科书。

图书在版编目(CIP)数据

航空发动机故障诊断 / 王俨剀,廖明夫,丁小飞著.
—北京:科学出版社,2020.9
(航空发动机基础与教学丛书)
ISBN 978-7-03-064946-1

Ⅰ. ①航… Ⅱ. ①王… ②廖… ③丁… Ⅲ. ①航空发动机-故障诊断 Ⅳ. ①V263.6

中国版本图书馆 CIP 数据核字(2020)第 069307 号

责任编辑:徐杨峰 / 责任校对:谭宏宇
责任印制:黄晓鸣 / 封面设计:殷 靓

科 学 出 版 社 出版

北京东黄城根北街 16 号
邮政编码:100717
http://www.sciencep.com

南京展望文化发展有限公司排版

广东虎彩云印刷有限公司印刷

科学出版社发行 各地新华书店经销

*

2020 年 9 月第 一 版 开本:B5(720×1000)
2025 年 2 月第十三次印刷 印张:27 3/4
字数:540 000

定价:200.00 元

(如有印装质量问题,我社负责调换)

丛书序

　　航空发动机是"飞机的心脏",被誉为现代工业"皇冠上的明珠"。航空发动机技术涉及现代科技和工程的许多专业领域,集流体力学、固体力学、热力学、燃烧学、材料学、控制理论、电子技术、计算机技术等学科最新成果的应用为一体,对促进一国装备制造业发展和提升综合国力起着引领作用。

　　喷气式航空发动机诞生以来的 80 多年时间里,航空发动机技术经历了多次更新换代,航空发动机的技术指标实现了很大幅度的提高。随着航空发动机各种参数趋于当前所掌握技术的能力极限,为满足推力或功率更大、体积更小、质量更轻、寿命更长、排放更低、经济性更好等诸多严酷的要求,对现代航空发动机发展所需的基础理论及新兴技术又提出了更高的要求。

　　目前,航空发动机技术正在从传统的依赖经验较多、试后修改较多、学科分离较明显向仿真试验互补、多学科综合优化、智能化引领"三化融合"的方向转变,我们应当敢于面对由此带来的挑战,充分利用这一创新超越的机遇。航空发动机领域的学生、工程师及研究人员都必须具备更坚实的理论基础,并将其与航空发动机的工程实践紧密结合。

　　西北工业大学动力与能源学院设有"航空宇航科学与技术"(一级学科)和"航空宇航推进理论与工程"(二级学科)国家级重点学科,长期致力于我国航空发动机专业人才培养工作,以及航空发动机基础理论和工程技术的研究工作。这些年来,通过国家自然科学基金重点项目、国家重大研究计划项目和国家航空发动机领域重大专项等相关基础研究计划支持,并与国内外研究机构开展深入广泛合作研究,在航空发动机的基础理论和工程技术等方面取得了一系列重要研究成果。

　　正是在这种背景下,学院整合师资力量、凝练航空发动机教学经验和科学研究成果,组织编写了这套"航空发动机基础与教学丛书"。丛书的组织和撰写是一项具有挑战性的系统工程,需要创新和传承的辩证统一,研究与教学的有机结合,发展趋势同科研进展的协调论述。按此原则,该丛书围绕现代高性能航空发动机所涉及的空气动力学、固体力学、热力学、传热学、燃烧学、控制理论等诸多学科,系统介绍航空发动机基础理论、专业知识和前沿技术,以期更好地服务于航空发动机领域的关键技术攻关和创新超越。

　　丛书包括专著和教材两部分,前者主要面向航空发动机领域的科技工作者,后者则面向研究生和本科生,将两者结合在一个系列中,既是对航空发动机科研成果的及时总结,也是面向新工科建设的迫切需要。

　　丛书主事者嘱我作序,西北工业大学是我的母校,敢不从命。希望这套丛书的出版,能为推动我国航空发动机基础研究提供助力,为实现我国航空发动机领域的创新超越贡献力量。

2020 年 7 月

前　言

　　具备故障预测与健康管理能力是第四代航空发动机的典型特征之一。航空发动机故障诊断学正是支撑这一技术需求的学科。本学科涉及固体力学、空气动力学、热力学、传热学、燃烧学、机械学、材料学、模式识别、信号处理以及计算机科学，是一个典型的多学科交叉后形成的新兴学科。

　　航空发动机作为"工业制造的王冠"，其故障监测与诊断的难度不言而喻。其难度来源于结构特点、运行特点和监测特点。本书根据航空发动机故障诊断工作过程中的特点，划分成"航空发动机状态监测技术""航空发动机故障分析技术"和"航空发动机健康管理技术"三篇。三篇讨论的内容正是航空发动机故障诊断工作的三个阶段。三个阶段目标不同，决定了理论侧重和关键技术也各不相同。

　　第一篇航空发动机状态监测(condition monitoring)技术，以航空发动机在线/机载监测为目标，重点讨论发动机试车和机载的测量/测试系统、监测的特征参数以及故障检测红线的相关标准。

　　第二篇航空发动机故障分析(fault analysis)技术，主要揭示发动机整机/主要部件的典型故障机制，从典型的单一故障入手，再到气-构-液-热的多场耦合故障。力图分析和总结典型故障的振动特征、主要表现、敏感测点位置。

　　第三篇航空发动机健康管理(health management)技术，涉及学科发展的最新趋势。在F-35战机的技术优势中，健康管理的应用无疑是最耀眼的新星。这里将尝试建立融合诊断、状态评估和智能诊断的新方法，希望起到抛砖引玉，启发思考的作用。同时，如何同大数据、云计算、深度学习和虚拟现实等新技术交叉融合，形成新方向，也是本篇的议题。

　　本书具有以下三个特点：一是对象明确专一，专注讨论航空燃气涡轮发动机故障诊断中的理论和方法；二是力求系统完整，对发动机故障诊断中碰到的问题尽可能地分析和讨论，力求从系统的视角全面审视诊断需求的全貌；三是理论联系实践，几乎在每个篇章都总结了在工程中应用的要点，强调实用性。

　　全书共分为13章。第1章介绍航空发动机所监测的物理量，描述故障诊断的信息来源。第 2 章介绍发动机的结构、运行以及监测特点，从技术指标出发，明确发动机故障的定义。第 3 章介绍发动机整机振动的监测方法，提出传感器位置选取和振动限制值确定的方案。第 4 章总结振动特征的提取与选择方法。第 5 章针对发动机整机振动多振源、强耦合、高噪声、多工况等特点，建立多转子发动机的盲源分离算法，为整机振动源识别提供了一种解决途径。上述五个章节，从信号出发，到故障源定位，完成发动机状态监测的过程。

第 6 章开始进行故障分析的论述。首先，讨论不平衡故障、不对中故障、碰摩故障、轴承故障、减速器故障等故障模式的特征，为航空发动机故障诊断提供依据和准则。然后，第 7~10 章研究了气-构耦合，液-构耦合和构-构耦合的机制、失稳特征和稳定性影响因素。为发动机多场耦合问题的建模分析提供了理论支撑。

在故障定位和模式识别的基础上，最后三章集中讨论航空发动机健康管理的方法。第 11 章针对发动中存在故障耦合的情况，从特征层、模式层和决策层三个层面对融合诊断展开论述，综合考虑气动参数与振动参数，建立故障融合诊断模型。第 12 章介绍发动机整机振动趋势模型的建立与识别过程，并基于趋势模型进行故障预测。振动预测可以帮助航空公司指导维修安排任务，制定飞行计划，为发动机提供科学的状态评估。第 13 章基于贝叶斯理论等统计学方法对航空发动机健康管理问题进行数学表述，并结合待识别数据属于不同模式的后验概率，应用朴素贝叶斯分类算法进行发动机健康状态的模式识别。利用模糊综合评价方法，结合最大隶属度原则确定了发动机的健康状态等级。

在上述内容撰写的过程中，不得不提到我的同事和学生们。本书中所提到的学术思想均是西北工业大学科研团队长期以来研究和实践的结果，而其中具体的数值仿真和实验研究工作则由一届届的研究生们积累完成。铁打的营盘，流水的兵。限于篇幅，我无法一一罗列每一位同学的名字，但他们卓越的工作，为本书提供源泉与支撑。邓炜坤硕士、王彤硕士和邵增德硕士在本书出版阶段，付出了辛勤的劳动。

为了追求系统完整，反映学科的新进展以及工程需要。书中包含了一些学科发展现状综述，并收录了一些本团队公开的研究成果。上述工作尽其可能地标注了出处，据此可以查到原始研究。全书几乎所有工作都是在"陕西省航空航天结构动力学工程中心"的实验平台上进行验证。感谢王四季副教授、李全坤副教授、杨伸记高级工程师和高星伟实验师在本书完成过程中给予的极大帮助和支持。

空军工程大学的李全通教授审阅了全书，杨力军编辑校对了全书的公式和图表，为文字质量提供了强有力的保证。

本书中工作受到国家自然科学基金项目"航空发动机气动-结构-油液耦合失

稳振动的自抑制机理研究"(51775436)、国家科技重大专项(2017－Ⅰ－0006－0007)和(2017－Ⅳ－0001－0038)、空军装备预研创新项目子课题、中国航空学会青年人才托举工程(2019—2021年度)的资助,在此表示感谢。

　　由于作者水平有限,书中不妥之处在所难免,敬请广大读者不吝指正!

作者
2020 年 5 月

目　录

第 2 章　故障诊断对象的特点

第 3 章　航空发动机振动监测

第4章 振动特征的提取和优化选择

第5章 整机振动源识别

第二篇 航空发动机故障分析技术

第6章 发动机典型故障机制

第7章　气流-结构耦合故障分析

第8章　油液-结构耦合故障分析

第9章　结构-结构耦合故障分析

第10章　高、低压转子的耦合故障

第三篇　航空发动机健康管理技术

第11章　融合诊断

第 12 章　发动机整机振动预测

第13章　发动机健康状态评价

绪　论

研究内容与学科内涵

航空发动机作为最特殊的热机动力系统,身兼机械结构复杂、高新技术密集、成本昂贵等多个特点。在发动机从设计到服役的全寿命周期中,军用发动机强调"六性"(可靠性、安全性、测试性、维修性、保障性和环境适用性),而民用发动机则关心"四性"(安全性、经济性、环保性和舒适性)的要求。无论是"四性"还是"六性",其实质是要求发动机能够在各种规定的飞行包线内,安全可靠地完成既定的飞行任务。这就意味着,在全寿命周期工作过程中,发动机都不能发生故障。

航空发动机故障诊断学正是研究这一领域问题的学科。学科的最终目标是保障服役发动机的正常工作,监控量产发动机的生产质量,反向推动在研发动机的设计水平。达到上述目标的依据是航空发动机设计规范和适航条例。通过对民用发动机适航条例 CCAR 33 部《航空发动机适航规定》、CCAR 34 部《涡轮发动机飞机燃油排泄和排气排出物规定》以及军用航空发动机设计、试验及验收的顶层规范 GJB 241A-2010A《航空涡轮喷气和涡轮风扇发动机通用规范》的相关解读,可以认识到:民用发动机更关注安全性和耐久性,以民航的飞行安全和飞行管理为目的;军用发动机则重点强调能否圆满执行军事任务的能力,不断追求发动机更高的战技指标。如何建立发动机故障监测、识别和预测的理论,满足故障发现、隔离和维修的工程要求,是本学科的研究目标。

航空发动机故障诊断学在发动机的研制、生产、试车、交付、服役和大修过程中,都发挥着重要的作用。一方面,研制早期阶段对结构设计理解不足、加工制造过程中对工艺质量的把控不准、运维过程中健康管理策略与故障诊断系统能力的不足等问题无法避免。这些问题都可能表征为全寿命周期中不同环节下,不同形式的故障。因此,对于保障在役的、原型机改型的发动机,航空发动机故障诊断学在保证可靠性、提高适用性与经济性、降低运维难度与成本、充分发挥结构潜力方面有着砥柱作用;另一方面,故障本身具有复杂性,在物理场上表现为多场耦合的复杂作用效果、在信号上表现为丰富多样且无序非定常的故障表征、在机制上则与工况及结构紧密相联,因此航空发动机故障诊断学对于故障的"望闻问切",在研究内容、研究方法与技术手段等方面涵盖了从基础学科到系统工程运用等广阔范围。对在研和预研的发动机而言,学科的成果可辅助结构设计及全寿命周期管理,对发动机所涉及基础理论的发展与工程实践中问题的解决起着暗室逢灯的作用。

自从马航 MH370 事件以后,航空发动机故障诊断技术又被赋予了新的使命和要求,使发动机故障诊断提升到前所未有的战略新高度。波音 737 - MAX8 飞控系统的潜在风险,再次给业内人士敲响了警钟,故障诊断系统应该是完全独立的体系(safety system),且必须比控制系统(control system)具有更高安全层级。未来,发动机故障诊断的研究内容和内涵将不断扩展,以适应飞行器安全的新需要。

国内外研究现状

纵观航空发动机研发历史,故障诊断学的发展与发动机型号的发展是相辅相成的。如在 1963~1978 年的 15 年间,共发生 3 824 起飞行事故,其中属于发动机故障的事故占 43.5%。在同阶段的故障诊断及设计反馈过程中,美军方协同研究机构逐步修订 MIL - STD - 5007D 条例,并在 F101 系列、TF34 系列等发动机中实施。1984 年,美国还出台了发动机结构完整性大纲(MIL - STD - 1783)。此后的研究过程中,美国的 F - 15 与 F - 16 战斗机及其装配的 F100 与 F110 发动机在其全寿命周期里,发动机的状态监视系统逐步升级完善,并且在该阶段系统实现了与飞机综合和后勤数据库的兼容。同样的伴生关系也体现在 20 世纪 80 年代末,欧洲四国联合研制的四代 EJ200 发动机的状态监视和故障诊断系统中。状态监视与故障诊断在该阶段得到了极大的丰富与完善,一方面得益于计算能力与监测能力的提高,信号处理手段日渐丰富;另一方面,大量的机制试验与可靠性试验为诊断算法、规则的完善提供了翔实的支撑。其中,事后维修转向视情维修的理念渐渐萌生,许多在线与离线的故障案例被记录入库,如 FY94 - FY07"美国 1994~2007 财政年度飞行安全记录"表明,由发动机引发的战斗机 A 等故障率为 31%,由发动机引发的坠毁故障率为 26%。在与发动机有关的故障中,设计不当造成的故障占 21.1%,维护不当造成的故障占 19.7%,后勤保障不当造成的故障占 17.1%,使用不当造成的故障占 21.8%,质量因素造成的故障占 1.8%,故障件造成的故障占 4.5%,外来物损伤造成的故障占 2.5%,风险管理不当造成的故障占 1.7%,未知因素或不确定因素造成的故障占 9.8%,历史数据库的概念被提出并纳入应用范畴。跨越新千年,五代机问世与智能技术的兴起使得发动机故障诊断学跨入新的阶段。新时代下,故障情况并不因高新技术的应用及发动机的新老代差而锐减。如美军发动机 F135,在 2014 年发生过由于三级风扇叶片碰摩起火导致停飞的事件。相较于其上一代的 F119 发动机的诊断与健康管理(doctorate in medical and health management，DHM）系统，F135 具备更为完善与量化的状态监视和故障诊断能力，同时也具备了一定的故障预测能力。预测与健康管理（prognostic and health management，PHM）是故障诊断学在该阶段的新篇章，在机载系统上也是新一代系统区别于以往早期阶段的发动机监视诊断系统的显著特征。为此，各国均投入大量资源，开发新型传感器和诊断软件，以期形成更完善的健康管理系统、预测系统和配套的考核指标体系，并同时借助人工智能与大数据的相关技术，推动视情维修向预测维修转变。六代机更多倾向于无人驾驶的方案，这也给故障诊断系统的智能化水平提出了更高的要求。

对民用发动机而言，故障问题并非由于较军用发动机相对简单的运行工况及更好的系统冗余而改善。据统计，全世界的航空公司每年的维修费用在 310 亿美元左右，其中发动机的日常维护占 31%，飞机和发动机的翻修占 27%。同时，根据制造商的要求，大规模机队（在役发动机数目大于 30），备发量应保持在 8%，小规模机队则需按 10%~15% 进行备发。备发成本与运维成本直接影响民航的运行成本。因此，国外在 20 世纪 60 年代开始研发民用航空发动机状态监视和故障诊断系统。并于 20 世纪 70 年代投入使用，以提高飞行安全和运营效率。20 世纪末，波音 747/767 飞机和空客 A310 飞机上的发动机都装备了状态监视和故障诊断系统。在这一过程中，航空发动机故障诊断学所涉及的信号处理手段逐步成熟，各种故障诊断理论日益丰富。经过大量的零部件与整机试验，借助统计分析手段，一系列发动机诊断物理量被提出并逐步应用于健康管理系统的不同功能等级。按照系统监视分析能力的涵盖范围，功能等级划分为：第一等级为有限监视系统，监视发动机健康状况，如普惠的 ECM Ⅱ 系统和 GE 的 ADEPT 系统；第二等级为扩展监视系统，增加了故障诊断能力，可将故障准确地隔离到发动机部件和子系统，定量分析部件和发动机性能的衰退程度，如普惠的 TEAM Ⅲ、GE 的 GEM 和罗罗公司的 COMPASS。

健康管理系统分为机载系统和地面数据中心两部分，能够实现基于 Web 的远程监控与诊断。21 世纪初，欧美在 B787、A380 项目中提出并实施了预测与健康管理概念，标志民用航空发动机的视情维修和安全性、维修性与经济性监视进入一个新的阶段。在现有系统积累大量机队数据与故障案例的基础上，在设计阶段借助智能算法完成结构与性能优化、在运行阶段借助实时数据采集及历史数据挖掘完成预测性维护、在维修阶段借助可视化技术及数据模型辅助维护与改型，成为故障诊断学在新时期的新任务，学科也因此囊括了新的内涵。同时，故障诊断学在复杂系统模型推导、数值仿真、数据挖掘、信号处理等方面的成果又反过来为下一代发动机的设计及运维拓宽了新的视野，GE 于 2014 年提出的“数字化（digital twins）”概念，力求对其在役与在研发动机设计贯穿全寿命周期的数字化模型，要求模型能够做动态调整，形成多台机组并行监测的云端网络，并反馈各个环节可能产生的故障因素，以此提高设计、运维效率，并作有效监测管理，降低全寿命周期成本。

技术分类及发展趋势

　　故障诊断学科相关技术的研究目前呈现出多样化的特点,除传统的基于模型与基于信号处理的诊断方法外,基于知识和基于数据的诊断方法如雨后春笋般涌现。其中,基于数据的方法因不依赖先验知识,只需要获取相关的数据,应用更加灵活,成为近年来研究的热点,甚至专门有一个响亮的名字"数据驱动"。而基于模型的方法,力图从故障机制和特征出发解决问题,无疑是最根本、最直接的方法,但也是行业内公认难度最大的方法。故障诊断的主要方法见图0-1。

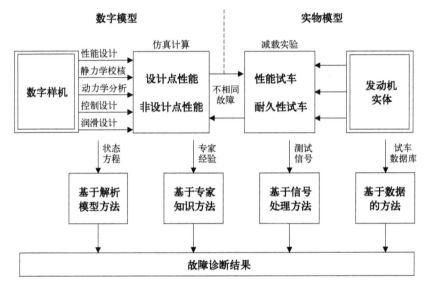

图0-1　故障诊断的主要方法

　　1. 基于模型的故障诊断方法

　　采用基于模型的故障诊断方法的前提条件是精确的发动机数学模型和部件的失效模型。该诊断方法最突出的优点是计算量小、响应速度快,能够满足实时性要求。但是,发动机由工作条件和温度变形特点决定,必然是一个复杂的非线性振动系统。故障受许多因素的影响,因此故障模型的建立困难重重。基于模型的故障诊断方法在齿轮传动系统的应用示例,见图0-2。

　　2. 基于知识的故障诊断方法

　　基于知识的故障诊断方法的特点是能够充分利用发动机领域专家的知识和经验。其中最经典的两种应用形式是红线报警和模糊逻辑。专家系统的缺点是知识库所覆盖故障模式有限,当知识库中没有相应的与征兆匹配的规则时,易造成漏诊和虚警。模糊诊断可以充分利用专家的知识和经验构建模糊规则库,理论上一个

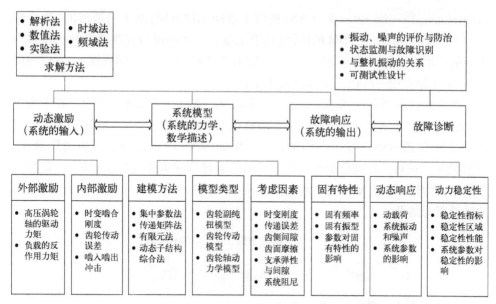

图 0-2　基于模型的故障诊断方法

适当设计的模糊逻辑系统可以在任意精度上逼近某个给定的非线性函数。由于诊断规则(知识)目前尚处于不断积累阶段,实际应用中还有很多问题需要解决。图 0-3 是尉询楷于 2014 年给出的基于知识的故障诊断应用示例。

判据	告　警　条　件				时间条件
	高压转速 n_2/%	涡轮冷却	法向过载/g	振动值 B/(mm/s)	
1	$n_2 > 91.5$	—	$N_y > 2$	至少 1 点 $B \geqslant 45$,其余的点 $B \geqslant 41$	持续 1 s
2	$n_2 > 91.5$	—	$2 \leqslant N_y < 3$	至少 1 点 $B \geqslant 40$,其余的点 $B \geqslant 36$	
3	$n_2 > 91.5$	—	$N_y < 2$	至少 1 点 $B \geqslant 35$,其余的点 $B \geqslant 31$	
4	$91.5 > n_2 \geqslant 80$	涡轮冷却未接通	$N_y < 3$	至少 1 点 $B \geqslant 30$,其余的点 $B \geqslant 26$	

图 0-3　基于规则(知识)的故障诊断应用示例

3. 基于数据的故障诊断方法

随着计算机学习能力和推理能力的不断提高,由历史数据和智能算法组成的诊断系统能够承担更多的自动诊断任务。新的算法不断涌现,神经网络(artificial neutral network, ANN)、支持向量机(support vector machine, SVM)、贝叶斯网络(Baysian network, BN)纷纷被引入故障诊断领域。在此基础上,基于深度学习算法

(convolutional neural network，CNN)被用于诊断部件故障;基于物联网的"数字孪生"理念进一步扩充了 PHM 的内涵;基于工业云平台的设备在线监测分析技术为不同的应用方案提供了可能性。层出不穷的新技术,涵盖了不同高度、不同应用层面,以至于很难用一段话概括该领域的发展。

本书尝试用图 0-4 解释"基于数据的故障诊断方法"的统一思想。基于历史试车数据,建立智能诊断模型;利用发动机状态分类标签,迭代调整模型参数的数值,不同的逼近策略形成了不同的算法。例如,ANN 的逼近函数经验风险最小,SVM 的逼近函数结构风险最小。自学习的结果将形成训练好的推理机,这是智能诊断系统的核心。从发动机上测试得到的待诊数据,经过推理机的分类后,将输出故障诊断的结果。

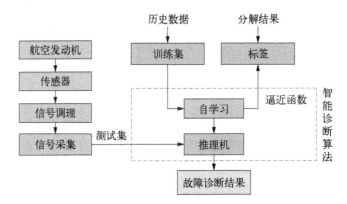

图 0-4　基于数据的故障诊断方法

该方法通俗地说,就是利用人工智能算法的分类和聚类功能,实现发动机工作状态评估和潜在故障识别。所谓的分类,就是根据一些给定类别标号("0"代表正常,"1"代表故障)的振动数据样本,训练故障推理机(即得到某种目标函数),使它能够针对待诊断信号进行分类。这属于监督学习(supervised learning)的范畴。所谓的聚类是指事先并不知道任何样本的类别标号,通过统计学原理把一组未知类别的样本划分成若干类别,每个类别对应一种故障模式,这在人工智能中被称作无监督学习(unsupervised learning)。基于数据的故障诊断的最大特点是不需要先验知识,同时可能获得隐含在数据中的未知规律和联系,缺点是对训练集数据完整性要求高、算法容易过学习与欠学习、陷入局部极小点。

4. 基于信号处理的故障诊断方法

基于信号处理的故障诊断方法是振动故障诊断领域中较早应用的方法之一。故障特征提取是该方法首要的任务和重要步骤。振动信号经过分解、滤波与重构后,再进行时域、频域或时-频域特性分析,对信号进行适当的特征提取,即可用于故障诊断目的。图 0-5 显示了发动机滚动轴承内环划伤故障振动信号的相关时

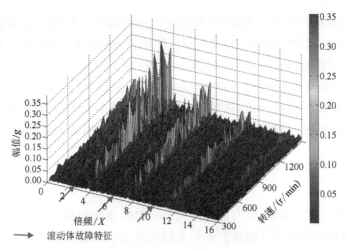

图 0-5　故障轴承振动信号的相关时延解调包络谱

延解调包络谱。从图中可以清晰地观察到内环故障特征频率成分。由此,作为故障诊断的依据。

　　实际中,一些科研工作者困惑于"基于信号处理的故障诊断"和"基于数据的故障诊断"之间的技术划分。因为,特征提取是前者的核心和本质;而后者,特征提取本身就是关键步骤之一。二者虽然都致力于"特征的提取",但方式上却有所不同。"基于数据的故障诊断"一直定义其算法为"黑盒",拒绝操作者的干涉,试图挖掘训练集数据之间蕴含的统计规律和关联;"基于信号处理的故障诊断"则是通过对原始信号的数学变换,凸显故障特征。

　　基于信号处理的故障诊断方法,其关键环节在于降噪、滤波及特征提取。对于航空发动机而言,由于其自身固有的动态特性或外部激励长期处于时变条件下,故对"非"(非线性、非高斯、非平稳)类信号的时频处理技术具有特殊需求。这亦代表了该类诊断方法的研究热点,基于信号处理的诊断方法进展如图 0-6 所示。其

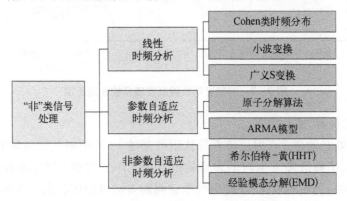

图 0-6　基于信号处理的诊断方法进展

中,线性时频分析方法易于实现,但频谱栅栏和泄漏等问题所带来的影响不容忽视。自适应类的时频分析通过确定基函数能够较好地匹配信号结构,分辨率也比较高,但需要对信号特征具有一定的先验知识(对于参数类方法),还需警惕是否产生虚假的本质模式函数(对于非参数类方法)。根据分析的具体要求,如变换域的精度或分辨率等,选择合适的时频分析方法展示周期发生的瞬态故障特征,结合专业知识对结果进行物理解释,才是完成发动机故障诊断的主旋律。

故障诊断学发展新要求

从上述分析可以看出,面向部件乃至面向整机系统的故障预测与健康管理技术,可被视作整机系统设计和维护中最关键的环节。其技术发展趋势呈现以下几个鲜明特点。

1. 分段发展,逐步收敛

欧美国家每一型成功的航空发动机故障预测与健康管理系统都经历了相同的发展过程。即台架积累-地面诊断-机载装备的多阶段发展过程。监测参数个数逐步减少,判断准则愈发简练。需要指出的是,没有前期的积累和归纳,根本不可能得到最终的准则。所以,故障预测与健康管理技术研究过程应该是一个分阶段、逐步收敛的过程。航空发动机健康管理系统发展历程参见图0-7。

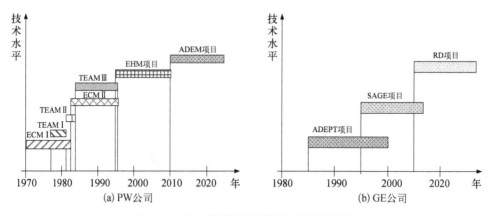

图 0-7　航空发动机健康管理系统发展历程

2. 深挖机制,追本究源

故障诊断必须建立在对故障充分认识的基础上,以明晰气动故障和结构故障发生的机制,了解故障发生时的表现特征。揭示不同参数(如故障程度、故障位置)对故障响应的影响规律,才能得到准确判断发动机健康状态的准则。否则,只能僵化地限制阈值,无人敢定、无人敢改。

3. 对象具体,特点显著

国外研制发动机装备健康管理系统的团队要么是发动机制造商,要么是有着深厚的发动机研制背景。发动机工作原理和结构上的复杂性决定了对发动机实施故障预测与健康管理,必须紧密地结合发动机的特点。目前人工智能的发展水平,已经能够准确地实现人脸识别、语言识别和机器自主决策。凭借现有技术,好像完全能够实现发动机健康状态的智能判别。但实际情况则是判别准确率低、虚警率高。究其原因在于,发动机健康状态智能识别是一个在不对称先验信息下,高风险损失的模糊循环学习过程。这种大数据背景下的乏信息问题又给研究者提出了新的挑战。只有结合发动机的结构和原理开展故障识别研究,才可能破解上述难题。

4. 精细诊断,探索预测

对于振动和气动参数的变化趋势实现事先预测,通过检测尽早发现部件故障的早期征兆,力争在故障发生前识别发动机故障状态,采取适当措施,避免故障发生导致发动机空中停车,引起二次损伤甚至更为严重的事故。此外,状态预测还可以为制定飞行计划、指导维修安排和安全保障评估提供支撑。

上述 4 个鲜明的技术特点直观反映在发动机健康管理的现实需求当中。目前,发动机对故障诊断的期望与要求是:在故障造成严重后果前及时发现并排除;甚至在故障萌发初期,就能够预测到损伤的发生,以此满足航空发动机高可靠性和长寿命的技术要求。而这些现实需求最终将在航空发动机故障诊断学的 3 个环节中得到满足。这 3 个环节分别为:状态监测、故障分析与健康管理,参见图 0 - 8。

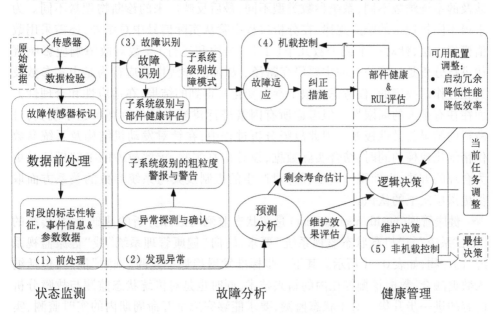

图 0 - 8 F135 发动机 PHM 功能框架

状态监测（condition monitoring）是指针对发动机结构布局、工况条件，合理搭建监测系统，对和发动机有关的参数进行测量、处理，以得到可靠的、充满故障空间的诊断物理量。通过对诊断物理量进行分析，检查发动机各状态下的技术参数是否处在任务包线的可用范围内，确保发动机的可靠性。如果超出可用范围，应借助分析模型或检测阈值判断发动机异常状态来源（故障或虚警）。在确定为故障的情况下，需对故障源进行有效辨识。在非故障情况下，则应对与发动机部件及系统寿命有关的物理量进行趋势分析，或借助数值模型对原始数据进行趋势计算，判断某次循环下发动机出现故障状态的概率。状态监测的工作量占据了航空发动机故障诊断的绝大部分，无论发动机故障与否，监测工作都必须一丝不苟地完成。由于故障状态相对于正常状态出现频次低，因此长期状态监测下形成的数据空间中，故障信息是偏置的。

故障分析（fault analysis）是指针对发动机典型故障，深入挖掘机制，总结故障诊断特征量变化规律的过程。航空发动机故障是一类非常复杂的多场耦合问题。一方面，转子系统、静子系统与附件系统所处物理场复杂，结构差异大，且会出现不同系统内不同部位（密封、轴承、叶片、转轴和套齿等）、不同方式（径向或轴向、单点或多点、质量损耗与构件变形）、不同力学特性的部件（材料特性异同、支承特性差异、润滑差异）的故障。因此，需要有多种刻画故障过程的模型，以及多种描述转子系统、静子系统、附件系统及不同系统间耦合的结构模型。另一方面，许多故障过程是典型的非光滑、强非线性过程（如碰摩、松动、运动副故障），且不同故障涉及的系统维数不同，系统参数类型不同，最后反映出来的诊断物理量不同。为求得不同物理量的响应规律，在分析过程中除从实际信号中总结外，还需采用数值模拟方法，针对一个或少数几个（工艺、结构和运行）参数对故障响应影响规律进行分析是故障仿真的主要研究路径。故障的非线性响应行为是由多参数及其相互作用决定的，仅考虑有限个参数变化所得到的结果，在适应性和合理性方面往往有很大的局限性。但考虑所有因素进行建模求解代价高昂也不现实，且所得的结果敛散性极差。因此故障分析过程中，在针对发动机结构及系统参数作精细化建模的同时，结合实际数据，设计仿真实验，求解故障的半解析解是更为合理的方法，也使得诊断工程师对产生的机制及其与系统参数的关系方面取得更深层次上的认识。

健康管理（health management）是在状态监测与故障分析的基础上，从传统的"测试系统"与"机载状态监视系统"要求，转向"健康管理系统"或"健康监视系统"的产物，如表 0 - 1 所示。其下一步标准发展趋势是强调"预测"能力，包括纳入数据融合、数据挖掘等在内的新兴技术，同时也是对传统状态监测与故障分析内容的进一步升华。对于状态监测，要求能够完成全寿命周期内的实时监测、实时反馈，同时还包括更符合发动机要求的信号处理技术与运算速度更快的硬件设施。对于故障分析,一方面,深入机制,建立足够精确的故障模型是量化诊断与预测的必要条件;另一方面,提炼故障规律作为算法的先验知识,挖掘更为丰富的诊断物理量是提高算法泛化能力的必经之路。所述的多条技术路线齐头并进却又统一于健康管理的范畴之下,以建立具有专家级思维的健康管理技术为最终目标。因此,故障诊断学在这一阶段有了更高层次的要求,不仅有对于智能算法相关知识的强烈需求,更要求以传统的故障机制为基石,以数学、物理模型为算法的约束边界,同时掌握全寿命周期(设计-加工-装配-运维-改型)各个环节的内容。

表 0-1 分段发展的不同监测系统

系 统 名 称	系 统 特 点	现实需求	技 术 文 件
振动监测系统 (EVM)	振动告警、振动趋势分析、修正平衡、频谱分析、响应特性分析	事后维修	航空发动机振动监测 (EVM)系统性能指南 (SAE AS 8054A-2012)
发动机状态监测 (engine monitor)	发动机空中状况监视、振动测量、发动机寿命计数器、相对损伤图表	定时维修	航空燃气涡轮发动机 监测系统指南 (SAE ARP-1587B)
发动机健康管理系统 (EHM)	发动机状态监视、机载诊断功能、机内试验和可检查性	视情维修	航空涡喷涡扇涡轴涡桨 发动机联合使用指导规范 (JSGS-87231A)
发动机故障预测 与健康管理系统 (PHM)	推进与动力系统健康监视系统的故障检测和隔离、机载振动监测、故障预测、任务评估	预测维修	航空涡喷涡扇涡轴涡桨 发动机联合使用规范指南 (JSSG-2007B)

至此,定义故障诊断学科的要素如下。

学科目标: 针对高推重比/功重比燃气涡轮发动机结构特点,以高温、高压和高转速下的长期运行为边界条件,以建立故障模型、仿真和实验获得故障特征、开发故障诊断预测算法为主要手段,解决航空发动机故障诊断中的科学问题。

形成性能、振动和滑油信号的采集、监测、分析、识别和诊断的处理方法,建立发动机典型故障特征提取和辨识流程,探索发动机健康状态的评估和预测技术。

基本问题: 典型故障的建模问题;故障特征及随变规律的仿真问题;实验数据的统计与分析问题;健康状态的评价与结果可视化问题。

研究任务: 性能、振动和滑油参数的实时监测技术及方法;典型故障机制及诊断特征分析;健康状态评估、预测及发动机状态管理技术。

新理论与发展方向: 物联网/传感器技术在故障诊断学上的应用;人工智能和故障诊断学的算法融合;大数据和云计算对故障诊断学的推动;耦合故障特征的多域仿真;数字孪生在故障诊断学中的实践。

图 0-9 显示了航空发动机故障诊断学科的理论体系和技术内容。

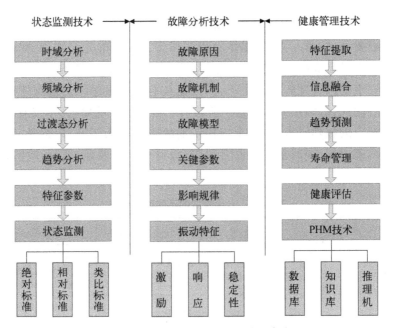

图 0 − 9　学科的理论体系和技术内容

　　本书希望通过三篇(航空发动机状态监测技术、航空发动机故障分析技术、航空发动机健康管理技术)不同但又相互联系、相辅相成的内容,给予读者一个相对系统性的学科知识介绍,帮助其养成严谨、系统性、双向的思维能力。现在,就让我们正式开始"航空发动机故障诊断之旅"吧!

第一篇

航空发动机状态监测技术

监测是手段,状态是关键。就状态监测的习惯来看,有欧美技术和俄罗斯(前苏联)之风。

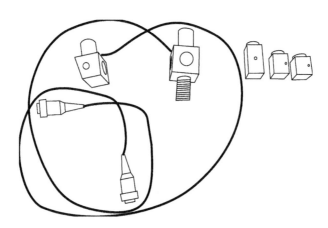

解决的主要问题包括:

⊙ 在试车/飞行中,需要测量哪些物理量?

⊙ 如何借助计算机辅助测试技术(computer-aided test,CAT)将监测物理量数字化?

⊙ 如何提高测试的精度?

⊙ 如何解决有限的计算资源和大量物理量之间的矛盾?

⊙ 如何凭借测量参数,实时监测发动机状态?

第 1 章
航空发动机状态监测物理量

本章关键词：

振动监测　（vibration monitoring）　　时域参数　（time domain parameter）

性能监测　（performance monitoring）　频域参数　（frequency domain parameter）

滑油监测　（lubricating oil monitoring）　小偏差　（small deviation）

物理参数　（physical parameter）　　磨粒参数　（wear debris parameter）

机载系统　（airborne system）　　　理化参数　（physical and chemical parameter）

　　航空发动机的全寿命周期状态信息来源很多，可通过包括机载传感器、维护历史记录和部件模型在内的不同途径获得。而故障 PHM 系统要求在监测与诊断阶段，最大限度地提取有意义的信息，以获得有关发动机健康的全面诊断和预测知识，同时方便后续的数据融合工作[1]。因此，获得航空发动机状态监测物理量的重要性不言而喻。本章以航空发动机三大类状态监测物理量为核心，以 NASA－C17－PHM 飞行试验计划为案例，介绍整机振动监测参数、性能监测参数和滑油品质监测参数的相关知识，为航空发动机故障诊断奠定基础。

1.1　发动机监测参数类型

　　航空发动机故障种类繁多，不同故障的失效机制不同，对应的状态监测需求也不同[2]。据普惠与波音公司针对 1995～2007 年的军用与民用两种类型发动机的失效原因进行统计的结果（图 1－1）可以看出，造成航空发动机结构、材料耐久等方面劣化的原因有很多。

　　故障是结果，而物理量的变化才是表现[3]。发动机的劣化过程是材料以及结构内部的缓慢退化过程。作为运维人员，只能通过发动机的实时监测信息，利用故障诊断学的有关规则、模型、算法等做辅助判断，将数以千计的显性或隐性故障表征与其背后有限种故障类型做对应分析，得出准确结果[4]。一方面，这需要丰富完整的诊断学知识，明确监测对象、监测手段；另一方面，需要针对发动机结构，采用

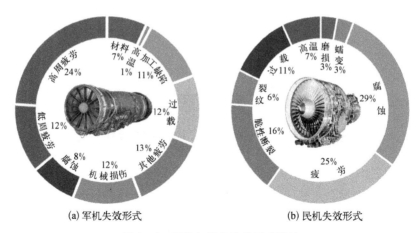

(a) 军机失效形式　　　　　　　　　(b) 民机失效形式

图1-1　军机与民机失效形式统计

相应的监测手段[5]。针对发动机不同劣化成因,可将监测对象分为3类,如图1-2所示。第1类为振动状态监测,用以反映机械性质劣化,如不对中、不平衡、连接松动及轴承缺陷等带来的振动异常,以转子系统、轴承和附件齿轮等机械部件的振动水平为监测对象,在机匣布置测点进行数据采集;第2类为气路性能监测[6],如压气机中的污垢和碎屑沉积造成的流道改变、叶片的侵蚀和腐蚀、不当燃烧和封严的磨损等,监测对象为各个截面的温度与压力[7];第3类为滑油监测,监测发动机滑油系统故障。通俗而言,是否呈现"漏油、脏油、失压或失温"等特征。滑油系统为发动机轴承室、齿轮箱等机械转动部件提供保护层,减少刚性接触、摩擦和磨损,吸收热量并去除杂质,它是航空发动机机械系统的重要组成部分,也是性能指标的保护伞[8]。监测对象为油压、油温、滑油成分与消耗量。由于滑油在系统中循环使用,因此携带了大量有关发动机内部状态的信息(尤其是转子和传动系统),为发

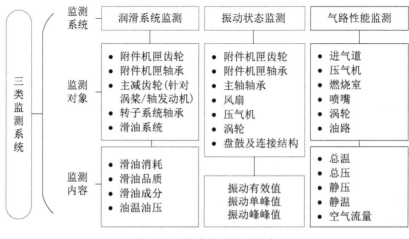

图1-2　状态监测技术需求

动机故障的早期检测和发动机部件使用寿命的预测提供了丰富的依据[9-10]。

利用 C‑17 的 PHM 系统做进一步说明。该系统由美国宇航局格伦研究中心（Glenn Research Center，GRC）、美国宇航局德莱顿飞行研究中心（Dryden Flight Research Center，DFRC）和普惠公司（P&W）、振动与声学研究所与其他几家小型创新技术公司组成的联合团队研究开发。该联合团队一直致力于计划和实施适用于 PHM 的数据融合项目。其技术架构如图 1‑3 所示。在该架构的第一环节，即监测对象信息源的选择上，各个单位均扬己所长，通过对包括发动机气路测量参数、滑油/燃油系统测量参数、振动测量参数以及结构疲劳循环参数在内的多种信息源做数据预处理，结合全权数字式电子控制器（full authority digital electronic controller，FADEC）内置故障模式机载发动机模型，否定检验信息等作为分析条件，在数据融合模块中得到由诊断特征量组成的发动机健康状态监测信息，在故障推理模块中结合维修记录与飞行员报告得出建议的维护措施。

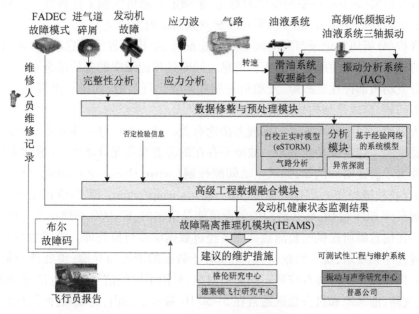

图 1‑3　C17‑T1 状态监测的数据融合架构

发动机气路测量参数包括级间压力和温度、轴速度、燃油流量等内部流场参数；进口温度、压力、马赫数和高度等飞行条件参数[11]。发动机类型不同，该子集数目可从 4 个飞行参数增加到数十个。

滑油/燃油系统测量参数包括不同的油系统温度、压力、燃油温度和流量等物理场参数，还包括运用铁谱、光谱分析等传感器得到的油质量、油碎屑监测参数[12]。

在大多数发动机上，振动测量通常在机匣上某个角度进行径向振动监测[13]。

由于空间限制,目前这种监测手段主要用于测量风扇和低压涡轮的振动,如 CFM 系列发动机上的全景式监控影像(around view monitoring, AVM)系统,同时也有部分系统能检测高压轴振动,以及具体的轴承和齿轮箱振动。

结构评估传感器用于评估发动机的结构完整性。包括入口碎片和排气碎片监控器、声学传感器、高带宽振动传感器、多轴振动和叶尖间隙监视器。

FADEC 中,故障模式以布尔码的形式内置于机载系统中[14],同时 FADEC 还负责保证信号的保真度。如通过传感器通道检查有助于确定主发动机传感器是否漂移、超出极限或出现故障的现象(即图 0-1 中的数据检验与故障传感器标识工作)。可以提供关于中间放气阀角度、开关时序、主动间隙控制大小与时序、可变几何结构的尺寸的检查结果等信息,且这些信息是相互独立的。

机载发动机模型通过在 FADEC 中嵌入或驻留在专用 PHM 硬件单元中的精确引擎模型,可以用于生成虚拟发动机测量值,以帮助检测故障发动机仪表,并通过与机载存储器(STORM)中的模型的对比,来确定发动机性能下降程度。这些模型具有初步的自适应能力,能根据实时测量参数修正内置模型。

维护/分析历史记录与发动机主要性能配置、结构配置的信息有关,可以被用作支持识别和估计性能变化的先验信息。同时这些记录中的分析结果也可用于帮助区分发动机部件性能故障、发动机控制和附件出现故障,如排气泄漏、冷却问题和类似问题,抑或是结构故障如掉块等。

否定检验信息与所采取的推理方法论有关。这一类信息可能并不是实际存在的信息来源。它仅仅是构成某一故障不存在的必要而非充分条件,在数学术语中,它被称为矛盾证明。例如,如果主动间隙控制(active clearance control, ACC)未启用(即存在故障操作),则排气温度(exhaust gas temperature, EGT)应该增加。如果没有观察到 EGT 增加,那么最初的假设可能是错误的,即 ACC 必须正常工作。

上述信息源所提供的监测数据需要经过数据修整与预处理。所谓修整是指按照内置程序锁要求,统一数据格式,完成对于数据的清洗与存储;预处理则是指对高频和低频数据的分离及按照不同监测对象、采用不同的信号处理方法进行处理。其中,气路、油系统和机身数据通常在 5~50 Hz 带宽范围内,为低频;而结构健康和振动监测可在 2~50 kHz 范围内。应采用适当的算法来分析这些高频数据,并在低带宽(如 1~20 Hz)下导出特征信息,以便与数据修整和预处理模块中的低带宽信息进行后续数据同步,从而保留信息内容[15-17]。

1.2　整机振动参数

对整机振动信号的分析处理,是完成航空发动机状态监测、故障诊断、质量检查、源识别、动态性能测试与优化设计等工作的重要环节。该环节的工作为预先发现机械部件的磨损和缺陷奠定了基础。

对工程实际而言,计算整机振动状态监测物理量,目的在于从振动信号中提取出凸显转静子系统典型故障的特征量,是反映信号的状态参量。在振动监测中,所获得的原始数据往往十分巨大,为了能有效地实现对振动对象运行状态的分类,需要对这些原始数据进行变换,得到最能反映振动对象本质特征的状态监测物理量。这些与振动相关的物理量将通过时域分析、频域分析等手段获得。时域状态监测物理量包括峰值、均值、均方差、方差、标准差、偏斜度和峭度等;频域状态监测物理量包括频率成分和频率能量。

从航空发动机故障诊断的学科内涵而言,发动机转子系统、静子系统与附件系统往往承受交变的载荷,且其自身的结构参数也并非一成不变。通常来说,结构振动可以用弹簧、质量块与阻尼器的振动系统进行简单表示,但该振动系统存在:由于刚度的非线性变化、装配误差或扭矩变化等原因引起的圆周方向的扭转振动;转轴、轴承、支承与机匣的变形或配合误差诱发的径向与轴向振动。这些不同的振动形式来自不同的振动源,大多将沿静子系统的传力路径传至振动测点处。这里需要说明的是,由于发动机结构要求限制,测点位置是有限的(在后续章节中将介绍测点的布置原则),因此无法完全涵盖对所有振动情况的监视,如扭转振动。因此,如何充分发挥有限的监测条件,尽可能精准判定振动信号中的故障,是时域监测物理量与频域监测物理量这两类整机振动监测物理量的意义所在。

图 1－4 表示了典型的机载振动状态监测系统框架。该架构广泛用于各类美式民用与军用发动机,其中包括波音 737NG 的 CFM56－3 等[18]。该系统的 1 号轴承振动传感器是在发动机内部,在风扇机匣上有一个电接头连接此传感器,此接头在发动机滑油箱后部正好位于发动机铭牌的上面。风扇框架压气机机匣垂直面(fan

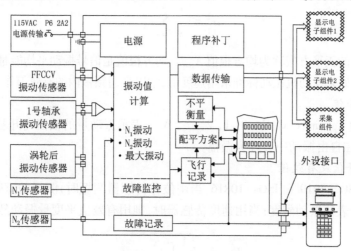

图 1－4　典型的机载振动状态监测系统框架

frame compressor case vertical，FFCCV）振动传感器是在后风扇框架上 3 点钟方向。

1.2.1　时域参数监测

描述振动幅值通常有 3 个变量：有效值、峰值和峰峰值。采用速度传感器时，测量结果用有效值表示，单位 mm/s，反映了发动机振动的能量；采用加速度传感器测量时，结果用峰值表示，单位 g，反映了发动机激振力；采用位移传感器测量时，结果用峰峰值表示，单位 μm，反映振动点偏移平衡位置的最大值。

由位移传感器、速度传感器和加速度传感器采集到的电压信号 $x(t)$，由于其幅值是时间的函数，故称为时域分析。对于传感器测量的信号，已经被离散化成一组有限长的数据序列 $x(t) = \{x_1, x_2, \cdots, x_N\}$。这时需要对此进行一些参数统计，以表征周期性随机振动的统计特性[19]。

1. 均值

振动信号的均值是整机振动时间序列 $x(t) = \{x_1, x_2, \cdots, x_N\}$ 在整个周期坐标上的积分平均，其物理含义为该振动信号变化的中心趋势。发动机整机测振信号的均值一般为零（测量时间足够长），如果发生零点漂移，需要检测测试系统软硬件，振动信号均值的估计为

$$\mu_x = \frac{1}{N} \sum_{k=1}^{N} x_k \tag{1-1}$$

2. 均方值

振动信号均方值的估计是样本函数 $x(t) = \{x_1, x_2, \cdots, x_N\}$ 的平方在时间坐标上有限长度的积分。离散随机振动信号的均方值表达式为

$$\sigma_x^2 = \frac{1}{N} \sum_{k=1}^{N} x_k^2 \tag{1-2}$$

均方值的正平方根称为均方根值 X_{rms}。均方根值是信号振动平均能量（功率）的一种表达。如果发动机振动标准采用速度值，常以带通频带内的有效值作为标准。

3. 单峰值

峰值为 $X_p = \max\{x_i \mid i = 0, 1, 2, \cdots, N\}$，表示振动量的幅值离开基准位置的最大偏离，在自由振动中表现为振幅。

4. 峰峰值及有效值

根据 ISO-7919 和 ISO-10816，当用位移传感器测振时，测得的宽带振动峰-峰值就用来表征振动烈度；当用速度传感器时，则用有效值来度量振动烈度，即

$$V_{rms} = \sqrt{\frac{1}{T} \int_0^T V^2(t) \, dt} \tag{1-3}$$

需要注意的是,振动中可能包含有很强的次谐波分量,如碰摩引起的次谐波涡动,获取峰-峰值和有效值时,信号的采集长度要大于一个整周期,最好是 2 或 4 个整周期。

假设所测得的振动信号为

$$V = V_1 \sin \Omega t + V_2 \sin \frac{1}{3}\Omega t \tag{1-4}$$

取 2 个周期时,积分表式为

$$V_{\text{rms}} = \sqrt{\frac{1}{4\pi} \int_0^{4\pi} (V_1 \sin \Omega t + V_2 \sin \Omega t)^2 \mathrm{d}(\Omega t)} = \sqrt{\frac{1}{2}\left(V_1^2 + V_2^2 + \frac{9\sqrt{3}}{16\pi}V_1 V_2\right)} \tag{1-5}$$

5. 信号平均

为消除噪声干扰,经常对所测得的振动信号进行时域平均。但对转子振动信号若平均不当,则可能丢失故障特征信息。因此,常常将连续测得的转子若干个周期的振动信号进行平均,最后得到一个周期的平均信号。在对转子进行动平衡时,这种平均方法是可取的。但对于故障诊断,由此平均方法得到的平均信号不能作为源信息。因为,它存在丢失重要故障特征信息的可能性。

若将第 1,2,3 和 4 周期的信号进行平均,则所得到的平均信号为

$$\overline{X} = A_1 \sin \Omega t \tag{1-6}$$

6. 相位信息的获取及表征

相位信息是反映转子振动状态,诊断发动机故障的重要信息。因此,转子振动相位的获取及表征是振动信息处理和分析的重要环节。近几年新设计的发动机,低压转速测速齿直接安装在低压转子上,并在 N 个测速齿中有 1 个高齿,成为相位测试零点。如前所述,要得到绝对相位,必须要有键相位信号。若无此条件,采用多通道独立并行采集方式,仍可获得各测点之间的相对相位。相位不是可直接测量的量,需从测量信号中提取。虽然理论上存在相位的计算公式,但在实际应用中,常常会出现相位离差很大的现象。究其原因,主要是在相位计算公式中应用了反正切函数所致。

对所测得的振动信号经傅里叶分析后,得

$$X(t) = \sum_{k=0}^{\infty} (a_k \cos k\Omega t + b_k \sin k\Omega t) = \sum_{k=0}^{\infty} A_k \cos(k\Omega t - \varphi_k) \tag{1-7}$$

式中,A_k 和 φ_k 分别为第 k 阶振动幅值和相位角,其表达式为

$$A_k = \sqrt{a_k^2 + b_k^2}, \; \varphi_k = \text{arctg} \frac{b_k}{a_k} \tag{1-8}$$

1.2.2　频域参数监测

频域参数和时域参数在不同的物理域中描述发动机的运行状况。在前述时域分析中,可以直接观测到振动信号随时间的变化。这种变化包含了发动机振动情况最原始的信息,如信号的形状、幅值,能对发动机是否产生了异常振源、异常振动的程度起到部分定性描述的作用等。但时域分析难以用有限的参数对信号进行准确的描述。对振动信号进行时域分析时,尽管信号的时域参数相同,但并不能说明振动信号就完全相同。进一步而言,时域监测物理量并不能直接用于定位故障部件以及确定部件故障程度。因为振动信号不仅随时间变化,还表现出振动频率和相位特征的变化,这就需要进一步分析信号的频率分布,并在频率域中对信号进行描述。

振动频率是指单位时间内的振动冲击、扭转振动等不同振动形式的作用次数。不同故障振源的振动频率是有差异的,其原因在于故障的作用机制不同。如附件系统中,齿与齿之间的啮合振动,是由于齿轮在相互啮合过程中齿与齿的冲击是连续存在的,齿轮自身在啮合过程中,其弹性刚度是周期性变化的,轮齿进出啮合区时的相互碰撞所产生冲击振动的作用频率与齿数等相互关联,而异常齿(如裂纹、磨损)残余啮合时振动冲击远大于正常值,因此其对应啮合频率成分的振动幅值随之异常增大。而转子系统中,轴承同样以连续冲击振动形式作为故障的振动表征,但其产生异常振动的原因却是滚子、滚道或保持架的局部缺陷,使轴承运动过程中滚子与滚道、保持架发生反复冲击,并通过轴承外环传递到静子测点上。其故障信号除了与齿轮一样具有较高的振动频率、同样有频率调制效应引发的边频带外,还包含多个频率信号的耦合信号,如滚子剥落表面通过接触区域时产生的冲击脉冲带来短时宽带信号、转子转频等。但不同的轴承损伤形式与振动信号所含频率成分是有解析关系的,可以通过具有明确数学形式的表达式进行分析。从整机系统的角度来看,如对于双转子系统碰摩故障,同样具有能监测到边频带的存在,而在边频带的范围内,却存在着高低压转子的组合频率(详述见第6章),这是由于无论哪个转子发生碰摩现象,其振动都将沿中介轴承传递到另一个转子上,这还与双转子的转速比相互关联。随着碰摩故障程度的不同,组合频率也悄然变化。

此外,振动故障往往发生于发动机转子系统在不同转速工作条件下,与转动频率密切关联,故对于航空发动机而言,无论是局部故障或整机系统故障,乃至耦合故障,频域分析都是有的放矢,直切脉络,有效解耦的好办法[20]。对于不同故障,可以通过监测不同的频域特征量来对症下药;对同一故障的不同程度,同样可以通过监测不同的频域特征量以及同一频域特征量的变化规律,来进行合理的诊断。通俗而言,振动时域信号犹如阵列完毕的多米诺骨牌,每块牌代表异常、正常以及故障振源信号。时域分析相当于从阵列正面进行观看,只能眼见山峦叠嶂却难以窥一斑而知全豹,不容易从中找出异常成分。而频域分析犹如从侧面观看,对信号按不同频率从成分进行了分离,更容易知道异常所在,参见图1-5。这也是时频转换的物理意义所在。

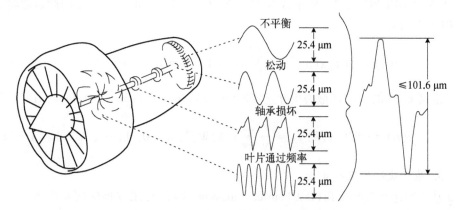

图 1-5　发动机振动信号中的不同频率成分

数学上,频域是指将周期信号展开成傅里叶级数后,或将非周期信号或各态历经的随机信号进行傅里叶变换后形成的关于频率的函数集合。

1. 傅里叶变换

傅里叶变换在振动数据处理中是最重要的一种运算,它可以很方便地将时域信号转变为频域的频谱。

傅里叶变换的基础是傅里叶级数。任何周期函数 $X(t)$ 都可展开为傅氏级数:

$$x(t) = \frac{a_0}{2} + \sum_{n=1}^{\infty} C_n e^{jn\omega t} \mathrm{d}t \tag{1-9}$$

$$C_n = \frac{1}{T} \int_{-\frac{1}{2}}^{\frac{1}{2}} x(t) e^{-jn\omega_i t} \mathrm{d}t \tag{1-10}$$

式中, C_n 为各次谐波系数; a_0 为直流分量; n 为谐波次数; ω_i 为基波角频率。

而 $X(t)$ 的傅氏变换为

$$F[x(t)] = \int_{-\infty}^{+\infty} x(t) e^{-j\omega t} \mathrm{d}t \tag{1-11}$$

傅氏级数是将时域数据分解为无穷多次离散的谐波,而傅氏变换是将时域数据转换为无穷多个连续的谐波。

2. 离散傅里叶变换

设序列 $x(n)$ 长度为 M,定义 $x(n)$ 的 N 点离散傅里叶变换(discrete Fourier transform, DFT)为

$$x(k) = \mathrm{DFT}[x(n)]_N = \sum_{n=0}^{N-1} x(n)\mathrm{e}^{-\mathrm{j}\frac{2\pi}{N}kn}, \ k = 0, \ 1, \ \cdots, \ N-1 \qquad (1-12)$$

式中,N 为 DFT 区间点数,要求 $N \geqslant M$。为书写简单,令 $W_N = \mathrm{e}^{-\mathrm{j}\frac{2\pi}{N}}$,因此通常将 N 点 DFT 表示为

$$x(k) = \mathrm{DFT}[x(n)]_N = \sum_{n=0}^{N-1} x(n)W_N^{kn}, \ k = 0, \ 1, \ \cdots, \ N-1 \qquad (1-13)$$

定义 $x(k)$ 的 N 点离散傅里叶逆变换(inverse discrete Fourier transform, IDFT)为

$$x(n) = \mathrm{IDFT}[x(k)]_N = \frac{1}{N}\sum_{k=0}^{N-1} x(k)W_N^{-kn}, \ n = 0, \ 1, \ \cdots, \ N-1 \qquad (1-14)$$

3. 基 2 快速傅里叶变换

基 2 快速傅里叶变换(fast Fourier transform, FFT)要求变换区间长度 $N = 2^M$,M 为自然数。序列 $x(n)$ 的 N 点 DFT 为

$$x(k) = \sum_{l=0}^{N/2-1} x(2l)W_N^{k2l} + \sum_{l=0}^{N/2-1} x(2l+1)W_N^{k(2l+1)}, \ k = 0, \ 1, \ \cdots, \ N-1$$

$$(1-15)$$

将上面的序列 $x(n)$ 按 n 的奇偶性分解为

$$x(k) = \sum_{l=0}^{N/2-1} x(2l)W_N^{k2l} + \sum_{l=0}^{N/2-1} x(2l+1)W_N^{k(2l+1)} \qquad (1-16)$$

令 $x_1(l) = x(2l)$,$x_2(l) = x(2l+1)$,因为 $W_N^{2kl} = W_{N/2}^{kl}$,故式(1-16)可写为

$$x(k) = \sum_{l=0}^{N/2-1} x_1(l)W_{N/2}^{kl} + W_N^k \sum_{l=0}^{M_2-1} x_2(l)W_{N/2}^{kl}, \ k = 0, \ 1, \ \cdots, \ N-1 \qquad (1-17)$$

式(1-17)说明,按 n 的奇偶性将 $x(n)$ 分解为 2 个 $N/2$ 长的序列 $x_1(l)$ 和 $x_2(l)$,则 N 点 DFT 可分解为两个 $N/2$ 点 DFT 来计算。

用 $x_1(k)$ 和 $x_2(k)$ 分别表示 $x_1(l)$ 和 $x_2(l)$ 的 $N/2$ 点 DFT,即

$$x_1(k) = \mathrm{DFT}[x_1(l)]_{N/2} = \sum_{l=0}^{N/2-1} x_1(l)W_{N/2}^{kl}, \ k = 0, \ 1, \ \cdots, \ (N/2)-1$$

$$(1-18)$$

$$x_2(k) = \mathrm{DFT}[x_2(l)]_{N/2} = \sum_{l=0}^{N/2-1} x_2(l)W_{N/2}^{kl}, \ k = 0, \ 1, \ \cdots, \ (N/2)-1$$

$$(1-19)$$

将式(1-18)和式(1-19)代入式(1-15),并利用 $W_N^{k+N/2} = -W_N^k$、$x_1(k)$ 和 $x_2(k)$ 的隐含周期性可得到

$$\begin{cases} x(k) = x_1(k) + W_N^k x_2(k) \\ x(k+N/2) = x_1(k) - W_N^k x_2(k) \end{cases}, \quad k = 0, 1, \cdots, (N/2) - 1 \quad (1-20)$$

这样,就将 N 点 DFT 的计算分解为计算 2 个 $N/2$ 点的离散傅里叶变换 $x_1(k)$ 和 $x_2(k)$。以上就是 FFT 的算法和原理,相比于 DFT,FFT 大大减小了运算量,缩短了运算时间。

频域分析是指计算这些频率函数并进行分析以反映转子基频、倍频和谐频的变化情况。得到频率函数的方法将在后续章节中进行详细介绍,此处只给出频域状态监测物理量及其所代表的含义。典型故障诊断特征量如表 1-1 所示。

表 1-1　典型故障诊断特征量

故障名称	特征量	含义
不平衡	A_1	一倍频幅值,表示转频成分振动幅值大小
	$R_1 +$	一阶正进动幅值,表示正进动程度大小
	$R_1 -$	一阶反进动幅值,表示反进动程度大小
不对中	A_2	二倍频幅值
	$R_2 +$	二阶正进动幅值,表示正进动程度大小
	$R_2 -$	二阶反进动幅值,表示反进动程度大小
轴承间隙配合	E_{ss}	定频率次谐波能量,表示某一频率低次谐波振动能量
	R_3	三倍频幅值与一倍频幅值比,表示三倍频成分占优程度
	R_5	五倍频幅值与一倍频幅值比,表示五倍频成分占优程度
轴承故障	A_{k1}	轴承外环特征倍频因子,表示轴承故障特征频率
	A_{k2}	轴承内环特征倍频因子,表示轴承故障特征频率
	A_{k3}	轴承滚动体特征倍频因子,表示轴承故障特征频率
转静碰摩	$N_2 \pm N_1$	高低压转频的和、差组合,表示碰摩故障特征频率成分
盘腔积液	Sign	临界前后转子振动幅值与基准转子振动程度比较
公共特征	E_1	作为振动评价阈值,表示分数倍频成分振动能量

1.3　气动性能参数

对于航空发动机性能衰退进行故障诊断,需注意性能故障的诱因与测量参数之间并不是直接对应的关系,如图 1-6 所示,而是通过健康参数,即不同截面、不同部件的气动性能匹配公式相联系。通常而言,健康参数都难以测量,只能通过将

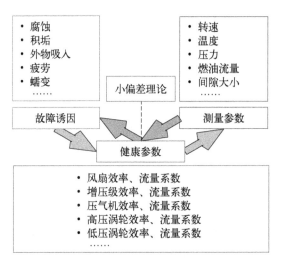

图 1-6　性能故障影响因素、健康参数及测量参数关系

测量参数代入气路模型中进行计算,运用小偏差理论,计算理论模型与实际模型的差值,这些差值作为性能参数的状态监测物理量。

1.3.1　主要性能指标

飞行条件一定、压比一定时,发动机工况保持稳定。该条件下,有一组正常的状态监测物理量与之相对应,主要为如表 1-2 所示气路参数监测量与表 1-3 所示的状态控制器监测量。

表 1-2　发动机主要监测参数名称

监测参数名称	参数代号	采样频率/Hz	比特长度/bit	比特率
总压	p_0	5	16	80
进口总温	T_{12}	5	16	80
低压转速	N_1	20	16	320
高压转速	N_2	20	16	320
高压进口总温	T_{25}	20	16	320
燃油油压	p_{oil}	5	16	80
压气机排气静压	p_{S3}	5	16	80
机匣温度	T_{case}	5	16	80
低压涡轮进气总温	T_{495}	20	16	320
压气机排气总温	T_3	5	16	80
燃油油温	T_{EO}	5	16	80
涡轮出口总温	T_5	5	16	80

续　表

监测参数名称	参数代号	采样频率/Hz	比特长度/bit	比特率
风扇出口静压	p_{S13}	20	16	320
高压进口总压	p_{25}	20	16	320

表 1-3　典型的发动机状态控制器

作动器名称	参数代号	控制频率/Hz	比特长度/bit	比特率
可变排气阀	VBV	5	32	160
变距定子叶片	VSV	5	32	160
瞬态引气控制	TBC	5	32	160
燃油阀	fuel	5	32	160
高压涡轮冷却控制阀	HPTCC	5	32	160
低压涡轮冷却控制阀	LPTCC	5	32	160
点火器	ignition	5	32	160
反推装置	thrust reverser	5	32	160
其余控制隔离阀门	solenoids	5	32	160
燃油流量计	fuel flow	5	16	80

　　在发动机发生流路故障甚至性能衰退时,气流状态监测物理量会相对于发动机的设计点出现一定的偏差。同一故障下的气流监测物理参数随着故障严重的程度、偏差的方向和大小各不相同,但偏差和故障程度的比例却是固定的(由偏差系数矩阵表 1-4 确定),而不同故障下的性能参数偏差的方向、大小和比例各不相同。分析这些性能参数的偏移组合,能够总结出不同故障诱因下,不同程度结构状态变化,如间隙放大量、结垢程度、叶尖磨损量等对应的故障诊断规则。这些状态监测物理量是发动机全权限数字式发动机控制(FADEC)指定的输入参数[17],如图 1-7 所示;也是FADEC 输出效果的反馈信息,如图 1-8 所示,对于性能监测而言意义重大。

表 1-4　偏差系数列表

偏差系数 \ 偏差量	$\kappa_{e-\gamma\gamma_1}$	$\kappa_{e-\gamma_1\gamma_2}$	$\kappa_{e-\gamma_2\gamma_3}$	...	$\kappa_{\eta-\gamma\gamma_1}$	$\kappa_{\eta-\gamma_2}$	$\kappa_{\eta-\gamma_2\gamma_3}$
Δy_{n1}	κ_{11}	κ_{12}	κ_{13}	...	$\kappa_{1(3i+1)}$	$\kappa_{1(3i+2)}$	$\kappa_{1[3(i+1)]}$
Δy_{n2}	κ_{21}	κ_{22}	κ_{23}	...	$\kappa_{2(3i+1)}$	$\kappa_{2(3i+2)}$	$\kappa_{2[3(i+1)]}$
Δy_{T_5}	κ_{31}	κ_{32}	κ_{33}	...	$\kappa_{3(3i+1)}$	$\kappa_{3(3i+2)}$	$\kappa_{3[3(i+1)]}$
...	...	...	...	...	...	...	...
...	...	...	...	...	...	...	...
...	...	...	...	...	...	...	...
Δy_{W_f}	κ_{n1}	κ_{n2}	κ_{n3}	...	$\kappa_{n(3i+1)}$	$\kappa_{n(3i+2)}$	$\kappa_{n[3(i+1)]}$

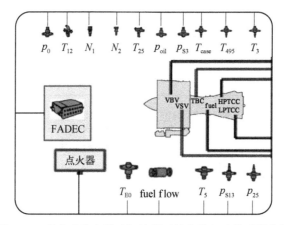

图 1-7　分布式航空发动机控制系统中的气路传感器布局

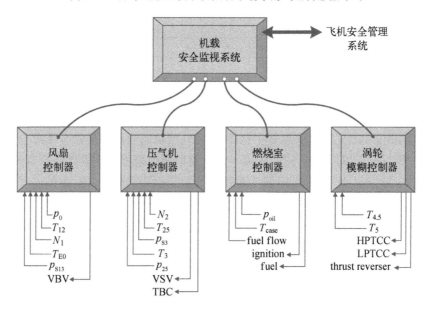

图 1-8　分布式航空发动机控制系统中的执行器布局

1.3.2　小偏差监测方法

发动机系统中的气路性能参数之间存在着以下不同的函数关系,在这里统一用泛函式(1-21)来表示:

$$y = f[e(x_1, x_2, x_3, \cdots, x_m), \eta(x_1, x_2, x_3, \cdots, x_m), \cdots] \qquad (1-21)$$

式中,x 表示性能参数;y 表示可测参数;e 为压比偏差系数;η 为效率偏差系数。泛函的子项根据所要运用的气动性能方程类型确定。

当性能参数 x 发生扰动 δx,即故障干扰条件下,系统状态由变分表示为

$$y^* = f\big[e(x_1 + \delta x_1,\ x_2 + \delta x_2,\ \cdots,\ x_m + \delta x_m),\ \eta(x_1 + \delta x_1,\ x_2 + \delta x_2,\ \cdots,\ x_m + \delta x_m)\big]$$

$$(1-22)$$

在发动机内部的流动按一元、定常、轴对称处理；忽略漏气、压气机引（放）气的影响；总温、总压均匀分布；气体在喷管出口处完全膨胀等简化条件下，忽略变分时间项变化，并运用泰勒级数展开，可以得到如下式所示的测量参数偏差量：

$$\Delta y = \frac{\partial f}{\partial x_1}\delta(x_1) + \frac{\partial f}{\partial x_2}\delta(x_2) + \cdots + \frac{\partial f}{\partial x_m}\delta(x_m) \qquad (1-23)$$

记 $\kappa_i = \partial f / \partial x_i$ 为偏差系数，则 $\Delta y = \kappa_1 \delta(x_1) + \kappa_2 \delta(x_2) + \cdots + \kappa_m \delta(x_m)$ 为所需要得到的偏差方程，它表示为发动机某一工况下，故障状态与正常状态的偏差值。

如图 1-9 所示，一方面是各部件的自身故障使其特性发生变化，造成部件效率、流量和功耗的改变，即 $y - y_1$ 路径。另一方面是发生故障后，各部件要重新匹配，满足新的功率与转速平衡的条件，即沿新的等转速线通过 $y_1 - y_2$ 路径，沿新的平衡工作线通过 $y_2 - y_3$ 路径。

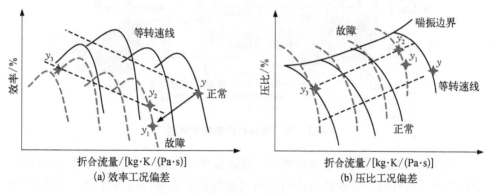

（a）效率工况偏差 　　　　　　（b）压比工况偏差

图 1-9　故障状态下的小偏差过程

针对性能参数的每一个监测对象，根据转子功率平衡、压比平衡等基本方程，可以求解出关于转速、温度与燃油流量的表达式。根据绝对流量相等的平衡条件，可以得到各部件性能参数与整机性能参数关联的等式方程。最终推导出关于转速、温度和燃油流量的数学表达形式。最终形成如表 1-4 所示的，针对 n 个测量参数，i 个健康参数，总计 $n \times 3(i+1)$ 个小偏差系数的性能故障诊断矩阵表。表中影响系数的值通过将设计点参数代入平衡条件方程得到。

1.4　滑油品质参数

滑油系统的功用是对航空发动机中的高速转动部件进行润滑和冷却，减小接触摩擦力,并带走部分摩擦产生的热量以及高温部件传递来的热量,使之能够适合发动机的长时间稳定工作。因此,滑油在循环过程中,需要经历吸热、升温、氧化及冷却不断循环往复的过程。在这一过程中,油品就会产生蒸发、结焦和腐蚀等化学和物理反应。滑油系统执行机构如图 1 - 10 所示[17]。对滑油进行监测分析,主要是通过分析滑油的性能变化、携带的磨粒,获得航空发动机转子和运动副的润滑和磨损状态的信息,来确定故障的原因、类型和零件种类。

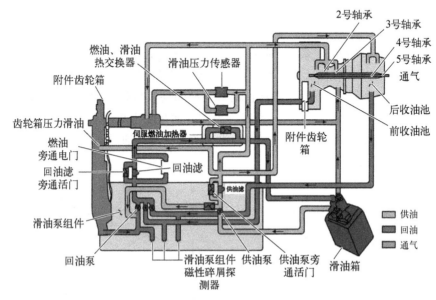

图 1 - 10　滑油执行系统示意图

　　与振动状态监测物理量和性能参数状态监测物理量不同,滑油状态监测物理量较少涉及物理模型或表征与诱因之间复杂的数学关系,在故障诊断上具有更加直观的作用,同时更多的与其理化性质有关。

1.4.1　滑油消耗量

　　理论上认为,滑油系统应具有良好的封闭性与可循环利用性,既不能出现滑油消耗量过大,也不能出现滑油量增多。因此监测油耗成为其中的关键。油耗异常增大、油液增多往往意味着封严失效或回、供油压差的失衡。如 CFM56 - 7 发动机就有明确规定,正常情况下,一台发动机的滑油消耗量应小于 0.38 L/h,且最大滑油消耗量不允许超过 1.5 L/h。当以下趋势出现时,需要检查滑油系统。

　　(1) 滑油消耗量有逐渐增加的趋势。

　　(2) 滑油消耗突然台阶式增加。

　　(3) 滑油消耗超过 0.76 L/h。

同时,滑油系统与燃油系统、滑油系统与附件液压油系统之间也应保持泾渭分明,不能出现串油现象。滑油增升同样是不允许的,停车后如若发现滑油量增多、变稀及有煤油味,往往意味着燃油进入了滑油系统。如果在检查滑油过程中发现其中含有红油成分,则附件液压泵传动轴齿套封严装置的封严可能出现故障。如若无异常成分增升,单纯为油量增加,则应检查与前后油液收集池相连的各个收集腔、收集环等,观察是否存在油液聚集现象。油耗量作为状态监测物理量,其诊断思路较为明确,多数已被纳入发动机检测手册当中。滑油经验模型参数参见表 1-5。

表 1-5　某型发动机滑油经验模型参数

监测参数名称	参 数 代 号
燃油/机油热交换器处的燃油温度	T_{tfuel}
主油温度	T_{oil}
主油压差	P_{oilp}
空气/机油热交换器阀位置	P_{fc}
发动机进口总温度	T_{tt2}
发动机进口总压力	P_{tt2s}
燃油流量	P_{acwfs}
低压转速	N_1
高压转速	N_2
马赫数	Ma
压力高度(hp[①])	P_{alt2}
攻角	alpha
推力杆 ANG	P_{trasl}

1.4.2　理化参数

随着推重比的提高,滑油总体温度是不断上升的,例如,轴承的温度已达 300~350℃,而滑油主体温度也突破 200℃ 大关。传统的矿物油逐渐退出舞台,双酯、聚 α 烯烃、多元醇酯等不同黏度、不同比热的合成滑油成为主流。其理化性质及对发动机工况的适应条件差别较大。

一份简讯曾表明,75% 的液压系统故障是由于航空液压油被污染造成的。因此,进行滑油污染物监测是必不可少的。表 1-6 给出了某些型号滑油的理化参数。

----

① 1 hp = 745.700 W。

表 1-6　不同航空滑油的理化参数

滑油类型	运动黏度/（mm²/s）	酸值/（mgKOH/g）	闪点/℃	凝点/℃	密度(20℃)/（kg/m³）
昆仑 8 号航空滑油	≥8.3(50℃) ≥30(20℃)	≤0.04	≥140	≤-55	885
4051	≥5.0(100℃)	4.4~5.5	≥238	≤-65	970~985
美孚飞马 2 号	≥25.3(40℃)	—	≥268	—	—
VNIINP-50-1-4	≥3.2(100℃)	—	≥204	≤-60	—
长城 4807	0~40(50℃)	≤0.05	—	≤-40	1 890~1 910

理化参数监测是对油液收集环或收油池中的油液取样分析其理化性质及滑油成分的过程。理化性质包括黏度、水分、闪点、酸值、水溶性酸或碱、抗泡沫、抗乳化及密度等。和理化性质有关的监测物理量与发动机结构故障关联性较小，更多和滑油牌号的合适与否及使用期限相关。水分混入会使油液系统在高温高压时产生气蚀现象；降温后水凝结成水滴，腐蚀金属并加速油液氧化。空气混入则会在油液系统中产生噪声，气泡的移动在引起气蚀效应的同时还将带来振动。而其他油液的混入则会造成油液和密封材料的相容性被破坏，引发密封失效。乳化、泡沫等参数异常往往容易在高温高压、高温遇冷等条件下变为胶黏性物质，堵塞油液系统节流孔。对于海上飞行的飞机，水分会引起金属零件表面锈蚀。并且促进滑油挥发，加速氧化分解，生成沉淀和腐蚀性物质，进一步降低润滑性能、恶化润滑效果，可能造成发动机振动大、运转卡滞和传动失效等现象的发生，严重时将会导致发动机抱轴。滑油腐蚀性过大将造成滑油流道腐蚀，导致发动机结构性故障。

1.4.3　磨粒参数

滑油磨粒分析是依据在用滑油中携带的磨损金属磨粒的物理和化学性质实现磨粒检测，主要包括磁塞检测、磨粒铁谱分析和滑油光谱分析等。这些机械杂质来自发动机内零部件磨损和老化等产生的金属屑、淤渣，以及从外部进入的尘埃、沙粒等。机械杂质累积到一定数量将严重影响滑油润滑和散热效果，加速轴承、齿轮等运动副磨损。例如，某型飞机大修后转场时，当离地一段时间后，飞行员多次收到警告"右发动机掉转速"，飞机上升到 7 400 m 时，该报警信号仍未消失。飞行员慢收油门杆做单发返航处理。事后排故发现，油液中存在有挤压切削变形痕迹的保险丝，该保险丝与发动机上俄制保险丝材料成分一致。其故障结论为，该保险丝是在生产过程中漏检的多余物，因未知原因掉落至下回油泵中，飞机在做特殊战术科目飞行时，该保险丝残余物随滑油循环移动时卡滞，从而导致异常报警。滑油系统屑末探测位置参见图 1-11[17]。

滑油磨粒分析状态监测物理量包括磨损颗粒的数量、尺寸、形态形貌和成分。

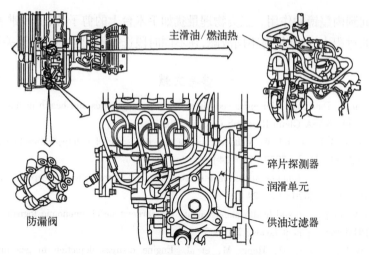

主滑油/燃油热

碎片探测器

润滑单元

供油过滤器

防漏阀

图 1－11　滑油系统屑末探测位置

主要包括磨粒铁谱和滑油光谱分析等技术手段。

铁谱分析的对象包括铁磁性磨粒大小、磨粒沉积分布及磨粒表面形貌等。磨粒大小与失效程度呈现正相关特征，一般认为，正常磨损产生的磨粒尺寸小于 $10\ \mu m$，而失效磨损产生的磨粒尺寸可大于 $200\ \mu m$。磨粒沉积分布的指标不易量化，通常用于辅助的定性分析。例如，通常小于 $5\ \mu m$ 的小片状磨粒分布表示摩擦副处于正常磨损状态；当大于 $5\ \mu m$ 的螺旋状、圈状和弯曲状切削磨粒大量出现时，表明运转磨损程度严重，逼近结构容忍边界。而球状磨粒的增多则意味着发动机滚动轴承存在早期磨损。

滑油光谱分析是以光谱所显示的元素为检测对象，利用每一种元素在火焰、火花或电弧中受到激发时，发射出该元素所特有波长的光的机制，以波长的光强为状态监测物理量，从而测出该元素的含量。不同结构的材料成分不同，通过光谱分析可以辅助判断一些特殊结构的磨损情况，如封严等。

<hr />

小　结

本章以航空发动机三大类监测物理量为核心，以 NASA－C17－PHM 飞行试验计划为案例，介绍了该系统的技术架构及监测对象的信息源，并以此为基础，从时域与频域角度介绍了常用的振动监测物理量，并讲解了时频转换的物理意义。除了振动分析，对气路参数进行性能分析同样也是状态监测系统不可或缺的一部分。除了给出常用的性能监测物理量，本章还介绍了小偏差的分析方法与振动监测物理量和性能监测物理量的不同。滑油监测物理量较少涉及物理模型或表征与诱因之间复杂的数学关系，在故障诊断上因为滑油在转子、静子和附件系统内的循环流动使得滑油携带着丰富的内部信息，通过对消耗量、理化参数与磨粒参数的监测分析，可对发动机系统内部起到内窥镜的作用。三类物理量犹如手术台上的剪子、镊子和钳子,相辅相成。在诊断过程中,如何针对不同故障,在不同时段选择不同监测方式至关重要。

参考文献

[1] Volponi A. Data fusion for enhanced aircraft engine prognostics and health management [R]. Cleveland: NASA Glenn Research Center, 2005.

[2] Andrews G B, Goodrich G W. Multi-function engine sensor [EB/OL]. http://www.freepatentsonline. com/4299117. html [2020 - 02 - 24].

[3] Board D B. Multi-function stress wave sensor[EB/OL]. http://www. freepatentsonline. com/ 6679119. html[2020 - 02 - 24].

[4] Hess A. Prognostic and health management: the cornerstone of autonomic logistics [R]. JSF PO PHM Development Leads, 2007: 3 - 15.

[5] Wilcox M, Ransom D, Henry M, et al. Engine distress detection in gas turbines with electrostatic sensors [C]. Glasgow: Asme Turbo Expo: Power for Land, Sea, and Air, 2010.

[6] 黄晓光. 基于热力参数的燃气轮机故障诊断[D]. 上海:上海交通大学,2000.

[7] 骆广琦,桑增产,王如根,等. 航空燃气涡轮发动机数值仿真[M]. 北京:国防工业出版社,2007.

[8] 宋云峰. 航空发动机状态监视与故障诊断系统研究[D]. 西安:西北工业大学,2008.

[9] 马立恒,颜维,刘恢先. 某型航空发动机台架滑油系统颗粒监控标准研究[J]. 润滑与密封,2018,43(1): 135 - 140.

[10] 马明明. 基于试飞数据的航空发动机滑油系统模型建立及应用[J]. 润滑与密封,2017,42(10): 121 - 126.

[11] 周文祥. 航空发动机及控制系统建模与面向对象的仿真研究[D]. 南京:南京航空航天大学,2006.

[12] 张永飞,李超,杨建丰,等. 某涡桨发动机滑油压力异常故障的试验分析[J]. 工程与试验,2018,58(1): 46 - 49,76.

[13] 王轩. 航空发动机典型管路布局及振动特性分析[D]. 天津:中国民航大学,2018.

[14] 林海. SPEY 三轴燃气轮机设计工况各种故障性能的模型[D]. 上海:上海交通大学,2008.

[15] Holcomb C M, Allen C W, Oliveira M D. Gas turbine machinery diagnostics: a brief review and a sample application [C]. Charlotte: Proceedings of the ASME 2017 Turbo Expo, 2017.

[16] Simon, Donald L. An integrated architecture for on-board aircraft engine performance trend monitoring and gas path fault diagnostics [C]. Colorado: 57th Joint Army-Navy-NASA-Air Force (JANNAF) Propulsion, 2013.

[17] Tahan M, Tsoutsanis E, Muhammad M, et al. Performance-based health monitoring, diagnostics and prognostics for condition-based maintenance of gas turbines [J]. Applied Energy, 2017, 198: 122 - 144.

[18] 佚名. CFM 发动机系统训练手册[EB/OL]. http://www. airacm. com/forum. php? mod = viewthred&tid = 308874 [2019 - 07 - 17].

[19] Lu F, Huang J Q, Lv Y Q. Gas path health monitoring for a turbofan engine based on a nonlinear filtering approach [J]. Energies, 2013, 6: 492 - 513.

[20] 陈卫,程礼,李全通. 航空发动机状态监控技术[M]. 北京:国防工业出版社,2011.

第 2 章

故障诊断对象的特点

本章关键词：

涡扇发动机	（turbofan engine）	燃油消耗率	（specific fuel consumption）
涡喷发动机	（turbojet engine）	有效推力	（effective thrust）
涡桨发动机	（turboprop engine）	推重比	（thrust weight ratio）
涡轴发动机	（turboshaft engine）	可靠性	（reliability）

航空发动机故障诊断的对象是不同类型的航空发动机。不同结构的发动机主要故障模式不同，不同状态（工况）的发动机潜在故障可能不同，不同的监测方案对故障特征反映也会有所差异。因此，分析航空发动机的类型、结构特点、工作特点和监测特点是重要的诊断基础研究。本章依次介绍了发动机的主要类型和结构特点、截面划分、理想循环（布莱顿循环）和实际循环、涡喷发动机的推力计算；从发动机性能参数指标、效率指标和耐久性指标引出故障的定义和内涵；最后结合航空发动机特点明确了发动机故障监测的要求。

2.1 发动机的主要类型与指标

2.1.1 发动机类型和截面划分

航空燃气涡轮发动机一经出现，就以其高速下推进效率高和迎风阻力小的优势，在高速飞机上迅速取代了活塞式发动机的位置。涡轮喷气发动机在 20 世纪 50~60 年代曾用于军民用飞机，特别是超声速飞机[1]。由于经济性原因，目前涡轮喷气发动机大多已被涡轮风扇发动机所取代。其中，小涵道比涡扇发动机用于战斗机或超声速旅客机上；中、大涵道比涡扇发动机则广泛用于各种类型的亚声速民用飞机；涡轮螺旋桨发动机主要用于速度小于 800 km/h 的运输机、支线飞机和公务机；涡轮轴发动机用于直升机；桨扇发动机的特性介于涡轮风扇和涡轮螺旋桨发动机之间，主要用于较大的运输机。各类燃气涡轮发动机都有共同的结构——核心机，即由压气机、燃烧室和涡轮构成的组合，也称为燃气发生器。燃气发生器的作用是为各类发动机产生可转化为机械功的高温高压燃气。据其对高温高压燃气使用方法的不同,构成了不同类型的航空发动机[2]。

1. 发动机的主要类型

1) 涡轮喷气发动机

图2-1是涡轮喷气发动机的示意图。如图2-1所示,空气首先由进气道进入压气机,经压气机压缩后,压力可以提高几倍到几十倍;高压气体进入燃烧室,与从喷嘴喷出的燃料混合,并进行连续不断地燃烧,使气体获得大量的热能,温度大大提高,形成高压、高温的燃气;燃气流入涡轮,进行膨胀,推动涡轮高速旋转,从而带动压气机旋转;流过涡轮的燃气最后进入尾喷管,在尾喷管中继续膨胀,把部分热能转换为燃气的动能,从喷口以很大的速度向后喷出,使发动机产生推力。

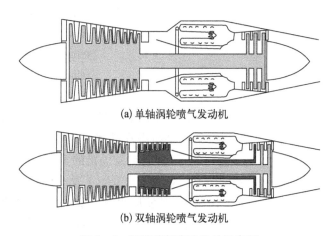

(a) 单轴涡轮喷气发动机

(b) 双轴涡轮喷气发动机

图2-1　涡轮喷气发动机的示意图

图2-2是加力式涡轮喷气发动机的示意图。其特点是在涡轮和尾喷管之间设置有加力燃烧室,用以提高尾喷管前的燃气温度,增大排气速度,从而加大发动机推力。亚声速飞行时使用加力燃烧室,由于其中的压力较低而使发动机的热效率大为降低,所以一般只是短时间地使用加力。在大的超声速飞行条件下,加力燃烧室内气流压力提高,长时间使用加力变得有利。涡轮喷气发动机可以应用于飞行马赫数(Ma)为2.0左右的飞机上,当飞机要求有大的推力质量比和大的飞行马赫数时,广泛采用加力式涡轮喷气发动机。在巡航速度$Ma = 2.0 \sim 3.0$的超声速

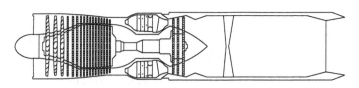

图2-2　加力涡轮喷气发动机示意图

客机上,可以采用加力式涡轮喷气发动机。

2)涡轮螺旋桨发动机

在较低飞行速度下,涡轮喷气发动机的推进效率较低,这是因为其排气速度大。作为推进器,螺旋桨在低速飞行时具有很高的推进效率。涡轮螺旋桨发动机综合了涡轮喷气发动机和螺旋桨的优点。

图 2-3 为涡轮螺旋桨发动机示意图,在燃气发生器出口增加动力涡轮,涡轮螺旋桨发动机将燃气发生器产生的可用功大部分或全部从动力涡轮轴上输出,通过减速器驱动飞机的螺旋桨产生拉力;可用功的少部分作为燃气的动能从尾喷管喷出,产生较小的反作用推力,当喷射速度与飞行速度相等时,反作用推力为零。显然,飞机的螺旋桨是发动机的主要推进器。

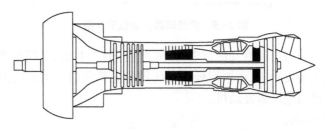

图 2-3　涡轮螺旋桨发动机示意图

飞行高度低和飞行速度慢是涡轮螺旋桨发动机的主要缺点,装有涡轮螺旋桨发动机的飞机,一般其飞行高度不超过 5 000 m,飞行速度不超过 700 km/h。涡轮螺旋桨发动机在低亚声速飞行时经济性较好。

3)涡轮轴发动机

如果燃气发生器产生燃气可用能量全部用于驱动动力涡轮而不产生喷气推力,则发动机称为涡轮轴发动机,如图 2-4 所示。动力涡轮轴上输出的功率可以用来带动直升机的旋翼、车辆及发电机等。

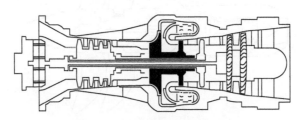

图 2-4　涡轮轴发动机示意图

4)涡轮风扇发动机

改善涡轮喷气发动机推进效率的较为有效的方法是,将通过发动机的空气分成两路:第一路为通过内涵道,由高压涡轮带动的压气机;第二路为通过外涵道,由低压涡轮带动的风扇。这种发动机称为涡轮风扇发动机,如图2-5所示。涡轮风扇发动机可以看作是涡轮螺桨发动机的变型,即将螺旋桨的尺寸缩小,桨叶数目增多并置于涵道之中,以提高亚声速飞行条件下的螺旋桨效率,在外涵道中的风扇叶片、尾喷管和内涵尾喷管是涡轮风扇发动机的推进器。

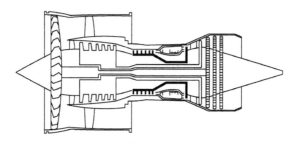

图2-5　涡轮风扇发动机示意图

外涵空气流量与内涵空气流量之比,称为涵道比。目前,民用旅客机都采用大涵道比的涡轮风扇发动机,而军用歼击机所用的涡轮风扇发动机则为带有加力燃烧室的小涵道比涡轮风扇发动机。

5)桨扇发动机

桨扇发动机是由螺旋桨与高涵道比风扇衍生的先进推进器,它既可以看作带有高速先进螺旋桨的涡桨发动机,又可看作除去外涵机匣的大涵道比涡扇发动机,因而兼有前者耗油率低和后者飞行速度高的优点。桨扇发动机的关键部件是先进高速螺旋桨,它带有多个宽弦、薄叶型的后掠桨叶,能在飞行马赫数0.8下保持较高的效率,见图2-6。

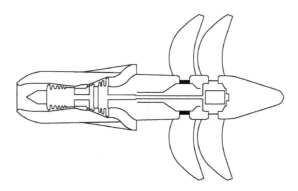

图2-6　桨扇发动机示意图

桨扇发动机的概念研究始于20世纪70年代中期,20世纪80年代后半期已完成地面和飞行验证试验,基本达到预期目标,由于航空公司的综合经济因素和公众接受心理等原因,桨扇发动机尚未被广泛采用,唯一投入生产的桨扇发动机是用于安 70 运输机的 Π27 发动机。

6）其他概念发动机

齿轮驱动风扇发动机（geared turbofan engine，GTF）的概念是由普惠公司最早提出并进行研制。由于大涵道比涡轮风扇发动机自 20 世纪 70 年代初投入使用以来，一直存在风扇转速较低，使得低压压气机（亦称增压压气机）与低压涡轮处于不利的转速下工作，随着涵道比的加大，问题越来越严重。GTF 发动机采用了一套减速比适当的一级齿轮减速机构，以保证低压涡轮高速旋转的同时，风扇转子和低压压气机可以在低转速下运行，有效提高工作效率。齿轮驱动风扇发动机和开式转子发动机被认为是下一代商用发动机的理想类型。

变循环发动机（variable cycle engine，VCE）的优点是节油，相对于间冷回热循环航空发动机（intercooling regeneration aeroengine，IRA）理念更激进。变循环发动机是一种多设计点发动机，通过改变一些部件的几何形状、尺寸或位置，来调节其热力循环参数（如增压比、涡轮进口温度、空气流量和涵道比），改变发动机循环工作模式（高推力或低油耗），使发动机在各种飞行情况下都能在最佳状态工作。与此同时，变循环发动机能以多种模式（涡轮模式、涡轮风扇模式和冲压模式等）工作，因而在亚声速、跨声速、超声速和高超声速飞行状态下都具有良好的性能。在涡喷/涡扇发动机领域，变循环发动机研究的重点是改变涵道比，如发动机在爬升、加速和超声速飞行时涵道比减小，接近涡喷发动机的性能，以增大推力；在起飞和亚声速飞行时，加大涵道比，以涡扇发动机状态工作，降低耗油率和噪声。

组合发动机（combined engine）指由两种及以上不同工作模式的发动机组合而成的发动机。主要包括涡轮基组合循环（turbine based combined cycle，TBCC）发动机和火箭基组合循环（rocket based combined cycle，RBCC）推进系统。前者将是未来高超声速飞行器的主要动力装置。后者是整合了火箭发动机、亚燃冲压发动机和超燃冲压发动机，以 RBCC 推进系统为动力的飞行器，可以获得更高的平均比冲。该推进系统是航天推进高效性和经济性的最佳组合，大大降低了研制费用，增加了系统的安全性。

智能发动机（intelligent engine）是新的发动机概念。2018 年第 4 季度，罗罗公司宣布推出开创性的智能发动机愿景。在数字化时代，除设计、测试和维护发动机外，智能发动机愿景描绘了航空动力的未来。其更强的互联性、情景感知以及理解力，将有助于进一步提升发动机的可靠性和效率。同时，智能发动机还可能是未来混合电动的解决方案。

可以看出，为了满足不同的要求，人类设计生产出了许多不同的航空发动机，随着在航空发动机领域研究的不断深入，人类所拥有的航空发动机种类也越来越多，图 2-7 给出了这些航空发动机的分类情况。

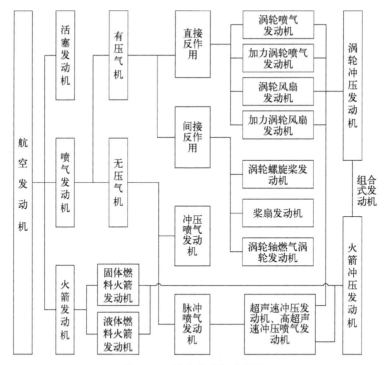

图 2-7 航空发动机分类图

2. 发动机的截面划分

在发动机的研制和使用过程中,常常需要正确指定和区分发动机沿轴向的一些重要截面位置,如各个部件相邻的位置,称为主要截面。为了使用方便,需要将这些截面按一定标准进行编号,即所谓的站位。规定各截面的编号,相应各截面的参数就以编号为下标来进行表示,如 p_0 截面即发动机远前方未受扰动的气体静压,即外界大气压。T_3^* 代表 3 截面即燃烧室出口(涡轮前)总温。早期涡轮喷气发动机的站位划分采用 0—5 站位的六站位系统,如图 2-8 所示。

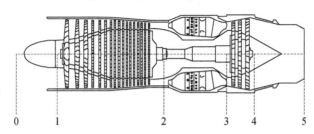

图 2-8 涡轮喷气发动机的六站位截面划分

0. 发动机远前方未受扰动气体与扰动气流的分界面;1. 进气道出口(压气机进口)截面;2. 压气机出口(燃烧室进口)截面;3. 燃烧室出口(涡轮进口)截面;4. 涡轮出口(喷管进口)截面;5. 喷管出口截面

军用的双转子涡喷或涡扇发动机,由于有加力燃烧室和采用收敛扩张型的喷管,六站位不能满足使用的需要。目前的军用发动机采用 0—9 站位的十站位编号,如图 2-9 所示。

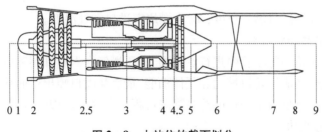

图 2-9 十站位的截面划分

0. 发动机远前方未受扰动气体与扰动气流的分界面;1. 进气道进口截面;
2. 进气道出口,低压压气机进口截面;2.5. 高压压气机进口截面;3. 压气机出口截面,燃烧室进口截面;4. 燃烧室出口,高压涡轮进口截面;4.5. 低压涡轮进口截面;5. 涡轮出口,加力扩散器进口截面;6. 加力扩散器出口,加力燃烧室进口截面;7. 加力燃烧室出口截面;8. 收敛扩张形喷管喉部;9. 喷管出口

2.1.2 发动机的热力循环

涡轮喷气发动机之所以能连续地把热能转化为机械能进而产生推力,是由于热力循环不断进行的结果。所以,热力循环是发动机工作的基础[3-4]。

发动机的实际工作过程比较复杂,为了简化,对理想发动机的热力循环过程作两点假设。其一,工质是空气,可视为理想气体。整个工作过程中,空气的比热容为常数,不随气体的温度和压力而变化;其二,整个工作过程中没有流动损失,压缩过程与膨胀过程为绝热等熵,燃烧前后压力不变,没有热损失(排热过程除外)和机械损失。

理想发动机循环遵循布莱顿循环,由美国物理学家布莱顿在 1872 年首先提出,也称为等压加热循环。它由 4 个热力过程组成,分别是绝热压缩、等压吸热、绝热膨胀和等压放热。图 2-10 给出了理想发动机循环的 $p-V$ 图。

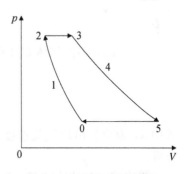

图 2-10 理想发动机循环

1. 0—2 绝热压缩过程

该过程在进气道和压气机中进行,曲线 0—1 表示进气道前和进气道内由于速度冲压而完成的绝热压缩过程;曲线 1—2 表示在压气机内进行的绝热压缩过程,在这个过程中,空气所获得的功称为"理想绝热压缩功"。

2. 2—3 等压加热过程

该过程在燃烧室中进行。理想的情况是将燃油在燃烧室内的燃烧视为等压条件下给工质气体加热,使气体温度升高,比体积增大。

在这个过程中,外界加给空气的热量为

$$q_1 = c_p(T_3 - T_2) \tag{2-1}$$

式中,T_3 为燃烧室出口燃气温度;T_2 为燃烧室进口空气温度。

3. 3—5 绝热膨胀过程

该过程在涡轮和尾喷管中进行。高温、高压燃气在涡轮和尾喷管中膨胀,将燃气的可用热能转换成涡轮机械功和气体动能,最后从喷口喷出。曲线 3—4 和 4—5 分别表示涡轮和尾喷管中进行的绝热膨胀过程。在这个过程中,燃气所做的功,称为"理想绝热膨胀功"。

4. 5—0 等压放热过程

该过程中,气体在压力不变的情况下向外界放热,温度降低,比体积变小。

气体向外界的放热量:

$$q_2 = c_p(T_5 - T_0) \tag{2-2}$$

式中,T_5 为尾喷管出口燃气温度;T_0 为外部空气温度即未受扰空气温度。

上述 4 个热力学过程构成了一个理想的封闭循环。最终将燃油的化学能尽可能地转化为气体的动能,产生推力。

1 kg 空气经过上述 4 个热力学过程,完成一次理想循环所做的净功,叫理想循环功 ω_0。根据热力学第二定律可知,转换为理想循环功是加入的热量与放出的热量之差,即

$$\omega_0 = q_1 - q_2 \tag{2-3}$$

另一方面,根据气体流过发动机的能量方程可得

$$q_1 - q_2 = \frac{c_5^2 - v^2}{2} \tag{2-4}$$

式中,c_5 为喷管出口气流速度;v 为气流进入发动机的速度,通常情况下,即飞行速度。

将式(2-4)代入式(2-3)得

$$\omega_0 = \frac{c_5^2 - v^2}{2} \tag{2-5}$$

式(2-5)表明,涡轮喷气发动机的理想循环功全部用来增加流过发动机气体的动能,使气体高速喷出,以产生推力,可见理想循环功越大,动能增量越大,推力也越大。

转换为理想循环功的热量与加入热量的比值,为理想循环的热效率:

$$\eta_t = \frac{\omega_0}{q_1} = \frac{q_1 - q_2}{q_1} \tag{2-6}$$

根据热力循环各热力过程的性质,对式(2-6)进一步简化,可得

$$\eta_t = \frac{\omega_0}{q_1} = 1 - \frac{1}{(p_2/p_0)^{\frac{k-1}{k}}} \tag{2-7}$$

式中,$p_2/p_0 = \pi$,为发动机的总增压比。理想燃气轮机循环的压缩过程包括气流在进气道中的减速增压和气流在压气机中的加功增压两部分,即 $\pi = \pi_i \cdot \pi_c$,其中,$\pi_i = p_1/p_0$ 为进气道的冲压比,$\pi_c = p_2/p_1$ 为压气机的增压比。

所以,式(2-7)可简化为

$$\eta_t = \frac{\omega_0}{q_1} = 1 - \frac{1}{\pi^{\frac{k-1}{k}}} = 1 - \frac{1}{(\pi_i \cdot \pi_c)^{\frac{k-1}{k}}} \tag{2-8}$$

由式(2-8)可以看出,布莱顿循环的热效率大小取决于发动机的增压比。增压比越大,效率越高。这是由于增压比越大,气体被压缩得越厉害,加热后气体具有的膨胀能力也越强,并可将更多的热能转换为机械能。即喷出的气体散失到大气中不可利用的热能越少,热的利用程度增加,故热效率也增加。因此,提高热效率的根本方法就是增大发动机的增压比。

表2-1给出了三代机、四代机和五代机的增压比及涡轮前温度。

表2-1　发动机部分性能参数

类　别	增压比 π	涡轮前温度/K
三代机	25~35	1 680~1 750
四代机	37~45	1 850~1 980
五代机	>40	2 100~2 200

2.1.3　发动机推力产生原理

涡轮喷气发动机不同于航空活塞式发动机,它既是热机,又是推进器。作为热机,它把燃油化学能转化为机械能,以进出口气体动能差表示;作为推进器,其因进出口速度的变化,产生动量差,进而产生推力,提供给飞机,克服前进的阻力,使飞机飞行或加速。

1. 推力的产生

从涡轮喷气发动机各个工作部件来看,涡喷发动机的推力是由流过发动机内、外壁面的气流对发动机各个部件表面上的作用力共同产生,但气体在各个部

件上作用力的轴向分力并不都是与推力方向相同。例如,涡轮和尾喷管受到的是向后的轴向分力,而气流作用在压气机、燃烧室的轴向分力是向前的,与推力方向相同。

从涡轮喷气发动机整体来看,发动机在工作时,外界空气以飞行速度进入发动机,在流过进气道时速度降低,压力升高。进入压气机后,压力进一步升高。随即进入燃烧室,与喷出的燃油混合燃烧并释放能量,气体温度升高。进而在喷管中膨胀加速,最后以比气流流进发动机大得多的速度从喷管喷出,气流受到向后的作用力,并对发动机产生反作用力,从而产生推力。总的来说,发动机产生连续推力的原因如下。

(1)发动机推力的产生是发动机与工质气体作用力与反作用力的结果。

(2)气体在发动机内获得加速度是由燃油与空气燃烧释放出的化学能转换而来。从能量上讲,发动机推力是能力转换的表现形式,所以稳定的燃烧是产生推力的能量基础。

(3)要想获得连续不断的推力,则需要采用热力循环来实现。对于发动机而言,其采用的是布莱顿循环,所以从热力学过程角度上讲,等压循环是产生连续推力的基础。

图 2-11 表示了某涡轮喷气发动机各部件上作用力分布的百分比。

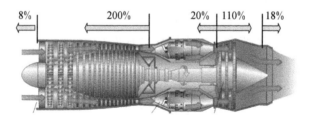

图 2-11 涡轮喷气发动机的作用力分布示意图

2. 推力的计算

发动机的推力可以通过计算气体作用在发动机内壁及各部件上的力与作用在外壁上的合力来求得,也可以运用动量方程间接求得[5]。两种方法相比较,后者要简单得多。

运用动量方程来计算发动机的推力,可以不必考虑发动机内部的实际工作过程和能量在发动机各部件间的转换情况,直接利用发动机进出口截面的气流参数来建立推力的计算公式。

运用动量方程推导发动机推力公式时,作如下假设。

(1)流量系数 ϕ_0 等于 1,即

$$\phi_0 = A_0/A_{1'}$$

式中，A_0 为发动机远前方气流截面积；$A_{1'}$ 为进气道进口截面积。

（2）发动机外表面受均匀压力，且等于外界大气压力 p_0。

（3）气体流经发动机外表面时，没有摩擦阻力。

根据以上 3 个假设条件，可画出计算发动机推力用的简图，如图 2-12 所示。

用 $F_内$ 表示发动机内表面对气流的作用力；$\dot{m}_空$ 表示进气道进口空气的质量流量，单位为 kg/s；$\dot{m}_燃气$ 表示尾喷管出口燃气的质量流量，单位为 kg/s。根据动量定理，周界上作用于气体的力应等于流出和流进发动机的气体每秒动量差。且

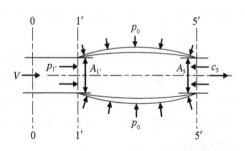

图 2-12　计算发动机推力用的简图

$$F_内 + p_{1'}A_{1'} - p_5A_5 = \dot{m}_燃气 c_5 - \dot{m}_空 c_{1'} \qquad (2-9)$$

式中，$c_{1'}$ 为进气道进口气流速度；c_5 为尾喷管出口气流速度；A_5 为尾喷管出口截面面积；p_1' 为进气道进口气体压力；p_5 为尾喷管出口燃气压力。

根据假设（1），$\phi_0 = A_0/A_{1'} = 1$，有关系 $p_1A_1 + \dot{m}_空 c_1 = p_0A_0 + \dot{m}_空 v$。于是式（2-9）可改写为

$$F_内 = \dot{m}_燃气 c_5 - \dot{m}_空 v + p_5A_5 - p_0A_0 \qquad (2-10)$$

作用在发动机外表面的力：

$$F_外 = p_0(A_0 - A_5) \qquad (2-11)$$

根据发动机推力的定义，发动机推力 F 是作用在发动机内外表面所有力的合力，且

$$\begin{cases} F = F_外 + F_内 \\ F = \dot{m}_燃气 c_5 - \dot{m}_空 v + A_5(p_5 - p_0) \end{cases} \qquad (2-12)$$

在近似计算中，可以忽略流量的变化，令 $\dot{m}_燃气 = \dot{m}_空$。这样，推力公式可简化为

$$F = \dot{m}_空(c_5 - v) + A_5(p_5 - p_0) \qquad (2-13)$$

当燃气在尾喷管内完全膨胀时，$p_5 = p_0$，推力公式可进一步简化为

$$F = \dot{m}_空(c_5 - v) \qquad (2-14)$$

从式（2-14）可知，在完全膨胀的情况下，发动机的推力取决于两个因素：空气流量 $\dot{m}_空$ 和气体流过发动机时速度的增量 $(c_5 - v)$。$\dot{m}_空$ 越大，推力越大；$(c_5 - v)$ 越大，推力也越大。

2.1.4　发动机的技术指标

1. 发动机气动性能指标

航空发动机作为热机和推进器的综合体,评述其性能的参数主要有:推力、单位推力、推重比(功重比)、燃油消耗率等。

1) 推力

推力是航空发动机最重要的性能参数,发动机推力的大小直接决定了飞机的主要性能。推力不足,飞机达不到设计的飞行速度、加速度和机动性;推力过大,不仅带来不必要的浪费,还会使飞机结构因过载而破坏。因此,飞机要根据发动机推力的大小选择适当的发动机。未来,超大型推力和超小型推力的发动机都是技术发展的方向。

在不同制式的发动机中采用不同的推力单位,我国目前采用国际单位制,推力单位用 N(牛顿)或 daN(十牛)。现有航空发动机的推力从数百至一万多 daN。

对于涡轮螺旋桨发动机和涡轮轴发动机,常用功率作为衡量发动机工作能力的指标。发动机功率是发动机在单位时间内所输出的功,法定计量单位是 kW,常用的还有 hp(马力)。

2) 单位推力

发动机推力的大小与其尺寸及每秒流过发动机的空气质量有关,所以单纯地用推力的大小表示,还不足以评定发动机性能的好坏。发动机推力 F 与通过发动机的空气质量流量 $\dot{m}_空$ 之比,称为发动机的单位推力,单位是 daN·s/kg,其表达式为

$$F_s = F/\dot{m}_空 \qquad\qquad (2-15)$$

单位推力是航空燃气轮机最重要的性能参数之一。如果单位推力得到了提高,就可以用较小的空气流量获得同样的推力。这意味着可以有较小的发动机尺寸和较小的发动机质量[6]。

3) 推重比(功重比)

推重比是发动机推力与发动机自身重力之比,即发动机在海平面静止条件下最大推力与发动机的重力之比。推重比是发动机重要性能指标之一,它对于飞机的最大平飞速度升限、爬升速度等机动性能以及有效载荷都有直接的影响。对涡桨发动机和涡轴发动机则用功重比(功率重力比的简称)表示,即发动机在海平面静止状态的功率与发动机的重力之比,单位是 kW/daN。

4) 燃油消耗率

燃油消耗率(sfc)指发动机每小时的燃油量与推力或功率之比。对于产生推力的喷气发动机,它表示产生 1 N(或 1 daN)推力每小时所消耗的燃油量,单位是 kg/(daN·h),且

$$\text{sfc} = \frac{3\,600\dot{m}_{燃油}}{F} \tag{2-16}$$

式中，$\dot{m}_{燃油}$ 为发动机的燃油质量流量。

对于涡桨发动机和涡轴发动机，燃油消耗率表示产生 1 kW 功率每小时所消耗的燃油量，单位是 kg/(kW·h)。

燃油消耗率是决定飞机的航程和续航时间的重要参数，是发动机在一定飞行速度下的经济性指标。比较发动机性能时，除以上主要指标外，还有单位迎面推力、加速性、稳定工作裕度、噪声、寿命、工艺性以及成本等。但一般难以全部兼顾，只能突出主要指标。例如，歼击机动力关键在于推重比和单位推力；运输机要求耗油率低；旅客机除要求耗油率低外，还要兼顾噪声和寿命等使用方面的要求。

表 2-2 给出了三代机、四代机和五代机的推力、推重比和涵道比等参数。

表 2-2　发动机部分性能参数

类　　别	推力/kN	推　重　比	涵　道　比
三代机	130~140	7~8	0.3~1.1
四代机	160~180	9~10	0.2~0.4
五代机	200	12~15	≥0.3

2. 发动机的效率指标

效率是从能量转换方面来评价发动机性能好坏的指标。飞行中能量转换的有效程度可用 3 种效率来衡量，即热力效率、推进效率和总效率。

1）热力效率

航空发动机作为一个热机，将燃料的化学能转变为机械能，又称为可用功。热力效率表示燃料燃烧释放出的化学能有多少转换变为可用功，热力效率用来评定涡轮喷气发动机作为热机的经济性。

加给 1 kg 空气的燃料的理论放热量：

$$q_0 = \frac{\dot{m}_{燃气} H_u}{\dot{m}_{空}} \tag{2-17}$$

式中，H_u 为燃油的低热值。

流过发动机每 1 kg 空气的可用功 ω 等于流过发动机 1 kg 气体的动能增量，且

$$\omega = \frac{c_5^2 - v^2}{2} \tag{2-18}$$

发动机的热力效率：

$$\eta_e = \frac{c_5^2 - v^2}{2q_0} \qquad (2-19)$$

热力效率考虑了热量转变为燃气动能过程中的全部损失,这些损失包括：① 高温燃气自喷管喷出所带走的热量；② 燃油在燃烧室中燃烧时所造成的热量损失,包括不完全燃烧和燃烧产物的离解；③ 通过壁面向外散失的热量和滑油所带走的热量。

其中,高温燃气自喷管喷出时所带走的热量是发动机最主要的能量损失,减小这部分能量损失的主要方法是通过提高发动机增压比,提高燃气的膨胀能力,将更多的热能转换成气体的动能增量,使热能的利用率提高,从而提高发动机的热力效率。

2）推进效率

航空发动机作为一个推进器,将可用功转变为飞机前进的推进功。发动机推进效率可衡量发动机将可用功转变为飞机前进的推进功的程度。

飞机前进的推进功等于发动机推力与飞机前进距离的乘积,1 kg 空气通过发动机每秒所做的推进功用 ω_P 表示,且

$$\omega_P = F_s \cdot v \qquad (2-20)$$

当燃气在尾喷管内完全膨胀时,发动机的推进效率：

$$\eta_P = \frac{\omega_P}{\omega} = \frac{(c_5 - v)v}{(c_5^2 - v^2)/2} = \frac{2}{1 + c_5/v} \qquad (2-21)$$

式（2-21）表明,推进效率只取决于速度比值 $\dfrac{c_5}{v}$。当发动机在地面静止状态工作,即 $v = 0$ 时, $\eta_P = 0$,此时发动机的可用功都作为排气动能损失掉了,发动机的推进功为 0,推进效率为 0。当 $c_5 = v$ 时, $\eta_P = 1$,全部动能增量转换为推进功,此时没有损失,但也不可能产生推力。飞机在平时飞行中,总是 $c_5 > v$,所以 η_P 总是小于 1,因此总要损失一部分能量,如果用气流的动能增量减去推进功,则得

$$\frac{c_5^2 - v^2}{2} - (c_5 - v)v = \frac{(c_5 - v)^2}{2} \qquad (2-22)$$

这就是损失掉的能量,称为动能损失或离速损失。

显然,喷气速度与飞行速度越接近,离速损失越小,发动机推进效率越高。

　　若想既增大发动机的推力,又保持较高的推进效率,最佳的方案是采用加大喷射气流质量、降低排气速度的方法。这就是采用涡轮螺旋桨发动机或大涵道比涡轮风扇发动机的根本原因。

　　3) 总效率

　　总效率代表了发动机既作为热机又作为推进器的完善程度,它表明燃料的热量有多少转变为推进功。发动机总效率应等于发动机热力效率与推进效率的乘积。因此,总效率:

$$\eta_0 = \eta_t \cdot \eta_P = \frac{F_s \cdot v}{q_0} \qquad (2-23)$$

联合式(2-16)、式(2-17)和式(2-23),进一步推导可得

$$\mathrm{sfc} = \frac{3\,600q_0}{H_u F_s} = \frac{3\,600v}{H_u \eta_0} \qquad (2-24)$$

式(2-24)表明,在一定的飞行速度下,燃油消耗率和发动机总效率成反比。也就是说,只有在同一飞行速度下,才能用燃油消耗率来比较 2 个发动机的经济性。

　　从图 2-13 可以看出,高的推进效率将获得大推力,从而提高发动机的机动性能;低的燃油消耗率将获得更好的经济性[7]。针对不同的应用场合,大涵道比的民用航空发动机工作在低马赫数区间,小涵道比的军用发动机飞行在高马赫数范围。图 2-14 显示了 2 种涡扇发动机的结构对比。

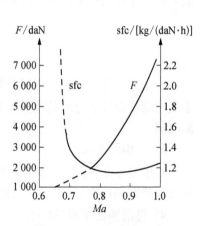

图 2-13　耗油率和推力曲线

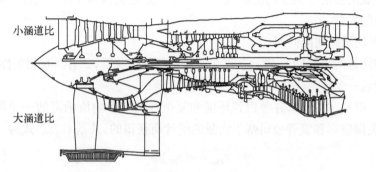

图 2-14　大涵道比和小涵道比发动机结构对比

3. 可靠性和耐久性指标

除上述各项主要性能指标外,可靠性和耐久性指标是描述航空发动机结构完整性的重要指标,直接由结构损伤故障决定。

1) 可靠度

可靠度 R_t 是指发动机在规定的条件下和规定时间内,完成规定功能的概率。这个定义指出了对象、功能、适用条件、时间和概率等五方面因素。也可以理解为在单位时间内,发动机部件不发生故障的概率。其数学表达式为

$$R_t = 1 - \frac{r_0(t)}{N} \qquad (2-25\text{a})$$

式中,$r_0(t)$ 为部件累积失效数;N 为部件总数;$r_0(t)/N$ 为累积失效频率。

2) 平均故障间隔时间

对于发动机上可维修的部件,平均故障间隔时间 t_{BF} 的定义为部件在两次相邻故障间工作时间的平均值。t_{BF} 的数学表达式为

$$t_{BF} = \frac{1}{N_0} \sum_{i=1}^{N_0} t_i \qquad (2-25\text{b})$$

式中,t_{BF} 是一个重要的可靠性参数,它不仅表示发动机质量的优劣,而且还可作为系统可靠性预计和分配的重要参数;N_0 为发动机故障的次数;t_i 为第 i 次故障的间隔时间。

3) 空中停车率

空中停车率 R_{iF} 是指因飞行员、控制系统或其他飞行原因导致飞机飞行过程中发动机停车的比率,通常以发动机每千飞行小时的事件次数表征。

4) 提前换发率和返修率

提前换发率 R_{VFR} 又称非计划换发率,指发动机在 1 000 飞行小时中由于发动机故障造成的提前更换发动机次数。返修率 R_{SV} 定义为每 1 000 飞行小时发动机返厂修理的次数。

5) 平均维修间隔时间

平均维修间隔时间 t_{BM} 和 t_{BF} 存在着一定的量化关系,二者具有相关性,选择参数时只能选一个。

t_{BM} 是以 t_{BF} 为基础,并考虑到环境和复杂程度的影响所确定的一个耐久性指标,是由美国空军和波音公司基于大量的统计而获得的,其基本表达式为

$$t_{BM} = k(t_{BF})^{\alpha} \qquad (2-25\text{c})$$

式中,k 为环境参数;α 为复杂参数。在只考虑发动机故障时,一般选 $k=2.39$, $\alpha =$

0.66。

表 2 - 3 列举了部分军、民用航空发动机耐久性及可靠性指标的水平。

表 2 - 3 部分军、民用航空发动机耐久性及可靠性指标

类 别	耐久性、可靠性指标	目前的指标水平
军用发动机	翻修寿命/h	500~1 000
	热端件	2 000 循环(TAC)
	冷端件	4 000 循环(TAC)
	平均故障间隔时间/h	150~300
	空中停车率/(次/千飞行小时)	0.02
民用发动机	翼下使用寿命/h	可达 50 000
	空中停车率/(次/千飞行小时)	低于 0.002
	出勤率/%	99.99

2.1.5 发动机故障的定义及内涵

从上述技术指标分析中,可以得到发动机"故障(fault)"的定义:故障是发动机不能执行规定功能的状态。通常而言,故障是指推进系统中部分零部件功能失效而导致整个系统功能恶化的事件。

航空发动机故障的内涵包括性能指标退化、效率指标下降、可靠性和耐久性指标不达标 3 个方面。

1. 性能指标退化

航空发动机的工作过程依赖推力(功率)、单位推力、推重比(功重比)、燃油消耗率等性能参数的高低。如果存在部分性能参数不达标的情况,说明发动机部件已经出现部分故障(包括控制系统部件、气路系统部件等)导致性能参数退化。

2. 效率指标下降

发动机工作在不稳定工况下,其工作效率极易受工作环境的影响,性能参数的退化、燃烧室部件的损伤、燃油控制系统等方面的影响都有可能导致发动机工作效率的下降,主要体现为耗油率的升高,此时发动机已经处在不健康的状态。

3. 可靠性和耐久性指标不达标

可靠性和耐久性关系到机械部件的寿命问题,若发动机部件的可靠性和耐久性不能够达到设计要求,那么在设计工况下工作,极易出现部件疲劳损坏甚至报废等严重后果。

随着航空发动机不断向高性能参数发展,对部件的工作要求不断提高,对于下一代发动机技术要求更加苛刻。图 2 - 15 分别从下一代发动机的结构特点、工况条件、监测条件和故障机制 4 个方面解析其技术要求。

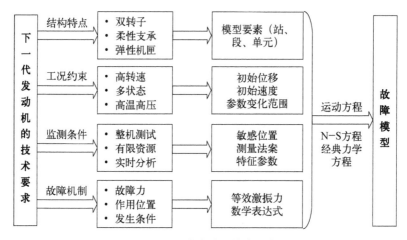

图 2 - 15　下一代发动机技术要求分析

2.2　结构特点及故障风险

从 20 世纪 70 年代初开始,航空发动机的发展不再单纯地追求高性能指标,而是越来越综合考虑包括安全性、经济性、环保性和舒适性等要求。伴随着这些要求的提出以及对推重比等性能指标的更高要求,随之带来的是航空发动机转子结构、支承系统与附件系统的复杂化演变趋势及转子设计的轻柔化趋势。但是,航空发动机经常处在高转速、高变温及交变气动载荷的现实工况下,从而会导致异常振动的突发与多发。因此,如何满足发动机安全性和耐久性的双重需求、保证和提高发动机战备完好率和任务成功率、降低全寿命周期费用,成为结构完整性领域研究人员关注的焦点。其中关键问题之一在于合理分析、识别转子的异常振动,摸清振动产生原因及其参数影响规律,并将其定性总结成工程经验或定量刻画为数学模型,以服务于结构故障的诊断与排除,同时改进转子系统的动力学设计。

2.2.1　发动机结构与单元体

航空发动机主要由转子部分、静子部分和附件传动系统部分构成,如图 2 - 16 所示。

1. 转子部分

1) 压气机转子

压气机用来提高进入发动机内的空气压力,供给发动机工作时所需的压缩空气,也为座舱增压、涡轮散热和飞行器

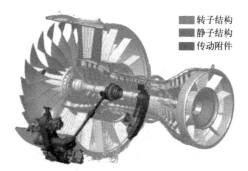

图 2 - 16　航空发动机结构划分

提供压缩空气[8]。

评定压气机性能的主要指标有增压比、效率、外廓尺寸和质量、工作可靠性、制造和维修费用等。对于航空发动机来讲,最重要的指标之一是外廓尺寸,该指标用单位空气质量流量来衡量,即通过发动机单位面积的空气质量流量。

压气机在工作过程中,承受巨大的载荷和气流激振,这就要求压气机在结构设计阶段要满足发动机性能设计提出的各项要求: 性能稳定、稳定工作范围宽;具有足够的强度、适宜的刚度和更小的振动;结构简单、尺寸小、质量小;工作可靠寿命长;可维修性、检测性好。

2) 涡轮转子

涡轮是航空燃气涡轮发动机的重要部件之一,其功用是把高温、高压燃气的部分热能、压力能转化为旋转的机械功,从而带动压气机与其他附件工作。在不同类型发动机中,涡轮功的输出形式不同。与压气机不同,涡轮是依靠燃气做功。

航空燃气涡轮的工作特点是功率大、燃气温度高、转速高、负荷大。航空燃气涡轮是发动机中动力负荷和热负荷较大的部件,其工作环境恶劣,是发动机使用中故障较多的部件之一。

3) 转轴

转轴是连接压气机和涡轮的主要部件,它工作在高转速下,同时传递着巨大的扭矩。转轴的动力学特性依赖转轴的材料、结构尺寸以及加工精度,特别是转子设计得不合理会导致不符合工作状态的临界特性,从而在很大程度上影响转子的稳定性,引起故障。

4) 连接结构

转子间连接结构有可拆卸式和不可拆卸式 2 种。其中,可拆卸式主要包括轴肩加短螺栓式、轴肩加螺栓式、圆弧端齿加长螺栓(中心拉杆)式及圆弧端齿加短螺栓式 4 种;不可拆式主要包括销钉连接式和焊接连接式 2 种。此外,还有轴间联轴器结构。连接结构力学特征稳定性包括两方面: 刚度稳定性和接触状态稳定性。在现代航空发动机整机结构系统设计中,转速的不断提高和结构刚度的不断降低,使得转子的连接结构力学特征稳定性对整机结构系统的动力特性影响越来越显著。连接结构刚度的稳定性主要指连接结构的刚度在装配状态和工作状态发生变化时保持其力学性能稳定的能力,即不会因结构装配公差参数和工作载荷参数的变化使连接结构的刚度发生较大变化,不致引起整机结构系统动力特性的显著差异。影响连接结构弯曲刚度的主要因素有结构特征参数、装配特征参数和载荷特征参数。连接结构接触状态的稳定性,主要是指工作时在交变载荷作用下,连接结构各接触面的接触应力和相对位移保持稳定或在较小范围内变化的能力。只有连接结构的接触状态稳定才不会造成接触面过度的损伤,损伤积累的有效控制可使转子系统的动力特性不发生显著变化。转子连接结构接触状态的不稳定主要表现为产生附加不平衡量和连接刚度损失[9]。

表2-4结合国内外多年来的发动机故障研究现状和工程经验,列出了发动机转子系统的典型故障案例。

表2-4　发动机转子系统典型故障

序号	故障类型	故障部件	故 障 案 例
1	不平衡	转子	涡喷7发动机压气机二级叶片叶尖掉块
2	转-静碰摩	封严装置,叶片与机匣	CFM56-3B1发动机在1992年发生过严重的涡轮叶片尖部磨损事故
3	不对中	转轴	MK202发动机国产化后,由于七支点结构,不对中故障成为最常发生的问题
4	热弯曲、裂纹	转轴	奥林巴斯593发动机曾由于转轴热弯曲振动过大,导致封严环磨损严重
5	旋转失速、喘振	风扇	普惠F100发动机在1973~1980年共发生了547次旋转失速和喘振故障
6	风扇叶片锁紧用的卡环折断	风扇	1990年底,F101发动机连续发生风扇叶片锁紧用的卡环折断,造成风扇叶片脱落
7	叶片颤振	压气机	1994年,英国一架子爵813飞机发生严重喘振,导致发动机空中停车
8	叶片腐蚀、掉块、断裂	涡轮和压气机	1994年8月,装备F100发动机的F-15E战斗机由于发动机低压涡轮叶片断裂而迫降
9	轮盘断裂	轮盘	1988年,Д30KY-154发动机低压涡轮盘发生断裂,严重损坏机身
10	盘腔积液	轮盘	某型发动机在台架试车过程中由于鼓筒内积油,发生自激失稳振动
11	传动销钉孔边裂纹	连接结构	涡喷6发动机曾发生一级涡轮盘擦传动销钉孔边裂纹故障
……	……	……	……

2. 静子部分

1) 机匣

发动机工作时,在转子与静子上作用有各种负荷。其中,部分负荷在零件本身或相邻的零部件中部分抵消,其总的剩余负荷,如推力、剩余扭矩、重力、机动过载等,经过发动机安装节传给飞机。发动机机匣主要承受和传递这些负荷。

为减小发动机质量,充分利用发动机机匣材料,发动机上所有机匣大多包括在静子承力系统之内,甚至温度较高的燃烧室机匣,涡轮机匣也包括在内[10]。但也有发动机,如RB211发动机内部机匣、T3D发动机高压压气机机匣、T8D发动机部分机匣,均制成双层机匣。内机匣仅形成通道及承受本组件的负荷,而由外机匣传递负荷并承受重力、机动过载等主要负荷。

由于机匣与转子间隙较小,极易引发碰摩故障,破坏性较大[11]。此外,机匣作为主要的承力和传力构件,其稳定工作是保证发动机稳定性的关键。

2）燃烧室

燃烧室是发动机中组织燃烧的部件,用来将燃油中的化学能转变为热能,将压气机增压后的高压空气加热到涡轮前允许的温度,以便进入涡轮和排气装置内膨胀做功。

燃烧室是发动机中承受热负荷最大的部件,因而也是易出现故障的部件。燃烧室的故障不仅损坏其自身,而且危及热端部件,甚至危及飞机的安全。燃烧室故障多与燃烧、加热过程密切相关。但是由于燃烧室的工作条件、燃烧过程的组织不同,其故障性质、特点不同。了解这些已经发生过的故障,对正确理解结构设计非常有益。

燃烧室的故障可以划分为受高温热应力引起的故障、机械振动引起的故障、积炭和热腐蚀引起的故障、燃烧过程组织不善引起的故障等。

受高温热应力引起的故障由高温热应力引起,多发生在火焰筒头部、筒身、燃气导管及后安装边等部位。机械振动引起的故障由高周疲劳引起,故障多发生在联焰管上,如联焰管锁扣裂、火焰筒进气孔套松动等。喷嘴头部螺帽松动也是一种较为严重的故障,以上故障均会导致火焰拖长,烧伤、烧毁导向叶片、工作叶片及尾喷管等。积炭和热腐蚀也是高温引起的故障,在局部高温及富油的条件下容易产生积炭,在主燃区里高温燃气容易引起严重腐蚀,积炭及腐蚀对喷嘴影响最大,它们破坏了燃油出口的结构形状,使燃油雾化受阻,火焰拖长,进而烧坏叶片、喷管等。燃烧过程组织不善,会引起燃油与空气不匹配或者分布不均匀,使得燃烧室出口温度场及全台发动机的燃气温度场不均匀,从而影响发动机总体性能,降低试车合格率。

3）反推力装置

为了缩短飞机着陆时的滑跑距离、飞行中的减速并提高飞行的机动性,飞机常采用反推力装置减速,其减速效果明显,着陆时复飞迅速。

反推力装置设计要求：在保证发动机安全正常工作的条件下获得最大的反推力;合理选择排气方向,力求不产生非对称的反推力;反推力装置的构件在高温大负荷的条件下需要工作可靠,因此要了解其故障模式,以便早期的预测与诊断。

4）支承及辐板

发动机支承结构特征主要包括支承方案和支点类型,其力学特性由支承刚度和阻尼表征。一般有刚性支承结构和弹性支承结构,刚性支承结构主要由轴承及其冷却、润滑和封严结构组成;弹性支承结构一般由轴承及其冷却、润滑、封严结构和弹性结构（如挤压油膜阻尼器[12]、鼠笼、弹性环等）组成。支承结构设计依赖综合和复杂的决策,既有技术上的选优,又有设计经验的继承,决策中一些重要的基本原则是必须遵循的。支承结构设计和确定应当充分考虑航空发动机的整机动力特性、转子变形、转静子间隙控制、载荷传递以及结构间振动隔离等多个因素。这里,支承方案指支点的数量和位置。根据支点数目的不同,航空发动机转子系统的支承方案可分为两支点、三支点和多支点。支点类型主要是指采用滚珠轴承或滚棒轴承,以及是否使用中介(轴间)轴承。支承结构按其支承刚度相对于轴弯曲刚度的大小分为刚性支承结构和弹性支承结构。支承结构应有良好的振动隔离性,必要时可通过附加阻尼提高支承结构的振动衰减能力。

结合多年来国内外的发动机故障研究现状和工程经验,列出发动机静子系统典型故障案例,如表 2-5 所示。

表 2-5 静子系统故障列表

序号	故障类型	故障部件	故 障 案 例
1	壁面结垢	进气道	A320 系列飞机曾多次发生进气道结垢故障
2	机匣裂纹	机匣	涡喷 6 发动机后机匣主体裂纹
3	支承松动	支承	2006 年,普惠 PW4000 由于部件松动导致轴承泄漏滑油
4	弹支断裂	鼠笼弹支	2007 年,在地面试验中,试验器前支点弹支裂纹后断裂
5	振荡燃烧	燃烧室	1976~1979 年,多达 25 台涡喷 6 发动机发生振荡燃烧事故
6	积炭、热腐蚀	燃烧室	涡喷 8 发动机,曾出现副喷嘴热腐蚀、积炭事故
7	裂纹、掉块、烧伤	火焰筒	1982 年,F100 发动机共发生 20 余次加力燃烧室烧穿事故
8	隔热衬筒失稳变形	加力燃烧室	F404 发动机 1987 年发生加力燃烧室隔热衬筒失稳变形故障
……	……	……	……

3. 附件传动系统

1)调节系统

航空发动机中设置有多处可调节装置,时刻调节以保证发动机的正常运行和最大工作效率。调节结构包括:进气道斜板板相对位移、高低压整流叶片转角、主动间隙控制、喷口临界截面调节等。在工作过程中,由于传感器测量误差、作动器卡滞或失效、调节不匹配及调节延时等原因,导致调节过程振动增大,甚至产生耦合失稳状况,严重时会损坏发动机。

2)传动副系统

发动机转子与支承之间靠滚动轴承来传递载荷、保持正常运行。这导致轴承承受巨大的轴向和径向载荷,易发生内环剥落、外环划痕和滚动体点蚀等故障。尤其是中介轴承,其工作环境更加恶劣。由于轴承故障信号微弱、故障特征复杂,因此存在极大隐患[13]。

在发动机上,有许多附件需要由涡轮传动,如燃油系统的主泵和增压泵、滑油系统的滑油泵、回油泵、油气分离器和离心通风器等。附件传动装置的功用就是将涡轮的轴功率传递给各个附件,并满足各附件对转速、转向和功率的要求。附件传动装置由附件传动机匣和附件传动机构组成,包括圆柱齿轮系以及各种形式的离合器。如双转子发动机的附件传动装置包括高压转子传动和低压转子传动两部分;传动机构一般由高速齿轮箱(传动低压燃油泵、高压燃油泵、加力泵、滑油泵、喷口滑油泵、高压转速表发电机、燃气涡轮启动机、防喘调节器、燃油流量调节器、加力燃油流量调节器及压比调节器等附件)、低速齿轮箱(传动低压转速表发电机、低压转子转速调节器等)和辅助齿轮箱(传动恒速传动机构、液压泵)三部分组成。目前大涵道比涡扇发动机附件传动机构分为主齿轮箱和角齿轮箱两部分,主齿轮箱用来安装和传动附件,角齿轮箱用于改变传动方向。

　　3) 发动机附件系统

　　发动机中的附件系统包括传动系统、启动系统、供油系统和发电机等。传动系统由中央传动装置、外传动装置和弹性小轴构成,用于输出涡轮功驱动其他附件系统的运行。供油系统由滑油系统和燃油系统等构成,其中滑油系统不断向轴承位置输送滑油,并能通过油液杂质的监测进行故障诊断。

　　结合国内外多年来的发动机故障研究现状和工程经验,针对发动机附件传动系统列出典型故障,如表 2-6 所示。

表 2-6　发动机附件传动系统典型故障

序号	故障类型	故障部件	故 障 案 例
1	齿轮磨损、断裂、压陷	中央传动伞齿	1972 年,涡喷 7 系列发动机液压泵正齿轮压陷剥落导致报废
2	外环划痕、内环剥落、滚动体点蚀	中介轴承	2010~2018 年,Ал-31Ф 发动机连续出现多起因中介轴承损坏造成的转子抱死故障
3	滑油腔起火	轴承	1991 年,JT8D 发动机 4 号、5 号轴承滑油腔起火导致涡轮轴损坏
4	放气机构故障	附件系统	涡喷 8 发动机曾发生离心传感器调整不当引起放气机构故障,导致发动机发生喘振
5	传动杆断裂	附件传动	1981 年,涡喷 8 发动机下传动杆发生断裂故障,导致滑油泵停止工作
6	排油活门卡滞	主燃油泵	涡喷 7 发动机曾发生排油活门卡滞导致气动超温、启动不成功
7	减速器棘爪断裂	启动电机	1988 年,一架配有 АИ-20M 发动机的伊尔 18 启动电机棘爪严重损坏并被磨碎
8	滑油压力下降	过滤器	1993 年,空客 A330 配备的 CFM56 发动机滑油压力下降,导致发动机空中停车
……	……	……	……

2.2.2 支承和传力的特点

1. 支承和传力结构统计

目前,国内外无论军用还是民用的涡喷、涡扇发动机都采用双转子或三转子结构。每一转子都可以选择不同的支承方案,但随着使用经验的积累和交流,结构已基本类似[14]。

发动机转子数目、支点数目及位置如何选择,没有一个固定的模式。各个公司都有自己的设计经验、设计传统和特色。通过对典型的发动机支承方案进行统计,目前已经投入使用的几代发动机的转子支承方案如表 2-7 所示。

在表 2-1 的基础上,统计出目前已投产的双转子涡扇发动机支点数目的比例关系[图 2-17(a)]、低压转子支承方案的比例关系[图 2-17(b)]、高压转子支承方案的比例关系[图 2-17(c)]、同时统计高推比发动机支点数目的比例关系[图 2-17(d)]及高推比发动机低压转子支承方案的比例关系[图 2-17(e)]。

从双转子涡扇发动机统计结果可以看出:以 5 个支点形式较多(占 70%),低压转子大多数采用 1-1-1(占 33%)、0-2-1(占 21%)或 1-2-0(占 17%)三支点支承方案,而高压转子大都采用 1-0-1(占 41%)、1-1-0(占 22%)二支点支承方案或 1-2-0(占 22%)三支点支承方案。

从目前世界先进的推重比 8~12 的涡扇发动机来看,5 个支点支承形式占绝大多数(占 80%),低压转子支承结构形式主要集中在 1-1-1(占 60%)结构,高压转子支承结构形式更是全部采用 1-0-1 结构。这成为逐渐趋同一致的发展趋势。

2. 典型发动机支承方案分析

1) 四支点支承方案

四支点支承方案是双转子发动机支点数目最少的方案,其中典型代表为 JT9D 发动机。图 2-18 为 JT9D 发动机的转子支承方案。低、高压转子各支承在 2 个支点上,低压转子采用 0-1-1 方案,高压转子采用 1-1-0 方案。4 个支点支承于 3 个承力框架上,无中介支点,因而结构简单。但需要有近 3 m 长的低压轴,该轴加工十分困难。另外,在使用中发现低压转子两个点相距太远,转子横向刚性较差,易变形而造成转子与机匣相碰摩,使发动机性能衰减较快。

2) 五支点支承方案

在当今投入使用的许多军、民用双转子涡喷及涡扇发动机中,广泛采用了五支点支承方案,此方案是双转子发动机最典型的结构方案。采用此种支承方案的军用涡喷发动机有 WP7 系列、P29-300;军用涡扇发动机有 F100 系列、F110 系列、F404、PW4000、V2500、CFM56 系列、πC90、GEnx、高推重比的 F119 和 EJ200 等。上述发动机的共同点是支点数目相同,它们的差别仅仅在于高、低压转子支承形式不同,承力机匣的数目不一样。各公司有自己的传统和特点,但相互也有借鉴。

表 2-7 发动机转子数目及支承形式统计

型号	公开图片（量产型号发动机）	类型	研制年份	用途（军、民）	国家	推重比	推力/daN	质量/kg	低压转子支承形式	中压转子支承形式	高压转子支承形式	承力框数目	支点总数	中介支点数
WP6		单转子涡喷	1958	军	中国	4.59	2 549	708.1	—	—	1-2-0	3	3	0
WP7		双转子涡喷	1963	军	中国	5.38	3 825~4 215	1 151	1-2-0	—	0-2-0	3	5	0
WP8		单转子涡喷	1967	军	中国	2.94	7 502	3 230	—	—	1-2-0	3	3	0
P29-300		双转子涡喷	1968	军	苏联	6.5	8 140	1 922	1-2-0	—	0-2-0	3	5	0
Pд-33		双转子涡喷	1970	军	苏联	7.87	4 913	1 055	1-2-0	—	1-0-1	3	5	1

续　表

型号	公开图片（量产型号发动机）	类型	研制年份	用途（军、民）	国家	推重比	推力/daN	质量/kg	低压转子支承形式	中压转子支承形式	高压转子支承形式	承力框数目	支点总数	中介支点数
WP13		双转子涡喷	1978	军	中国	5.54	3 923~4 511	1 235	1-2-0	—	0-2-0	3	5	2
JT3D		涡扇	1957	军、民	美国	4.13	7 562~9 341	1 969	1-3-1	—	1-2-0	4	8	1
JT9D		涡扇	1962	民	美国	5.63	19 350~22 242	4 014	0-1-1	—	1-1-0	3	4	0
WS6		涡扇	1964	军	中国	5.93	7 130~8 350	2 100	1-1-1	—	1-1-0	3	5	1
Spey MK 202		涡扇	1964	军	英	5.05	5 449~5 583	1 842	1-2-1	—	1-2-0	5	7	1

续　表

型号	公开图片（量产型号发动机）	类型	研制年份	用途（军、民）	国家	推重比	推力/daN	质量/kg	低压转子支承形式	中压转子支承形式	高压转子支承形式	承力框数目	支点总数	中介支点数
M53		涡扇	1967	军	法国	6.56	5 440~6 330	1 478	—	—	0−2−1	2	3	0
F100−GE−100		涡扇	1968	军	美国	7.8	6 390~6 520	1 386	1−1−1	—	1−1−0	4	5	1
CFM56		涡扇	1971	军、民	法、美	5.1	8 220~16 000	2 104	0−2−1	—	1−0−1	2	5	0
Д−30K		涡扇	1974	军、民	苏联	4.75	10 400~11 770	2 668	1−2−1	—	1−2−0	4	7	1
F110/F118		涡扇	1976	军	美国	7.07	8 451	1 769	1−1−1	—	1−0−1	3	5	1

续表

型号	公开图片（量产型号发动机）	类型	研制年份	用途（军、民）	国家	推重比	推力/daN	质量/kg	低压转子支承形式	中压转子支承形式	高压转子支承形式	承力框数目	支点总数	中介支点数
Ал-31Ф		涡扇	1976	军	苏联	8.17	7 620	1 530	1-2-1	—	1-0-1	3	6	1
пС90А		涡扇	1979	民	苏联	5.43	15 696	2 950	0-1-1	—	1-2-0	3	5	0
M88		涡扇	1980	军	法国	9	7 116~8 896	850	1-1-1	—	1-0-1	3	5	0
PW4000		涡扇	1982	民	美国	5.5	23 130~37 310	4 264	0-2-1	—	1-1-0	3	5	0
V2500		涡扇	1983	民	多国联合	4.76	9 780~15 543	2 384	0-2-1	—	1-1-0	3	5	0
F119		涡扇	1983	军	美国	>10	9 786	1 360	1-1-1	—	1-0-1	3	5	1

续　表

型号	公开图片（量产型号发动机）	类型	研制年份	用途（军,民）	国家	推重比	推力/daN	质量/kg	低压转子支承形式	中压转子支承形式	高压转子支承形式	承力框数目	支点总数	中介支点数
F414		涡扇	1991	军	美国	9.1	9 780	1 109	1-1-1	—	1-0-1	3	5	1
GEnx		涡扇	1996	民	美国	6	33 300	5 642	0-2-1	—	1-0-1	3	5	0
RB199		三转子涡扇	1969	军	英国	7.78	加力 7 116~8 006	915	0-3-0	0-1-1	1-0-1	3	7	1
RB211		三转子涡扇	1973	民	英国	6.38	22 268~26 720	4 390	0-2-1	1-2-0	1-0-1	4	8	1
Д18T		三转子涡扇	1979	军	苏联	5.72	22 980~29 400	4 100	0-1-1	1-1-0	1-0-1	4	6	1
Trent 1000		三转子涡扇	2004	民	英国	6.3	23 600~37 000	5 409	0-2-1	1-2-0	1-0-1	4	8	1

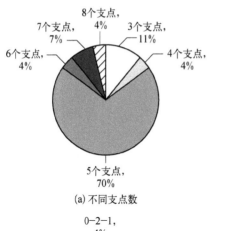

(a) 不同支点数

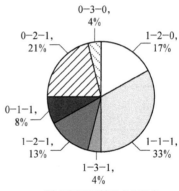

(b) 不同低压转子支承形式

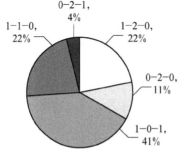
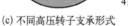

(c) 不同高压转子支承形式

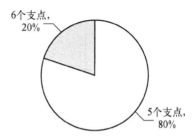

(d) 推重比在8~12的涡扇发动机不同支点数

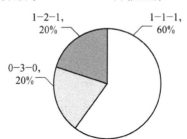

(e) 推重比在8~12的涡扇发动机不同低压转子支承形式对应比例

图 2-17   涡扇发动机不同支承形式的占比

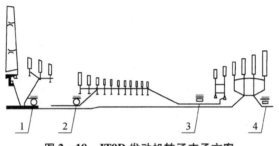

图 2-18   JT9D 发动机转子支承方案

1. 低压压气机后支承；2. 高压压气机前支承；3. 高压涡轮前支承；4. 低压涡轮后支承

图 2-19 为 CFM56 发动机转子支承方案,该发动机 2 个转子支承于 5 个支点上,通过 2 个承力框架将轴承负荷外传,是承力构件最少的发动机。低压转子采用 0-2-1 支承方案,高压转子采用 1-0-1 支承方案。高压转子后支点为中介支点,支承在低压涡轮后轴上。

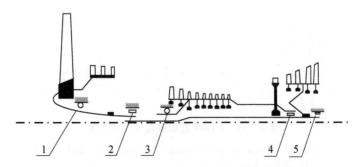

图 2-19 CFM56 发动机转子支承方案

1. 低压压气机后支承;2. 中支承;3. 高压压气机前支承;4. 高压涡轮后支承;5. 低压涡轮后支承

这种将高压转子通过中介轴承支承于低压轴上的设计,是 GE 公司的传统做法。该公司自 F101 发动机开始采用这种支承方案后,F404、F110 以及 CFM56 均继承了这种方案。法国国营航空发动机研究制造公司(SNECMA)发展的 M88 发动机也用了这种方案。苏联研制生产的发动机也广泛地采用这种支承方案,例如,民用发动机 HK8、军用发动机 Pл-33。

由此可见,类似 CFM56 发动机的转子支承方案,由于具有独特的优点,已被广泛应用。但这种支承方案也存在不足:其一,随高压转子转动的中介轴承外环转速很高,膨胀量大,而内环随低压轴转动,转速低得多,膨胀量小,结果是轴承内的游隙增大,易轻载打滑;其二,大直径的高压转子支承于直径小的低压轴上,会因低压转子的振动、变形(与高压转子相比,低压转子更易变形)而影响高压转子的工作。

为防止轴承轻载打滑,在 CFM56 系列发动机中,通过仔细选用较紧的中介轴承装配游隙来保证轴承不出现打滑;而在 HK8、RB199 中则采用将中介轴承内环与高压轴相连、将外环与低压轴相连的支承结构,以减小工作时游隙,避免轴承打滑。为减少低压转子不稳定工作对高压转子的影响,将三支点支承的低压转子采用刚性联轴器联结,但需要提高加工精度。

图 2-20 表示了 EJ200 发动机转子支承方案简图。它的 2 个转子支承于 5 个支点上,通过 2 个承力构件传力,即风扇与高压压气机间的中介机匣(风扇 2 个支点,高压压气机前支点)及高、低压涡轮级间承力构件(2 个转子的后支点),没有中介支点。为了便于滚珠轴承的拆装,高压压气机前滚珠轴承装于特殊的短轴上,再通过圆弧端齿联轴器与转子相连(RB199 也采用此设计)。风扇转子的滚珠轴承

则采用了非常特殊的方法：支承风扇转子的 2 个轴承（前为滚棒轴承、后为滚珠轴承）装于 1 根独特的连接轴上，风扇转子则通过与第 1 级风扇轮盘后端连接的短轴，用套齿联轴器与该轴相连，连接轴的后端与涡轮轴相连。分解时，只需将固定套齿联轴器的大螺帽卸下，风扇转子即可与轴承分离而将轴承留在机匣中。

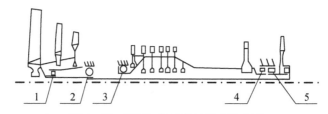

图 2-20　EJ200 发动机转子支承方案

1. 风扇后支承；2. 中支承；3. 高压压气机前支承；4. 高压涡轮后支承；5. 低压涡轮后支承

　　F404、F110、F101 及 M88 这 4 种发动机的转子支承方案基本与 CFM56 相同，只是由于风扇转子是两端支承，而不是像 CFM56 为悬臂支承，因而在风扇前有一支点，即低压转子采用了 1-1-1 式三支点支承方案。由于有风扇前支点，承力构件比 CFM56 多 1 个，即 3 个。图 2-21 给出了 F404 发动机转子支承方案。另外，F404、F110 和 F101 三种发动机的风扇滚珠轴承均固定于中介机匣处，虽然主安装节也是位于中介机匣上的，传力路线最短，但是当风扇后轴偶尔出现折断故障时，风扇转子不一定会保持在发动机中。对此 M88 将滚珠轴承置于风扇转子前端有效避免了风扇甩出发动机。

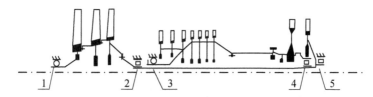

图 2-21　F404 发动机转子支承方案

1. 风扇前支承；2. 风扇后支承；3. 高压压气机前支承；4. 高压涡轮后支承；5. 低压涡轮后支承

　　图 2-22 给出 F100 发动机支承方案。从图中可以看出，它的高压转子采用 1-1-0 支承方案，与 JT9D、PW4000 和 V2500 相同。这是 PW 公司惯用的设计传统。低压转子由于有风扇进口导流叶片，因而采用了 F110 和 F404 等军用发动机惯用的 1-1-1 式三支点支承方案。发动机无中介支点，因而承力构件比采用中介支点的 F110、F404 多 1 个，即 4 个。

　　普惠公司在设计 F119 时，一改以往的做法，采用了 GE 公司在 F110 和 F404

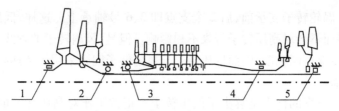

图 2 - 22　F100 发动机支承方案

1. 风扇前支承;2. 风扇后支承;3. 高压压气机前支承;4. 高压涡轮前
支承;5. 低压涡轮后支承

中采用的高压转子 1 - 0 - 1,且后支点用中介轴承的设计;低压转子则采用广泛应用的 1 - 1 - 1 三支点支承方案。图 2 - 23 给出 F119 发动机转子支承方案。另外,需要注意的是,在普惠公司最新设计的 PW8000 中,高压转子也采用了 1 - 0 - 1 支承结构。

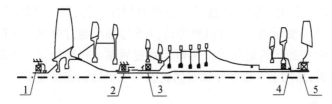

图 2 - 23　F119 发动机支承方案

1. 风扇前支承;2. 风扇后支承;3. 高压压气机前支承;4. 高压涡轮
后支承;5. 低压涡轮后支承

五支点支承方案主要有结构简单、低压轴刚性较好、质量小等优点,被许多军、民用发动机所采用。

3) 六支点支承方案

六支点支承方案可以较好地解决低压转子不正常工作对高压转子造成的影响。采用六支点支承方案的典型代表为 Ал - 31Ф 发动机。

图 2 - 24 为 Ал - 31Ф 发动机转子支承方案,高压转子为 1 - 0 - 1 支承方案,低压转子为 1 - 2 - 1 四支点支承方案,风扇转子支承于 1、2 号支点上,2 号支点为滚

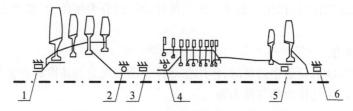

图 2 - 24　Ал - 31Ф 发动机转子支承方案

1. 风扇前支承;2. 风扇后支承;3. 低压转子中支承;4. 高压涡轮前支承;
5. 高压涡轮后支承;6. 低压涡轮后支承

珠轴承;低压涡轮转子支承前、后2个支点即3、6号轴承上。这样,低压涡轮工作条件较好,因而不会对高压转子带来不利影响。但是,风扇转子的轴线很难与低压涡轮转子轴线保持同轴度,因而低压转子与风扇转子间则采用了传递扭矩、轴向力的柔性联轴器。

这种支承方案的优点是解决了低压转子不正常工作对高压转子的影响;缺点是支点数目多、结构复杂、润滑困难且联轴器也较复杂。

4) 七支点支承方案

七支点支承方案是一种支点数目多、承力构件多、比较复杂的支承方案。采用七支点支承方案的典型代表为斯贝(Spey)发动机。

Spey MK 202 发动机转子支承方案如图 2-25 所示。低压转子采用了 1-2-1 四支点支承方案,高压转子为 1-2-0 三支点支承方案,共 7 个支点。其中,低压转子的止推支点(4 号轴承)为中介支点,其负荷通过高压转子、高压转子止推轴承(5 号轴承)传出。各支点的负荷通过 5 个承力构件外传,即 1 号轴承通过进口导流叶片外传;2、3 号轴承通过中介机匣外传;4、5 号轴承通过燃烧室扩散机匣外传;6 号轴承通过 10 根通气管道外传;7 号轴承通过后轴承机匣外传。另外,为了避免低压涡轮轴过长,采用了 1 根中介轴将涡轮轴与风扇后轴连接起来。

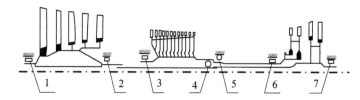

图 2-25　Spey MK 202 发动机转子支承方案

1. 风扇前支承;2. 风扇后支承;3. 高压转子前支承;4. 低压涡轮前支承;
5. 高压压气机后支承;6. 高压涡轮前支承;7. 低压涡轮后支承

此种方案虽有利于提高转子的刚性,但由于轴承多,承力构件多,给安装、维修带来许多困难,同时质量也大,这种方案目前已基本不再采用。

3. 结构受力特点分析

发动机在工作时,作用在部件上的力按性质可以分为气体力、惯性力和热应力3 类。

1) 气体力

气体在发动机管道中流动时,作用在部件表面的压力和速度存在差异,会在这些零部件上产生气体力和气体力矩。

2) 惯性力

发动机上的核心工作部件是转子部件,当转子在高速旋转时,会产生巨大的离心惯性力;当飞机做变速飞行时,零部件会承受巨大的惯性载荷和惯性力矩。

3）热应力

发动机的材料种类繁多,线胀系数存在差异,零部件受热不均匀,在高温高压工作条件下产生巨大的热应力。

按照力的作用特点,发动机结构的受力又可分为 4 种类型:① 常力(如重力和推力等);② 周期力(如不平衡力等);③ 随机力(燃烧爆震,受热不均产生的热应力等);④ 冲击力(如气流激振产生的力等)。

2.3　工作特点及故障风险

发动机在工作过程中具有以下运行的特点:① 运行参量多,包括转速、温度、压力和流量等;② 参量变化范围大,为满足多种飞行任务,需要大范围调节参量以达到飞行要求;③ 油门杆的非线性控制和连续性,油门杆的位置是连续非离散的,它关联着发动机上所有的参量,其控制是典型的非线性控制,在实际的飞行任务中,存在一定的不稳定性。

2.3.1　状态的划分

发动机工作过程中有几个基本工作状态。根据发动机推力和燃油消耗率随转速的变化规律划分,按转速的大小规定了发动机几种基本工作状态:最大、额定、最大连续、巡航和慢车状态。发动机处在不同的工作状态,部件所承受的负荷、发动机推力和燃油消耗率的大小都不同。

1）最大状态(ZD)

在最大工作状态下,发动机的推力为最大,通常发动机的转速和涡轮前燃气温度也为最大。因此,发动机的动力负荷和热负荷都接近其极限允许值。发动机在这一状态下连续工作的时间有严格的限制,一般不超过 5 min。使用中应防止发动机超温和超转。

最大状态一般用于紧急起飞、短跑道起飞、高温及高原机场起飞。飞机复飞时,为了获得最大上升率,也可使用最大状态。

2）额定状态

通常规定推力为最大推力的 90% 时为发动机的额定工作状态。发动机在额定工作状态下,可以较长时间地连续工作,有的发动机对额定工作状态的工作时间存在限制,如 30~60 min,但有的发动机则没有。一般在民航飞机正常起飞或紧急爬升时使用这一工作状态。

3）最大连续状态

这是发动机可长时间连续发出推力 80% 的工作状态,发动机推力约为最大推力的 80%。最大连续状态使用时间不受限制。飞机爬升和大速度平飞时使用这一工作状态。

4）巡航状态

通常规定推力小于或等于最大推力的 70%～75% 时为发动机的巡航工作状态。巡航状态的使用时间不受限制，该状态用于飞机巡航飞行，是最经济、最省油的工作状态。

5）慢车状态（MC）

慢车状态是发动机启动以后能够稳定工作的最小转速工作状态，通常其推力约为最大推力的 5%，燃油消耗率则为最大。由于这一状态下的涡轮前燃气温度也很高，容易引起发动机过热，所以，这一工作状态下允许连续工作的时间也有限制，一般在 5～10 min。慢车工作状态常用于飞机着陆、快速下降、地面滑行及地面检查发动机时。对于涡轴和涡桨发动机，有时存在空中慢车状态。该状态输出功率比地面慢车略大，但对于发动机故障诊断一般可以不做区分。

发动机工作过程在几个状态之间调整。将发动机全状态绘制在一张图表中，可获得发动机基本的特性曲线：转速特性、高度特性和速度特性曲线。

2.3.2　振动随转速的变化规律

转速特性是发动机的基本特性之一。随着发动机状态的不断变化，高、低压转速也根据发动机控制率变化。在转速变化的过程中，振动幅值随之变化。振动幅值随转速的变化规律称为幅频特性。由于转子相位测试困难，相频特性在发动机服役和试车过程中应用不多，但在部件试验中却是重要的动力学特性。

发动机不同转速下的整机振动特性，来源于转子在不平衡力作用下的动力学方程，其数学描述为

$$\ddot{r} + 2D\omega\dot{r} + \omega^2 r = \varepsilon\Omega^2 e^{j\Omega t} \qquad (2-26)$$

不考虑系统的阻尼 D 时，计算转子挠度。作用在转子上的离心力可表示为

$$F = \varepsilon m\Omega^2 \qquad (2-27)$$

式（2-26）中，r 为质心处的挠度值，且

$$r = \frac{\varepsilon(\Omega/\omega_n)}{1-(\Omega/\omega_n)^2} \qquad (2-28)$$

式中，ω_n 为转子系统的固有频率。

图 2-26 是三转子发动机振动峰值变化的结果。从图中看出，当转速开始增加时，转子的 r 随转速增加而增加；当转速达到 ω_n 时，r 突然增大，这时的转速称为临界转速；在越过临界转速之后，r 又开始降低，最终稳定。

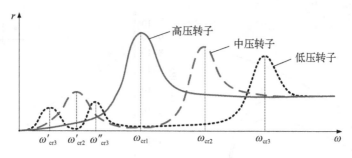

图 2-26　三转子发动机振动峰值

目前发动机设计中所谓的临界转速估算,所计算的都是不平衡离心力作用下的响应。不平衡离心力使转子处于同步正进动(协调正进动),这种临界状态实际上是"正进动临界转速"。但对于双转子结构,特别是对转双转子,每个临界转速处都存在正反向涡动的转子。图 2-27 为同转和对转转子轴纤维的受力循环示意图。同样是旋转一周,轴纤维的受力循环却完全不同。显然,对转转子的受力情况更加恶劣。

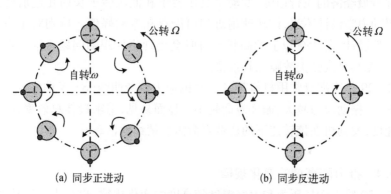

　　　　(a) 同步正进动　　　　　　　　　　　　　(b) 同步反进动

图 2-27　同转和对转转子轴纤维的受力循环对比

振动随转速的变化规律是目前发动机研制过程中重要的设计内容之一。如果转子动力学特性设计不合理,将给发动机的生产、试车和服役埋下安全隐患。

2.3.3　效率随飞行速度的规律

耗油率随飞行 Ma 数的增大而增大,并不意味着发动机的经济性也变差了。衡量发动机经济性的指标应该是发动机的总效率 η_0。在一定的飞行高度下,耗油率与总效率成反比。但是在讨论发动机的飞行速度特性时,飞行速度是改变的。要衡量发动机经济性的好坏,要看 η_0 的高低。

推进效率(η_P)、热力效率(η_ε)和总效率(η_0)随飞行 Ma 数的变化关系如图 2-28 所示。由图可知,随着飞行 Ma 数的增大,推进效率从零增大至极限值 1.0;热力效率随着飞行 Ma 数的增大,先增大后减小,达到某一 Ma 数时,其数值降为零。

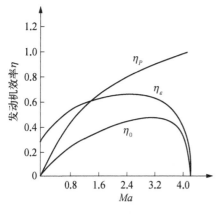

图 2-28　发动机速度特性图

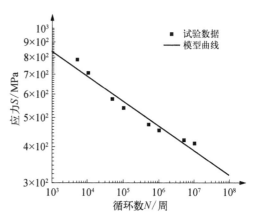

图 2-29　TC4 合金的 $S-N$ 曲线

总效率是推进效率和热效率的乘积。由图 2-28 可以看出,当飞行 Ma 数为某一数值时,总效率最大。也就是说,在这一飞行 Ma 数下,发动机的经济性最好。

为保持最经济的飞行速度,发动机高压转子和低压转子长期在巡航转速下工作。如果动力学设计不当,该转速附近很可能存在振动峰值。特别对于高压转子采用准刚性设计,在 95% 以上的高状态有时会出现临界跟随问题。这一点对于发动机故障,尤其是疲劳类故障尤其重要。

图 2-29 是冷端盘常用材料 TC4 合金的应力疲劳曲线($S-N$ 曲线)[15]。从图中可以看出,振动应力越大,循环寿命越小。显而易见,追求最佳总效率,决定最优的飞行速度,发动机在该转速下的疲劳寿命需要精细地估算。

2.3.4　推力随高度的变化规律

图 2-30 给出大气压力和大气温度随高度的变化规律,也称为高度特性,发动机工作状态受此规律影响。从图 2-30 可以看出,在 11 km 以下,高度增加时,大气压力和大气温度都下降;11 km 以上一定高度范围内,大气温度不随高度而变化,大气压力则随高度增加继续下降,可以看出,大气压力在低高度时变化较快。

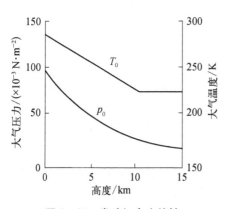

图 2-30　发动机高度特性

分别分析单位推力与空气流量、飞行高度的关系。从地面到 11 km 高度范围内,随着飞行高度升高,大气温度降低,发动机的增压比和单位质量空气的加热量都不断增加,单位推力增大。飞行高度超过 11 km,在一定高度范围内,高度变化时,大气温度保持不变,单位推力不变。另一方面,飞行高度升高,大气压力下降,导致涡轮前燃气压力减小,而涡轮前燃气温度保持不变,所以空气流量减小。在飞行高度小于 11 km 范围内,空气流量减小缓慢;超过 11 km 高度,空气流量减小加剧。

根据上述单位推力和空气流量随飞行高度变化的情形,进一步分析可知推力随高度变化的规律为:在 11 km 以下,高度升高时,空气流量的减小为主要影响因素,推力随飞行高度升高而减小,但单位推力的增加对推力有一定程度的补偿,因此推力随高度减小相对缓慢;在 11 km 以上,单位推力不再增加,推力与空气流量成正比减小。

从高度特性中可以看出:在整个飞行包线内,高压转子推力轴承(3 支点轴承)和低压转子推力轴承(1 支点轴承或 2 支点轴承)的轴向力不断变化,甚至出现轴向力反向的情况。这是由于轴承并不是始终在设计点状态下工作,可能会出现轻载打滑和摩擦的情况。时变负载给轴承等零部件的故障诊断带来了新的挑战。

2.4　监测特点与诊断要求

要做到对具有复杂结构的发动机进行全面的状态监测是十分困难的,这源于发动机特有的检测要求和监测环境影响。发动机的监测特点可归结为:

(1) 需要测量的物理参量较多;

(2) 要求测量精度足够高;

(3) 环境温度、噪声等因素干扰大;

(4) 较多的参量不能被直接测出,需要计算处理得到;

(5) 监测位置不同,对故障识别的敏感程度存在差异;

(6) 机载监测资源有限。

2.4.1　计算机辅助测试的监测系统

图 2-31 为航空发动机振动测试系统总体结构简图。测振系统由测试对象、传感器、在线监测与故障诊断系统和机载测试系统组成[16]。在测试过程中,首先,在航空发动机测点上安装振动传感器;然后,将振动传感器通过电缆与信号调理器、采集卡和计算机相连。这时,航空发动机在线监测与故障诊断系统便完成了与发动机的连接。需要注意的是,航空发动机在线监测与故障诊断系统和航空发动机的连接没有实现转速信号的采集。因此,在测振过程中,需要将航空发动机在线监测与故障诊断系统与机载测试系统并联,实现转速信号的采集;若不能并联,可在各个工况下采用模拟转速,保证振动信号采集的顺利进行。

在航空发动机的试车和使用过程中,发动机的进气机匣截面、中介机匣截面、

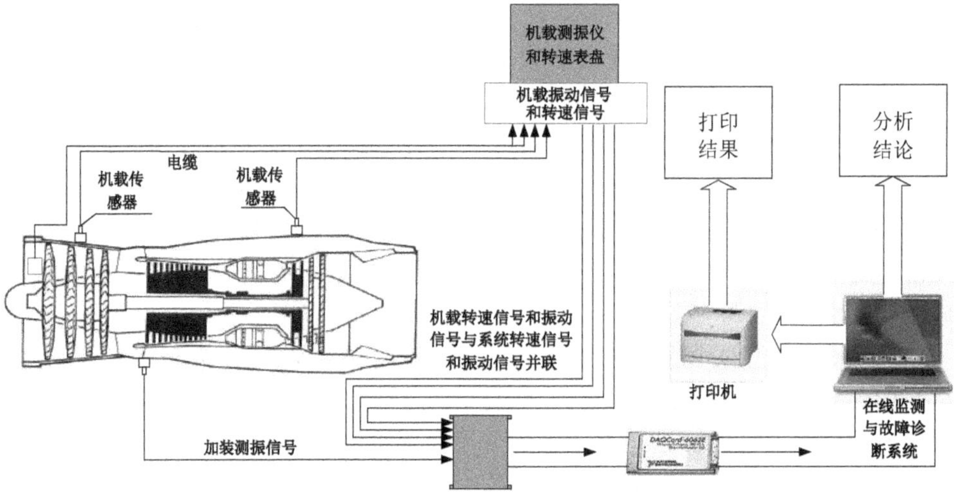

图 2 - 31   测振系统的总体结构简图

涡轮后机匣截面安装有测振传感器。传感器通过数据线与机载测试系统相连,用于监测发动机在各状态下的振动信号,以便判断发动机在各个工况下的工作状态。因此,在振动测试过程中,将机载测试系统的振动信号和转速信号与航空发动机在线监测与故障诊断系统并联,用于航空发动机在线监测与故障诊断系统转速的采集和振动信号的补充,以便测试人员利用航空发动机在线监测与故障诊断系统,对采集得到的振动信号进一步进行数据分析和处理。

2.4.2   发动机数据采集系统

航空发动机状态监测与故障诊断需要利用各种不同的传感器将其运转时的各种物理量转换成电信号以便处理。为了分析、判断航空发动机的工作状态,需要对其振动信号进行数据采集。数据采集通过软、硬件的结合,实现了测量的自动化并提供可分析的数据,使得诸多分析手段得以实现[17]。

信号通常可分为模拟信号和数字信号两类。模拟信号是一种随时间连续变化的信号,一般从传感器获得的信号都是模拟信号,如位移、速度以及加速度等。数字信号由一串离散的数字组成,定期的观察值或模拟信号经过模数转换(A/D)后得到的一串数字就是数字信号。

由于数字信号处理的诸多优点,通常将传感器监测参数的模拟信号转换成数字信号并输入计算机进行进一步分析、处理,这个过程就叫数据采集。

对于航空发动机的振动信号,其激振源主要来自转子系统,呈现出与转子转频相关的周期性特征,需要采用转速触发的采集模式来确保对信号的整周期采样,使得对后续信号的分析更加准确,物理意义更加清晰。

1. 拾取信号

传感器感应物理现象并生成数据采集系统可测量的电信号,是振动测试中的关键器件,使得后续的数据显示、记录以及数字化分析成为可能,是信号采集的基础。

振动测试中常用的传感器包括振动位移传感器、振动速度传感器、振动加速度传感器。下面分别简要介绍这几种常用传感器。

1) 振动位移传感器

非接触式电涡流位移传感器(也称趋近式探头)用来直接测量振动体的相对运动。电涡流传感器的工作原理是基于电涡流效应。传感器内置线圈中通交流电流产生交变磁通 Φ。当被测的物体表面靠近传感器探头时,交变磁通在物体表面感应出电涡流,并随即产生磁通 Φ_e。磁通总是阻碍交变磁通变化,从而改变了线圈中的电感 L。在被测物体材料确定之后,电感的变化就只与距离 δ 的大小有关。通过测量电路把电感随距离的变化转化为电压随距离的变化,再进行线性校正,使得传感器输出电压 U 与距离呈线性关系。

电涡流传感器的优点是:可直接测得转轴的振动;测量频率范围大;测量精度高;可用于测量转速和相位。但同时也具有如下缺点:安装的可达性要求高;需在机器某一部位加工安装孔;被测轴表面的划痕、非圆度以及原始偏移都包含在被测信号之中。不过这些影响可经表面处理和从信号中减去初始偏移而消除,不足是必须提供电源、输出信号中包含一直流偏量,通常为-8 V,会影响测量的灵敏度,需加以补偿。

在航空发动机上,通过测试音轮上的高低齿测量高压转子和低压转子的转速。

2) 振动速度传感器

振动速度传感器是航空发动机上最早应用的测振传感器。早期的振动烈度都是以振动速度作为标准来度量的。振动速度传感器内部安装有一块永久磁铁,永久磁铁支承在刚性很弱的弹簧之上,构成一个自振频率较低(如 5~10 Hz)的弹簧-质量振系。当传感器壳体与被测物体固连之后,固定在壳体上的线圈就发生与被测物体相同的振动。当振动频率高于传感器内弹簧-质量振系自振频率时,质量块(永久磁铁)位移很小,线圈与永久磁铁发生相对运动,切割磁力线,从而在线圈中产生感应电势。感应电势的大小与被测物体的振动速度成正比。经标定之后,输出电压就可反映被测物体的振动速度。

振动速度传感器的可测频率范围一般为 10 Hz~2 kHz。其优点为安装方便,无须提供电源。其局限性是不宜测量过低和过高频率的振动,例如,10 Hz 以下或 2 kHz 以上的振动。附件传动、减速器壳体的振动及叶片激起的振动都可能超过传感器的上界频率。由于传感器中包含有运动的机械部分,因此会有磨损,其灵敏度也会随着使用时间的延长而下降。

3）振动加速度传感器

振动加速度传感器是一种广泛应用的振动传感器。加速度传感器内部装有质量块和压电晶片。质量块随被测物体一起振动,在压电晶片上作用一个动态惯性力,在此力的作用下,压电晶片的极化表面上产生与惯性力成正比的电荷。而惯性力与被测物体的振动加速度成正比。因此,传感器的电荷输出就与被测物体的振动加速度呈线性关系。

利用电荷放大器把电荷输出转化成电压量。值得注意的是,加速度传感器的自振频率远在被测频率之上。一般情况下,可测频率范围应限制在加速度传感器自振频率的30%之内。对于灵敏度较高的加速度传感器,可测频率上限达15 kHz。

加速度传感器的灵敏度很大程度上取决于质量块的质量大小。质量越大,输出越大。高输出对增强传感器的低频可测性尤为重要。但质量增大,传感器的自振频率降低,从而降低可测频率的上限。加速度传感器的优点为:频率范围宽,一体化传感器的频率范围可达1.5 Hz~15 kHz;尺寸小,质量小;将调理电路一体化后,几乎可全部涵盖速度传感器可测的范围和场合。其缺点是:一般情况下,需要信号调理器;低频特性不好;对安装条件特别敏感。

2. 信号调理

航空发动机的振动量通过不同测点布置的传感器转换为相应的电信号,这些信号中包含了大量的有用信息,能反映航空发动机相应的故障特征,但同时也包含了一些不是诊断所需要的噪声和干扰信号。为排除这部分影响,提取有用信息,需要对信号进行调理。

信号调理是指在对信号进行数字处理之前,预先用模拟的方法进行一些处理,使得信号适合数字处理的形式,便于后续的数字处理[17]。信号调理主要包括以下几种手段或电路。

1）放大

放大是最为普遍的信号调理功能。在信号采集过程中,来自传感器的输入信号通常是弱信号,这就要求信号调理电路具有放大功能。放大器对输入信号的幅值进行放大处理,提高分辨率,降低噪声,并将输入信号的幅值调整到与A/D转换器的动态范围相适应的大小,以方便对信号进行下一步的处理。

2）隔离

隔离也是一种常见的信号调理功能。被监测的系统可能产生瞬态的高压,如果不使用信号调理,这种高压会对计算机造成损害。为了避免这种损害,必须将传感器信号与计算机隔离开。使用隔离的另一个原因是为了确保数据采集系统的读数不会受到接地电势差或共模电压的影响。当数据采集系统的输入和所采集的信号不共地时,这两个参考地线之间将产生电势差,这种电势差会产生接地回路,从而使所采集的信号读数产生偏差,如果电势差太大,将会损害系统。采用隔离的信号调理方法能消除接地回路并确保信号被准确地采集。

3) 滤波

滤波器的功能是在所测量的信号中滤除不需要的频率成分,它是一种选频装置,可以使信号中特定的频率成分通过(或阻断),从而极大地衰减(或放大)其他频率成分。利用滤波器的这种选频作用,可以滤除信号中的干扰噪声或进行频谱分析。

滤波器根据选频作用的不同,一般可以分为低通、高通、带通和带阻滤波器。顾名思义,通过低通(或高通)滤波器的信号,在截止频率之前(或之后),频率特性不变,而高于(或低于)截止频率的成分则极大地衰减。带通(或带阻)滤波器,则在 2 个特定频率之间(或之外)频率特性保持不变,它可以使得信号中这 2 个频率之间(或之外)的频率成分几乎不受衰减地通过,而其他成分受到极大的衰减。如噪声滤波器,往往就是利用低通滤波器的性质,滤除信号中的高频噪声成分。图 2 - 32 表示了 4 种滤波器的幅频特性。

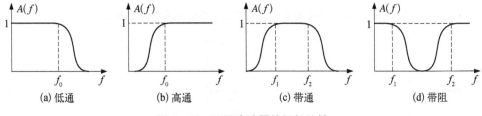

图 2 - 32　不同滤波器的幅频特性

像航空发动机振动信号这样的交流信号,常常需要用到抗频混滤波器。像噪声滤波器一样,抗频混滤波器也是一种低通滤波器。这种滤波器有一个非常陡的截止速率,因而可以滤除信号中几乎所有高于采集卡输入波段的高频干扰信号。如果这些频率没有被滤除,它们将会作为信号错误地出现在采集卡输入频带中。

4) 去除直流量

许多信号中都混有较大的直流成分,如前面提到的电涡流位移传感器,这会造成信号超出 A/D 转换的动态范围,对故障诊断没有任何意义。因此,需要隔直电路将被分析信号中的直流分量滤除。

设原始数据采样序列为 $x(n)$,经过隔直电路去除直流量后为 $x'(n)$,则有

$$x'(n) = x(n) - \bar{x}(n) \tag{2-29}$$

式中,$\bar{x}(n)$ 为原始序列的平均值,即

$$\bar{x}(n) = \frac{1}{n} \sum_1^n x(n) \tag{2-30}$$

图 2 - 33 和图 2 - 34 分别是某转子系统的实测数据去除直流量前后的对比。

从图 2 - 33 时域波形可以明显看出,原始数据中包含有直流量成分,去除直流量后时域波形回到零中心位置。对去除直流量前后的数据进行傅里叶变换并进行频谱分析,得到相应的频谱分别如图 2 - 34(a)和图 2 - 34(b),其中图 2 - 34(a)的频谱里有 1 个明显的直流量成分,而去除直流量后的频谱里此直流量成分已被滤掉,其他频谱成分保持不变。

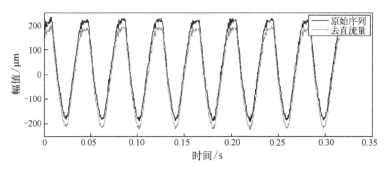

图 2 - 33　原始数据去除直流量前后时域波形对比曲线

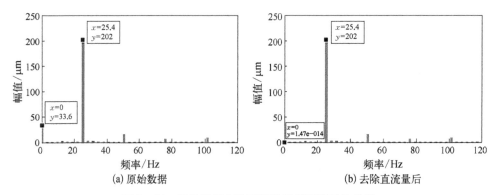

(a) 原始数据　　　　　　　(b) 去除直流量后

图 2 - 34　原始数据去除直流量前后频谱对比曲线

5) 供电

某些传感器工作时需要由电源供电,如电涡流位移传感器、光电传感器等,而应变片则需要 1 个完备的桥式电路及电源。

3. A/D 转换

A/D 转换器即模拟数字转换器,它将模拟量或连续变化的量进行量化,转换为相应的数字量。信号采集系统的性能指标(精度、采样速度等)主要由 A/D 转换器来决定。

围绕 A/D 转换器还有下面几部分电路。

1) 采样保持电路

采样保持电路在 A/D 转换器之前,是为了保证 A/D 转换期间输入信号不变而设置的。在 A/D 转换器完成一次转换所需要的时间里,希望 A/D 转换器的输入端电压保持不变,因此设置了采样保持电路。采样保持电路对系统的精度有决定性的影响。

2）触发系统

触发系统决定了采样的起始点,如同发令员一样,许多数据采集的过程需要 1 个外部事件来触发采集过程的开始。如发动机转速触发的采集方式,就是利用触发系统保持了对信号的整周期采样。

3）控制器

控制器对多通道数据采集进行控制。控制 A/D 转换器的工作状态为顺序采样或同步采样,如图 2-35 所示。当多路信号同时进行采样时,如果多路开关以某一频率轮换将各个通道连入 A/D 转换器以获取信号,则这种采样方式叫做顺序采样。如图 2-35(a)所示,2 个通道共用 1 个采样保持电路和 A/D 转换器。图 2-35(b)所示为同步采样,支持这种方式的数据采集设备,其每个通道一般使用独立的采样保持电路,经过 1 个多路开关分别将不同的通道接入 A/D 转换器。

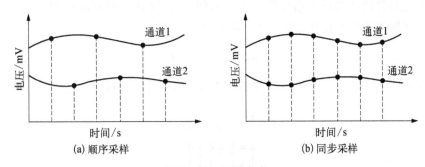

图 2-35 采样方式

A/D 转换器的主要技术指标有分辨率、精度和转换时间等。分辨率表示 A/D 转换器对输入信号的分辨能力,即 A/D 转换器可以分辨输入信号的最小变化量。理论上说,n 位输出的 A/D 转换器能区分 $2n$ 个不同等级的输入模拟电压。精度表示 A/D 转换器实际输出的数字量和理论输出的数字量之差。转换时间表示从转换控制信号到来开始,直到输出端得到稳定数字信号所经过的时间,其间需要完成采样、量化和编码等工作。

如图 2-36 所示,A/D 转换过程主要包括采样、量化与编码 3 个组成部分。整个过程首先使得模拟信号在时间上离散化,然后将所得到的离散幅值经过舍入或截尾的方法变换为与输入量成比例的二进制数码。

4. 采样

采样也称为抽样,是按照采样脉冲序列从连续信号 $x(t)$ 中抽取一系列离散样值,使之成为采样信号 $x_{\rm S}(n\Delta t)$ 的过程。脉冲序列的脉冲间隔 Δt 称为采样间隔,采样间隔的倒数 $1/\Delta t$ 叫做采样频率,即单位时间内的采样次数,通常用 $f_{\rm S}$ 表示。采

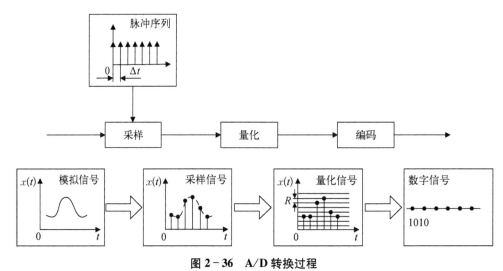

图 2 - 36   A/D 转换过程

样实质上是将连续的模拟信号按一定的时间间隔 Δt 逐点取其瞬时值。它可以描述为采样脉冲序列与模拟信号 $x(t)$ 相乘的结果,即

$$x_S(n\Delta t) = x(t)p(t) \tag{2-31}$$

图 2 - 37 表示了从模拟信号得到采样信号的采样工作过程。

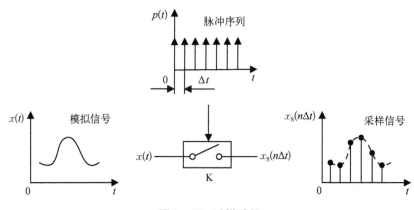

图 2 - 37   采样过程

5. 量化

量化,又叫幅值量化,把采样信号经过舍入或截尾的方法变为只有有限个有效数字的数,这一过程叫做量化。

若取信号可能出现的最大幅值 X,令其在幅值上分为 N 个间隔,则每个间隔的长度 $R = X/N$ 称为量化步长。当采样间隔落在某一个小间隔内,经过舍入或截尾处理变为有限值,则产生量化误差。量化误差呈等概率分布。舍入量化时,最大量化误差为±0.5R,见图 2-38(a);截尾量化时,最大量化误差为 R,见图 2-38(b)。量化步长 R 越大,量化误差越大。量化步长的大小一般取决于 A/D 转换器的位数,其位数越高,量化步长越小,量化误差也越小。

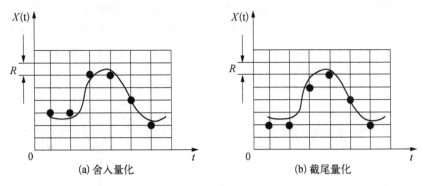

图 2-38　量化过程

6. 编码

将离散幅值经过量化以后变为二进制数字称为编码,即对十进制的数值进行二进制变换,如:

$$X = \sum_{n}^{m} a_i 2^i \qquad (2-32)$$

式中,a_i 取值"0"或"1",即为二进制数第 i 位的二进制编码。连续的模拟信号经过上述变换以后,即成为时间上离散、幅值上量化的数字信号,进一步送往计算机就可以进行数字信号处理[18]。

2.4.3　最高分析频率需求分析

香农采样定理指出,如果原始信号中最高频率成分的频率小于采样频率的二分之一,那么此时,这些离散的采样点能够完全表示原始信号。

采样的基本问题是如何确定合理的采样间隔 Δt 以及采样长度 T,以保证采样得到的数字信号尽可能真实地代表原始连续信号 $x(t)$。

香农采样定理实际上涉及了 3 个主要条件,即采样间隔、采样长度和采样点数 N[18]。当确定其中 2 个条件后,第 3 个条件自动形成。例如,采样间隔以及采样长度确定后,则采样点数 $N = T \cdot f_s$。分析可以得出以下 3 条规律:① 采样频率 f_s 决定最高分析频率 f_c;② 采样长度决定频率分辨率 Δf;③ 采样点数决定傅里叶分析频率线数。

下面详细说明采样间隔和采样长度对采集到的信号频谱分析的影响。

1. 采样间隔

一般来说,一段时间内采样点数越多($N = T/\Delta t$),采样点越密,采样频率($f_s =$

1/Δt) 越高,则所获得的数字信号就能越真实地反映原始信号。但是,当采样长度确定后,采样频率越高,采样点数越多,数据量就越大,所需的计算机存储量和计算量就越大;相反,如果采样频率太低,就会丢失原始信号的信息,或歪曲原始信号。也就是说,当需要分析高频信号时,就需要更高的采样频率,使其符合香农采样定理的需要,否则就会发生频率混淆。图 2 - 39(a)中,采样频率合适,采样获得的信号与原始信号相同;图 2 - 39(b)中,采样频率过低,发生了频率混淆,采样获得的信号已经不是原始信号了。

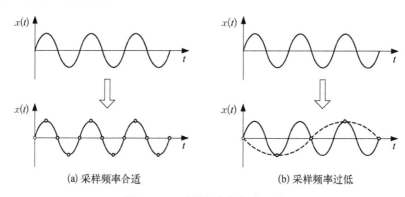

(a) 采样频率合适　　　　　　　　(b) 采样频率过低

图 2 - 39　采样频率与频率混淆

信号的傅里叶变换可以从另一个角度来理解频率混淆的机制。原始信号经过采样后,采样信号频谱将发生变化,从而出现高、低频成分发生混淆的现象[19]。

下面进行数值仿真以说明频率混淆是如何产生的。假设某一转子的工作转速为 3 000 r/min,即 50 Hz,其振动特征为转速基频的 1、2、3 阶(50 Hz、100 Hz、150 Hz)比较突出,幅值分别为 100 μm、200 μm、300 μm,其中混以符合正态分布的随机噪声生成仿真信号。信号时域波形如图 2 - 40 所示。

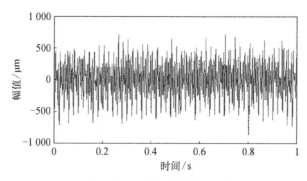

图 2 - 40　仿真信号时域波形

现在分别以采样频率 512 Hz、256 Hz、128 Hz 及 64 Hz 进行采样,采集数据长度均为 1 s。采集信号时域波形及频谱分别如图 2 - 41(a)~图 2 - 41(d)所示。

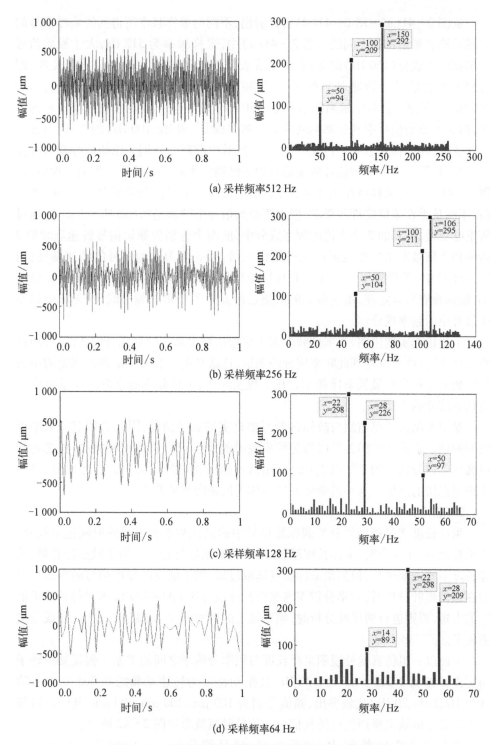

(a) 采样频率512 Hz

(b) 采样频率256 Hz

(c) 采样频率128 Hz

(d) 采样频率64 Hz

图 2-41　不同采样频率采样下的时域波形及频谱分析

从图 2-41(a)~图 2-41(d)可以看出,不同的采样频率所得到的采样信号的时域波形和频谱都是不同的。图 2-41(a)中,采样频率为 512 Hz,大于原始信号中最高频率成分(150 Hz)的 2 倍,满足香农采样定理的要求,通过傅里叶变换,即得到了原始信号中转速基频的 1~3 阶频率成分;图 2-41(b)中,采样频率为 256 Hz,小于原始信号中最高频率成分(150 Hz)的 2 倍,不满足香农采样定理的要求,但大于原始信号中转速基频的前 2 阶频率成分(50 Hz、100 Hz)的 2 倍,通过傅里叶变换,同样得到了 3 个占优的频率成分,其中前两个分别为原始信号转速基频的前 2 阶,第 3 个为原始信号转速基频的 3 倍频发生频率混淆所产生的错误频谱;图 2-41(c)中,采样频率为 128 Hz,小于原始信号中最高频率成分(150 Hz)的 2 倍,不满足香农采样定理的要求,但大于原始信号中转速基频(50 Hz)的 2 倍,通过傅里叶变换,得到的 3 个占优的频率成分中,前两个分别为原始信号转速基频的 2 倍频和 3 倍频发生频率混淆产生的错误频谱,第 3 个为原始信号的转速基频;图 2-41(d)中,采样频率为 64 Hz,它比原始信号中最低频率成分(50 Hz)的 2 倍还小,根据香农采样定理,由它得到的频谱已经发生了严重的频率混淆,无法得到原始信号中的频率成分。

上述仿真实例说明,当采样频率大于原始信号中某一频率成分的 2 倍时,通过傅里叶变换,就可以得到此频率成分的频谱,这就是由香农采样定理所规定的不丢失原始信号信息的最低采样频率。在工程实际中,采样频率通常取大于信号中最高频率成分的 3~5 倍。

航空发动机状态监测与故障诊断需要真实的数字信号,因此必须解决频率混淆的问题。下面 2 种措施可以避免频率混淆的发生: ① 提高采样频率,使之达到最高频率成分频率的 2 倍以上; ② 利用低通滤波器滤掉不必要的高频成分,以防止频率混淆的产生。这种低通滤波器也称为抗频混滤波器。

2. 采样长度

采样长度 T 是指能够分析到原始信号中的最低频率所需要的时间记录长度。当采样间隔 Δt 一定时,采样长度越长,采集的数据量就越大。为了减少计算量,采样长度不宜选取过长,但如果采样长度选取过短,则不能反映原始信号的全貌。因为在做傅里叶分析时,频率分辨率与采样长度成反比($\Delta f = 1/T$),即采样长度不能取的太短,否则进行傅里叶分析时,频率轴上的频率间隔 Δf 太大,一些低频成分就丢失了。

下面以一组仿真信号说明采样长度与频率分辨率之间的关系。假设某一转子的工作转速为 1 200 r/min,即 20 Hz,其振动特征为转速基频的 0.005、0.1、1 阶(0.1 Hz、2 Hz、20 Hz)比较突出,幅值分别为 100 μm、200 μm、300 μm,其中混以符合正态分布的随机噪声生成仿真信号。信号时域波形如图 2-42 所示。

现在以采样频率 64 Hz 进行采样,已足够分析信号中的最高频率成分

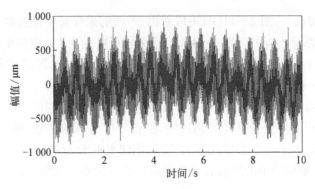

图 2-42　仿真信号时域波形

（20 Hz），采集数据长度分别为 0.1 s、1 s、10 s。采集信号时域波形及频谱分别如图 2-43(a)~图 2-43(c)所示。

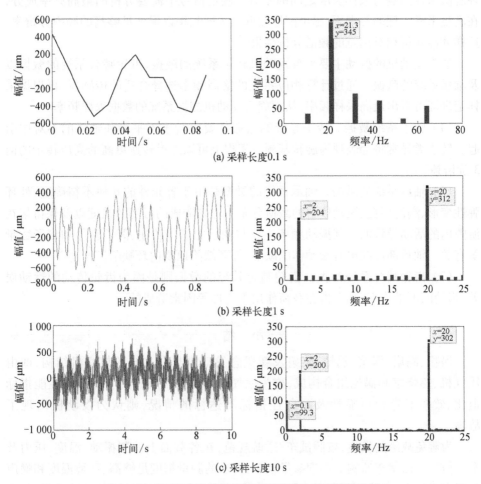

图 2-43　不同采样长度采样下的时域波形及频谱分析

从图 2-43(a)~图 2-43(c)可以看出,不同的采样长度得到的采样信号其时域波形和频谱都是不同的。图 2-43(a)中采样长度为 0.1 s,则傅里叶分析的频率分辨率为 1/0.1=10 Hz,仅得到了原信号中最高频率成分,即转速基频的 1 倍频(20 Hz);图 2-43(b)中采样长度为 1 s,则傅里叶分析的频率分辨率为 1/1=1 Hz,由频谱图可以看出,傅里叶分析得到了原始信号中转速基频的 0.1 阶(2 Hz)和 1 倍频(20 Hz),但仍然由于采样时间过短,没有分析出原始信号中的最低频率成分(0.1 Hz);图 2-43(c)中采样长度为 10 s,则傅里叶分析的频率分辨率为 1/10=0.1 Hz,满足原始信号中的所有有效频率成分的分析要求,因此获得的频谱分析图最为真实。

3. 采样参数综合设置

基于以上 2 个小节的分析,对于航空发动机振动数据的采集,需要综合考虑合理解决采样间隔与采样长度之间的矛盾。确定信号中需要分析的最高频率成分,在满足采样定理的要求下,尽可能取较低的采样频率以保证足够高的频率分辨率,这样才能获得相对满意的频谱分析结果[19]。

通常发动机的振动主要来自发动机转子系统的激振、齿轮啮合系统的激振以及轴承系统的激振。通过计算相应系统的最高频率选择合适的传感器,再根据采样定理即可得出最高采样频率,从而确定发动机测振系统的数据采样频率。

(1)转子系统激振。转子系统的激振主要由转子不平衡和轴系的不对中引起。转子类异常将会表现为旋转基频。工程上可以选择转速更高的高压转子的前 3 阶倍频。

(2)轴承系统的激振。轴承系统的激振是由于各元件的几何不精确度、外环弹性变形、润滑不良、滚动体上的载荷分布不均匀造成的可变的柔度以及保持架在游隙内的活动导致的。其振动频率主要与轴承的工作转速、滚子直径和滚子数量等有关。轴承部件缺陷有滚动体的缺陷、外环缺陷以及内环缺陷。

(3)齿轮啮合系统激振。齿轮啮合系统的激振则是因为齿轮传动的运动误差、齿轮的不平均度、啮合齿在载荷作用下变形等因素造成的。

小　结

涡喷、涡扇、涡桨、涡轴、桨扇及新概念发动机具有共同的核心机结构,即由压气机、燃烧室和涡轮组合构成,称为燃气发生器。当燃气发生器出现性能指标退化、效率下降和可靠性及耐久性指标不达标的情况,则认为发动机出现了故障。

为避免故障的发生,按照试车/适航规范,在各截面上监测振动、温度、压力及滑油信号。而状态监测的物理参量较多、要求的测量精度足够高、环境温度和噪声等因素干扰大、机载监测资源有限,且有实时性要求,这些都给监测参数选择、测点位置布置及采样率设置等问题提出特殊的要求。

参考文献

[1]　陈光,洪杰,马艳红.航空发动机结构[M].北京:北京航空航天大学出版社,2010.

[2]　刘长福,邓明.航空发动机结构分析[M].西安:西北工业大学出版社,2006.

[3]　吕鸿雁,郝建平.航空动力装置[M].北京:清华大学出版社,2017.

[4]　Younossi O, Arena M V, Moore R M, et al. Military jet engine acquisition: technology basics and cost-estimating methodology [R]. Rand Corp Santa Monica Ca, 2002.

[5]　杨士杰,吕文林.航空涡喷、涡扇发动机结构设计准则[R].中国航空工业总公司发动机系统工程局,1997.

[6]　Liu S, Qiao H. Topology optimization of continuum structures with different tensile and compressive properties in bridge layout design [J]. Structure and Multidisciplinary Optimization, 2011, 43(3): 369 - 380.

[7]　廉筱纯.航空发动机原理[M].西安:西北工业大学出版社,2005.

[8]　李超,金福艺,张卫浩.航空发动机转子结构布局优化设计方法[J].北京航空航天大学学报,2019,45(2):266 - 276.

[9]　付才高,郑大平.航空发动机设计手册:转子动力学及整机振动:第 19 册[M].北京:航空工业出版社,2000.

[10]　高希光,刘兴国,张华军,等.涡扇发动机涡轮后框架结构/材料一体化优化设计方法[J].航空动力学报,2013,28(10):2174 - 2180.

[11]　袁惠群,贺威,韩清凯.发动机双转子-机匣耦合系统碰摩故障分析[J].航空动力学报,2011,26(11):2401 - 2408.

[12]　Cooper S. Preliminary investigation of oil films for the control of vibration: S. Cooper, Rolls Royce Ltd, Derby [J]. Wear, 1963, 6(6): 496.

[13]　焦育洁,马美玲.航空发动机主轴轴承的结构分析及参数选取[J].轴承,2006(3):1 - 3.

[14]　郭淑芬,贾波,陈军.航空发动机结构方案 CAD 系统[J].航空发动机,1997(4):1 - 5.

[15]　周楠.航空发动机轮盘标准载荷谱编制方法研究[D].南京:南京航空航天大学,2010.

[16]　张宝诚.航空发动机试验和测试技术[M].北京:北京航空航天大学出版社,2005.

[17]　杨伸记,廖明夫,赵旭民.旋转机械状态监测与故障诊断系统[J].测控技术,2000,19(1):56 - 58.

[18]　Proakis J G, Manolakis D G. 数字信号处理[M].北京:电子工业出版社,2014.

[19]　廖明夫,杨伸记.火箭发动机涡轮泵振动信号的同步整周期采集[J].导弹与航天运载技术,2003(5):10 - 14.

第 3 章
航空发动机振动监测

本章关键词：

整机振动	（body vibration）	信号积分	（signal integral）
振动限制值	（vibration limit）	信号微分	（signal differential）
传感器位置	（sensor placement）	加速度	（acceleration）
机载测点	（airborne measuring point）	速度	（velocity）
特征参数	（characteristic parameter）	位移	（displacement）

发动机振动参数是发动机适航及飞行过程中必须监测的参数之一。航空发动机适航标准与联邦航空条例中均规定：每型发动机的设计和构造，在其申报的整个飞行包线内及转速和功率范围内，在任何发动机零件中不应该因为振动引起过大应力（CCAR-33.63/FAR-33.63）。同时，CCAR-33.83 与 FAR-33.83 中还规定：必须对航空发动机进行振动测试以评估各种工作条件对发动机振动特性的影响，并能保证故障引起的振动响应不会导致危险。强制监测振动的原因是约 75% 的结构故障能够在振动信号中反映出来，同时振动所引发的高循环疲劳问题也时刻给发动机带来安全性的隐患。精准的振动测量成为保驾护航的前提手段。与温度、压力和推力等监测参数相比，振动是个快变量，而整机振动测量方式又大大降低了信号的信噪比。因此需要细致的设计测量方案，依据科学的理论指导振动传感器选择、测点位置布置及特征参数表征，方能有效地监测发动机故障。

3.1 整机振动的振源

3.1.1 整机振动超标的原因

激起发动机振动异常的原因相当复杂。按所激起的振动本身的性质可分为强迫振动与自激振动；按激振源的物理性质划分，有结构激振、流体激振、燃烧爆震和声学激振等；按激振源与发动机部件工作状态的关系可分为：与转速有关的振源(如转子源、叶片源、齿轮源、轴承源等)和与转速无关的振源(如压气机喘振、振荡燃烧、机匣局部共振等)[1]。最后一种划分方法看似宽泛,但却清楚地指出了振动的原因,把振动超标和振源直接联系起来。所以,本书采用这种分类方法。

进一步细分,转子类故障激振原因包括转子不平衡、转子不对中、转子与静子碰摩、轴裂纹等。静子机匣故障激振原因包括静子叶片振动、弹支断裂、支板裂纹、机匣局部共振等。传动系统故障激振原因包括轴承故障[2]、减速器故障。另外其他系统故障也可导致振动超标,如控制系统、滑油系统等故障[3]。图3-1给出了航空发动机的激振源。

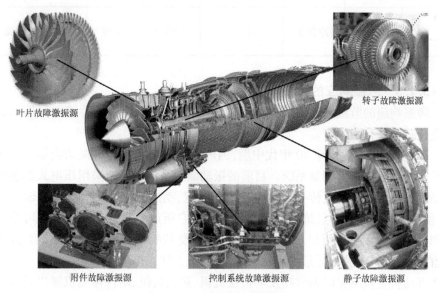

叶片故障激振源

转子故障激振源

附件故障激振源

控制系统故障激振源

静子故障激振源

图3-1 航空发动机激振源

3.1.2 激振源的类型

航空发动机振动故障原因各异,表现出不同的力学特征(见表3-1),可以分为以下4类。

(1)定常激振源:如重力和推力等。

(2)周期激振源:如不平衡力等转频的倍频。齿轮传动的运动误差、齿轮的不均匀度、啮合齿在载荷作用下的变形等产生高频激振源,引起发动机在一个较宽频率范围内的振动。

(3)随机激振源:气流场的不均匀、气流的强烈扰动、进气及燃烧过程等均会产生较大的激振力,引起发动机叶片和薄壁结构的强烈振动。

(4)冲击激振源:因燃烧爆震,受热不均产生的连接状态突变、叶片掉角等。

表 3 - 1 航空发动机激振源特点

时 域 波 形		受 力 类 型	产 生 原 因	典型受力单元体
	常力	重力 离心力 推力	叶片和传动链质量 转子旋转 气流流速	盘、轴 盘、轴 叶片
	周期力	质量不平衡 不对中	平衡工艺 装配工艺	盘 支点
	随机力	随机激振力	爆震燃烧	燃烧室 加力燃烧室
	冲击力	气动力	叶片对气流的干扰	压气机和涡轮

3.1.3 激振响应的监测方法

激振响应的监测可以采用涡流式位移传感器、磁电式速度传感器和压电式加速度传感器进行测量[4]。

20 世纪 50 年代末至 80 年代中期,国内外航空发动机整机振动测量系统大部分是采用磁电式速度测量系统。目前的振动测量系统则普遍采用压电式加速度测量系统。压电式加速度传感器频率响应范围宽、动态范围大、性能稳定、输出线性好、使用温度范围宽并且抗外磁干扰能力强。它所产生的信号通过积分可给出速度和位移信息。相对而言,涡流式位移传感器受频响范围和非接触测量方式的影响,在发动机整机振动测量上应用有限,反而成为转速信号测量的首选。

发动机整机测振时通常在发动机压气机、涡轮机匣、附件传动机匣以及某些内部结构上安装振动传感器。在发动机机匣与附件传动机匣适当之处应装有托架和安装节[5],以确定 3 个互相垂直平面内的振动。必要时对特殊发动机可规定外部或内部的附加位置。靠近发动机主安装节处,振幅较小并接近于发动机重心振幅值,能较真实地反映整机振动。压气机机匣部位和涡轮部位测得的振动主要标志压气机转子和涡轮转子的不平衡量。

3.1.4 振动监测特征量

描述振动的物理量有振动位移、振动速度和振动加速度。

在低频范围内,用振幅(位移)作振动指示参数比较敏感;在高频范围内,用加速度作指示参数比较敏感;而振动速度在相当宽的频段上保持不变,振动速度标志着振动的能量和最大振动应力的量值。

发动机试验中,常用过载系数 K 值来表示整个发动机的振动量级,它是发动机工作时整机重心的最大振动加速度与重力加速度之比[6]。主要是转子源激振时,其加速度最值 $a = A\omega^2$,振动全幅值 PP = 2A,发动机的振动频率 $f = \omega/2\pi = n_s$,单位为每秒转速,则:

$$K = \frac{a}{g} = \frac{(2\pi f)^2 A}{g} = \frac{Sn_s^2}{500} \qquad (3-1)$$

发动机通用规范中规定,振动测量时要进行振动速度和振动加速度分析,加速度直接反映物体所受的惯性力和外传振动力,可以用来判断发动机中一些零件的故障。

3.1.5　振动限制值

发动机故障判断依据通常是振动的位移、速度或加速度的最大值,或者振动幅值突升(或突降)最大值以及有规律的周期性波动的最大幅值。

最大相对位移 S_{max} 可能引起机匣碰着转子而卡住导致折断、变形。一些大涵道比发动机的风扇部位监控振动的标准判据用位移 s 来表示。

最大加速度 a_{max} 表征振动的最大惯性力。惯性力过大可能引起转子轴颈油膜被挤破坏,进而轴承逐步被破坏,最终连接处接头开裂导致开关、导线的电位计、继电器等工作不正常。

速度 v 是最好的故障判据。更广泛地应用振动速度信号可以改进发动机的状况分析和简化搜索系统。把位移和加速度限制量分别换算成速度,可以发现其值非常接近,基本为 40~60 mm/s。速度反映系统振动能量的大小,并且振动应力也是速度的函数。

在幅值限制标准中,振动总量和主要频率分量分别有相应标准。当总量超标时,再对振动进行分频,查找激振源,解决振动超标问题。表 3-2 列出了几种典型发动机振动测量与限制值[4]。

表 3-2　典型发动机振动测量及限制值

机种	发动机类型	所装飞机	最大转速/ (r·min⁻¹)	感受参数	振动限制值 PP,速度 v,加速度 a
WP-6	单转子	歼 6	11 150	g	压气机 3.5g
WP-7	双转子	歼 7	$n_1 = 11\,150$ $n_2 = 11\,420$	g	压气机机匣 4g,涡轮外环 6g
J79	单转子	F4	7 460	$v \rightarrow$ (PP)	台架 2.91 mm(0.114 5 in) 机载 3.87 mm(0.152 2 in)
R11Φ-300	双转子	米格-23	$n_1 = 8\,550$ $n_2 = 11\,700$	v	涡轮外环 50 mm/s

续　表

机种	发动机类型	所装飞机	最大转速/(r·min⁻¹)	感受参数	振动限制值 PP,速度 v,加速度 a
JT3D	双转子	波音-707	$n_1 = 6\ 350$ $n_2 = 9\ 750$	$v \rightarrow (\text{PP})$	进气机匣 1.94 mm(0.076 2 in) 扩散机匣 1.94 mm(0.076 2 in) 涡轮外环 2.58 mm(0.101 6 in)
Spey	双转子	三叉戟	$n_1 = 8\ 950$ $n_2 = 12\ 500$	$v \rightarrow (\text{PP})$	台架 1.29 mm(0.050 8 in) 机载 2.58 mm(0.101 6 in)
JT9D	涡扇	波音-747		$g \rightarrow (v)$	38.1 mm/s(1.5 in/s) 18.48 mm/s(1.2 in/s)
CFM56	涡扇	DC-9 波音-747	$n_1 = 5\ 157$ $n_2 = 14\ 460$	$g \rightarrow (v)$	峰值 20.8 mm/s(2.0 in/s)
HK-8	涡扇	伊尔-62	$n_1 = 5\ 640$ $n_2 = 7\ 400$	v	机载,爬高 60 mm/s 地面及平飞 40 mm/s
AЛ-31Ф	涡扇	SU-27	$n_1 = 5\ 157$ $n_2 = 14\ 460$	v	前机匣 55 mm/s 中介机匣 40 mm/s 涡轮机匣 40 mm/s

3.2　振动信号的积分和微分变换

发动机的振动监测特征量和所装备的传感器类型并不统一,这就需要对振动信号进行积分和微分变换[7]。振动位移、振动速度和振动加速度在数学上是微积分关系,如图 3-2 所示。

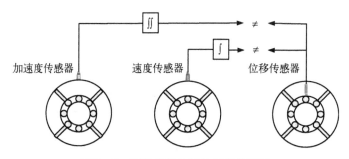

图 3-2　不同信号的积分与微分关系

需要说明的是,对于机匣振动信号,可以通过积分将加速度信号转换为速度信号或进一步积分转换为位移,但仅对机匣振动信号有效,由于机匣振动位移与转子相对振动位移之间不存在规律性的关系,它们之间不能进行比较。

积分和微分可以在时域里实现,采用的是梯形求积的数值积分法、中心差分的数值微分法或其他直接积分和微分方法。

积分和微分还可以在频域里实现。基本原理是:首先将需要积分或微分的信号作傅里叶变换;其次将变换结果在频域里进行积分或微分运算;最后经傅里叶逆变换得到积分或微分后的时域信号。

根据傅里叶逆变换的公式,加速度信号在任意频率的傅里叶分量可以表达为

$$a(t) = Ae^{jwt} \tag{3-2}$$

式中,$a(t)$ 为加速度信号在频率 w 的傅里叶分量;A 为对应 $a(t)$ 的系数;j 为虚数,即 $\sqrt{-1}$。

初速度分量为 0 时,对加速度信号分量的时间积分可以得出速度信号分量,即

$$v(t) = \int_0^t a(\tau) \, \mathrm{d}\tau = \int_0^t Ae^{j\omega\tau} \, \mathrm{d}\tau = \frac{A}{j\omega} e^{j\omega t} = Ve^{j\omega t} \tag{3-3}$$

式中,$v(t)$ 为速度信号在频率 w 的傅里叶分量;V 为对应 $v(t)$ 的系数。

于是一次积分在频域里关系式为

$$V = \frac{A}{j\omega} \tag{3-4}$$

初速度和初位移分量均为 0 时,对加速度信号的傅里叶分量两次积分可得出位移分量,即

$$x(t) = \int_0^t \left[\int_0^\tau a(\lambda) \, \mathrm{d}\lambda \right] \mathrm{d}\tau = \int_0^t Ve^{j\omega\tau} \, \mathrm{d}\tau = \frac{V}{j\omega} e^{j\omega t} = -\frac{A}{\omega^2} e^{j\omega t} = Xe^{j\omega t} \tag{3-5}$$

式中,$x(t)$ 为速度信号在频率 w 的傅里叶分量;X 为对应 $x(t)$ 的系数。

两次积分在频域里关系式:

$$X = -\frac{A}{\omega^2} \tag{3-6}$$

同理,一次微分和两次微分在频域里关系式分别为

$$\text{时域 } v = \frac{\mathrm{d}x}{\mathrm{d}t}, \qquad \text{频域 } A = j\omega V \tag{3-7}$$

$$\text{时域 } a = \frac{\mathrm{d}^2 x}{\mathrm{d}t^2}, \qquad \text{频域 } A = -\omega^2 X \tag{3-8}$$

将所有不同频率的傅里叶分量按积分或微分在频域里的关系式运算后,进行傅里叶逆变换可得相应的积分或微分信号。

1. 离散振动信号的时域积分

设振动信号的离散数据 $\{x(t)\}$ ($k = 0, 1, 2, \cdots, N$)，数值积分中取采样时间步长 Δt 为积分步长，梯形数值求积公式：

$$y(k) = \Delta t \sum_{i=1}^{k} \frac{x(i-1) + x(i)}{2} \qquad (k = 1, 2, 3, \cdots, N) \qquad (3-9)$$

2. 振动信号的时域微分

中心差分数值微分公式：

$$y(k) = \frac{x(k+1) - x(k-1)}{2\Delta t} \qquad (k = 1, 2, 3, \cdots, N) \qquad (3-10)$$

3. 振动信号的频域积分

一次积分的数值计算公式：

$$y(r) = \sum_{k=0}^{N-1} \frac{1}{j2\pi k \Delta f} H(k) X(k) e^{j2\pi kr/N} \qquad (3-11a)$$

二次积分的数值计算公式：

$$y(r) = \sum_{k=0}^{N-1} -\frac{1}{(2\pi k \Delta f)^2} H(k) X(k) e^{j2\pi kr/N} \qquad (3-11b)$$

其中，

$$H(k) = \begin{cases} 1, & f_d \leqslant k\Delta f \leqslant f_u, \\ 0, & 其他. \end{cases} \qquad (3-12)$$

式中，f_d 和 f_u 分别为下限截止频率和上限截止频率；$X(k)$ 为 $x(r)$ 的傅里叶变换；Δf 为频率分辨率。

4. 离散振动信号的频域微分

一次微分的数值计算公式：

$$y(r) = \sum_{k=0}^{N-1} j(2\pi k \Delta f) H(k) X(k) e^{j2\pi kr/N} \qquad (3-13)$$

二次微分的数值计算公式：

$$y(r) = \sum_{k=0}^{N-1} -(2\pi k \Delta f)^2 H(k) X(k) e^{j2\pi kr/N} \qquad (3-14)$$

$$H(k) = \begin{cases} 1, & f_d \leqslant k\Delta f \leqslant f_u, \\ 0, & 其他. \end{cases} \qquad (3-15)$$

式中，f_d 和 f_u 分别为下限截止频率和上限截止频率；$X(k)$ 为 $x(r)$ 的傅里叶变换；

Δf 为频率分辨率。

3.3　整机测振中的传感器轴向位置优化

整机测振是发动机地面试车的重要内容,需要在发动机不同机匣上安装多个测振传感器,并基于这几个测振通道的数据,来评估发动机的振动等级,为发动机故障诊断提供信息[8]。因此需要测振信息充分、完整,能够反映转子系统的运转特征。同时,大量的测振通道对于发动机台架测试来说也是不现实的。目前,主机部分(不包括附件系统)的振动监测布置2~6支传感器。如何选择测振截面,合理地排布传感器,从而达到监测整机振动的要求,是新机研制中急需解决的问题[9]。

目前,工程上测振点布置基本采用沿袭和借鉴的方式确定。美国军标中规定测点选择一般位于发动机压气机机匣和涡轮机匣的安装边上,必要时可增设内部或附加测点,但对其细节谈及很少。我国也对此开展了一些摸索和尝试性的研究工作,但工程上仍采用沿袭和借鉴的方式[10]。

测振测点的选择应基于动力学分析,从动力学建模计算和实测数据统计分析两个方面综合确定。一方面,建立转子-支承-机匣整机振动模型,考虑正常和典型故障状态下,发动机转子的挠曲变形分布以及支承上外传力分布,得到振动敏感度沿轴向的分布曲线,再综合考虑不同截面位置振动响应的敏感度、信息相似程度以及实际安装条件,得到测振截面重要度系数;另一方面,基于不同测点实测的振动数据,考虑数据的信噪比和冗余性,信噪比高的测点被保留,信息熵较大的方案被选择。通过上述2个环节,建立了测振截面选择方法和机载传感器数目收敛方法,为新研机型的测振截面选择提供依据,从而缩短定型周期,降低重复试车所带来的经费损失[11]。

3.3.1　轴侧布置传感器位置选择思路

目前,多数情况是在机匣上安装振动加速度传感器来测量振动。发动机上各处的振动均可由不同的传递路径传至机匣。极个别情况下可以在轴侧预埋位移传感器。轴侧安装的振动传感器监测的物理量一般是转子振动位移量,而机匣安装边上安装的振动传感器监测的物理量主要是转子支承外传力。振动传感器在振动数据采集过程中,要求振动数据完整、信息量大、各工况反映全面,能够反映转子系统的运转特征。所以工程上建立的轴侧振动传感器布置方案和机匣安装边振动传感器布置方案,必须保证各测点监测的振动信号来自转子振动位移较大处和转子支承外传力较大处。

对于测振截面的选择,首先需要确定测振物理量;其次建立转子-支承-机匣整机模型,计算正常和故障状态下转子动力学特性,并根据计算结果表示测振物理量大小沿转子轴向或支承的分布情况;最后依据总体方案规定的测振传感器数目,确定测振物理量较大的转子截面或支承位置,也就是振动传感器需要监测的截面或支承,完成振动传感器布置方案的初步确定。

上述振动传感器初选方案是基于发动机转子动力学理论分析得到的,实测结果可能出现振动通道信噪比较低或振动通道冗余度较高的情况,所以需要对初步确定的振动传感器布置方案进行优化,才可以得到最终的测振方案。基于动力学分析的测点位置选择思路如图 3-3 所示。

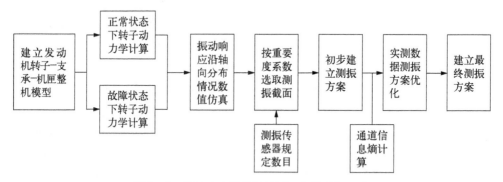

图 3-3 基于动力学分析的测点位置选择思路

3.3.2 测振截面选择方法

1. 选择思路

以某发动机为研究对象,简化实际转子结构,建立计算模型。首先,根据不同工况和典型故障模式情况,采用离散时间传递矩阵方法,得到模型在不平衡力和典型故障力条件下的转子振动响应;其次,以加载故障力下的模型为基础,提出转子振动响应敏感度的概念,并给出相应的计算公式,得到转子不同轴段的振动响应敏感度;最后,根据敏感度来选择位移传感器的测振截面。

传感器测振截面选择流程如图 3-4 所示。

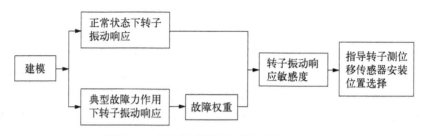

图 3-4 位移传感器测振截面选择流程图

2. 动力学建模与振动响应的求解

为说明方法,以某型发动机为例,建立其动力学模型。该模型为双转子系统,高、低压转子间无中介轴承,高压转子支承在前后 2 个支承上,低压转子系统有 3 个支承。图 3-5 给出了某型燃机高、低压转子的动力学模型。

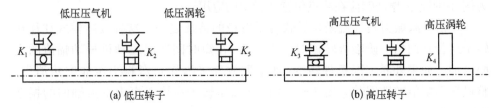

图 3-5　某型燃机高、低压转子动力学模型

选取支承刚度如表 3-3 所示。

表 3-3　支承刚度

支　点	K_1	K_2	K_3	K_4	K_5
刚度/(N/m)	2.3×10^7	2×10^8	1.3×10^7	2×10^8	2×10^8

根据不同工况和典型故障模式情况,采用离散时间传递矩阵方法[12-13],将高压转子分成 28 单元,低压转子分成 41 单元,借助 Newmark-β 积分方法,得到在不同力的激振条件下转子的振动响应。

3. 转子在正常工况下的振动响应

基于上述动力学模型,可以得到正常工况条件下(仅在不平衡力的作用下)的挠曲线。图 3-6 给出了某转速下,高压转子和低压转子系统仅在不平衡力作用下的振动模态曲线。

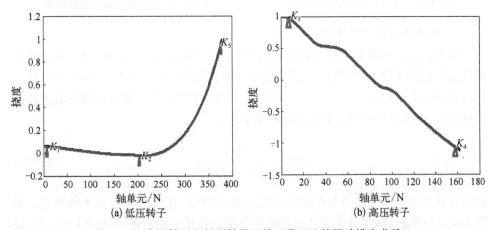

图 3-6　高压转子和低压转子系统正常工况的振动模态曲线

4. 典型故障模式下转子的振动响应

每种发动机都会有典型的振动特征和故障模式。究其原因,常常由于在结构

和工作特点的综合作用下,转-静系统受到不同形式的激振力。所谓的异常振动正是这些典型故障力作用下发动机的振动响应[14]。以半倍频和二倍频两种激振力为例,说明异常振动响应在测点位置选择中的应用。

半倍频激振力是气流激振导致转子失稳的特征之一。这种故障模式往往在转子运行到两倍一阶临界转速时忽然出现,在短时间造成发动机振动幅值的大幅增加。如果外界工况条件转变(如采取放气等措施),激振力可能突然消失,整机振动幅值随即回落。图 3-7 为前述高压转子在该激振力下沿轴向的振动响应分布。

二倍频在发动机整机振动中常常出现,可能是同心度不佳,也有可能为碰摩故障的伴随频率。图 3-8 给出了模拟的稳定二倍频激振力作用下,低压转子模型的振动响应沿轴向的分布曲线。

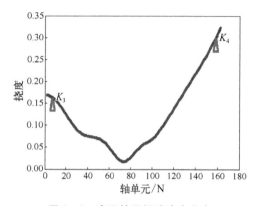

图 3-7　高压转子振动响应分布　　图 3-8　低压转子振动响应分布

5. 位移传感器位置选择

轴侧测振传感器监测的物理量是转子振动位移量,通过离散时间传递矩阵法对燃气轮机转子动力学进行计算,可以得到转子周期内各单元振动峰峰值 $y_i(f)$。比较得到最大峰峰值 $\max[y_i(f)]$,并通过式(3-16)对转子各单元峰峰值进行归一化,得到各单元在转速 f 下的相对振动响应:

$$Y_i(f) = \frac{y_i(f)}{\max[y_i(f)]} \qquad (3-16)$$

迭代计算全部工作转速下每个单元的相对振动响应,其中当转子在某转速 f_{fault} 易发生振动故障时,除了计算该转速正常状态下的各单元相对振动响应 $Y_i(f_{\text{fault}})$,还需要计算转子加载该故障激振力时的各单元相对振动响应 $FY_i(f_{\text{fault}})$。

将各单元各转速下相对振动响应通过式(3-17)线性叠加,得到各单元全过程相对振动响应:

$$Y_i = Y_i(f_1) + Y_i(f_2) + \cdots + Y_i(f_{\text{fault}}) + p \cdot FY_i(f_{\text{fault}}) + \cdots + Y_i(f_w) \quad (3-17)$$

式中, p 为故障振动响应权重系数, 反映该故障在数次试车过程中对振动情况的影响大小, 且

$$p = \frac{x_{\text{fault}}}{X_{\text{sample}}} \times 100 \quad (3-18)$$

式中, x_{fault} 表示 X_{sample} 次试车中出现该故障的试车次数。

比较各单元全过程相对振动响应计算结果, 得到 $\max(Y_i)$。 再通过式(3-19) 对转子各单元全过程相对振动响应进行归一化, 得到全过程转子各单元振动敏感度:

$$R_i = \frac{Y_i}{\max(Y_i)} \quad (3-19)$$

单元敏感度越高, 则单元全过程平均振动位移量越大, 反映的转子振动信息越明显。结合总体方案规定的测振传感器数目, 比较得到较大振动敏感度单元, 这些单元所在截面即为轴侧测点测振截面。

需要指出的是, 在最后依据振动敏感度确定轴侧测点测振截面时, 仍要结合具体结构来进行确定。例如, 当所选测振截面位于盘截面时, 由于叶片的干扰, 将会导致传感器无法测得转轴振动信号。另如低压转子所选测振截面位于高压套轴截面区域时, 传感器无法安装。因此, 该方法计算得到的结果在实际运用时, 测振可达性是必须考虑的问题。

选取转速百分比区间为 $0 \sim 100\%$, 计算转速间隔条件为 $120\ \text{r/min}(2\ \text{Hz})$。考虑上述正常工况和故障工况, 假设所有故障振动响应权重系数均为 30, 得到转子相对振动响应敏感度(图 3-9)。

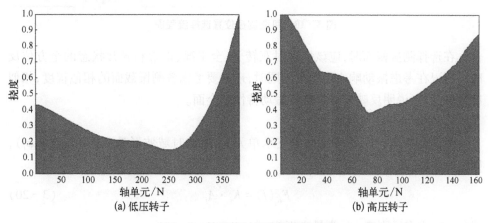

(a) 低压转子　　　　　(b) 高压转子

图 3-9　转子相对振动响应敏感度

从图 3-9 可以看出,低压转子相对振动响应敏感度为后端最大;高压转子相对振动响应敏感度为两端较大,其中前端最大。建议在低压转子涡轮端截面和高压转子两端截面分别布置监测水平和垂直方向的振动传感器,条件允许的话也可以布置传感器对低压转子压气机端截面水平和垂直方向振动进行监测。

3.3.3　机匣测振传感器位置选择

机匣测振是航空发动机振动监测有别于地面旋转机械之处。位于机匣安装边上的振动传感器监测的物理量是外传力,所以需要通过计算得到较大平均外传力处的支承位置,来确定机匣测振截面。但是,由于发动机中至少包括高压转子和低压转子 2 个激振源,工况较多,在不同工况下,高、低压转子的振动响应及截面上测得的外传力各不相同。机匣测振传感器位置选择流程如图 3-10 所示。

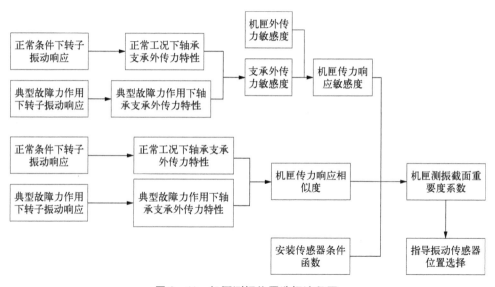

图 3-10　机匣测振位置选择流程图

在选择测振截面时,应该呈现对双转子、全工况、正常和异常状态的全方位反映。所以在考虑振动响应敏感度的同时,还需要考虑各测振截面的相似程度,相似度越低越好,说明反映发动机整机振动特性越全面。

1. **外传力敏感度筛选**

假设在转速 f 下,求解得到的支承单元 K_i 振动时域波形是 $A_i\sin(2\pi ft + \varphi_i)$,则支承 K_i 处最大外传力:

$$F_{K_i}(f) = K_i \cdot A_i \qquad (3-20)$$

式中, K_i 为支承刚度; A_i 为最大振幅。

通过式(3-20)计算出转子所有支承的最大外传力后,利用等效力矩原则,将外传力分至机匣安装边位置,比较得到 $\max[F_{K_i}(f)]$。再通过式(3-21)对各安装截面最大外传力进行归一化,得到各安装截面在转速 f 下的相对最大外传力:

$$q_{K_i}(f) = \frac{F_{K_i}(f)}{\max[F_{K_i}(f)]} \tag{3-21}$$

迭代计算全工作转速下每个安装截面的相对最大外传力,其中当转子在转速 f_{fault} 易发生振动故障时,除了计算正常状态下的各安装截面相对最大外传力 $q_{K_i}(f_{\text{fault}})$,还需要计算转子在故障激振力时的各安装截面相对最大外传力 $Fq_{K_i}(f_{\text{fault}})$。

将得到的相对最大外传力通过式(3-22)线性叠加,得到各安装截面全过程相对最大外传力:

$$Q_{K_i} = q_{K_i}(f_1) + q_{K_i}(f_2) + \cdots + p \cdot q_{K_i}(f_{\text{fault}}) + \cdots + q_{K_i}(f_w) \tag{3-22}$$

式中,p 为故障权重系数。

比较各安装截面全过程相对最大外传力计算结果,得到 $\max(Q_{K_i})$。再通过式(3-23)对转子各安装截面全过程相对最大外传力进行归一化,得到全过程安装截面外传力敏感度:

$$r_{K_i} = \frac{Q_{K_i}}{\max(Q_{K_i})} \tag{3-23}$$

全过程安装截面外传力敏感度越高,支承平均外传力越大。

2. 振动相似度筛选

相似度是指不同参数之间的相关程度,取值为 0~1,相似度越小,表明变化的趋势越不相似;相似度越大,表明变化的趋势越相似。

以最大安装截面外传力敏感度 $K_{\max}$ 为相似目标,计算其他安装截面 K_i 与 $K_{\max}$ 的振动相似情况,用参数 $r_{K_i, K_{\max}}$ 表示。

当振动相似度 $r_{K_i, K_{\max}}$ 较小时,说明安装截面 K_i 振动信号受各种因素影响较大,振动特征衰减严重。

3. 测点位置的选择

结合各安装截面外传力敏感度和安装截面间振动相似度计算结果,提出机匣安装边测振测点位置选择优先级:

$$S_i = w_1 r_{K_i} + w_2(1 - r_{K_i, K_{\max}}) \tag{3-24}$$

式中,w_1 和 w_2 分别为安装截面外传力敏感度选择和安装截面间振动相似的选择的权重系数。

根据总体方案规定的测振传感器数目,依次确定机匣安装边测振测点位置选择优先级 S_i 较高的安装截面。其中建议各测振截面分别布置监测水平和垂直方向振动的 2 个测点。

3.3.4   机载测点选择

3.3.3 节研究的轴侧测振测点位置选择方法和机匣安装边测振测点位置选择方法仅是由转子动力学仿真计算得到的。由于转子动力学建模和计算过程中无法完全考虑很多实际影响因素,如机匣变形会吸收振动能量,机匣与支承间不同的连接结构会相应地减小支承外传力,所以有必要结合各测点实测振动数据对基于动力学建立的测振方案进行验证和优化。通过对实测数据进行分析,考虑实测信号的信噪比和信息冗余性,确定各测点振动数据有效信息量,判定测振方案是否合理,并选择机载测点。

1. 有效信息量的表示方法

发动机在试车过程中,由于各种干扰的存在,各测点采集到的振动数据中均包含部分噪声信息。噪声信息在振动数据中占有的比重越大,对发动机振动监测及故障诊断越不利,只有足够充分和明显的振动有效信息才可以为发动机振动监测及故障诊断奠定基础。所以有必要提出一个标量——测点有效信息量,用来衡量测点所测振动数据中的有效信息比重。

定义 CHn 测点有效信息:

$$I_{\text{CHn}} = \frac{\sum \overline{A_x}}{\overline{\text{RMS}}} \qquad (3-25)$$

式中, $\overline{A_x}$ 为特征倍频 X 的幅值平均值; $\overline{\text{RMS}}$ 为有效值平均值。

测点有效信息量 I_{CHn} 越大,则 CHn 测点所测得的振动数据中有效信息越突显;测点有效信息量越小,则 CHn 测点所测得的振动数据中无效信息比重越大,测点价值越低。

2. 测振方案合理性的判定方法

合理的测振方案要求大部分测点采集到的振动数据有效信息量足够大,便于后续的数据分析,避免分析资源浪费。但是,总体方案规定的发动机测振传感器个数往往有很多个,不乏个别测点有效信息量相较于其他测点有效信息量较小,本书用相对有效信息量 P_{CHn} 来衡量。且

$$P_{\text{CHn}} = I_{\text{CHn}} \bigg/ \sum_{n=1}^{N} I_{\text{CHn}} \qquad (3-26)$$

式中, N 为测点总数。相对有效信息量 P_{CHn} 越小,则 CHn 测点在测振方案中的可

用价值越低。

当测振方案中的大部分测点相对有效信息量 P_{CHn} 都较小时,就会出现测点信息失调,大部分测点分析价值就较低,使得测振方案不合理。书中拟用测振方案信息熵这一标量,来衡量测振方案的合理性。

定义测振方案信息熵:

$$H_{prog} = \sum_{n=1}^{N} P_{CHn} \ln P_{CHn} \qquad (3-27)$$

式中,信息熵 H_{prog} 的单位为奈特。测振方案信息熵越大,则方案越合理;反之,测振方案越不合理。其中最佳测振方案信息熵 $\max(H_{prog})$ 由测点总数决定,且

$$\max(H_{prog}) = -\ln \frac{1}{n} \geq H_{prog} \qquad (3-28)$$

定义测振方案平均信息熵 $\overline{H}_{prog}$ 作为评判测振方案是否合理的标准,且

$$\overline{H}_{prog} = \iint \cdots \int H_{prog} dP_{CH1} dP_{CH2} \cdots dP_{CHnum} \Big/ \iint \cdots \int dP_{CH1} dP_{CH2} \cdots dP_{CHnum} = \sum_{n=1}^{N} \frac{1}{n} \qquad (3-29)$$

使用式(3-27)和式(3-29),当 $H_{prog} > \overline{H}_{prog}$ 时,则测振方案合理;当 $H_{prog} \leq \overline{H}_{prog}$ 时,则测振方案不合理。这说明大多数通道信噪比较低,不适合测振通道,可以被精简。重复上述过程,直到满足式 $H_{prog} > \overline{H}_{prog}$ 的条件时,即得到了合理的测振方案。

3. 机载测点数目收敛方法

在发动机的测振传感器中,一般会将一个或几个传感器作为机载传感器,始终安装在发动机上进行振动数据采集,记录发动机健康状况。这样可以最大限度地使用最少的传感器,来保证获得足够的信息量,避免信息灾难,且突显故障特征。

机载传感器一般是安装在测振效果最好的测振截面上,且测得的振动数据具有典型性,有效信息和测点价值较高。此处拟用测点信息熵 H_{CHn} 来衡量测点价值:

$$H_{CHn} = -\ln P_{CHn} \qquad (3-30)$$

测点信息熵 H_{CHn} 越小,CHn 测点相对有效信息量越大,测点价值也就越大;相反,测点信息熵越大,测点价值也就越小。

对于机载测点的价值限定,拟用价值方案相差度 Vd_{CHn} 来表示:

$$Vd_{CHn} = H_{CHn} - H_{prog} \qquad (3-31)$$

当 $Vd_{CHn} \geq 0$ 时,则 CHn 测点价值没有达到机载测点价值标准;当 $Vd_{CHn} < 0$

时,则 CHn 测点可以作为机载传感器使用。

3.3.5　某型发动机测点布置方案

1. 机匣安装边测振测点位置选择

以某型发动机为例(整机结构简图如图 3-11 所示),基于动力学理论分析,在机匣的五个可安装测振传感器的安装边截面,进行机匣安装边测振测点位置选择,并最终确定测振方案。

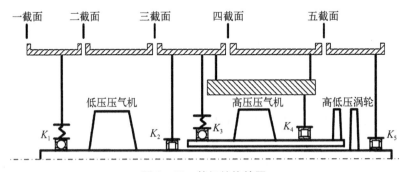

图 3-11　整机结构简图

选取权重系数 $w_1 = w_2 = 0.5$,代入式(3-24),则计算得到各测点位置选择优先级为

$$S_3(1.02) > S_4 = S_5(1) > S_1(0.93) > S_2(0.62)$$

假设总体方案要求测点数目为 6 个(即三测振截面测振),则根据各支承系统外传力传递路径(图 3-12),选取二截面、四截面和五截面作为测振截面。每个测振截面上布置 2 个测点,分别监测水平和垂直方向的振动。

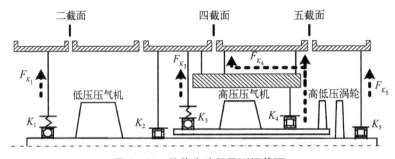

图 3-12　外传力路径及测振截面

2. 测振方案合理性判断及机载传感器选择

根据图 3-12 测点布置方案,结合发动机实际安装条件,安装在 3 个测振截面上的 6 个测点信息如表 3-4 所示。

表 3 - 4   测振通道信息

测振截面	主要监测支承系统	测振通道	测振方向
二截面	K_1	CH1,CH2	水平,垂直
四截面	K_3、K_4	CH3,CH4	+45°,-45°
五截面	K_4、K_5	CH5,CH6	水平,垂直

根据上述测振传感器布置方法,对发动机 3 次试车振动数据进行采集,且每工况各通道采样点不少于 500 个。此处研究的特征倍频有高压基频、低压基频。按式(3-25)计算各测点在各工况转速下的试车振动数据有效信息量,如表 3-5 所示。

表 3 - 5   各测点各工况下试车振动数据有效信息量

工 况	CH1	CH2	CH3	CH4	CH5	CH6
1	1.400	1.308	1.429	1.514	1.684	1.267
2	0.610	0.659	0.720	0.409	0.636	0.500
3	1.171	0.567	0.692	0.450	1.167	1.033
4	1.474	0.974	0.971	0.480	1.478	1.300
5	1.586	0.903	1.059	0.347	1.500	1.121
6	1.400	1.075	1.000	0.280	1.565	1.216
7	1.409	1.125	1.024	0.207	1.333	1.081

通过表 3-5 中数据,计算得到各测点全试车过程试车有效信息量 I_{CHn},再按式(3-26)计算得到各测点相对有效信息量 P_{CHn},见表 3-6。

表 3 - 6   各测点工厂试车有效信息量及相对有效信息量

计算量	CH1	CH2	CH3	CH4	CH5	CH6
I_{CHn}	9.050	6.610	6.895	3.687	9.364	7.519
P_{CHn}	0.210	0.153	0.160	0.085	0.217	0.174

通过表 3-6 中各测点相对有效信息量,按式(3-28)计算得到测振方案信息熵有如下关系:

$$H_{\text{prog}} = 1.755 > \bar{H}_{\text{prog}} = \sum_{n=2}^{6} \frac{1}{n} = 1.45 \tag{3-32}$$

由式(3-32)可知,该测振方案信息熵较大,方案合理。

再根据式(3-30)和式(3-31),计算得到各测点信息熵 H_{CHn} 和价值方案相差

度 Vd_{CHn}，根据价值方案相差度正负来选择机载测点，见表 3－7。

表 3－7　各测点信息熵和价值方案相差度

测　点	CH1	CH2	CH3	CH4	CH5	CH6
H_{CHn}	1.561	1.877	1.833	2.453	1.528	1.749
Vd_{CHn}	-0.194	0.122	0.078	0.698	-0.227	-0.006
机载	选择	—	—	—	选择	备选

由表 3－7 可知，应总体要求选择 2 个机载传感器，CH1 和 CH5 测点为机载传感器测点，这与该型发动机目前的实际机载传感器测点位置相同。

3.3.6　工程应用中的要点

（1）发动机测振截面选择的过程为：首先确定测振物理量（位移值或加速度值）；其次建立转子-支承-机匣整机模型，计算正常和故障状态下转子动力学特性，并根据计算结果表示测振物理量大小沿转子轴向或支承的分布情况；最后依据总体方案规定的测振传感器数目，确定测振物理量较大的转子截面或支承位置，也就是振动传感器需要监测的截面或支承，完成振动传感器布置方案的初步确定。

（2）所提出的单元敏感度指标能够综合考虑转子不同工况、不同状态（正常和故障）以及测试可达性等多方面因素。单元敏感度 R_i 越高，则单元全过程平均振动位移量越大，反映的转子振动信息越明显。

（3）在选择测振截面时，应呈现对双转子、全工况、正常和异常状态的全方位反映。所以在考虑振动响应敏感度的同时，还需要考虑各测振截面的相似程度，相似度越低越好，说明反映发动机整机振动特性越全面。

（4）所提出的测振方案优化方法，通过对实测数据进行分析，考虑实测信号的信噪比和信息冗余性，确定各测点振动数据有效信息量，判定测振方案是否合理，并选择机载测点。

3.4　整机测振中的传感器周向位置修正

3.4.1　测振传感器周向位置

航空发动机台架整机测振，绝大多数情况是在压气机机匣、中介机匣和涡轮机匣等处选择多个测振截面，原则上每个测振截面布置 2 支相互垂直的传感器[15]，本意是希望描述发动机在水平方向和垂直方向的振动特征，并以此推测发动机转子轴心运动的轨迹。但由于安装空间的限制，很难布置 2 支相互垂直的传感器，各截面两支传感器安装角度差往往在 75°～105°。

事实表明,传感器安装角度对测试结果影响非常大。因此,有必要采取合理的算法,将任意角度的振动信号转换到水平方向和垂直方向[16]。这样,一则可以进行不同截面同一方向的振动对比;二则为分析高、低压转子振动特征提供条件。

3.4.2 测振传感器周向位置修正算法

建立直角坐标系 $x-y$,两传感器的安装位置如图 3-13 所示,传感器 A 和 x 轴正方向夹角为 α 角,传感器 B 和 x 轴正方向夹角为 β 角。即两支传感器夹角为 $(\beta-\alpha)$,不失一般性,$(\beta-\alpha)$ 不恒等于 $90°$。

假设某一时刻传感器 A 测量到的振动幅值为 A_0,同时传感器 B 测量到的振动幅值为 B_0。求解出 A_0、B_0 转换到坐标系 $x-y$ 上的坐标 (x, y),将实现 2 个任意夹角传感器所测振动信号的正交化转换。

首先,鉴于传感器 A 测量到的振动幅值为 A_0,以传感器 A 的方向为基准,可以得到坐标系 $A-B_{\perp A}$,轴心所处的坐标可以表述为 (A_0, B) 的一簇点集。该坐标系和坐标系 $x-y$ 逆时针相差 α 角,因此该点在坐标系 $x-y$ 的坐标 (x_1, y_1) 应该有关系:

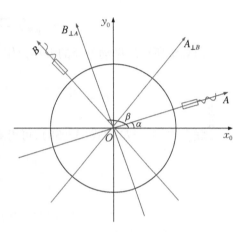

图 3-13 传感器安装示意图

$$\begin{bmatrix} A_0 \\ B \end{bmatrix} = \begin{bmatrix} \cos\alpha & \sin\alpha \\ -\sin\alpha & \cos\alpha \end{bmatrix} \begin{bmatrix} x_1 \\ y_1 \end{bmatrix} \tag{3-33}$$

同理,以传感器 B 的方向为基准,可以得到坐标系 $A_{\perp B}-B$,轴心所处的坐标可以表述为 (A, B_0) 一簇点集。根据前述,该坐标系和坐标系 $x-y$ 逆时针相差 $\beta-\pi/2$ 角,因此该点在坐标系 $x-y$ 的坐标 (x_2, y_2) 应该有关系:

$$\begin{bmatrix} A \\ B_0 \end{bmatrix} = \begin{bmatrix} \cos(\beta-\pi/2) & \sin(\beta-\pi/2) \\ -\sin(\beta-\pi/2) & \cos(\beta-\pi/2) \end{bmatrix} \begin{bmatrix} x_2 \\ y_2 \end{bmatrix} \quad \text{即} \quad \begin{bmatrix} A \\ B_0 \end{bmatrix} = \begin{bmatrix} \sin\beta & -\cos\beta \\ \cos\beta & \sin\beta \end{bmatrix} \begin{bmatrix} x_2 \\ y_2 \end{bmatrix}$$
$$\tag{3-34}$$

将式(3-33)和式(3-34)联立,求传感器 A 和传感器 B 确定的轴心的唯一坐标,此时 (x_1, y_1) 和 (x_2, y_2) 重合,即为待求解的坐标 (x, y),且

$$\begin{bmatrix} A_0 \\ B_0 \end{bmatrix} = \begin{bmatrix} \cos\alpha & \sin\alpha \\ \cos\beta & \sin\beta \end{bmatrix} \begin{bmatrix} x \\ y \end{bmatrix} \tag{3-35}$$

变换可得

$$\begin{bmatrix} x \\ y \end{bmatrix} = \begin{bmatrix} \sin\beta/\sin(\beta - \alpha) & -\sin\alpha/\sin(\beta - \alpha) \\ -\cos\beta/\sin(\beta - \alpha) & \cos\beta/\sin(\beta - \alpha) \end{bmatrix} \begin{bmatrix} A_0 \\ B_0 \end{bmatrix} \quad (3-36)$$

为方便对上述算法进行误差分析,假设所测转子轴心运动轨迹为正圆轨迹。根据余弦定理可得,振动矢径的大小 r 的理论值为(不考虑 A_0, B_0 中传感器误差)

$$r = \sqrt{A_0^2 + B_0^2 - 2\cos[\pi - (\beta - \alpha)]A_0 B_0} \quad (3-37)$$

由假设 $A_0 \approx B_0$,则

$$r = A_0\sqrt{2 - 2\cos(\beta - \alpha)} \quad (3-38)$$

由算法所得的振动矢径的大小记作 r',由式(3-36)可得

$$r' = \sqrt{x^2 + y^2} = \frac{A_0\sqrt{2 - 2\cos(\beta - \alpha)}}{\sin(\beta - \alpha)} \quad (3-39)$$

联合式(3-37)和式(3-38),可得算法的相对误差:

$$e_r = \frac{|r' - r|}{r} = \left| \frac{1}{\sin(\beta - \alpha)} - 1 \right| \quad (3-40)$$

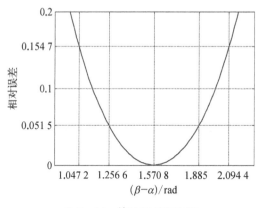

图 3-14　算法相对误差图

图 3-14 给出了算法相对误差随传感器安装夹角的变化,并由此得出以下结论。

(1)算法相对误差随 $(\beta - \alpha)$ 的变化而变化。当 $(\beta - \alpha)$ 为 90° 时,算法相对误差最小。

(2)当传感器安装夹角 $(\beta - \alpha)$ 处于 72°~108° 时,算法的相对误差 e_r 小于 5%,小于常规振动传感器的测量误差。说明在此范围内,算法不降低测试系统的精度。

(3)当传感器安装夹角 $(\beta - \alpha)$ 处于 60°~72° 和 108°~120° 时,算法的相对误差 e_r 处于 5%~15%,可以满足工程测试的要求。

航空发动机结构复杂,同一截面沿周向不同角度,机匣刚度不同,特别是不同角度支板刚度变化范围很大,因此实际测量的轴心轨迹并不是一个正圆。此时扩展算法,在式(3-37)中代入 $A_0 = k_A B_0 / k_B$ 即可考虑刚度异性的影响。当然,在工程中很难得到任一截面(k_A, k_B)的理论值和测量值,近似 $A_0 \approx B_0$ 也是一种解决实际问题的方法。

据此,利用编程实现算法,流程如图 3 - 15 所示。

图 3 - 16 给出了在转子实验器上,2 个传感器(型号为 Bently IN - 085)安装夹角约为 90°(转速为 3 007 r/min)和 120°(转速为 3 027 r/min)时轴心轨迹的对比。实验结果表明,上述算法能够准确有效地将两个相互不垂直安装的传感器所测的振动信号进行正交化转换。

注意机载传感器自身的适用角度。测振传感器周向位置布置除需考虑算法适用角度外,需要查阅机载传感器自身的使用角度限制,特别是在机腹下布置竖直方向测振传感器的情况。一些速度式传感器竖直向下方向±22.5°是禁止使用的范围。

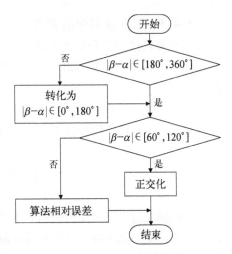

图 3 - 15　算法流程图

(a) 转子实验器

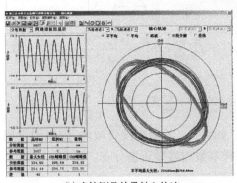

(b) 直接测量结果轴心轨迹

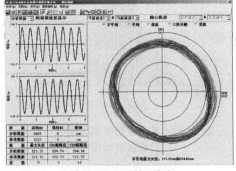

(c) 算法修正后轴心轨迹

图 3 - 16　传感器安装夹角 90°和 120°时轴心轨迹对比

3.4.3　工程应用中的要点

（1）算法适用于径向振动的周向位置修正，并不适用于切向振动。工程中经常出现一个传感器支架，同时布置两支传感器的情况。这时，其中至少有一个切向振动信号。

（2）算法只能在一定范围内修正。算法的提出并不意味着传感器周向布置可以随意布置。本算法适用的修正范围是两支传感器的夹角范围在90°±30°的范围。

3.5　振动限制值确定方法

整机振动过大是发动机研制和生产过程中必须解决的问题，须将振动量值控制在可以被接受的范围内。确定振动限制值一直是研制中的难题，国内相关研究报道较少，研究结果也往往针对某一特定型号，通用性较差。本节讨论基于"概率相等法"和"3σ方法"原理的两种方法，为发动机振动特征参数限制值的确定提供技术参考。

发动机整机振动分析应该建立在对试车随机过程规律正确认识的基础上。此处的研究思路是首先统计某型发动机涡轮泵 27 次地面试车（其中 24 次正常试车，3 次试车失败）振动数据和某型涡扇航空发动机 28 次台架试车（其中 26 次正常试车，2 次振动超标）振动数据，力图打破发动机类型的限制，探寻发动机振动参数的总体分布规律。并以此为基础，研究发动机故障状态和正常状态的区别特征，从而研究确定振动特征参数的限制值的通用方法。

3.5.1　一次试车数据的总体分布

研究表明，正常情况下，特征参数随时间的波动应遵循正态分布。首先采用 Epps‑Pulley 检验[17]，计算统计量：

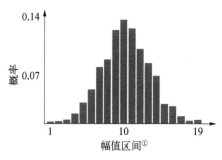

图 3‑17　某型发动机涡轮泵径
向通道有效值

$$T_{\text{EP}} = 1 + \frac{n}{\sqrt{3}} + \frac{2}{n} \sum_{K=2}^{n} \sum_{j=2}^{K+1} \exp\left[\frac{-(X_j - X_K)^2}{2S^2}\right]$$
$$- \sqrt{2} \sum_{j=1}^{n} \exp\left[\frac{-(X_j - \overline{X})^2}{4S^2}\right] \quad (3-41)$$

式中，$\overline{X} = \dfrac{1}{n} \sum_{j=1}^{n} X_j$；$S^2 = \dfrac{1}{n} \sum_{j=1}^{n} (X_j - \overline{X})^2$。

如果 T_{EP} 的值在接受域内，则原假设成立，样本数据遵循正态分布。图 3‑17 给出

---

① 为阐明方法，增加结论的普适性，故本节中的振动幅值均已进行无量纲化处理，转化成落在某一幅值区间的概率，故本节振动幅值无量纲。

了某型发动机某次正常试车,在某工况下,涡轮泵径向通道有效值的直方图。将有效值的幅值域等分成 19 个区间作为横坐标,纵坐标为有效值幅值处于每个区间的概率。从图 3-17 中可以看出,其分布具有明显正态分布的特征。

表 3-8 给出了对上述数据进行正态性检验的过程。检验结果为该次试车径向通道有效值的总体分布符合正态分布。

表 3-8 正态性检验过程

假 设 H_0	样本服从正态分布
样本数	$n = 1\,000$
显著性	$\alpha = 0.1$
分位数	$T_{\alpha/2} = 0.290$
统计量	$T_{\mathrm{EP}} = 0.042 < 0.290$
结 果	接受假设,样本服从正态分布

研究表明,一次正常试车的数据均服从正态分布。这个结论能够得到很好的理论解释,一次试车时间序列中,振动幅值的波动由随机误差引起,而由高斯理论可知,随机误差总是服从正态分布的。

3.5.2 不同台份试车数据的总体分布

与地面旋转机械不同,航空发动机状态监测与故障诊断更关心不同台份试车数据的总体分布[18]。由于不同特征参数的值域范围不同,不同通道的相同特征参数的值域范围也有差别,此处期望找寻适合不同特征参数较为普遍的规律。因此,将各特征参数幅值作规约化处理,处理方法为

$$X_i^* = \frac{X_i - \overline{X}}{\sqrt{S_n^2}} \qquad (3-42)$$

式中,X_i 表示第 $i(i = 1, 2, \cdots, n)$ 台发动机试车特征参数的测量幅值;$\overline{X}$ 表示 n 台发动机试车特征参数的均值;S_n 表示 n 台发动机的标准差;X_i^* 表示第 $i(i = 1, 2, \cdots, n)$ 台发动机试车特征参数经过规约化后的值。

图 3-18 列举了某型发动机涡轮泵 24 次正常试车部分参数规约后幅值的直方图;图 3-19 给出了某型航空涡扇发动机 26 次正常试车部分参数规约后幅值的直方图。将各特征参数的幅值域等分成 7 个区间作为横坐标,纵坐标为幅值处于每个区间的概率。从图 3-18 中可以看出,正常情况下,各特征参数的分布规律呈现一定的规律性,其概率分布密度不具有对称性,可以排除正态分布的可能性。

通过观察直方图,发现特征参数的分布规律和 F 分布有一定的相似性。采用

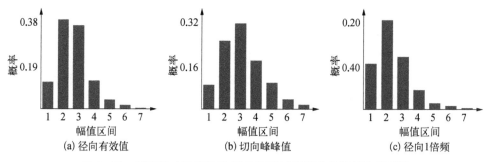

图 3-18 某型发动机涡轮泵 24 次正常试车部分参数规约后幅值

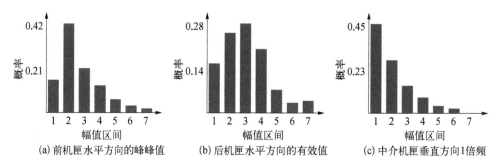

图 3-19 某型航空涡扇发动机 26 次正常试车部分参数规约后幅值

柯尔莫哥洛夫检验予以验证。设不同发动机试车特征参数总体 X 的分布函数为 $F(x)$，且假定 $F(x)$ 是 x 的连续函数，则 n 次试车数据是来自总体 X 的一个样本容量为 N 的样本，根据样本的次序统计量做出经验分布函数 $F_n(x)$。由格里汶科定理可以得出统计量 $D_n = \sup | F_n(x) - F(x) |$ 以概率 1 是无穷小的 $(n \to \infty)$。利用这个性质，可以利用 D_n 来检验不同发动机试车特征参数是否符合 F 分布。选定显著性水平 $\alpha = 0.05$，可以查表得到分位数 $D_{\alpha = 0.05, \, n = 100} = 0.134\,03$。假设 H_0 为真时，D_n 应在接受域范围内；假设 H_0 为假时，D_n 将有偏大的趋势。

对某型涡扇发动机额定状态前机匣水平通道峰峰值服从 $F(29,6)$ 分布进行柯尔莫哥洛夫检验，图 3-20 给出了经验分布函数 $F_n(x)$ 和理论分布函数 $F(x)$。检验结果 $\max\{D_n\} = 0.075\,3 < 0.134\,03$，故接受原假设，即该样本服从 $F(29,6)$ 分布。

通过检验，发现许多特征参数分布和 F 分布相近。一些相差较大的参数分布也在局部符合 F 分布的特点。究其原因，可能是因为参与统计的发动机试车次数较少，造成统计分布的误差。两种类型的发动机不同的特征参数分布都呈现出与 F 分布相似的分布特性。说明 F 分布是发动机特征参数的重要分布形式。

同理，通过统计可以得到故障状态特征参数的分布函数。利用同一参数在正常状态和故障状态下的分布函数，可以研究该参数区分正常状态和故障状态的阈值，即限制值。

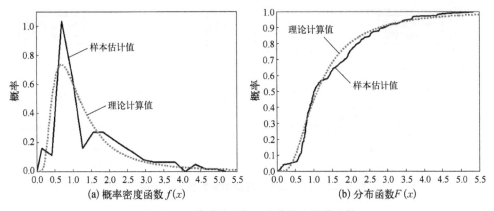

图 3 - 20 统计结果与理论价值之间的比较

3.5.3 特征参数振动限制值的确定

"概率相等法"是一种确定振动限制值的直观方法[19]。通过统计正常状态和故障状态特征参数的概率分布,可以知道参数处于某一特定幅值水平时发动机是正常状态的概率和发生故障的概率。如果正常的概率大于故障的概率,就判断发动机处于正常状态;反之,则认为发动机发生了故障。如果发动机的所有监测参数都表明发动机处于正常状态,则可以肯定发动机处于正常状态;如果有个别参数(甚至只有一个)超出正常样本集统计的参数范围,发动机就可能发生了故障。在概率密度图上,选择正常类条件概率和故障类条件概率相等的参数幅值为振动限制值 B,实际上是假设先验概率为 0.5 的一个贝叶斯估计。振动限制值有上侧限制值和下侧限制值之分,分别用 B_1 和 B_2 表示。

本节旨在阐述振动限制值确定的方法,而非具体型号振动限制值的数值结果。本节插图的横轴表示参数的幅值大小,其已通过坐标线性变换,转换为无量纲的幅值系数。本节主要关心数据之间的相互关系,而文中数据的绝对数值不具有参考价值。

基于 3.5.2 节的数据统计结果,图 3 - 21 给出了某型涡轮泵在某工况下,径向通道 1 倍频和径向通道 6 倍频的振动限制值的确定依据。得到径向通道 1 倍频幅值的上侧限制值为 27,下侧限制值为幅值域的下限 0,即允许的幅值系数范围是 [0, 27];6 倍频的下侧限制值为 14,上侧限制值为幅值域的上限 62,即允许的幅值系数范围是 [14, 62]。图 3 - 22 给出了某型涡扇发动机额定状态的某位置垂直通道 1 倍频和另一位置水平通道峰峰值的振动限制值,可以得到第一个位置垂直通道 1 倍频幅值上侧限制值为 10,下侧限制值为幅值域的下限 0,即允许的幅值系数范围是 [0, 10];另一位置水平通道峰峰值的上侧限制值为 35,下侧限制值为幅值域的下限 0,即允许的幅值系数范围是 [0, 35],这个结果与该型发动机该位置目前执行的台架标准基本吻合。

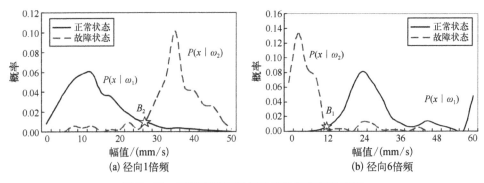

图 3-21　某型涡轮泵的振动参数极限值的确定

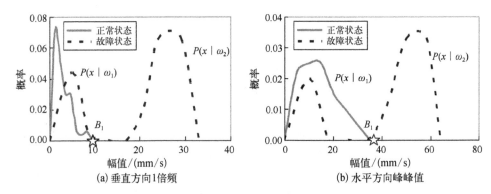

图 3-22　某型航空发动机的振动参数极限值的确定

但"概率相等法"对先验分布要求苛刻,对于尚未积累一定数量试车样本的新型号,它常常产生较大的误差。即使积累了大量的试车样本,它对于首次发生的故障模式往往不敏感。基于误差正态分布的 3σ 方法解决了这些问题。

基于 3.5.1 节的统计结论:正常情况下,一次试车时间序列符合正态分布。对于正常状态的试车数据,振动参数幅值在其分布区间 $[\mu - 3\sigma, \mu + 3\sigma]$ 内的概率应为 99.73%。取 $\mu - 3\sigma$、$\mu + 3\sigma$ 为特征参数的限制值,当 $x_i < \mu - 3\sigma$ 或 $x_i > \mu + 3\sigma$ 时,即判断发动机健康状态发生了改变。对某型发动机一次试车后分析发现,涡轮泵于第 t 秒发生叶片断裂故障。图 3-23 给出了某工况下,径向通道 6 倍频幅值分布的概率密度图。可以看出,前 t 秒正常状态的幅值分布近似正态分布,t 秒后的数据明显地偏离正态分布区域。选取 $\mu - 3\sigma = 14$,$\mu + 3\sigma = 33$ 为 6 倍频幅值的限制值,可以准确地区分发动机的正常状态和叶片脱落状态。

比较发现,利用 3σ 方法确定径向通道 6 倍频允许的幅值范围为[14, 33](图 3-23),利用概率相等法确定相同测点同一特征量允许的幅值范围为[14, 62][图 3-21(b)]。前者为后者的一个子集,且下侧振动限制值基本相同。由此可以看出,两种方法得到的结果基本相互印证。3σ 方法上侧振动限制值产生误差的原因

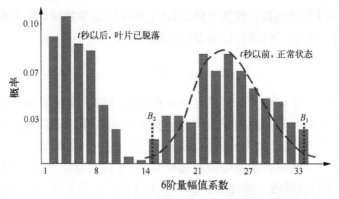

图 3-23 通过 3σ 方法确定某些涡轮泵的振动参数极限值直方图

是只利用了一次试车时间序列的信息,得到了片面的结果。但 3σ 方法无须掌握先验分布,具有对突发故障敏感的特点,尤其适合探索新机型和新故障的振动限制值。

因此,综合使用两种方法,在工程中有效确定振动限制值,将会得到令人满意的判断效果。

3.5.4 工程应用中的要点

(1)对某型发动机的 27 次地面热车试车数据和某型涡扇发动机的 28 次台架试车数据进行了统计,发现正常情况下一次试车时间序列的特征参数随时间的波动反映了随机误差的变化,符合正态分布;不同台份发动机试车参数幅值的波动是发动机健康状态、测试系统误差以及随机误差共同作用的结果,不遵循正态分布规律,F 分布是其分布的重要形式。这一结论为确定特征参数振动限制值奠定了基础。

(2)"概率相等法"是贝叶斯推理的一种应用,该方法理论严谨、算法简单、物理意义明确。但这种方法对先验分布要求苛刻,对新机型和新故障往往不敏感。

(3)3σ 方法无须掌握发动机试车参数幅值的先验分布,适合探索新机型和新故障振动限制值,尤其对突发故障敏感。但是,该方法只利用了一次试车时间序列的信息,得到的结果有失普遍性。如果将两种方法综合使用,科学确定特征参数振动限制值,将会得到令人满意的判断效果。

(4)利用某型发动机涡轮泵地面热车数据和某型涡扇发动机台架试车数据验证两种确定特征参数振动限制值方法,得到的结果基本吻合,部分结果和目前实际执行的台架标准相同,证明了两种方法的正确性和实用性。

(5)两种确定特征参数振动限制值方法均与发动机型号无关,适用于各种型号的热动力装置。

（6）本书以发动机振动数据为例,阐述了确定特征参数振动限制值的方法,该方法同样适用于发动机性能特征参数限制值的确定。

小　结

（1）实现了 2 个任意夹角传感器所测振动信号的正交化转换的算法,可以将任意角度的振动信号转换到水平方向和垂直方向。这样,一则可以进行不同截面同一方向的振动对比,二则为分析高、低压转子振动特征提供条件。

（2）实现了发动机振动特征参数选择算法,并针对算法工程实用性进行了分析,说明提高实用性的唯一途径是算法中输入合适的边界条件,对输入输出信息进行适当的预处理和后处理,融合正确的动力学信息。

（3）研究了特征参数限制值的统计方法,阐述了“概率相等法”。为发动机振动特征参数限制值的确定提供技术支持。利用实测数据统计说明了该方法的有效性。

参考文献

［1］廖明夫.航空发动机转子动力学［M］.西安：西北工业大学出版社,2015.

［2］马建仓,石庆斌,程存虎,等.航空发动机转子振动信号的分离测试技术［J］.振动、测试与诊断,2009,29(1)：1－4.

［3］廖明夫,刘永泉,王四季,等.中介轴承对双转子振动的影响［J］.机械科学与技术,2013,32(5)：641－646.

［4］张宝诚.航空发动机试验和测试技术［M］.北京：北京航空航天大学出版社,2005.

［5］高雄兵,张俊杰,朱靖,等.振动传感器支座对整机振动测试的影响［J］.航空发动机,2007,(z1)：44－46.

［6］陈益林.航空发动机试车工艺［M］.北京：北京航空航天大学出版社,2010.

［7］Papadimitriou C. Optimal sensor placement methodology for parametric identification of structural systems［J］. Journal of Sound and Vibration, 2004, 278(4－5)：923－947.

［8］秦海勤,徐可君,江龙平.某型航空发动机机载振动监测点选择［J］.推进技术,2007,28(6)：697－702.

［9］李文明.新机研制中整机振动及其限制值实践与思考［J］.航空发动机,2002,(2)：22－26.

［10］吴元东,范顺昌.航空发动机整机振动测点的选取与优化［C］.西安：2015航空试验测试技术学术交流会,2015.

［11］王俨剀,张占升,廖明夫,等.基于动力学分析的发动机测振截面选取［J］.航空动力学报,2018,33(6)：1446－1455.

［12］余鹏,王俨剀,廖明夫.离散时间传递矩阵法在燃气轮机动力学计算中的应用［J］.机械科学与技术,2016,35(3)：346－350.

［13］师娇,唐胜景,高峰,等.基于离散时间传递矩阵法的伞-弹系统动力学模型［J］.宇航学报,2012,33(1)：13－18.

［14］　胡金海,余治国,翟旭升,等.基于改进 D - S 证据理论的航空发动机转子故障决策融合诊断研究［J］.航空学报,2014,35(2)：436 - 443.

［15］　陈果,郝腾飞,程小勇,等.基于机匣测点信号的航空发动机滚动轴承故障诊断灵敏性分析［J］.航空动力学报,2014,29(12)：2874 - 2884.

［16］　王俨剀,王理,廖明夫.航空发动机整机测振中的基本问题分析［J］.航空发动机,2012,38(3)：49 - 53.

［17］　梁小筠.我国正在制订"正态性检验"的新标准［J］.应用概率统计,2002,18(3)：269 - 276.

［18］　廖明夫,于潇,王四季,等.双转子系统的振动［J］.机械科学与技术,2013,32(4)：475 - 480.

［19］　王俨剀,廖明夫.基于试车数据统计的振动限制值确定方法［J］.推进技术,2008,29(5)：617 - 621.

第 4 章
振动特征的提取和优化选择

本章关键词:

时域特征　（time domain characteristic）　　特征提取　（feature extraction）

频域特征　（frequency domain characteristic）　特征优化　（feature optimization）

形状特征　（shape feature）　　　　　　　　特征向量　（eigenvector）

能量特征　（energy feature）　　　　　　　　自适应　　（adaptive）

时-频特征　（time-frequency characteristic）　信号处理　（signal processing）

　　检测到的发动机整机振动信号是随机信号,这种信号蕴涵了发动机状态的重要信息[1]。但是,人们很难直接从它的直观变化获得有用的信息。因此,必须通过各种分析手段,提取一系列特征参数,力图全面、准确地反映发动机潜在故障。特征参数的提取是发动机故障诊断的基础。

　　为了更准确地描述发动机的工作状态,越来越多的特征参数提取算法被研究出来。但实际上,参与状态评估的特征参数并不是越多越好。同时,从众多的特征参数中选出最优的组合也是一件十分困难的事。特征参数的优化选择关系到状态评估的结果,是结果准确性以及推广能力的一个决定因素。

4.1　发动机稳定状态的特征参数提取

　　从数学的角度来说,特征参数的提取实际是数学变换的过程[2]。其通过如快速傅里叶变化(FFT)、进动分解和小波变换之类的数学变换,力图挖掘振动数据中深层次的规律。但是特征参数的提取又不仅仅是一种数学变化,因为每个特征参数都应具有明确的物理意义,能够揭示振动信号的实质特征,反映发动机的工作状态。

4.1.1　时域特征参数

时域参数是衡量发动机整机振动的重要参数,如振动信号的峰峰值 PP、有效值 RMS 常被用来描述振动的强度。

峰峰值：

$$PP = \max\{x(t)\} - \min\{x(t)\} \tag{4-1}$$

有效值：

$$RMS = \sqrt{\frac{1}{T}\int_0^T x^2(t)\,dt} \tag{4-2}$$

同时,采用一系列无量纲参数用以描述时域特征,其中包括波形指标、峰值指标、脉冲指标和裕度指标等。各无量纲指标数学定义式如下。

波形指标：

$$P = \frac{X_{RMS}}{|\overline{X}|} \tag{4-3}$$

峰值指标：

$$C = \frac{\max\{|X_i|\}}{X_{RMS}} \tag{4-4}$$

脉冲指标：

$$I = \frac{\max\{|X_i|\}}{|\overline{X}|} \tag{4-5}$$

裕度指标：

$$L = \frac{\max\{|X_i|\}}{\left(\dfrac{1}{N}\sum_{i=1}^{N}\sqrt{|X_i|}\right)^2} \tag{4-6}$$

4.1.2　频谱特征参数

从傅里叶变换算法诞生之日起,频谱分析就成为故障诊断的主要手段。幅值谱的每一根谱线都具备明确的物理意义,使每种典型故障有别于其他状态成为可能。在工程中利用频谱来诊断故障已经成为成熟的手段,通过长期的理论研究和工程实践已经积累了一套实用的"故障频谱表"。

近 20 年来,进动分析方法在故障诊断领域不断取得进展。由于进动量中不但含有频率信息、幅值信息,还包含了转子运动的方向信息和相位信息,据其可以更准确地诊断故障,同时对于诊断碰摩和转轴裂纹故障也极其有效。

本章除了提取特征频率的频谱幅值和正、反进动幅值,还提出 1 倍频幅值比作为特征参数。现代发动机设计常采用大小叶片技术,因此每次试车信号的频谱中均出现反映叶片数目成分的幅值,这些成分的幅值由叶片的分布结构决定。研究表明,这些幅值之间的比值关系也可以作为故障判别的一个条件。

1 阶幅值比 C_n 的数学定义:

$$C_n = \frac{A_n}{A_1} \tag{4-7}$$

式中,A_1 为发动机转频 1 倍频的幅值;n 为大、中或小叶片个数;A_n 为相应于大、中或小叶片个数 n 的倍频幅值;C_n 为相应于大、中或小叶片个数 n 的 1 阶幅值比。

例如,某型发动机氢涡轮泵的离心轮间隔分布着 6 个长叶片、12 个中叶片和 6 个短叶片,则 C_6 和 C_{12} 就是能够反映发动机健康状态的特征参数。图 4-1 给出了某次试车涡轮泵径向 Ⅱ 通道的峰峰值、1 阶幅值比 C_6 幅值和 C_{12} 幅值随时间的变化趋势图。

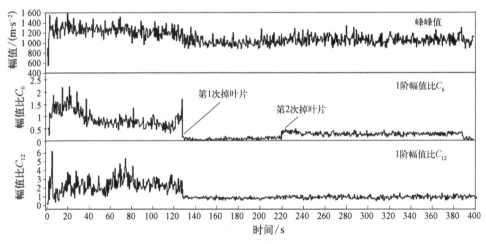

图 4-1 涡轮泵径向 Ⅱ 通道特征量幅值比较

该次试车约于 127 s 和 220 s 分别发生叶片断裂故障。从图 4-1 中可以看出:该通道的峰峰值有一定的变化,但变化程度不明显;一旦发生叶片断裂,相应于叶片个数的 1 阶幅值比会出现明显的变化,这表明 1 阶幅值比具有对叶片断裂故障反应极其灵敏的优点。

4.1.3 能量特征参数

研究发现,某型发动机涡轮泵振动能量主要分布在转子旋转频率的 6~12 倍频,不同的健康状态会对应不同的振动能量分布。因此,合理选择的特征频带能量分布也作为一种特征参数。

这里采用经典谱估计方法描述信号的能量变化。实际计算过程中,应用间接法计算信号的功率谱幅值,即先由离散振动信号 $X(i)$ 估计出自相关函数,再对自相关函数求傅里叶变换,得到信号的功率谱 $Y(i)$。特征频带 $f(a, b)$ 的能量分布比重系数定义为

$$E = \frac{P_{\text{part}}}{P_{\text{total}}} = \frac{\sum_{i=a}^{b} Y(i)}{\sum_{i=0}^{N} Y(i)} \qquad (4-8)$$

沿频率轴,以整阶次频率为频带中心,频带宽度等于 1 倍的旋转频率,将功率谱图划分成为 $N+1$ 个区间,其中 N 由传感器工作频率上限、发动机旋转频率,以及 FFT 算法点数等因素决定。区间划分如图 4-2 所示。这样的划分有效地降低了类似周期泄漏等因素引起整阶次频率旁瓣出现对诊断结果的影响。由于 $N+1$ 个频带的能量分布比重系数之和为 1,则第 $N+1$ 个频带的能量分布比重系数与前 N 个是线性相关的,因此,N 维的能量分布比重系数可以充分描述发动机功率分布的变化。

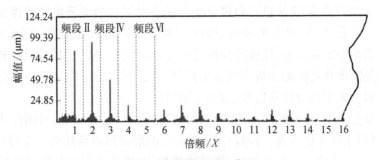

图 4-2　频带划分示意图

发动机整机振动是由各独立振源所引发振动的合成。如果将发动机看作线性振动系统,功率谱上的每一根谱线可以认为是某些特定独立振源激振和随机振动叠加的结果。对结构一定、工作状态相同的发动机,总可以通过加权平均的方法得到"标准谱"。"标准谱"可以沿绝对频率轴计算,也可以按转速频率的倍数绘制。横轴为频率值的标准谱有时能准确地反映出某些部件的固有频率;而横轴为转速倍频的标准谱,则对周期性的激振力反映更直观。图 4-3 为某型发动机涡轮泵径向 II 通道低工况的功率标准谱。

功率标准谱是对发动机状态的描述,如果发动机状态发生了变化,部件或系统发生了故障,必然会引起特定振源激振力的变化,造成某一时刻的功率谱偏离了标准谱。可以用能谱相似度 S 来描述某一时刻的功率谱和标准谱的相似程度:

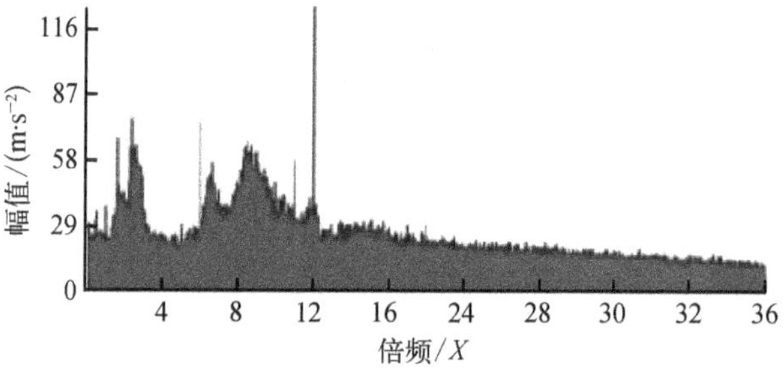

图 4 - 3   某型发动机涡轮泵径向 II 通道低工况的功率标准谱

$$S = \frac{1}{N} \sum_{i=1}^{N} (A_i - a_i)^2 \qquad (4-9)$$

式中,A_i 为标准谱第 i 根谱线的幅值;a_i 为某一时刻功率谱第 i 根谱线的幅值。

4.1.4   形状特征参数

　　轴心轨迹一直是旋转机械振动信号分析的重要内容之一,轴心轨迹分析要求在同一截面安装相互垂直的 2 个传感器。但是,早期的发动机试车往往仅在 1 个截面安装 1 个传感器,无法进行轨迹分析。随着对振动测试重要性的逐步认识和测试手段的不断进步,越来越多型号的发动机在设计阶段就在同一截面预留了 2 个位移传感器的安装位置,使轨迹分析成为可能。当然,双转子发动机的轴心轨迹分析首先是需要从机匣振动折合成转子振动,并且对双转子轨迹逐一进行跟踪滤波。本节暂且先不谈及这些信号预处理的细节。

　　在日常生活中,人类的视觉能够很容易地根据边界信息识别封闭曲线所围成的形状;但对于计算机来说,自动识别任意曲线的形状却相当复杂。特别是当封闭曲线发生平移、旋转及尺度变化后,使计算机快速、准确地识别封闭曲线所围成的形状更是一件相当困难的事。轴心轨迹的自动识别实际上是计算机图像的识别问题。大量的研究在此领域展开,许多轴心轨迹的识别方法已被提出,如基于图像分块的编码链、不变矩和傅里叶描述子等方法。

　　图像分块的编码链将图像划分成 16×16、32×32 或更小刻度的小块,令轨迹图线经过的小块值为 1,未经过的小块值为 0。通过这样的规则将图像变化为二进制编码链,再利用离散余弦变换压缩数据,以此来描述轴心轨迹的变化。这种方法完全基于图像处理的理论和算法,而不考虑轴心轨迹的物理意义。

　　在模式识别领域,Hu 不变矩得到了很好的发展与应用,这种方法具有完善的理论基础,已被证明在像素数目一定的情况下,具有对图像的旋转(rotate)、平移(shift)和尺寸变化(scale)的不变性。并且矩特征具有明确的物理意义,图形的面积、重心、关于长、短轴的惯性矩都可以用 7 个低阶矩来表示。但是,利用图像的点阵计算矩特征的计算工作量大,必须考虑形状的灰度,编程实现困难,且某些情况下结果很难计算准确。

　　对于轴心轨迹的自动识别问题,基于轨迹边界的傅里叶描述子方法较基于形状灰度的矩特征更简便和准确[3]。但是其目前的算法在寻找具有旋转、平移和尺度不变性并且鲁棒的归一化傅里叶描述子,以及去除边界起始点位置在傅里叶描述子中的相位影响等方面仍存在一定的问题。为此,提出下述方法提取傅里叶描述子。基于转速的工频进行整周期采样,连续采集 16 周期,得到两组正交信号(其轨迹曲线如图 4-4 所示)。

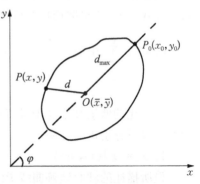

图 4-4　轴心轨迹曲线

　　(1) 首先确定轴心轨迹曲线的重心坐标,得

$$\begin{cases} \bar{x} = \dfrac{1}{N} \sum_{i=1}^{N} x_i \\[2mm] \bar{y} = \dfrac{1}{N} \sum_{i=1}^{N} y_i \end{cases} \tag{4-10}$$

　　(2) 寻找轨迹曲线上与重心距离最远的点 $P_0(x_0, y_0)$,以及最远距离:

$$d_{\max} = \max \left\{ \sqrt{(x_i - \bar{x})^2 + (y_i - \bar{y})^2} \right\} \tag{4-11}$$

　　(3) 确定轴心轨迹曲线的主方向:

$$\varphi = \arctan\left[(y_0 - \bar{y}) / (x_0 - \bar{x}) \right] \tag{4-12}$$

　　(4) 曲线顺时针旋转 φ 角,使轴心轨迹曲线的主方向与 x 轴的正半轴重合,得到曲线 $P^*(x^*, y^*)$,且

$$\begin{bmatrix} x^* \\ y^* \end{bmatrix} = \begin{bmatrix} \cos\varphi & -\sin\varphi \\ \sin\varphi & \cos\varphi \end{bmatrix} \begin{bmatrix} x \\ y \end{bmatrix} \tag{4-13}$$

也有关系:

$$\begin{bmatrix} \bar{x}^* \\ \bar{y}^* \end{bmatrix} = \begin{bmatrix} \cos\varphi & -\sin\varphi \\ \sin\varphi & \cos\varphi \end{bmatrix} \begin{bmatrix} \bar{x} \\ \bar{y} \end{bmatrix} \tag{4-14}$$

　　(5) 构造归一化的距离函数:

$$D(i) = \mathrm{sign}\left[\frac{y^{*\prime\prime}(i)}{x^{*\prime\prime}(i)} \right] \cdot \frac{\sqrt{[y^*(i) - \bar{y}^*]^2 + [x^*(i) - \bar{x}^*]^2}}{d_{\max}}, \quad i \in [0, N-1] \tag{4-15}$$

（6）提取傅里叶描述子：

对距离函数 $D(i)$ 进行 N 点序列的离散傅里叶变换，计算 $\{D(i) \mid i = 0$, $1, \cdots, N-1\}$ 的离散傅里叶变换系数 $F(m)$ 作为傅里叶描述子，且

$$F(m) = \sum_{n=0}^{N-1} D(i) \mathrm{e}^{-\mathrm{j}\frac{2\Pi}{N}mi} \qquad (m = 0, 1, \cdots, N-1; i = 0, 1, \cdots, N-1)$$

$$(4-16)$$

归一化的傅里叶描述子具有尺寸（scale）、平移（shift）和旋转（rotate）变换的不变性。以下分别进行证明。

1. 尺寸变换（scale）

设所描述的轴心轨迹曲线 $P(x_i, y_i)$，主方向与 X 轴正半轴的夹角为 φ 角，放大 k 倍后得到新轴心轨迹曲线 $P_{\text{scale}}(x_{\text{scale}i}, y_{\text{scale}i})$ 的坐标为

$$P_{\text{scale}}(i) = x_{\text{scale}i} + \mathrm{j}y_{\text{scale}i} = kx_i + \mathrm{j}ky_i \qquad (i = 0, 1, \cdots, N-1) \quad (4-17)$$

旋转至轨迹的主方向，坐标变换为 $P_{\text{scale}}^*(x_{\text{scale}}^*, y_{\text{scale}}^*)$。

$$\begin{bmatrix} x_{\text{scale}}^* \\ y_{\text{scale}}^* \end{bmatrix} = \begin{bmatrix} \cos\varphi & -\sin\varphi \\ \sin\varphi & \cos\varphi \end{bmatrix} \begin{bmatrix} x_{\text{scale}} \\ y_{\text{scale}} \end{bmatrix} = \begin{bmatrix} \cos\varphi & -\sin\varphi \\ \sin\varphi & \cos\varphi \end{bmatrix} \begin{bmatrix} kx \\ ky \end{bmatrix} = \begin{bmatrix} kx^* \\ ky^* \end{bmatrix}$$

$$(4-18)$$

经过距离变换得到归一化的距离函数：

$$\begin{aligned}
D_{\text{scale}}(i) &= \text{sign}\left[\frac{y_{\text{scale}}^{*\prime\prime}(i)}{x_{\text{scale}}^{*\prime\prime}(i)}\right] \frac{\sqrt{[y_{\text{scale}}^*(i) - \bar{y}_{\text{scale}}^*]^2 + [x_{\text{scale}}^*(i) - \bar{x}_{\text{scale}}^*]^2}}{d_{\text{scale-max}}} \\
&= \text{sign}\left[\frac{ky^{*\prime\prime}(i)}{kx^{*\prime\prime}(i)}\right] \frac{\sqrt{[ky^*(i) - k\bar{y}^*]^2 + [kx^*(i) - k\bar{x}^*]^2}}{kd_{\max}} \\
&= \text{sign}\left[\frac{y^{*\prime\prime}(i)}{x^{*\prime\prime}(i)}\right] \frac{\sqrt{[y^*(i) - \bar{y}^*]^2 + [x^*(i) - \bar{x}^*]^2}}{d_{\max}} \\
&= D(i)
\end{aligned}$$

$$(4-19)$$

对距离函数 $D_{\text{scale}}(i)$ 进行 N 点序列的离散傅里叶变换，得

$$F_{\text{scale}}(m) = F(m) \qquad (m = 0, 1, \cdots, N-1) \qquad (4-20)$$

即可证明归一化的傅里叶描述子具有尺寸变化的不变性。

2. 平移变换（shift）

设所描述的轴心轨迹曲线 $P(x_i, y_i)$，原点平移到坐标 (a, b) 后，得到新轴心

轨迹曲线 $P_{\text{shift}}(x_{\text{shift}i}, y_{\text{shift}i})$ 的坐标为

$$P_{\text{shift}}(i) = x_{\text{shift}i} + \mathrm{j}y_{\text{shift}i} = (x_i - a) + \mathrm{j}(y_i - b) \qquad (i = 0, 1, \cdots, N-1)$$

$$(4-21)$$

旋转至轨迹的主方向，坐标变换为 $P_{\text{shift}}^{*}(x_{\text{shift}}^{*}, y_{\text{shift}}^{*})$，且

$$\begin{bmatrix} x_{\text{shift}}^{*} \\ y_{\text{shift}}^{*} \end{bmatrix} = \begin{bmatrix} \cos\varphi & -\sin\varphi \\ \sin\varphi & \cos\varphi \end{bmatrix} \begin{bmatrix} x_{\text{shift}} \\ y_{\text{shift}} \end{bmatrix} = \begin{bmatrix} \cos\varphi & -\sin\varphi \\ \sin\varphi & \cos\varphi \end{bmatrix} \begin{bmatrix} x-a \\ y-b \end{bmatrix}$$

$$= \begin{bmatrix} x^{*} - (a\cos\varphi - b\sin\varphi) \\ y^{*} - (a\sin\varphi + b\cos\varphi) \end{bmatrix} = \begin{bmatrix} x^{*} - a^{*} \\ y^{*} - b^{*} \end{bmatrix}$$

$$(4-22)$$

经过距离变换得到归一化的距离函数：

$$\begin{aligned} D_{\text{shift}}(i) &= \operatorname{sign}\left[\frac{y_{\text{shift}}^{*\prime\prime}(i)}{x_{\text{shift}}^{*\prime\prime}(i)}\right] \frac{\sqrt{[y_{\text{shift}}^{*}(i) - \bar{y}_{\text{shift}}^{*}]^2 + [x_{\text{shift}}^{*}(i) - \bar{x}_{\text{shift}}^{*}]^2}}{d_{\text{shift}-\max}} \\ &= \operatorname{sign}\left[\frac{y^{*\prime\prime}(i)}{x^{*\prime\prime}(i)}\right] \frac{\sqrt{\{[y^{*}(i) - b^{*}] - (\bar{y}^{*} - b^{*})\}^2 + \{[x^{*}(i) - a^{*}] - (\bar{x}^{*} - a^{*})\}^2}}{d_{\max}} \\ &= \operatorname{sign}\left[\frac{y^{*\prime\prime}(i)}{x^{*\prime\prime}(i)}\right] \frac{\sqrt{[y^{*}(i) - \bar{y}^{*}]^2 + [x^{*}(i) - \bar{x}^{*}]^2}}{d_{\max}} \\ &= D(i) \end{aligned}$$

$$(4-23)$$

对距离函数 $D_{\text{shift}}(i)$ 进行 N 点序列的离散傅里叶变换，可得

$$F_{\text{shift}}(m) = F(m) \qquad (m = 0, 1, \cdots, N-1) \qquad (4-24)$$

即可证明归一化的傅里叶描述子具有平移变换的不变性。

3. 旋转变换（rotate）

设所描述的轴心轨迹曲线 $P(x_i, y_i)$，旋转角度 η 后，得到新轴心轨迹曲线 $P_{\text{rotate}}(x_{\text{rotate}i}, y_{\text{rotate}i})$ 的坐标为

$$P_{\text{rotate}}(i) = x_{\text{rotate}i} + \mathrm{j}y_{\text{rotate}i} = (x\cos\eta - y\sin\eta) + \mathrm{j}(x\sin\eta + y\cos\eta) \qquad (4-25)$$

旋转至轨迹的主方向，坐标变换为

$$\begin{bmatrix} x_{\text{rotate}}^{*} \\ y_{\text{rotate}}^{*} \end{bmatrix} = \begin{bmatrix} \cos\varphi & -\sin\varphi \\ \sin\varphi & \cos\varphi \end{bmatrix} \begin{bmatrix} x_{\text{rotate}} \\ y_{\text{rotate}} \end{bmatrix} = \begin{bmatrix} \cos(\varphi - \eta + \eta) & -\sin(\varphi - \eta + \eta) \\ \sin(\varphi - \eta + \eta) & \cos(\varphi - \eta + \eta) \end{bmatrix} \begin{bmatrix} x \\ y \end{bmatrix} = \begin{bmatrix} x^{*} \\ y^{*} \end{bmatrix}$$

$$(4-26)$$

经过距离变换得到归一化的距离函数：

$$D_{\text{rotate}}(i) = \text{sign}\left[\frac{y^{*\,\prime\prime}_{\text{rotate}}(i)}{x^{*\,\prime\prime}_{\text{rotate}}(i)}\right] \frac{\sqrt{\left[y^*_{\text{rotate}}(i) - \bar{y}^*_{\text{rotate}}\right]^2 + \left[x^*_{\text{rotate}}(i) - \bar{x}^*_{\text{rotate}}\right]^2}}{d_{\text{rotate-max}}}$$

$$= \text{sign}\left[\frac{y^{*\,\prime\prime}(i)}{x^{*\,\prime\prime}(i)}\right] \frac{\sqrt{\left[y^*(i) - \bar{y}^*\right]^2 + \left[x^*(i) - \bar{x}^*\right]^2}}{d_{\text{max}}}$$

$$= D(i) \tag{4-27}$$

对距离函数 $D_{\text{rotate}}(i)$ 进行 N 点序列的离散傅里叶变换,可得

$$F_{\text{rotate}}(m) = F(m) \qquad (m = 0, 1, \cdots, N-1) \tag{4-28}$$

即可证明归一化的傅里叶描述子具有旋转变换的不变性。

由于形状的能量大多集中在低频部分,根据经验,本章选取 $m = 1$、2、4 三个低频傅里叶变换系数来描述发动机转子的轴心轨迹。表 4-1 显示了典型形状轴心轨迹的 $D(i)$ 和 $F(m)$,即不同状态转子的轨迹形状特征。需要说明的是,这些典型的轨迹数据并非由仿真得到,全部来源于现场实测,有些数据不是发动机数据,而是来源于地面旋转机械,本书也一并列出,以此说明该方法的普适性。

表 4-1　不同状态转子的轨迹形状特征

序号	轨迹特征	表征状态	轴心轨迹图	轴心轨迹的归一化傅里叶描述子 F 的波形图	轴心轨迹的归一化傅里叶描述子 F 的频谱图
1	近似圆	正常状态			
2	椭圆形	不平衡			
3	内8字	油膜涡动(民用机械)			
4	外8字	不对中			

续　表

序号	轨迹特征	表征状态	轴心轨迹图	轴心轨迹的归一化傅里叶描述子 F 的波形图	轴心轨迹的归一化傅里叶描述子 F 的频谱图
5	香蕉形	不对中			
6	花瓣形	动静碰摩			

轴心轨迹识别的关键是研究轨迹曲线凹凸性和矢径大小周期变化的规律。式(4－15)中归一化的距离函数,利用相互垂直的两通道所测得波形曲线 2 阶导数符号的比值来研究轨迹曲线凹凸性的变化规律(简称"凹凸符号");通过轨迹曲线上各点和重心连线长度与最大矢径的比值描述矢径大小的变化。不同的故障模式激发不同频率成分的振动,不同频率成分振动可通过曲线凹凸性和矢径大小的组合表示。

正常状态,发动机振动以转子的旋转频率为主,轴心轨迹近似圆形,矢径幅值变化不大。这时,用以表示凹凸性的符号项起主要作用。转子每旋转一周,"凹凸符号"值变化两次,如图 4－5(a)所示,所提取的傅里叶描述子中 2 阶系数幅值占优。

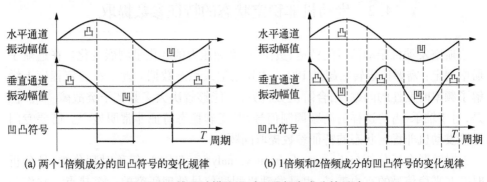

(a) 两个1倍频成分的凹凸符号的变化规律　　(b) 1倍频和2倍频成分的凹凸符号的变化规律

图 4－5　傅里叶描述子对不同频率成分的反映

当发动机转子不平衡时,发动机振动仍以转子的旋转频率为主,但轴心轨迹呈椭圆状。转子每旋转一周,相同大小的矢径幅值出现 4 次。因此,所提取的傅里叶描述子中除了 2 阶系数,还会出现 4 阶系数。

不对中时,转子每转动一周其转速变化两次,由此造成 1 倍频和 2 倍频振动占优。考虑两个通道中 1 倍频成分所构成的轨迹,"凹凸符号"一周期变化 2 次,如图

4-5(a)所示;考虑一个通道的 1 倍频成分和另一个通道的 2 倍频成分构成的轨迹,"凹凸符号"变化的频率既有 1 倍于旋转频率的成分,又有 3 倍于旋转频率的成分,如图 4-5(b)所示;两通道中 2 倍频成分所构成的轨迹,"凹凸符号"分析过程类同于 1 倍频,但矢径大小变化的周期和旋转周期相同。综合可以看出,不对中故障所对应的傅里叶描述子中,包含 1、2、3 阶系数,且 1、3 阶系数占优。当不对中程度严重时,2 倍频振动成分显著,傅里叶描述子中 1、3 阶系数占优。

如果发动机发生动静碰摩,激发众多的次谐波振动成分,从而造成波形凹凸性的复杂变化,花瓣型轨迹的矢径大小的变化频率也包含众多成分。但振动仍以转子的旋转频率为主,轴心轨迹基本形状仍为圆形。因此,所提取的傅里叶描述子中 2 阶系数幅值占优,伴有次谐波成分系数的出现。

油膜涡动是重型燃气轮机的常见故障,其故障特征是出现半倍频振动。转子旋转两转,才能形成一个完整的"内 8 字",且这两个相邻周期形成轨迹的矢径具有显著的区别,即轨迹矢径大小的变化周期为转子旋转周期的两倍。由此导致了傅里叶描述子中 1/2 阶系数幅值的变化。从典型形状轴心轨迹的识别结果可以看出,算法表述和典型故障机制相关,具有很强的物理背景。

以上研究表明:提取的傅里叶描述子对轴心轨迹的形状具有良好的表征能力;具有算法简单、耗时少、与起始位置无关的特点;表述方式和故障机制相关,具有很强的物理背景;利用傅里叶描述子进行轴心轨迹自动识别方法也具有很好的推广应用能力。表 4-1 总结了不同状态转子的轨迹形状特征。

4.2 发动机非稳定状态的特征参数提取

航空发动机振动信号随转速、负荷、温度和压力的变化呈剧烈变化。在适航手册中规定:需要稳定转速超过 180 s,才开始记录稳态数据。此举在一定程度上缓解了频率时变性的问题,结合阶次分析方法,能够解决大多数转子类故障[4-5]。但是,对于轴承、齿轮这样的高频调制信号,时变非稳态特征非常明显[6]。需要专门讨论发动机非稳定状态的特征参数提取问题。

时频联合域分析(joint time-frequency analysis, JTFA),简称时频分析,是分析时变非平稳信号的有力工具,也是发动机测试信号处理研究的一个热点。它作为一种新兴的信号处理方法,近年来受到越来越多的重视。JTFA 方法提供了时间域与频率域的联合分布信息,清楚地描述了信号频率随时间变化的关系。

JTFA 的基本思想是用设计时间和频率的联合函数来同时描述信号在不同时间和频率的能量密度或强度。时间和频率的这种联合函数简称为时频分布[7]。利用时频分布来分析信号,能给出各个时刻的瞬时频率及其幅值,并且能够进行时频滤波和时变信号研究。

4.2.1　短时傅里叶变换与 Gabor 变换

发动机监测信号的时变性(信号的频率是随时间变化),数学表现为频率 Ω 和时间 t 相互不独立。用传统的傅里叶变换方法分析时变信号,并不能反映出在某时刻信号所对应的频率;同样对分解后得到的某特定频率,并不能知道是什么时刻产生的该频率分量。也就是说,基于式(4-29)的傅里叶变换不适用于时变信号,它缺少时域定位功能。

$$\text{FT:} \ X(\Omega) = \int_{-\infty}^{\infty} x(t) \cdot \mathrm{e}^{-\mathrm{j}\Omega t} \mathrm{d}t$$

$$\text{IFT:} \ x(t) = \int_{-\infty}^{\infty} X(\Omega) \cdot \mathrm{e}^{\mathrm{j}\Omega t} \mathrm{d}t \qquad (4-29)$$

在发动机监测信号的处理分析中,需要同时了解信号包含的频谱信息和不同频率所出现的时间。一种简单地弥补傅里叶变换的缺点的方法就是短时傅里叶变换(short-time Fourier transform, STFT)。

STFT 又叫加窗傅里叶变换,如图 4-6 所示。它的基本思想是把非平稳过程看成是一系列短时平稳信号的叠加,短时性是通过在时间上加窗实现的。在每个“窗”内,假设时域信号 $x(\tau)$ 是接近平稳的时不变的,并用傅里叶变换进行分析,以确定在该较短时间间隔内的频谱 $X(\Omega, \tau)$。经过“窗”沿时间轴不断地平移,就得到不同时刻的傅里叶变换谱。再将这些频谱按照时间的先后顺序串联起来,就得到了 STFT 的三维谱图。

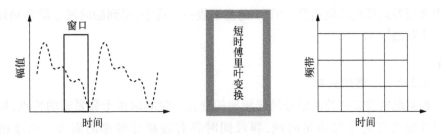

图 4-6　短时傅里叶变换示意图

对于一信号 $x(t) \in L^2(R)$,在 t 时刻被“窗”所截断的部分可以表示如下:

$$x(t)g(t-\tau) \qquad (4-30)$$

式中,t 为发动机运行时间;$g(t-\tau)$ 为选取的窗函数;τ 为时间中心。

从而可以将 STFT 表示成:

$$\text{STFT}_x(\Omega, \tau) = \int_R x(t)g(t-\tau)\mathrm{e}^{-\mathrm{j}\Omega t} \mathrm{d}t \qquad (4-31)$$

与传统傅里叶变换相比,式(4-31)多出了窗函数 $g(t-\tau)$。STFT 就是通过窗函数在时域上的不断滑移将信号截断为有限长度的局部信号,被截得的信号段即可看成是线性的平稳信号。对局部信号进行傅里叶分析时,就必须对该段信号进行周期延拓。如果信号是非整周期截断的,进行周期延拓后的信号与原信号存在差异,造成频谱泄露。为减少频谱泄露,就要使截取后的信号周期延拓后与原信号更接近。因而,对某个信号的 STFT,很大程度上受窗函数选择的影响。用窗函数对原始信号进行截断时,如果分析窗过窄,就容易造成非整周期截断,频域分辨率降低。如果分析窗过宽,那么时域分辨率就会降低,造成频域分辨率与时域分辨率产生矛盾。在实际应用中,要注意兼顾二者。

当 STFT 窗函数取为高斯窗时,称为 Gabor 变换。数学表达式为

$$G(\Omega,\ \tau,\ a) = \int_R x(t)\ \frac{1}{2\sqrt{\pi a}} \mathrm{e}^{-\frac{(t-\tau)^2}{4a}} \mathrm{e}^{-\mathrm{j}\Omega t}\mathrm{d}t \qquad (4-32)$$

式中,a 为常数,决定了窗函数的宽度。

选用高斯函数作为窗函数有以下的优点:高斯函数的傅里叶变换仍是高斯函数,这使得傅里叶逆变换也用窗函数局部化了,同时体现了频率域的局部化;根据海森堡测不准原理,高斯函数窗口面积已达到测不准原理下界,是时域窗口面积达到最小的函数,窗函数的性质最好。

在分析信号低频成分的时候,需要较大的频域分辨率和较小的时域分辨率就能很好地体现低频信息;而在高频部分,则需要较大的时域分辨率和较小的频域分辨率来很好地体现高频信息。STFT 的窗函数一旦选定,得到的时域分辨率和频域分辨率就确定了。

4.2.2　维格纳分布

针对航空发动机监测信号局部频率的变化与时间联系十分紧密的特点,短时傅里叶变换有时难以满足时域、频域同时具有较高分辨率的需要。而维格纳(Wigner)分布突破了时间-频率分辨率二选一的局限,被应用于分析非线性非平稳信号[8]。

如果将 STFT 与 Gabor 变换看作是单线性形式的时频分布,Wigner - Ville 分解则是具有双线性形式的时频分布。所谓双线性形式,是指所研究的信号在时频分布的数学表达式中以相乘的形式出现,也被称为非线性时频分布。它表征的是信号能量在时域和频域中的分布,利用它可以同时描述信号在不同时间的能量强度和密度。

因为信号在给定时刻的能量不易确定,因此考虑区间 $(\tau - t/2,\ \tau + t/2)$ 内的能量更有意义。为此信号 $x(t)$ 的 Wigner 分布定义为

$$W_x(\Omega, \tau) = \int_R x(\tau + t/2) x^*(\tau - t/2) \mathrm{e}^{-\mathrm{j}\Omega t} \mathrm{d}t \qquad (4-33)$$

式中，t 是积分变量；τ 是时移。

其中，$x(\tau + t/2) x^*(\tau - t/2)$ 就是信号 $x(t)$ 的瞬时自相关函数 $R(\tau, t)$。利用信号的瞬时自相关函数作为频率段提取函数，既避免了窗函数选择的困难，又提高了信号的信噪比。利用信号自身的能量特征进行时频分析，物理意义显然比 Gabor 变换更加清晰。

$W_x(\Omega, \tau)$ 对于所有的 τ 和 Ω 是实函数，具有时移和频移不变性，满足时域和频域的边缘性、有界性、对称性、可加性等，还能够获得较高的时频分辨率。但由于 Wigner 分布的加法运算性质：

$$W_x[x_1(t) + x_2(t)] = W_{x_1}(\Omega, \tau) + W_{x_2}(\Omega, \tau) + 2\mathrm{Re}[W_{x_1 x_2}(\Omega, \tau)]$$

$$(4-34)$$

可以看出其存在明显的交叉项。即在分析多分量信号时，Wigner 分布会受到交叉项的干扰。此外，从理论角度看 $W_x(\Omega, \tau) > 0$ 恒成立。但是，$x(\tau + t/2) x^*(\tau - t/2)$ 也是信号 $x(t)$ 的中心协方差，可以看出信号 $x(t)$ 的 Wigner 分布定义就是对信号 $x(t)$ 的中心协方差进行傅里叶变换。因而并不能保证 $W_x(\Omega, \tau)$ 始终为正数。正是这两点限制了维格纳分布在发动机故障诊断中的广泛应用。

4.2.3　小波变换

STFT 的窗函数一旦选定，得到的时域分辨率和频域分辨率就确定了。因而无法实现分辨率的自适应调节。而小波变换能够克服这一缺点，以不同的分辨率观察信号，做到既见树木又见森林。

STFT 通过加窗将非平稳信号分割为多个小范围内的平稳信号，从而使得傅里叶变换能够对非平稳信号进行有效的分析。小波变换(wavelet transform, WT)解决问题的思路不同，它的基本思想是寻找或者构造一组特定的函数，用这一组称为小波函数的特定函数去表示或者逼近一个信号[9]。

给定一个基本函数 $\psi(t)$，对该函数先做平移再做伸缩后得到

$$\psi_{a,b}(t) = \frac{1}{\sqrt{a}} \psi\left(\frac{t-b}{a}\right) \qquad (4-35)$$

式中，a, b 均为常数，且 $a > 0$。如果 a, b 不断地改变，就能得到一簇函数，称为小波基函数或简称小波基。函数 $\psi(t)$ 称为基本小波或母小波。

对给定的 $x(t) \in L^2(R)$，其小波变换定义为

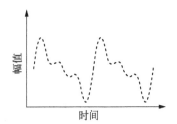

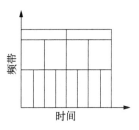

图 4-7　小波变换示意图

$$WT_x(a, b) = \frac{1}{\sqrt{a}} \int_R x(t) \psi\left(\frac{t-b}{a}\right) \mathrm{d}t = \int_R x(t) \psi_{a, b}(t) \mathrm{d}t \qquad (4-36)$$

式中，a 为尺度因子；b 为时移；t 为时间，是连续变量。

在式（4-35）、式（4-36）中，b 的作用是确定窗的时间位置；a 的作用是把母小波做伸缩。与母小波相比，当 $a > 1$ 时，a 越大，其分析的时域宽度越大（相当于时域分辨率降低）；当 $a < 1$ 时，a 越小，其分析的时域宽度越窄（相当于时域分辨率增大）。系数 $1/\sqrt{a}$ 是为了保证在不同的尺度 a 时，小波基函数和母函数具有相同的能量。这样，a,b 联合起来确定了对 $x(t)$ 分析的中心位置及分析的时间宽度。与 STFT 相比，连续小波 $\psi_{a, b}(t)$ 与 $g(t - \tau) \mathrm{e}^{\mathrm{j}\Omega t}$ 作用类似。参数 b 与 τ 都起着窗口平移的作用，不同的是参数 a 与 Ω，后者的变化并不改变窗口的形状和大小，而前者的变化不仅改变连续小波的频谱特征结构，还改变窗函数的形状和大小，这样就在一定程度克服了 STFT 时间和频率分辨率不能兼顾的弱点。

用外环表面具有单个局部损伤点的 SKF6307 号轴承进行试验[10]。对振动加速度信号进行等周期采样，每周期采集 1 024 个点，采样转速为 408 r/min，时域波形为图 4-8 中的信号 s。振动信号进行离散小波分析后得到的不同频段的信号如图 4-8 所示。用倍频表示的第 7 层细节信号 a_7 的频率范围为 0~8 倍频。于是对 a_7 信号进行傅里叶变换后得到的频谱图如图 4-9 所示。从图中可以清晰地看出轴承外环故障特征频率处幅值较为突出。利用小波变换可以有效诊断轴承的故障。

但是，小波变换也有局限性。首先，在小波变换中需要根据不同的信号选择合适的母小波，使得小波变换能够满足不同信号的分析需求。母小波一旦选定，在整个信号分析过程中就无法变化。如果从整个信号角度选择合适的母小波，在信号的局部未必能取得较好的效果。另外同一信号选择不同的母小波分析结果差异也会较大。其次，小波分析归根结底仍然是以傅里叶变换为基础的，因而仍然受到测不准原理的制约，不可能在时域和频域同时获得无限高的分辨率。

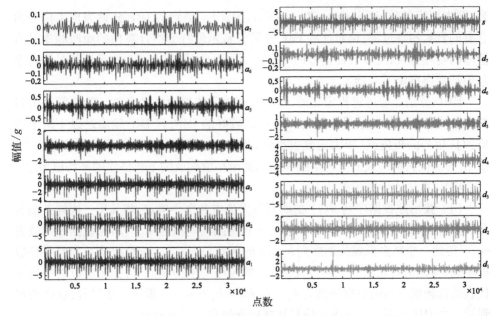

图4-8 轴承振动信号的小波分析图

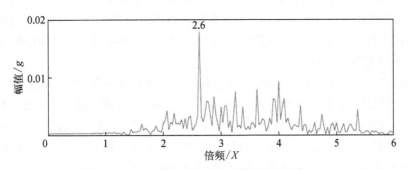

图4-9 第7层细节信号的包络谱图

4.2.4 经验模态分解

短时傅里叶变换、维格纳分布、小波变换均是以傅里叶变换为最终的理论依据。因此这些分析方法缺乏自适应性或自适应性差,在表示时容易产生多余信号,并且受到测不准原理的制约。黄锷于1998年提出的经验模态分解(empirical mode decomposition, EMD)则是一种能够精确、直观描述频率随时间的变化的,针对非线性、非平稳信号的自适应信号分解算法。自该方法提出以后,便得到了学术界的广泛关注与研究。经过十几年的研究与发展,EMD算法取得了进一步的完善[11]。

EMD方法本质上是对信号进行平稳化处理的过程,其结果是将信号中存在不同尺度下的波动或变化趋势逐级分解开,产生一系列具有不同特征尺度的数据序列,即本征模函数(intrinsic mode function, IMF)。得到的 IMF 分量表现了信号内含有的真实物理过程,再对这些 IMF 分量做希尔伯特变换计算出的瞬时频率具有清晰的物理意义,可以表征信号的局部特征。因此 EMD 方法为非平稳信号进行希尔伯特变换奠定了基础。

EMD 算法是通过过程定义的,而并非由确定的理论公式定义。EMD 算法的目的在于将性能不好的信号分解为一组性能较好的 IMF,且 IMF 须满足以下两个性质:① 信号的极值点(极大值或极小值)数目和过零点数目相等或最多相差一个;② 由局部极大值构成的上包络线和由局部极小值构成的下包络线的平均值为零。

EMD 算法的计算步骤如下:

(1)找出原数据序列 $X(t)$ 的所有极大值点和极小值点,将其用三次样条函数分别拟合为原序列的上和下包络线,上下包络线的均值为 m_1。将原数据序列减去 m_1 可得到一个减去低频的新序列 h_1,即 $h_1 = X(t) - m_1$。一般 h_1 不一定是平稳数据序列,为此需对它重复上述过程,如 h_1 的包络均值为 m_{11},则去除该包络平均所代表的低频成分后的数据序列为 h_{11},即 $h_{11} = h_1 - m_{11}$。重复上述过程,这样就得到第一个 IMF 分量 c_1,它表示信号数据序列最高频率的成分。

(2)用 $X(t)$ 减去 c_1,得到一个去掉高频成分的新数据序列 r_1;对 r_1 再进行上述分解,得到第二个 IMF 分量 c_2;如此重复直到最后一个数据序列 r_n 不满足上述 IMF 的两个性质,此时,r_n 代表数据序列 $X(t)$ 的趋势或均值。在算法中的极值点是指一阶导数为零的点。

通过以上过程不难看出 EMD 是基于时域信号进行不同频带信号的提取。优点在于,所有算法过程都是在待分析信号的特征上开展的,这样就避免了小波分析中心频带和频带宽度参数的逐层划分,既降低了算法复杂度,提高了运算效率,又解决了小波分解层数人为设定的困难。但是,EMD 过程中却会频繁出现模态混叠现象:① 一个单独的 IMF 信号中含有全异尺度;② 相同的尺度会出现在不同的 IMF 中。

为抑制这一现象,提高分析的精度,提出了集合经验模态分解(ensemble empirical mode decomposition, EEMD)。执行算法时,在分析信号上加入随机高斯白噪声序列以改变信号的局部时间跨度,EMD 中的特征尺度也随之改变,在多次的 EMD 分解后,变相的等于从多个角度提取出了信号的本质,最后将每次分解得出的各个 IMF 的平均值作为实际输出。这样一来,不仅消除了人为的噪声影响,还准确地还原了信号的本质。然而,不论是 EMD 还是 EEMD,在计算效率、理论完备性、抗噪性等方面仍然具有不足。针对这些不足,2014 年,Dragomiretskiy 提出了一种新的非递归自适应信号处理方法——变分模态分解(variational mode decomposition, VMD)。该方法假设每个模态的绝大部分围绕某一中心频率周围,再将模态带宽的求解问题转化为约束优化问题,求解出每个模态。对提取的每个模态进行希尔伯特变换,则可以得到有意义的瞬时频率和瞬时幅值。

4.2.5　希尔伯特黄变换

希尔伯特黄变换(Hilbert-Huang transform，HHT)是一种适用于分析非线性、非平稳信号的数据处理方法。从本质上讲,这种方法是对一个信号进行平稳化处理,得到信号的时间-频率-能量特征。HHT 分 EMD 和 Hilbert 变换两步来实现。首先对非线性、非平稳信号进行 EMD 分解,逐级分解出原始信号中不同尺度的波动或变化趋势;其次对每个 IMF 进行 Hilbert 变换。对于 EMD 分解得到的每个分量都有着不同的频率成分,通过对各分量的 Hilbert 变换能够得到具有物理意义的瞬时属性参数。

周期信号可展开为复正弦信号的叠加,各项系数为

$$X(k\Omega_0) = \frac{1}{T_0} \int_{-T_0/2}^{T_0/2} x(t)\mathrm{e}^{-jk\Omega_0 t}\mathrm{d}t \tag{4-37}$$

对于非周期信号,T_0 趋于无穷大,$k\Omega_0$ 趋于连续,傅里叶级数转化为傅里叶变换:

$$X(\Omega) = \int_R x(t)\mathrm{e}^{-j\Omega t}\mathrm{d}t \tag{4-38}$$

由式(4-37)和式(4-38)可以看出,傅里叶频率是信号 $x(t)$ 在整个周期对时间积分所得到的频率,这样傅里叶频率不再是时间的函数。因此傅里叶变换仅适用于平稳信号。对于非平稳信号,希望得到一个随时间变化的频率,因而引入了瞬时频率:

$$\Omega_t = \frac{\mathrm{d}\varphi(t)}{\mathrm{d}t} = \varphi'(t) \tag{4-39}$$

对于复信号 $x(t)$,可以写成 $a(t)\mathrm{e}^{j\varphi(t)}$ 的形式,进而得到瞬时频率。其中,$a(t)$、$\varphi(t)$ 均为时间 t 的实函数。如果 $x(t)$ 是实信号,通过 Hilbert 变换得

$$\hat{x}(t) = x(t)\frac{1}{\pi t} = \frac{1}{\pi}\int_R \frac{x(\tau)}{t-\tau}\mathrm{d}\tau \tag{4-40}$$

进而得到解析信号:

$$z(t) = x(t) + j\hat{x}(t) \tag{4-41}$$

对于该解析信号很容易表示成 $a(t)\mathrm{e}^{j\varphi(t)}$ 的形式。进而得到 $z(t)$ 的瞬时频率。$z(t)$ 的频谱与 $x(t)$ 存在如下关系:

$$Z(j\Omega) = \begin{cases} 0, & \Omega < 0, \\ 2X(j\Omega), & \Omega \geqslant 0. \end{cases} \tag{4-42}$$

从而得到 $x(t)$ 的瞬时频率。

上述过程通过希尔伯特变换,构造复信号的解析信号求出瞬时频率,最后得到

信号能量随时间和频率的分布。在这一过程中,存在着两个问题:

（1）用 Hilbert 变换对任意 $x(t) \in L^p$ 都能构造出解析信号,但这样做是否都有意义?

（2）$x(t)$ 的极坐标形式是否相同?

上述两个问题,其本质仍然是瞬时频率是什么的问题。因此,为保证求得的瞬时频率具有物理意义,必须对信号加以限制,提出一些条件:

（1）信号 $x(t)$ 均值为零且关于均值上下对称;

（2）$x(t)$ 的包络和载波应满足:

$$H\{a(t)\cos\varphi(t)\} = a(t)H\{\cos\varphi(t)\} \tag{4-43}$$

（3）$x(t)$ 必须是单分量信号。

针对条件(3)展开详细的讨论。对于某时刻 t,根据式(4-40),只能得到一个瞬时频率的值。因而,对于单分量信号,该值就是信号在 t 时刻的瞬时频率;对于多分量信号,该值为各单分量信号瞬时频率在 t 时刻的均值。那么对于多分量信号,为了求解其瞬时频率,必须对其做如下分解:

$$x(t) = \sum_k a_k(t) e^{j\varphi_k(t)} \tag{4-44}$$

分解后的每一分量都应满足条件(1)和条件(2)。这一项工作,就是经验模态分解所做的。

对图 4-8 中的信号 s 进行经验模态分解,得到各 IMF 分量如图 4-10 所示。其中 IMF1~IMF3 为传感器谐振和固有振动引起的高频分量,IMF4~IMF7 是包含故障特征信息的低频段分量,res 为残余分量。对上述信号进行 Hilbert 变换得到故障振动信号的希尔伯特谱如图 4-11 所示。从图中可以看出,在 2.6 倍频附近有

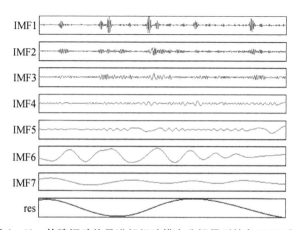

图 4-10　故障振动信号进行经验模态分解得到的各 IMF 分量

较大的能量分布,且在整个时域均有分布。该频率与轴承外环故障特征倍频相近,
可以判断出轴承外环存在故障。

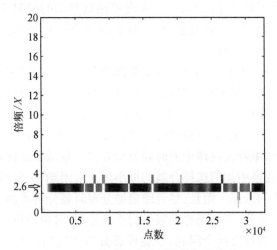

图 4-11 故障振动信号的希尔伯特谱

对上述时频分析方法比对和分析,发现短时傅里叶变换、维格纳分布、小波变换、经验模态分解、希尔伯特黄变换实际上体现了学者对非平稳非线性信号处理问题的理解逐步深入的过程,如图 4-12 所示。

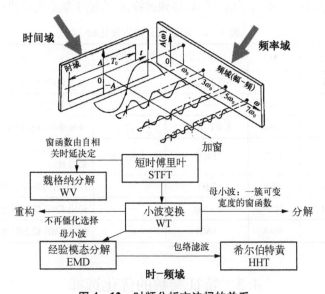

图 4-12 时频分析方法间的关系

短时傅里叶变换(STFT)将时间窗引入到信号分析中,时间窗不断滑动。假设信号在窗内是局部平稳的并进行傅里叶变换,可得到信号的时变频谱或短时谱。

这种方法的复杂度低,得到了广泛的应用。Wigner－Ville 分布先由信号得到一个双线性函数再进行傅里叶变换。小波变换通过将短时傅里叶变换的窗函数与傅里叶基融合起来构造了新的小波基,从而实现窗函数移动的同时又能够伸缩。它把信号投影到二维空间(时间-尺度空间或时间-频率空间),使得故障特征频率无论在时域或频域都具有局部性。

短时傅里叶变换、维格纳分布、小波变换均是以傅里叶变换为最终的理论依据。然而当分析的信号极不规则时候,傅里叶变换容易产生虚假信号和假频现象。因此基于傅里叶变换理论的时频分析方法用于一般的非线性非平稳信号时,也会出现虚假信号和假频现象,如维格纳分布会有交叉项,小波分解会明显出现多余信号等。此外,基于傅里叶变换理论的时频分析方法的基函数是比较固定的,自适应性差。例如,小波变换中如何选择合适的母小波非常困难,短时傅里叶变换的分析效果依赖于窗函数的选择。而且,尽管维格纳分布时频分辨率高,小波变换能够实现分辨率的自适应调节,它们仍然受限于测不准原理,时域分辨率与频域分辨率无法同时达到最高。为解决这个问题,经验模态分解被提出。它直接在时域将组成非线性稳信号的各尺度分量由高频到低频提取出来。这种方法复杂度高,但自适应性好,具有更高的时频分辨率。然而这种方法存在端点效应与模态混叠等问题。

表 4－2 对这些时频分析方法的特点进行了总结比较,给出了这些时频分析方法的特色及缺点。通过短时傅里叶变换、维格纳分布、小波变换、经验模态分解、希尔伯特黄变换算法的研究,得到了信号的局部频谱特征,有助于航空发动机的故障诊断。

表 4－2　时频域分析方法比较

时频域分析方法	年代	代表算法	算法复杂性	备　注
短时傅里叶变换	1946	STFT、Gabor	低	窗函数确定,分辨率就固定
维格纳分布	1948	—	—	时频分辨率较高
小波变换	1984	CWT、DWT	高	分辨率可以根据频率变化
经验模态分解	1998	EMD	计算量大	自适应,物理意义不明,模态混叠,端点效应
希尔伯特黄变换	1998	HHT	—	理论上,时频分辨率高
集合经验模态分解	2010	EEMD	—	解决 EMD 模态混叠问题
变分模态分解	2014	VMD	—	解决 EMD 模态混叠问题

4.3　特征参数的优化选择

4.2 节从时域统计量、频域参数、时频特征、形状因子和能量分布等方面,提出了一系列的特征参数提取算法。

为改善诊断效果,特征参数的数量不断增加。但是,特征维数增加的同时,也加大了分类器的复杂性和运算量。发动机高速的测试特点决定了在保证诊断精度的前提下,任何可能加大运算量的算法都是不能被接受的。而且,由于特征参数之间的相关性和冗余性,有时往往适得其反,诊断精度没有提高,甚至反而下降了。研究表明,特征参数过多或过少都可能降低对样本的分辨率[12]。

因此,进行特征参数的优化选择,把高维特征空间压缩为低维特征空间成为当前发动机状态监测和故障诊断的研究热点[13]。本节试图针对不同故障模式,排除干扰参数和冗余参数,得到最优的特征参数向量。

4.3.1　特征参数优化选择方案

特征参数的优化选择问题最终是一个寻优过程。数学上的定义是设 F_N 代表所有特征参数组成的集合,F_M 为寻求的最优特征子集,使每个决策类 C_i 相对于 F_M 的条件概率 $P(C_i \mid F_M)$ 与 C_i 相对于 F_N 的条件概率 $P(C_i \mid F_N)$ 尽可能相等,即 $\Delta = \min\{P(C_i \mid F_M) - P(C_i \mid F_N)\}$。

根据算法结构的不同,特征选择算法可以选择过滤模型(filter)或嵌入模型(wrapper)。

过滤算法独立于分类方法对数据进行处理,使用了和分类精度无关的评价方法。在分类之前完成特征量的选择工作,其目的是为后面的分类算法提供尽可能小的无相关和冗余的特征子集,算法结果并不与分类错误率直接关联。过滤算法简单,效率高,选择结果可能是理论上的最优解,但相对最终诊断结果并非最佳解。图 4-13(a)给出了过滤算法的结构图。

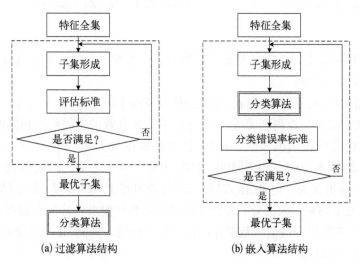

(a) 过滤算法结构　　　　　　　(b) 嵌入算法结构

图 4-13　特征参数优化选择方案

嵌入算法以分类器分类的最小分类错误率作为评价函数。该方法往往能够得到最优的结果,但计算量巨大,系统开放性能差,人工干预困难,并且选择结果和分类器有关。图4-13(b)显示了嵌入算法的结构图。

4.3.2 过滤算法研究

过滤算法的核心是寻优算法和评价函数的选择。

寻优算法的选择将直接影响结果的精度。在组合优化问题中寻找全局最优解,无疑是遗传算法的强项。本章建立和特征向量数目相同的二进制行向量,通过遗传算法寻找使评价函数达到全局最小值时对应的向量结果,由此考察特征参数的选取情况。其中,"1"表示选中该特征向量;"0"表示未选中。

评价函数的选取将决定过滤算法的准确性。本书选择了距离测度(欧氏距离)、信息量函数(平均信息增益)和依赖度函数(互信息),下面分别讨论它们的性能。

1. 距离测度(distance)

两个特征向量之间的距离是描述它们空间关系的一种很好的度量,并且具有明确的物理意义,是广泛被应用的一种评价函数。假如对应同一类别的样本在特征空间中聚集在一起,而不同类别的样本相互离得较远,分类就比较容易实现。因此,距离测度的原则是在给定维数 D 的特征空间中,选取 d 个特征参数,在使类别间的距离尽量大的同时满足类别内的距离尽量小。本书采用欧氏距离,考虑到遗传算法是寻找最小值的算法,定义距离测度函数为类内距离与类间距离的差,即

$$J_1(X) = \sum_{j=1,\,i\neq j}^{n_k} \left[\sum_{m=1}^{D} f_m (x_{im} - x_{jm})^2 \right]^{1/2} - \frac{1}{2} \sum_{k=1}^{C} \sum_{i=1}^{n_k} \left\{ \sum_{l=1,\,k\neq l}^{C} \sum_{j=1}^{n_l} \left[\sum_{m=1}^{D} f_m (x_{im} - x_{jm})^2 \right] \right\}^{1/2}$$

$$(4-45)$$

式中,C 为类别数目;D 为初始特征参数数目;n_k 为类别 k 的样本个数;f 为长度为 D 的二进制选择结果。

必须指出的是,不同类型特征参数的值域范围不同,有时甚至处于不同的数量级。而上文定义的距离测度函数,是基于所有特征参数的值域范围相同的前提下。否则,将无法选择正确的参数。例如,针对类别属性 $C[0 \quad 0 \quad 1 \quad 1]$,特征参数 $A[0.1 \quad 0.2 \quad 0.8 \quad 0.9]$ 和 $B[100 \quad 110 \quad 120 \quad 130]$ 之中,显然,参数 A 对类别属性 C 的反映更优秀。但是,由式(4-45)计算可得 $J_1(A) > J_1(B)$,结果选择参数 B,算法发生判别错误。分析原因主要是求和操作要求各特征参数对 J_1 的影响权重相同,各参数相同的值域范围才能保证权重相同。因此,在计算前对特征参数幅值采取归一化处理。

另外,相同类型的特征参数具有相同的物理量纲,其幅值的大小具有特定的物

理意义。若一味地强调相对变化量,有时会不符合实际分析的需求。例如,由于不平衡质量的影响,转速工频成分的振动幅值由正常状态的 20 mm/s 上升到 25 mm/s,相对变化为 25%;而转速的 20 倍频成分幅值可能由 0.5 mm/s 上升到 1 mm/s,相对变化达到 100%。如果对它们各自进行归一化处理,将得到错误的结论。

因此,综合考虑以上两个因素,将具有相同量纲的同类型特征参数作为一组,在全组内进行归一化处理;将无量纲和不同量纲的特征参数各自归一化。即

$$x_i' = \frac{x_i - \min_X(x)}{\max_X(x) - \min_X(x)} \tag{4-46}$$

式中, $\max_X(x)$ 、 $\min_X(x)$ 分别代表与 x 具有相同量纲的参数组内的最大、最小值。

为了验证算法的正确性,仿真了一组特征参数值。仿真数组 emulationdat(20,12)包含两个类别的 20 个样本,其中每类有 10 个样本;模拟了 12 个特征参数组成的特征空间,其中第 4 个和第 7 个参数是有效的分类特征,可以被一个线性超平面区分,第 10 个参数和第 7 个参数线性相关,其余 9 个参数不含任何分类信息,在 [0,1] 区间随机取值。即仿真数据中包含冗余信息和干扰信息两类特征参数。

由于仅仿真了 10 个特征参数,不妨利用穷尽搜索法计算全局距离测度函数值。由图 4-14 可以看出,达到全局最小值时, $x = 292$,转化成二进制为 000100100100。通过遗传算法计算,选择了第 4、7 和 10 三个特征参数,说明了距离测度函数的正确性。图 4-15 给出了距离测度函数随遗传算法代数向最小值逼近的过程。

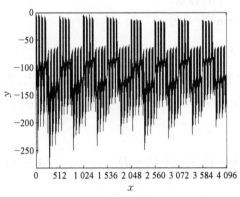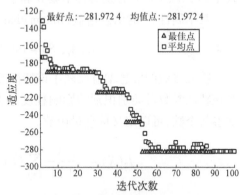

图 4-14　距离测度函数值　　　图 4-15　距离测度函数的遗传算法寻优

距离测度判据具有算法简单、物理意义明确、稳定性好的优点。

2. 信息量函数(information)

自从香农(Shannon)提出信息熵的概念以来,熵就成为描述信息量大小的重要形式。关于信息熵的详细介绍和推导,可以参考信息论方面的专业文献,这里只给出信息熵的定义。

设 $a_i(i = 1, \cdots, N)$ 是某个特征参数的 N 个可能取值，则将期望：

$$H(X) = E\left[\log \frac{1}{P(a_i)}\right] = -\sum_{i=1}^{N} P(a_i)\lg P(a_i) \qquad (4-47)$$

称为该特征参数的信息熵（Entropy）。信息熵的单位取决于对数选取的底，这里选用以 e 为底，单位为 nat[①]（奈特）。

设 S 为容量 n 的样本集合，每个样本由具有 m 个属性的集合 A 确定，即 $A = \{A_1, A_2, \cdots, A_m\}$；样本所对应的目标属性（即最终分类）$C$ 有 p 个可能值，即 $C \in \{C_1, C_2, \cdots, C_p\}$；$P_{C_i}$，$1 \leq i \leq p$ 是 S 中每个目标属性 C_i 所对应的概率。那么，用于确定记录集 S 中某个记录属于哪个类的所有信息量为

$$\text{Info}(S) = -\sum_{i=1}^{p} P_{C_i}\lg P_{C_i} \qquad (4-48)$$

式（4-48）中，对某个属性 A_i，设属性 A_i 具有 k 个可能值，即 $A_i \in \{B_1, \cdots, B_k\}$；$S_j(1 \leq j \leq k)$ 为样本中属性 A_i 值为 B_k 的样本子集，$P_{i,j}(1 \leq i \leq k, 1 \leq j \leq p)$ 为样本中属性 A_i 值为 B_k 且目标属性为 C_p 的概率，其在所有的子类中分类的信息量为

$$E(A_i, S) = \sum_{i=1}^{k} \frac{|S_i|}{|S|}\text{Info}(S) = \sum_{i=1}^{k} \left[\frac{|S_i|}{|S|}\left(-\sum_{j=1}^{p} P_{i,j}\lg P_{i,j}\right)\right] \qquad (4-49)$$

式中，$|S|$、$|S_i|$ 分别为样本集 S 和子集 S_i 的容量。

某个属性 A_i 的信息增益（information gain）定义为

$$G(A_i, S) = \text{Info}(S) - E(A_i, S) \qquad (4-50)$$

特征参数的信息增益反映了该特征参数对分类性能的重要程度，其值越大，表明该特征参数对类别识别的影响程度越大。因此，综合考虑平均信息增益和选择的参数个数，可以定义信息量函数。

$$J_2(X) = -\frac{1}{|f|}\sum_{i=1}^{D} f_i G(A_i, S) + \alpha(|f| - d)^2 \qquad (4-51)$$

式中，$|f|$ 表示 f 中 1 的个数，即选择的参数个数；d 为预期选择的参数个数；α 为惩罚函数常参量，这里选择 $\alpha = 0.05$。通过 d 和 α 的选择，可以对寻优结果进行人工干预，结合领域专家的经验，不断修正结果。当然，需要选择系数也是该算法的缺点，系数的选择全凭经验和试凑得到。算法稳定性好是该方法的一个优点，确定了 d 和 α，总能找到信息增益最大的 d 个特征参数。

---

① 1 nat $\approx$ 1.433 bit。

图 4 - 16 给出穷尽搜索法计算仿真数组 emulationdat 的全局信息增益函数值。由图 4 - 16 可以看出,达到全局最小值时,$x = 292$,转化成二进制为 000100100100。通过遗传算法计算,对仿真数组 emulationdat 进行计算,结果选择了第 4、7 和 10 三个特征参数,说明了信息增益函数的正确性。图 4 - 17 给出了信息量函数随遗传算法代数向最小值逼近的过程。

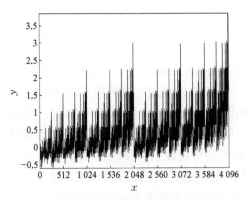

图 4 - 16 信息增益函数值

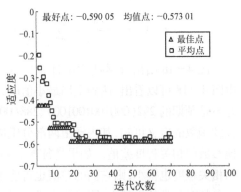

图 4 - 17 信息增益函数的遗传算法寻优

3. 依赖度函数(dependence)

对于两个随机变量 X 和 Y,它们在某种程度上是相互联系的,即它们之间存在统计依赖(或依存)关系。互信息是描述随机变量依赖程度的重要指标。互信息的定义为

$$I(X; Y) = \sum_{k=1}^{K} \sum_{j=1}^{J} P(x_k, y_j) \lg \frac{P(x_k, y_j)}{P(x_k) P(y_j)} \qquad (4-52)$$

式中,$P(x_k)$ 为随机变量 X 的取值为 x_k 的概率;$P(y_j)$ 为随机变量 Y 的取值为 y_j 的概率;$P(x_k, y_j)$ 为二者的联合概率。

设用于故障分类的原始特征参数集 $S(x_1, x_2, \cdots, x_n)$ 中的所有特征对于每一个故障样本构成一个 n 维的矢量,它的样本类别为 c,设 x_i 为其中某一特征,共有 N_{x_i} 种离散取值(采用均匀划分区间,落在相同区间的认为具有相同的离散取值),则特征参数 x_i 与第 c 类的互信息为

$$I(c; x_i) = \sum_{c=1}^{C} \sum_{x_i=1}^{N_{x_i}} P(c, x_i) \lg \frac{P(c, x_i)}{P(c) P(x_i)} \qquad (4-53)$$

不同特征参数 x_i 与 x_j 亦具有相互依存关系,它们的相关程度越高,其互信息 $I(x_i; x_j)$ 值就越大:

$$I(x_i; x_j) = \sum_{x_i=1}^{N_{x_i}} \sum_{x_j=1}^{N_{x_j}} P(x_i, x_j) \lg \frac{P(x_i, x_j)}{P(x_i)P(x_j)} \tag{4-54}$$

在选择特征参数的时候,希望特征参数对分类的贡献大,同时希望该参数和其他参数的相关程度小,即 $I(c; x_i)$ 越大越好, $I(x_i; x_j)$ 越小越好。考虑到遗传算法寻找全局最小值的特性,定义依赖度函数为

$$J_3(X) = \frac{1}{|f|-1} \sum_{i=1}^{D} \sum_{j=1, i\neq j}^{D} f_i f_j I(x_i; x_j) - \sum_{i=1}^{D} \sum_{j=1}^{C} f_i I(x_i; c_j) \tag{4-55}$$

图 4-18 给出穷尽搜索法计算仿真数组 emulationdat 的全局信息增益函数值。由图 4-18 可以看出,达到全局最小值时, $x = 258$,转化成二进制为 000100000010。并不是预期的 292(000100100100)、288(000100100000) 或 260(000100000100)。由依赖度函数的定义可知,其内涵由两部分组成,即特征参数对分类的贡献与该参数和其他参数的相关程度差值。如果特征参数对分类的贡献较小,同时该参数和其他参数的相关程度也很小,则它们的差值也可能很小,甚至达到全局最小值。因为期望的特征参数对分类的贡献大,同时该参数和其他参数的相关程度小的函数值常常不是全局最小值,而是一定范围内的极小值,这是这种方法的一个缺陷。

但是对第二类冗余——相关冗余,依赖度函数表现出较其他方法优秀的判断性能。$J_3(000100100000) = J_3(000100000100) < J_3(000100100100)$ 正是这种性能的表现。初始化种群中令一组为 [000100100100],通过遗传算法计算,对仿真数组 emulationdat 进行计算,结果选择了第 4 和第 10 两个特征参数。图 4-19 给出了依赖度函数随遗传算法代数向最小值逼近的过程。

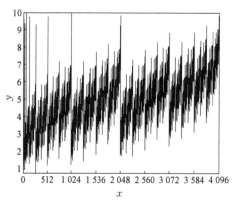

图 4-18 依赖度函数值

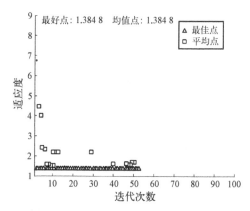

图 4-19 依赖度函数的遗传算法寻优

4.3.3 嵌入算法研究

在过滤算法中,每种评价函数均具有明确的物理意义。这些物理意义从理论

上保证了当评价函数在定义域范围内达到最值时,特征参数的组合将最有助于分类识别。也就是说,本质上每种评价函数都是分类错误率的一个描述。

嵌入算法研究的对象直接就是分类错误率。通过调整特征参数的组合,改变类条件概率密度和先验概率,研究分类错误率的变化,对应最小分类错误率的特征参数组合就是所求解的最优组合。

在模式识别的理论和实践中,错误率是非常重要的参数,不同的分类方案可能带来不同的错误率,对于两类问题用最小错误率贝叶斯决策规则时,其错误率 ε 为

$$P(\varepsilon) = P(\omega_1)\int_{x_2} p(X \mid \omega_1)\mathrm{d}X + P(\omega_2)\int_{x_1} p(X \mid \omega_2)\mathrm{d}X \qquad (4-56)$$
$$= P(\omega_1)P_1(\varepsilon) + P(\omega_2)P_2(\varepsilon)$$

从上式可以看出,由于特征向量 X 总是高维向量,实际中需要计算多重积分的计算。因此,虽然错误率的概念简单,但在多维情况下计算错误率是相当困难的。

工程实践中,常常采用样本数据测试法获得计算错误率。假如对 N 个测试样本进行测试,结果错分了 k 个,k 是一个离散随机变量,用 ε 表示真实错误率。在分类器设计完成,类条件概率密度及先验概率均为已知的条件下,ε 被确定。此时,k 的密度函数为二项式分布。

$$P(k) = \frac{N!}{k!(N-k)!}\varepsilon^k(1-\varepsilon)^{N-k} \qquad (4-57)$$

ε 的最大似然估计 $\hat{\varepsilon}$ 就是下列方程的解:

$$\frac{\partial \ln P(k)}{\partial \varepsilon} = \frac{k}{\varepsilon} - \frac{N-k}{1-\varepsilon} = 0 \qquad (4-58a)$$

解得

$$\hat{\varepsilon} = \frac{k}{N} \qquad (4-58b)$$

也就是被错分的样本数 k 与总测试样本数之比给出了错误率 ε 的最大似然估计 $\hat{\varepsilon}$,它的意义是很直观的。

根据二项分布的性质:

$$E(k) = N\varepsilon \qquad (4-59)$$
$$\mathrm{Var}(k) = N\varepsilon(1-\varepsilon) \qquad (4-60)$$

由于最大似然估计 $\hat{\varepsilon}$ 是 k 的函数,因此:

$$E(\hat{\varepsilon}) = E\left(\frac{k}{N}\right) = \frac{E(k)}{N} = \frac{N\varepsilon}{N} = \varepsilon \qquad (4-61)$$

$$\mathrm{Var}(\hat{\varepsilon}) = \frac{\mathrm{Var}(k)}{N^2} = \frac{\varepsilon(1-\varepsilon)}{N} \qquad (4-62)$$

由式(4-61)、式(4-62)可以看出，$\hat{\varepsilon}$ 是错误率 ε 的无偏估计；随着测试样本个数 N 的增加，估计方差不断减小。因此必须采用尽可能多的测试样本。

基于样本数据的分类器需要一定数量的样本用于训练(学习)，样本数据验证法又需要一定数量的样本用于估计错误率，必须将有限的样本合理地划分成训练集和验证集。

1. 同一法

这种方法的思路是使用全部的样本数据进行训练，之后再以同一组数据进行测试。实际上，对于基于样本学习的先进算法而言，由于测试数据和训练数据相同，训练后的分类器总能保证测试数据的错误率最小。例如，以均方误差 Mse 最小化为训练目标的神经网络，对类别为 $\omega_1 = 0$ 和 $\omega_2 = 0$ 的两类数据进行训练，当满足"训练误差小于 e"停止训练时，得到

$$\mathrm{Mse} = \sum_{i=0}^{n} \left[F(x) - \omega_i\right]^2 = K^2 <= e \qquad (4-63)$$

这时，训练过程和测试过程可以简化成为一个过程，即训练过程。

在这个思路的基础上，提出了基于神经网络训练过程选择特征参数的方法。神经网络的网络权值结构具有很强的特征选择功能，它可以看作由两部分组成：第一部分是除输出层外的所有层，它们将输入空间变换到隐层输出空间，使样本在这个空间具有最好的可分性；第二部分就是输出层，它完成线性分类决策。如果综合考虑各层权值系数的共同作用对特征参数的反映，就可以得到需要的结果，权值系数共同作用大的，特征参数对分类比较有利。为避免研究非性传递函数复杂的反函数形式，这里采用单层的感知器结构，图4-20给出了感知器网络结构。

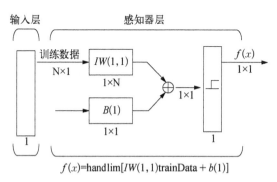

$$f(x)=\mathrm{handlim}[IW(1,1)\mathrm{trainData} + b(1)]$$

图4-20　感知器网络结构

$$X = \mathrm{handlim}\{\mathrm{abs}[IW(1,1)] - B\} \qquad (4-64)$$

式中，handlim 函数为阈值函数；B 为阈值参数，注意这里的阈值 B 为参数选择的阈

值,是根据具体情况选择,而并非神经网络训练后得到的阈值 $b(1)$; IW 元素的正负表示特征参数随类别标号呈正比变化或反比变化,无应用价值,因此取绝对值。

对仿真数组 emulationdat 进行计算,得到 $X = \begin{bmatrix} 5.44 & 2.12 & 7.30 & 25.14 \\ 0.52 & -0.24 & -26.28 & 3.19 & 2.05 & -26.28 & 4.43 & 6.70 \end{bmatrix}$。归一化,取 $B = 0.3$ 后,得 $X = \begin{bmatrix} 0 & 0 & 0 & 1 & 0 & 0 & 1 & 0 & 0 & 1 & 0 & 0 \end{bmatrix}$。结果说明了方法的有效性,同时说明神经网络的训练无法弱化冗余参数。

同一法虽然充分运用样本数据进行分类器设计,并且保证了最多的测试样本数目,然而却有"球员兼裁判"之嫌。一般而言,透过同一法估测出来的错误率往往其他错误率预估法。由于未考虑分类器推广能力的影响,选择出的特征参数往往局限于训练样本的特征,无法反映一般规律。由于使用了感知器神经网络,传递函数是阈值函数,因此只能解决线性可分问题,对线性不可分问题则无能为力。但是,它仍不失为一种快速、方便的参数选择途径。

2. 循环测试法

这种方法首先从 N 个样本中取出一个样本后,用剩下的 $N-1$ 个样本作为训练集来设计分类器;然后用取出的那个样本去检验;最后把该样本放回去,又取出另一个样本,把剩余的 $N-1$ 个样本作为训练集来设计分类器,再做检验。这样一共重复 N 次,检验 N 次,并统计被错分的样本总数 K, 最终用 $\hat{\varepsilon} = K/N$ 作为错误率的估计值。如果一次完成训练集和测试集的划分,由于有 $N = n_{\text{train}} + n_{\text{test}}$,且 $n_{\text{train}} > 0$, $n_{\text{test}} > 0$,故有 $N > n_{\text{test}}$,则不难得到 $\varepsilon(1-\varepsilon)/N < \varepsilon(1-\varepsilon)/n_{\text{test}}$,即循环测试法总能保证其错误率的估计方差小于直接划分训练集和测试集方法。

必须要指出的是,同一次试车的样本来源于同源数据。即它们在研究不同台份发动机振动特征时,作用是相同的;只有不同次试车数据的相互关系才反映发动机的振动状态。因此,这里的 N 个样本特指来源于 N 次不同次试车的振动数据,只有这样才能保证选择的特征参数在更一般的意义上反映分类。如果每次试车包含 M 个样本,则实际上共有 $N \times M$ 个样本参与循环测试,每次挑出一次试车的 M 个样本数据,用剩下的 $(N-1) \times M$ 个样本数据训练分类器,以 M 个样本数据进行测试,然后挑选另一次试车的 M 个样本数据,用剩下的 $(N-1) \times M$ 个样本数据训练分类器,再测试。统计被错分的样本总数 K,最后用 $\hat{\varepsilon} = K/(N \times M)$ 作为错误率的估计值,即

$$J_4(X) = \frac{K}{N \times M} \tag{4-65}$$

选择分类器时要注意分类器不能包含特征优化或降维功能[14]。先进的分类算法有时将特征选择和分类决策功能集于一身,在先验分布未知、领域专家经验缺失的情况下,极大地方便了使用者,从而将分类准确率维持在一定水平。但是当过渡学习、推广能力差,造成分类准确率无法进一步提高时,人工却无法干预。将特

征选择与分类决策剥离,在其中融合领域专家经验,力图改善分类器的泛化能力,提高分类精度是一条研究途径。事实上,错误率随特征参数组合变化不明显的分类器——如神经网络,将无法作为特征选择的评价函数,图4-21给出了以神经网络错误率为评价函数的遗传算法寻优过程,分类错误率不收敛正说明了这个问题。

　　基于最小错误率的贝叶斯决策,建立分类器,对72维(见表4-3)发动机故障模拟实验器的正常状态和不平衡状态振动数据训练和测试,采用循环测试法估计错误率,利用遗传算法寻找最小错误率所对应的参数组合。图4-22给出了遗传算法的寻优逼近过程(初始种群数量为80)。

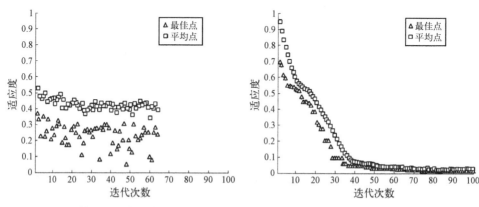

图4-21　神经网络错误率的寻优过程　　　图4-22　贝叶斯错误率的寻优过程

　　通过遗传算法寻优,选择了有效值、1倍频幅值、0~0.5倍频频带能量比重、1~1.5倍频频带能量比重和1阶正进动幅值共5个特征参数,这个组合所对应的最小错误率达到1.7%。由此看出,嵌入算法具有分类结果精度高的特点。但是,其本身依赖于特定的分类算法,分类器的分类特性、分类耗时决定嵌入算法的性能;得到的特征参数是当前分类算法的最优组合,但以其他分类器进行测试不一定获得最小分类错误率。

4.3.4　多目标寻优及实例验证

　　实践中可选择距离测度(欧氏距离)、信息量函数(平均信息增益)、依赖度函数(互信息)和分类错误率等多种评价函数。信息量函数主要研究了单个特征参数对分类贡献的大小,而距离测度函数反映了不同组合下,多个特征参数共同划分出的特征空间;距离测度函数考虑了相同量纲下同类参数的幅值关系,即研究的重点是特征参数绝对幅值的变化,而信息量函数将整个幅值域均匀划分成若干份,研究幅值落在某一区间的概率,因此研究的重点是特征参数相对幅值的变化。依赖度函数尽管寻求的是全局极小值而非最小值,但它对相关冗余表现出的检测性能是前两种方法所不具备的,并且是在现实工作中不可忽略的。分类错误率评价函数能够保证最小分类错误率,但由于涉及复杂的分类训练,耗时巨大。

不同的评价函数具有不同的物理意义,从不同的角度反映特征量对分类贡献的大小。研究中希望找到一组用各种评价函数,从各种物理角度理解均是最优的特征。但现实中,这种组合常常是不存在的。一种评价函数选择出的最优解,用另一种评价函数来评价往往并不是最优的。这时,就需要一种折中的方案来发挥各种评价函数的特点,抑制它们的缺点。多目标(milt - goal)优化是一个复杂的数学问题,通常在整个定义域空间内存在一系列无法简单进行相互比较的解,这种解称为非支配解。

如何从一组非支配解中找到需要的组合是解决问题的关键。针对发动机特征参数选择算法处于发展初期,无固定模式可循,以及发动机健康评估领域积累了大量专家经验的特点,提出基于偏好的权重和顺序的方法。

基于偏好的权重和顺序方法为每个评价函数分配权重,并以特定的顺序组合成为一个目标函数,由此将多目标问题转化成单目标寻优问题。考虑到 4 种评价函数自身的特点,首先对距离测度、信息量函数和依赖度函数进行归一化处理,采用 3 种函数的权重和作为评价函数,利用遗传算法寻找最小值。

$$J'_5(X') = \sum_{i=1}^{3} \omega_i \frac{J_i(X') - \min\{J_i\}}{\max\{J_i\} - \min\{J_i\}} \qquad (4-66)$$

将挑选出的组合作为初始集合,采用错误率函数作为评价函数,寻找对应最小值的最优组合。

$$J_5(X) = J_4(X \mid X') \qquad (4-67)$$

具体可以将多目标寻优归纳为以下 6 步:

(1) 分别以距离测度、信息量函数和依赖度函数为评价函数,得到各自的值域范围;

(2) 确定/调整 3 种评价函数各自的权重系数,结合上一步得到的最大、最小值,建立多目标评价函数,利用遗传算法寻优,得到最优参数组合 X';

(3) 建立分类器,划分训练集与测试集;

(4) 以多目标评价函数选择的特征参数 X' 作为初始集,利用错误率函数为评价函数,利用遗传算法寻优,得到最优参数组合 X'';

(5) 结合领域专家经验,确定修正向量 ω,根据下式修正选择结果:

$$X = \omega + X'' \qquad (4-68)$$

(6) 考察选择结果的推广能力,即利用另外台份的发动机数据测试分类错误率,如果推广能力不满足要求,视具体情况返回(2)或(5)。

利用发动机故障模拟实验器模拟不平衡、不对中及碰摩等模式,采集振动位移信号,提取时域特征、频域特征、能量特征和形状特征,组成 72 维的初始特征参数集合[15-17],表 4 - 3 给出了集合中特征参数及其次序。

表 4 - 3 集合中特征参数及其次序

特征参数(72 维)
峰峰值、有效值、波形指标、峰值指标、脉冲指标、裕度指标、1~24 倍频幅值、1~24 倍频频带能量比重、2~6 倍频 1 阶幅值比、能谱相似度、1~3 阶正进动、1~3 阶反进动、1~3 阶进动比、1~3 阶形状参数

针对正常状态和不平衡状态,将样本数据划分成为训练集与测试集(以错误率为评价函数时,将训练集再划分为两部分),用不同的评价方法进行参数选择,利用测试集数据对选择结果进行测试。表 4 - 4 示出不同评价函数的性能比较。

表 4 - 4 不同评价函数的性能比较

评价函数	选 择 结 果	遗传代数 IniP = 20	耗时/s	参数 个数	测试 精度
不进行选择	1111111111 1111111111 1111111111 1111111111 1111111111 1111111111 1111111111 11	—	—	72	75%
距离测度	1111111010 0000000000 0000000000 1111111001 1111000000 0000101110 101100000 00	172	297	27	95%
信息量函数	1100011000 0000000000 0000000000 0000000000 0000000000 0000000000 1000000000 00	148	102	5	84%
依赖度函数	1111111010 0100001000 0000000000 1011101111 1000111011 1110111000 100100100 00	176	492	30	93%
错误率函数 (同一法)	1111111000 0000000000 0000000000 0100000000 0000000000 0000111000 1000000000 00	—	1.9	12	83%
错误率函数 (循环测试法)	0100001000 0000000000 0000000000 1100000000 0000000000 0000000000 1000000000 00	263	1 865	5	96%
多目标函数	1000001000 0000000000 0000000000 0100000000 0000000000 0000000000 1000000000 00	240+58	345+125	4	98%

从表 4 -4 中可以看出,利用多目标评价函数选择的特征参数,耗时较少,并且获得较高的分类测试精度。所选择的 4 个参数分别为:峰峰值、1 倍频幅值、0.5~1.5 倍频频段的能量比重和 1 阶正进动幅值,这与故障诊断已有准则完全吻合。

对已知故障逐一进行参数选择,可以得到对不同故障反应敏感的特征参数组合。表 4-5 给出了发动机故障模拟实验器不平衡、不对中、碰摩故障的特征参数组合。

表 4-5　发动机故障模拟实验器典型故障特征参数

故 障 名 称	特 征 参 数
不平衡	1000001000 0000000000 0000000000 0100000000 0000000000 0000000000 1000000000 00
不对中	1001110101 0000000000 0000000000 0010100000 0000000000 0000101000 0000000001 01
碰　摩	0000110000 0000000000 0000000000 1000000000 0000000000 0000000000 0111111110 00

取所有已知故障特征的并集作为发动机的监测诊断特征集,即 $C = C_{\text{不平衡}} \cup C_{\text{不对中}} \cup \cdots$。

表 4-6 给出了 3 种发动机的监测诊断特征集,针对不同的故障,利用权值向量表示特征选择与否。如果在遗传算法寻优时采用实数编码,将得到反映特征参数重要程度的模糊化权值向量。

表 4-6　不同发动机的监测诊断特征集

发动机名称	特 征 参 数
发动机故障模拟实验器	峰峰值、峰值指标、脉冲指标、裕度指标、1 倍频、2 倍频、4 倍频、0~0.5 倍频频带能量比重、0.5~1.5 倍频频带能量比重、1.5~2.5 倍频频带能量比重、3.5~4.5 倍频频带能量比重、2 倍频幅值比、4 倍频幅值比、1~3 阶正进动、1~3 阶反进动、1~3 阶进动比、1~3 阶形状参数
某型发动机涡轮泵	峰峰值、波形指标、峰值指标、脉冲指标、裕度指标、1 倍频、2 倍频、4 倍频、6 倍频、12 倍频、5.5~6.5 倍频频带能量比重、11.5~12.5 倍频频带能量比重、能谱相似度、2~6 倍频幅值比
某型涡扇发动机	峰峰值、波形指标、峰值指标、脉冲指标、裕度指标、1 倍频、2 倍频、3 倍频、4 倍频、5 倍频、6 倍频、0~0.5 倍频频带能量比重、0.5~1.5 倍频频带能量比重、1.5~2.5 倍频频带能量比重、3.5~4.5 倍频频带能量比重

4.3.5　对于算法的几点讨论

干扰参数并不反映分类特征,甚至可能反映错误的分类特征,因此干扰参数的加入一般会降低分类结果的准确性;冗余参数有时并不影响分类结果的精度,但常常造成分类时间的增加,效率降低。由于目前采用的分类思想基本都是基于样本数据来预测未来数据反映的发动机状态,如果样本无法完全反映分类特征,诊断系统的泛化能力将受到严重影响。这时,适当地保留冗余参数又是提高系统推广能力的有效途径。至于应该保留多少冗余参数,保留哪些冗余参数,应该参考工程师的经验,因型号而异。

必须要指出的是,同一次试车的样本来源于同源数据。即它们在研究不同台份发动机振动特征时,作用是相同的;只有不同次试车数据的相互关系才反映发动机的振动状态。因此,这里的 N 个样本特指来源于不同次试车的振动数据,只有这样才能保证选择的特征参数在更一般的意义上反映分类。

寻优过程采用了遗传算法,遗传算法从一个种群开始对评价函数的最优解进行并行搜索,初始种群的合理选取会有助于全局最优解的搜索。将领域专家的先验知识融入初始种群将会取得不错的效果。遗传算法采用的是概率性规则而不是确定性规则,每次得出的结果不一定完全相同,可以多次执行寻优过程,比较每次结果的最优评价函数值,选取其中的最小值作为全局最小值的逼近。

寻优过程得到的特征参数组合必须修正,这一点很重要。由于参数选择基于有限样本基础,这些样本反映振动特征真实分布的程度决定着结果的推广能力。一个简单的实例:假设选择夏季的一次正常试车和冬季的一次故障试车组成训练样本,如果提取试车时的气温作为一个特征量,将会得到"如果发动机发生故障,气温将会降低"的结论。正是由于这种原因,距离测度和依赖度函数会选择 1 阶反进动幅值作为判断不平衡的特征量。因此,必须在寻优过程后,根据诊断理论和专家经验进行修正。修正之后,针对原训练样本,分类精度可能没有很大的提高,甚至有所下降。但它可能是克服以神经网络为代表的高精度算法的"过度学习"的有效途径,这正是本章研究意义的所在。

通过特征参数选择算法,可以剔除冗余参数和干扰参数,保证特征参数之间的独立性,改善发动机健康评估系统对故障的识别能力,提高有限样本条件下识别算法的推广能力。同时,特征参数选择算法的研究将推动发动机设计和适航的发展水平。民航适航条例规定了发动机必须有 15 个以上的监控参数。如何选择这些监控参数,得到最优的监控参数组合,正是特征参数选择算法研究的目标。

小   结

本章综述了特征提取与优化的方法,针对发动机的振动和结构特点,在时-空域给出了 1 阶幅值比、能谱相似度和轴心轨迹的傅里叶描述子等特征量。在时-频域介绍了 STFT、连续小波变换、Wigner – Ville 分布、EMD 与 HHT 等。表 4 – 7 对这些振动信号的分析方法进行了比较。信号分析方法从 1~4 复杂度递增,同时所能得到的信息量也逐渐增多。轨迹分析和进动分析让我们从几何空间的角度去分析问题,得到了新的信息量。这些方法各有优缺点,可以根据实际问题的需要来选择。故障特征参数的选择并不是越多越好,需要考虑故障特征参数间的相关性与冗余性,通过设计算法,寻找特征参数最佳组合。

表 4-7　振动特征提取方法发展趋势

序　号	分析方法	方　向	频率分解	信　息　量
1	幅值分析	1	—	幅值
2	波形分析	1	—	幅值、相位
3	频谱分析	1	能	频率、相位、幅值
4	时-频分析	1	能	频带、相位、幅值、时间
5	轨迹分析	2	—	相位、幅值
6	进动分析	2	能	频率、相位、幅值、方向

参考文献

[1]　卢文祥,杜润生.工程测试与信息处理:第 2 版[M].武汉:华中科技大学出版社,2002.

[2]　胡广书.现代信号处理教程[M].北京:清华大学出版社,2015.

[3]　王俨剀,廖明夫,吴斌.基于傅里叶描述子自动识别轴心轨迹[J].机械科学与技术,2008,27(6):799-804.

[4]　Gardner F. Properties of frequency difference detectors [J]. IEEE Trans. Commun. 1985, 33(2):131-138.

[5]　Gan L, Ma K K. A simplified lattice factorization for linear-phase perfect reconstruction filter banks [J]. IEEE Signal Processing Letter, 2001, 8(7):207-209.

[6]　陈刚,廖明夫.基于小波分析的滚动轴承故障诊断研究[J].科学技术与工程,2007,(6):2810-2814.

[7]　Grochenig K. Irregular sampling of wavelet and short-time fourier transforms [J]. Constructive Approximation, 1993,(9):283-297.

[8]　Goncalves P, Baraniuk R G. Pseudo affine wigner distribution:definition and kernel formulation [J]. IEEE Trans Signal Proc, 1998, 46(6):1505-1527.

[9]　卢艳辉,尹泽勇.基于小波包分析方法的航空发动机滚动轴承故障诊断[J].燃气涡轮试验与研究,2005,18(1):35-37,44.

[10]　雷剑宇.滚动轴承局部故障的振动分析与诊断[D].西安:西北工业大学,2007.

[11]　王依才,侯德文,邱丽君.一种基于 EMD 的人脸图像光照问题处理方法[J].计算机工程与应用,2010,46(27):166-168.

[12]　王俨剀,王理,廖明夫.航空发动机整机测振中的基本问题分析[J].航空发动机,2012,38(3):49-53.

[13]　魏秀业,潘宏侠.粒子群优化及智能故障诊断[M].北京:国防工业出版社,2010.

[14]　李怀俊.基于核主元模糊聚类的旋转机械故障诊断技术研究[M].成都:西南交通大学出版社,2016.

[15]　虞和济,韩庆大,原培新.振动诊断的工程应用(实例汇集)[M].北京:冶金工业出版社,1992.

[16]　沈庆根,郑水英.设备故障诊断[M].北京:化学工业出版社,2005.

[17]　黄民,肖兴明.机械故障诊断技术及应用[M].徐州:中国矿业大学出版社,2002.

第 5 章
整机振动源识别

本章关键词：

振源识别 （source identification）　　盲源分离 （blind source separation）

半盲分离 （semi-blind source separation）　混合信号 （mixed signal）

参考信号 （reference signal）　　　　　分离信号 （separation signal）

高压振源 （N_2 exciting vibration）　　低压振源 （N_1 exciting vibration）

　　高、低压转子的旋转是引起航空发动机整机振动最本质的原因。由于航空发动机具有高压转子系统、低压转子系统、附件系统与传动系统，每个系统的振动激励又包括基频、倍频与次谐波。因此，传感器采集到的信号是各部件振动信号与噪声的混叠，在这种情况下识别整机振动源困难重重。但是，整机振动源的识别又是故障识别的基础以及故障监测最基本的要求。如果无法准确识别振动源，故障诊断与故障定位的工作就无从展开。整机振动源识别的思路和方法很多，本章以半盲源分离方法为例，说明开展整机振动源识别的流程。

参 数 表

符　号	含　义	符　号	含　义
A	混合矩阵	p	分离效果指标
cum	累积量函数	Q	白化矩阵
C	协方差矩阵	$r, r(t), R$	参考信号
D	相关距离矩阵	t	时间/s
E	统计学期望函数	w	分离向量
f_1, f_2	低压、高压转子转频/Hz	W	分离矩阵
G, g	非线性函数及其导数	wgn	白噪声
J	负熵函数	$x, x(t), X$	原始观测信号
m	观测信号个数	$y, y(t), Y$	分离信号

续　表

符　号	含　义	符　号	含　义
m_x^j	随机变量的矩	$z, z(t), Z$	预处理后的观测信号
mom	矩函数	ε	相似性度量函数
n	源信号/分离信号个数	φ	相位/rad
$\boldsymbol{n}(t)$	噪声信号	Ω_L, Ω_H	低压、高压转子转速/(rad·s^{-1})
N	信号长度	$s(t)$	振动源信号

5.1　发动机振动信号盲源分离思路

　　航空发动机零部件繁多,且工作状态具有变工况的特点,振动信号十分复杂[1]。简要归纳如下:① 多振源。多个振动源同时存在,既有转子的旋转基频及倍频,也有静子的局部共振;② 强耦合。发动机由于有中介轴承和共用支承结构,双转子或三转子结构相互耦合,振动信号混叠;③ 高噪声。由于连接结构和附件影响,以及传感器的误差,采集信号中往往包含白噪声或其他频率噪声;④ 多工况。发动机工况范围大,主要频率和幅值各不相同,振动特征随工况和健康状态的不同而不同。

　　航空发动机整机振动信号一般由安装在机匣上的若干传感器测得[2],所测得的信号包含了发动机高压转子、低压转子、其他部件的振动信息以及噪声。针对测得的整机振动信号,可以通过傅里叶变换提取特征频率,进而判断故障特征。但当出现高低压组合频率或其他非转频的频率成分,则无法判断该振动频率的振动来源。尤其噪声信号较强时,傅里叶变换已不能有效区分特征频率。而盲源分离技术是一种有效分离各部件振动信号的方法,其处理过程能有效抑制噪声影响,对准确提取特征频率和故障识别具有重要意义[3]。

　　图 5-1 给出了某型双转子发动机试车过程中,位于中介机匣的传感器测得的振动信号。观察可知,该信号包含了高压转子的基频和倍频,也包含了低压转子的基频和倍频。各振动源的特征在机匣信号中完全混合。

　　此时,传统的信号处理方法,如傅里叶变换、小波变换、Hilbert -

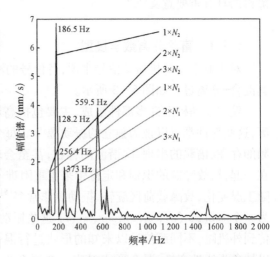

图 5-1　某发动机测振传感器测量信号频谱图

Huang 变换等并不能将多个混叠信号进行完全分离,而盲源分离技术可以解决这一问题。图 5-2 为其中两个分离信号频谱图,图 5-2(a) 中特征频率成分为高压转子基频及其 2 倍频、3 倍频;图 5-2(b) 中特征频率成分为低压转子基频及其 2 倍频、3 倍频,最终实现了高、低压转子振动信号的分离。

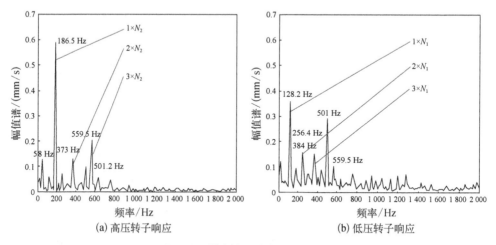

(a) 高压转子响应　　　　　　　　　(b) 低压转子响应

图 5-2　某发动机分离信号频谱图

在工程实际中,发动机机匣上测得的整机振动信号是多个部件的混叠信号,含有发动机故障信息的振动信号通常无法直接观测,使得基于振动信号的故障诊断变得复杂。而盲源分离可以将来自不同振源的信号进行分离,为发动机振动源信号的分离和振动特征的提取提供了一个很好的解决途径。因此,在发动机振动分析中,盲源分离技术已经成为一种重要的信号处理手段,对于发动机状态监测和故障诊断具有重要意义[4]。

5.1.1　盲源分离数学模型

对于航空发动机振动信号来说,各信号的混合一般可以视为瞬时混合模型[5],其混合-分离过程如图 5-3 所示。

航空发动机由许多部件组成,主要包括高压转子、低压转子、轴承和齿轮部件等,这些部件都可以视为独立的振动源[6]。每个振动源表现的特征各不相同,有基频的存在、倍频的出现、次谐波的存在,甚至会表现出调制的特征。这些特征混叠在一起,给故障源的识别和定位带来重重困难[7]。并且高低压转子信号有频率差,随工况变化,故障载荷区旋转、振动源非常多[8]。将每个振动源产生的振动信号记为一个向量,$s_1(t)$,$s_2(t)$,$\cdots$,$s_m(t)$ 这些振动信号通过转子支承结构和承力机匣传到外机匣,不同源信号以未知的形式进行混合。这种混合过程在一定条件下可以抽象为线性变换,混合形式对应一个混合矩阵 $\boldsymbol{A}$。同时,在振动信号传输过程

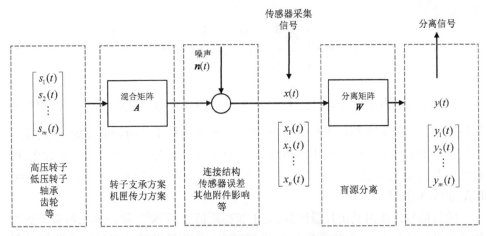

图 5-3 发动机振动信号混合-分离示意图

中,由于连接结构和其他附件的影响,以及传感器的测量误差,不可避免地会混入噪声信号 $n(t)$。对于传感器测得的信号 $x_1(t)$,$x_2(t)$,…,$x_n(t)$,其中包含了发动机内部所有部件的振动和噪声,盲源分离的任务就是在仅知道观测信号的情况下将各部件的振动信号进行分离[9]。

对于混合过程,其数学表达为

$$\boldsymbol{x}(t) = \boldsymbol{A}\boldsymbol{s}(t) + \boldsymbol{n}(t) \tag{5-1}$$

式中,$\boldsymbol{x}(t)$ 为传感器采集的 n 个通道信号;$\boldsymbol{A}$ 为未知混合矩阵;$\boldsymbol{s}(t)$ 为 m 个独立源信号,$\boldsymbol{s}(t) = [s_1(t),s_2(t),…,s_m(t)]^T$;$\boldsymbol{n}(t)$ 为噪声信号。

从式(5-1)中可以看出,$\boldsymbol{x}(t)$ 为 $\boldsymbol{s}(t)$ 的线性组合。盲源分离就是从观测信号中恢复原信号,即找到分离矩阵 $\boldsymbol{W}$[10],且

$$\boldsymbol{y}(t) = \boldsymbol{W}\boldsymbol{x}(t) \tag{5-2}$$

使 $\boldsymbol{y}(t)$ 为 $\boldsymbol{s}(t)$ 的最优估计。

发动机振动测试数据可视为由一组变量构成。设传感器数目即观测变量数目为 n,测试采样点数为 N。将振动数据记为 $x_i(t)$,其中,$i = 1 \sim n$,$t = 1 \sim N$。把 $x_i(t)$ 看作 n 个随机变量的 N 个实现。n 个随机变量 $x_i(t)$ 构成随机向量 $\boldsymbol{x}(t) = [x_1(t),x_2(t),…,x_n(t)]^T$,也就是在实际数值运算中,$\boldsymbol{x}(t)$ 是一个 $n \times N$ 的矩阵。同理,原信号 $\boldsymbol{s}(t)$ 是一个 $m \times N$ 的矩阵。

5.1.2 盲源分离基本公式

盲源分离的理论基础是中心极限定理[11]。设随机变量 X_1,X_2,…,X_n 独立同分布,其数学期望和方差分别为:$E(X_n) = \mu$,$D(X_n) = \sigma^2$,$n = 1,2,3,…$,则对于任意 x,根据 Lindburg-Levy 中心极限定理,有

$$\lim_{n \to \infty} P\left\{ \frac{\sum\limits_{i=1}^{n} X_i - n\mu}{\sqrt{n}\,\sigma} \leqslant x \right\} = \Phi(x) \qquad (5-3)$$

定理表明:当 n 充分大时,$\sum\limits_{i=1}^{n} X_i$ 近似服从高斯分布 $N(n\mu, n\sigma^2)$。即独立的随机变量之和的分布趋近于高斯分布,若干个独立随机变量的和形成的分布,比其中任意一个原始分布更接近于高斯分布。因此,令分离的信号非高斯性最大化,即可认为各分量相互独立。这就是独立分量分析(independent component analysis,ICA)的基本思想[12]。

随机信号往往由其统计量区分,对于非高斯信号,需要二阶、三阶、四阶等高阶统计量进行区分[13]。在非高斯性度量问题上,可以利用随机变量的高阶统计量(峭度等)作为目标函数。由数学过程引出的发动机振动信号盲源分离的假设条件如表 5-1 所示。

表 5-1　盲源分离的理论前提和假设条件

理　论　前　提	假　设　条　件
混合矩阵可逆	正定或超定分离模型
中心极限定理	源信号统计独立
高阶统计量不包含高斯变量信息	源信号最多只能有一个高斯变量

5.1.3　分离效果评价方法

为衡量盲源分离算法对振动信号分离效果,需要建立评价指标对分离结果进行评价[14],例如,计算分离信号与源信号的均方误差[15]、二次残差[16]等。在这里采用相关距离法,设 s_i 为源信号中第 i 个源信号,y_j 为经过分离后的第 j 个分离信号。则 s_i 和 y_j 之间的相关距离为

$$d_{ij} = \frac{\left| \sum\limits_{i=1}^{m} (s_i - \bar{s}_i)(y_j - \bar{y}_j) \right|}{\sqrt{\sum\limits_{i=1}^{m} (s_i - \bar{s}_i)^2 \times \sum\limits_{i=1}^{m} (y_j - \bar{y}_j)^2}} \qquad (5-4)$$

从上式可以看出,相关距离具有如下性质:

(1) $d_{ij} \leqslant 1$;

(2) 若 $d_{ij} = 1$,则表示 s_i 和 y_j 完全相似;

(3) 若 $d_{ij} = 0$,则表示 s_i 和 y_j 相互统计独立。

在使用相关距离法进行分离效果评价时,一般对 m 个源信号和 m 个分离信号分

别求相关距离,组成的相关距离矩阵 D 中,第 ij 个元素代表 s_i 和 y_j 之间的相关距离。考虑到盲源分离的解存在次序不确定问题,因此在分离效果良好的情况下,一般在相关距离矩阵中每一行有且只有一个数字接近于 1。相关距离法的优点在于计算值与信号幅值的绝对大小无关,避免了盲源分离所固有的幅值不确定性带来的度量困难。

为了更方便衡量算法的分离效果,这里提出一种基于相关距离的性能指标,式 (5-5)给出定义,选择每列最大值累加,减去非最大值的累加和,最后除以信号个数以归一化。该指数取值最大为 1,越接近 1 则分离性能越好。

$$p = \frac{1}{m}\left\{\sum_{i=1}^{m}\max[D(1:m, i)] - \sum_{i=1}^{m}\sum_{j=1}^{m}\mathrm{non-max}[D(j, i)]\right\} \quad (5-5)$$

5.2 半盲源分离算法理论与应用

随着对盲源分离研究的不断深入,有待解决的问题也变得越来越复杂[17],将可用的先验知识引入分离过程的半盲源分离逐渐成了更适合工程应用的方法,该方法通过构造参考信号施加约束,迫使优化过程收敛接近目标分量。

本节对航空发动机振动信号特征进行讨论,将航空发动机的振动先验知识作为参考信号,在传统盲源分离算法的基础上引入新的目标函数,提出参考独立分量分析(ICA with references, ICA-R)算法,将分离信号和参考信号的相似性度量作为目标函数添加到传统算法中,力求实现振动源的精确分离。

5.2.1 半盲源分离的优势

传统盲源分离算法在数值仿真中效果很好,但对于发动机实测信号的分离却不能取得满意的效果。研究发现,发动机振动信号并不完全满足传统盲源分离模型。

一方面,有些参数满足分离模型,因此不影响分离结果。这些参数如表 5-2 所示。

表 5-2 满足分离模型的参数和方法

参 数 和 方 法	原 因
分离算法(负熵,四阶累积量)	发动机振动信号一般为亚高斯信号
时域、频域分离	混叠时延非常小
信号采样参数	满足采样定理
白噪声	不放大、缩小特定频率
信号调制	不影响信号性质
频谱泄露	不影响时域波形

参 数 和 方 法	原　　因
相位差	不影响幅值、频率
加速度/速度信号	不影响频率

总结表5-2内容可知,传统盲源分离算法的导出全部基于随机过程的统计特性,也就是只利用了信号的统计特性。因此,凡不影响信号统计规律的参数和分离方法,均对分离效果没有影响或影响较小。

另一方面,由于航空发动机结构复杂,传统分离模型在处理航空发动机振动信号时并不完全适用,这些不适用性之前从未被明确分析[1]。在工程实际中,利用盲源分离基本模型对航空发动机振动进行分析存在如下问题。

(1)航空发动机故障类型多样,工况跨度大,对于特定故障源或者特定工况不一定满足源信号独立的前提。以中介轴承处转子基本运动方程为例:

$$\begin{cases} m_l\ddot{x}_l + d\dot{x}_l + sx_l = F_{\text{bearing}} + F_{\text{fault}} + m_l g \\ m_h\ddot{x}_h + d\dot{x}_h + s(x_h - x_l) = F_{\text{bearing}} + F_{\text{fault}} + m_h g \end{cases} \tag{5-6}$$

故障力在高、低压转子上同时出现,两个部件的运动形式相关,因此振动信号并不满足统计独立的前提。

(2)盲源分离模型的混合-分离过程基于线性矩阵运算,而航空发动机的整机振动信号包括线性叠加、非线性激励、调频和调幅等。这种混合过程中表现出的强烈的非线性混叠现象并不能用线性方程描述,例如,带弹支和阻尼器柔性转子运动方程:

$$\begin{cases} m\ddot{x} + s_{11}\left[x - x_{b1} - \dfrac{a(x_{b2} - x_{b1})}{L}\right] + s_{12}\left[\theta_y - \dfrac{(x_{b2} - x_{b1})}{L}\right] = m\varepsilon\Omega^2\cos(\Omega t + \beta) \\ m\ddot{y} + s_{11}\left[y - y_{b1} - \dfrac{a(y_{b2} - y_{b1})}{L}\right] - s_{12}\left[\theta_x - \dfrac{(y_{b2} - y_{b1})}{L}\right] = m\varepsilon\Omega^2\sin(\Omega t + \beta) \end{cases}$$
$$\tag{5-7}$$

另外,在实测信号中经常出现的情况是某频率成分在其中一个截面表现明显,在其他截面没有表现。这种源信号在多个观测信号中时有时无的情况会降低盲源分离的准确性,甚至不能得到正确的分离结果。

(3)发动机结构部件繁多,使得振动信号源数目很多,主要有高低压转子、传动锥、轴承等(图5-4),而在试车中振动传感器数目非常有限(一般为6个),显然不能满足传统盲源分离模型。

而发动机故障诊断的特点:对于高、低压转子的基频、倍频及轴承特征频率等,利用传统信号处理手段(如傅里叶变换)就可以准确识别。因此,在发动机振动分析

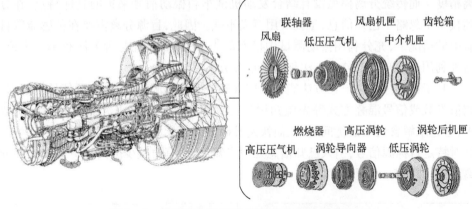

图 5-4　航空发动机（PW4000）整机及其主要单元

和故障诊断中,更需要关注的是其他未知来源的频率成分(如组合频率)[18]。

由于发动机结构复杂,从振源到传感器的信号传递没有明确的规律,振动信号受工况转速、故障类型等因素的影响大,而同时发动机振动测试不同于某些电子测试信号处于全盲状态,传统盲源分离将所有信号统一视为随机过程,只利用了统计特性。发动机振动信号包括了周期振动、调频调幅振动、附加冲击及随机振动等,并非完全随机信号,一定程度上可以用确定参数表达。

振动测试已经提供的一些先验知识有[2]:① 高、低压转子基频和倍频对应的幅值和频率;② 主要机械源(轴承、传动锥、机匣等)结构的特征频率;③ 传感器的数量和位置。

图 5-5 给出了航空发动机振动信号包括的一些已知信息。

因此,不同于一般的混合信号,合理利用先验知识可以简化分离难点,提高分

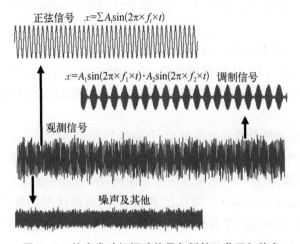

图 5-5　航空发动机振动信号包括的一些已知信息

离精度。而传统分离模型没有结合发动机试车和振动信号采集的具体特点,在分离模型中忽略了已知信息,工程实用意义不强。因此,盲源分离需要在传感器数目有限的情况下,充分利用振动测试中已有的先验知识,实现对所关注频率的定位,这种利用先验知识的分离方法称为半盲源分离。

　　基于此目标,ICA-R方法能够快速准确提取目标源信号,并将源信号的频率、幅值参数或信号混叠方式等先验知识作为约束条件附加到ICA方法的目标函数中,通过求解含约束最优问题,从而快速准确分离目标源信号。因此,ICA-R可以针对特定目标源信号,引入已知信息处理未知信息,有效减少分离计算量和提高分离效果,如图5-6所示。

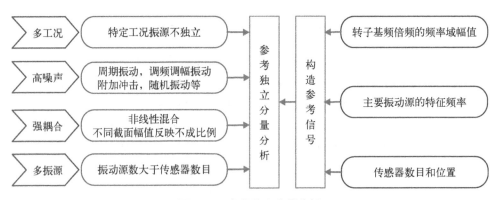

图5-6　参考独立分量分析

5.2.2　引入参考信号的多单元 ICA-R 算法

　　如5.2.1节所述,传统盲源分离算法由求解目标函数的极值确定独立分量,ICA-R方法就是将参考信号作为一种约束条件附加在目标函数中,其基本模型如图5-7所示。

　　图中:$s_1(t)$,$s_2(t)$,$\cdots$,$s_m(t)$ 是源信号;$x_1(t)$,$x_2(t)$,$\cdots$,$x_n(t)$ 是观测信号;$r_1(t)$,$r_2(t)$,$\cdots$,$r_m(t)$ 是根据源信号的先验知识构造的 m 个参考信号。半盲源分离的任务就是在保证参考信号和目标分离信号相似性足够接近的情况下寻找目标分离信号。

　　同时,在多参考信号的分离模型中,分离信号和参考信号一一对应,解决了传统盲源分离模型中次序不确定的问题。由于算法存在标准化计算,因此仍然会有幅值不确定的问题,但这并不影响算法在发动机故障诊断中的实际应用。

　　在基于负熵最大的FastICA算法的基础上,约束条件引入负熵最大的目标函数,可得到基于负熵最大的半盲源分离方法。在FastICA的基础上,增加参考信号作为约束,建立目标函数和约束条件:

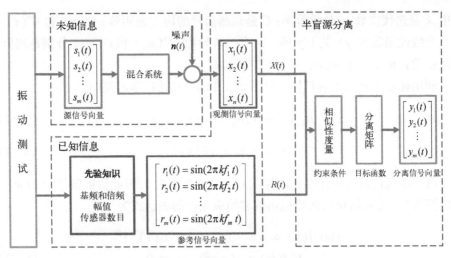

图 5-7　ICA-R 方法示意图

$$\max J(\boldsymbol{y}) \propto \{\mathrm{E}[G(\boldsymbol{y})] - \mathrm{E}[G(\boldsymbol{v})]\}^2$$

$$\mathrm{s.\,t.} \begin{cases} h(\boldsymbol{w}) = \mathrm{E}[\boldsymbol{y}^2] - 1 = 0 \\ f(\boldsymbol{w}) = \varepsilon(\boldsymbol{y},\,\boldsymbol{r}) - \xi \leqslant 0 \end{cases} \tag{5-8}$$

式中，$J(\cdot)$ 是负熵表达式，$\boldsymbol{y} = \boldsymbol{w}^{\mathrm{T}}\boldsymbol{z}$；$h(\boldsymbol{w}) = \mathrm{E}[\boldsymbol{y}^2] - 1 = 0$ 约束了目标分离信号的方差为 1，$\mathrm{E}[\ ]$ 表示矩阵正交化运算；$f(\boldsymbol{w}) = \varepsilon(\boldsymbol{y},\,\boldsymbol{r}) - \xi \leqslant 0$ 约束了目标分离信号与参考信号的相似性在一定范围内，其中 $\varepsilon(\boldsymbol{y},\,\boldsymbol{r})$ 为参考信号和目标分离信号的相似性度量函数，ξ 为相似度阈值。

将式 (5-8) 转换为拉格朗日函数形式：

$$L(\boldsymbol{w},\,\mu,\,\lambda) = J(\boldsymbol{y}) - \frac{1}{2\gamma}\{\max^2[\mu + \gamma f(\boldsymbol{w}),\, 0] - \mu^2\} - \lambda h(\boldsymbol{w}) - \frac{1}{2}\gamma \|h(\boldsymbol{w})\|^2 \tag{5-9}$$

式中，μ，λ 为约束 $h(\boldsymbol{w})$ 和 $f(\boldsymbol{w})$ 的拉格朗日乘子；γ 为惩罚参数。

用拟牛顿法求解式 (5-9) 带参拉格朗日函数的最优化问题，得到分离向量 $\boldsymbol{w}$ 的迭代格式为

$$\begin{cases} \boldsymbol{w}_{k+1} = \boldsymbol{w}_k - \eta \boldsymbol{C}_{xx}^{-1} L'_{\boldsymbol{w}_k}/\delta(\boldsymbol{w}_k) \\[2mm] L'_{\boldsymbol{w}_k} = \mathrm{E}[\boldsymbol{x}G'(\boldsymbol{y})] - \frac{1}{2}\mu\mathrm{E}[\boldsymbol{x}f'(\boldsymbol{w}_k)] - \lambda\mathrm{E}[\boldsymbol{x}\boldsymbol{y}] \\[2mm] \delta(\boldsymbol{w}_k) = \mathrm{E}[\boldsymbol{x}G''(\boldsymbol{y})] - \frac{1}{2}\mu\mathrm{E}[f''(\boldsymbol{w}_k)] - \lambda \\[2mm] \boldsymbol{w}_{k+1} = \dfrac{\boldsymbol{w}_{k+1}}{\|\boldsymbol{w}_{k+1}\|} \end{cases} \tag{5-10}$$

式中，k 是迭代次数；η 是学习率；C 是观测信号的协方差矩阵；$G'(y)$ 和 $G''(y)$ 分别是非线性函数 $G(y)$ 关于 y 的一阶和二阶导数；$f'(w_k)$ 和 $f''(w_k)$ 分别是相似性度量函数 $f(w_k)$ 关于 w_k 的一阶和二阶导数。

利用梯度下降法求解拉格朗日乘子 μ 和 λ，其迭代学习规则如下：

$$\mu_{k+1} = \max\{\mu_k + \gamma f(w_k), 0\} \tag{5-11}$$

$$\lambda_{k+1} = \lambda_k + \gamma h(w_k) \tag{5-12}$$

每一步迭代后进行标准化以保证 $w^T z$ 的方差恒为 1，因此约束条件中 $h(w)$ 函数值恒为 0。实际简化后的目标函数和约束条件的表达式为

$$\max J(y) \propto \{E[G(y)] - E[G(v)]\}^2$$
$$\text{s.t.} \ f(w) = \varepsilon(y, r) - \xi \leqslant 0 \tag{5-13}$$

对应拉格朗日函数及迭代格式：

$$L(w, \mu) = J(w^T z) - \frac{1}{2\gamma}\{\max^2[\mu + \gamma f(w), 0] - \mu^2\} \tag{5-14}$$

$$\begin{cases} w_{k+1} = w_k - \eta L'_{w_k} / \delta(w_k) \\[2mm] L'(w_k) = E[zg(w_k^T z)] - \frac{1}{2}\mu E[zf'(w_k)] \\[2mm] \delta(w_k) = E[zg'(w_k^T z)] - \frac{1}{2}\mu E[f''(w_k)] \\[2mm] w_{k+1} = \dfrac{w_{k+1}}{\|w_{k+1}\|} \end{cases} \tag{5-15}$$

拉格朗日乘子 μ 的迭代规则仍为式（5-11）。

在不等式约束中，阈值是算法中的重要参数也是选取的难点。阈值设置过小导致不等式约束中不包含目标源信号；设置过大则导致不等式约束中包含其他源信号。现有两种选取的方法，一是初始选取较大阈值，如果提取出其他分量可以正交化去除后再次提取；二是初始选取较小阈值，如计算不能收敛则逐渐增大，直到收敛到所关心的独立分量。

5.2.3　适用于发动机振动信号的 ICA-R 算法

1. 算法介绍

在实际发动机振动信号处理过程中，受到相位、相似性度量、噪声等的影响很

难给出合适的阈值,甚至不同发动机、不同试车次都要调试不同的阈值。因此,可以将相似性度量极小作为目标函数之一,从而避免阈值选取的困难。

将式(5-8)目标函数表示为

$$\begin{cases} \max J(y) \propto \{ \mathrm{E}[\,G(y)\,] - \mathrm{E}[\,G(v)\,] \}^2 \\ \min f(w) = \varepsilon(y, r) \end{cases} \tag{5-16}$$

对于上式,求解极大值的过程使用的迭代规则如下:

$$w_{k+1} = \mathrm{E}\{zg[w_k^{\mathrm{T}}z]\} - \mathrm{E}\{g'[w_k^{\mathrm{T}}]\}w_k \tag{5-17}$$

对于求解相似性度量极小值,可以采用梯度下降法,这是求解无约束最优化问题的一种常用算法,它具有实现简单的优点,其迭代规则为

$$w_{k+1} = w_{k+1} + \nabla f(w) \tag{5-18}$$

式中, $\nabla f(w)$ 是相似性度量函数 $f(w) = \varepsilon(y, r)$ 关于分离矢量 w 的梯度。

振动源的 ICA-R 分离和识别方法的实现步骤如下:

(1) 根据先验知识(频率、幅值、相位),构造一组包含振动特征的参考信号;

(2) 观测信号预处理——中心化和白化;

(3) 分离向量 w 初始化和标准化;

(4) 更新分离向量, $w_{k+1} = \mathrm{E}\{zg[w_k^{\mathrm{T}}z]\} - \mathrm{E}\{g'[w_k^{\mathrm{T}}]\}w_k$;

(5) 更新分离向量, $w_{k+1} = w_{k+1} + \nabla f(w)$;

(6) 标准化分离向量, $w_{k+1} = w_{k+1}/\parallel w_{k+1} \parallel$;

(7) 计算分离向量,若其值收敛则计算结束,否则转到步骤(4);

(8) 重复步骤(3)至(7),根据不同参考信号逐次计算全部分离向量。

其算法流程如图 5-8 所示。

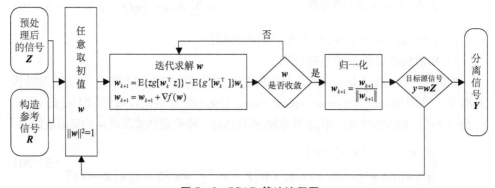

图 5-8　ICAR 算法流程图

ICA-R 的伪代码为

```
for i = 1 to m
w ← 随机生成
Last w ← 初值为 0
while   abs (w - last w) > 10⁻⁶
do    last w = w
for   j = 1 to m
do 牛顿迭代公式更新 w
do 梯度下降迭代公式更新 w
end
do   标准化 w
end
end
```

2. 算法精度影响分析

1）参考信号的构造

在航空发动机中,高、低压转子是主要振动源。转子的振动信号不仅包含了发动机主要运行状态的信息,而且其特征的物理含义清晰,对应着转子的运行状态和故障模式。由于航空发动机转子振动信号接近正弦信号,通常在构造时选取标准正弦或正弦叠加信号作为参考信号(图 5-9)。在转子振动实验和发动机振动测试中,高低压转子转速信息已知,其基频、倍频、幅值等信息可以通过频谱获得。发动机振动的主要频率形式是转子转频及其倍频,暂不考虑故障状态下的边频、调制或冲击等其他形态。这些信息可以作为先验知识帮助建立准确合适的参考信号,一般转子参考信号的形式为

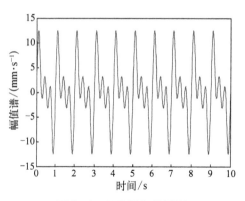

图 5-9　正弦叠加信号图

$$r = \sum A_i \sin(2\pi f_i t + \varphi_i) \qquad (5-19)$$

式中,f_i 为整数或分数倍频;A_i 为相应频率的幅值。

2）相似性度量函数的选取原则

相似性度量实质上是度量两个分量的距离,常用的方法有均方误差、协方差和欧氏距离等。采用均方误差(mean square error, MSE)作为相似性度量,即 $\varepsilon(\mathbf{y}, \mathbf{r}) = \mathrm{E}[(\mathbf{y} - \mathbf{r})^2]$,该方法格式简单,求导方便,迭代迅速。MSE 表达式及对 $\mathbf{w}$ 的导函数如下:

$$\begin{cases} f(\mathbf{w}_k) = \mathrm{E}[(\mathbf{w}_k^{\mathrm{T}}\mathbf{Z} - \mathbf{r})^2] \\ f'(\mathbf{w}_k) = \varepsilon'(\mathbf{w}_k^{\mathrm{T}}\mathbf{Z}, \mathbf{r}) = \mathrm{E}[((\mathbf{W}_k^{\mathrm{T}}\mathbf{Z} - \mathbf{r})^2)'] = \mathrm{E}[2 \times z(\mathbf{w}_k^{\mathrm{T}}\mathbf{Z} - \mathbf{r})] \end{cases} \qquad (5-20)$$

有些相似性度量函数表达式中,常见 $1/N$ 的形式,即除以数据点数,这在一定程度上降低了对参考信号幅值和相位参数的敏感性。但值得注意的是,这里采用

了梯度下降法进行迭代,每个迭代步的计算值与相似性度量的导数有关,而每次分析的发动机稳态振动数据一般有几千个数据点,这很容易导致数值过小以至于分离向量在每次迭代中更新很小,难以收敛。因此对发动机振动信号的处理不宜采用表达式中含有除以信号长度点数的相似性度量函数。

3) 振动信号的初始相位和幅值的选取

在构造出的正弦信号当中,角速度由实际转速决定,相位和幅值则需要人为设定。相位和幅值影响相似性度量,数值的偏差极有可能导致分离失败。因此需要分析相似性度量对相位和幅值的敏感性。构造仿真信号为

$$
\begin{cases}
s = 10\sin(2\pi \times 150t + \pi) + 12\sin(2\pi \times 200t) \\
r = A\sin(2\pi \times 150t + \varphi)
\end{cases}
\tag{5-21}
$$

信号 s 固定不变,设定信号 r 的幅值为 10,从 $[0, 2\pi]$ 遍历信号 r 的相位,计算均方差值随参考信号相位的变化关系。如图 5-10 所示,在与信号 s 相位相同处均方差值最小,且相位差越大相似性度量越小,其数值的差值已经达到了 278%,可见受信号相位影响较大。

同样,信号 s 固定不变,设定信号 r 的相位为 π,从 $[5, 15]$ 遍历信号 r 的幅值,计算均方差值随参考信号幅值的变化关系。如图 5-11 所示,在与信号 s 幅值相同处均方差值最小,且幅值差越大相似性度量越小,但其数值的误差最大只有 16%,所以对幅值的敏感度较低。

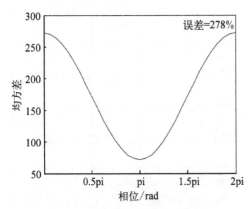

图 5-10　相位对相似性度量的影响

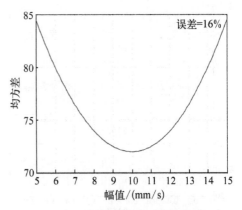

图 5-11　幅值对相似性度量的影响

可见均方差值受信号相位影响较大。实际中,估计相位的方法主要有以下两种。

(1) 遍历法。构造好参考信号后从 0 到 2π 遍历相位,选取相似性度量最小时对应的相位值。但由于多个通道的影响,该方法计算量大且不准确。

(2) 相位谱法。利用傅里叶变换的相位谱可以计算任意阶次下的初始相位。以一个周期信号为例:

$$f(t) = a_0 + a_1\cos(w_1 t + \varphi_1) + a_2\cos(w_2 t + \varphi_2) \qquad (5-22)$$

由于 FFT 是余弦类变换,因此计算得到的初始相位是相应余弦信号的初始相位。而在构造参考信号时统一使用正弦信号,在计算得初始相位后,应加 90°作为参考信号的初相位。对时域信号进行傅里叶变换得幅值谱,可以求得所关心的频率成分的对应相位。但同样对于某一段发动机振动信号,由于其相位随机,无法事先判断,使得不同通道、不同阶次的相位也不相同,因此参考信号中无法用频谱分析求解相位。

3. 数值仿真

1) 线性混合的数值仿真

发动机振动包括周期振动、调频调幅振动、附加冲击振动和随机振动等。为验证半盲源分离算法的有效性,需要进行数值仿真实验。选取正弦信号、调制信号和三角波信号作为三个源信号,则

$$\begin{cases} s_1 = 10\sin(2\pi \times 10t) \\ s_2 = 7\cos(2\pi \times 75t) \times 1\sin(2\pi \times 0.8t) \\ s_3 = 15\mathrm{sawtooth}(2\pi \times 30t) \end{cases} \qquad (5-23)$$

随机生成混合矩阵,源信号和混合信号的时域波形如图 5-12 所示。

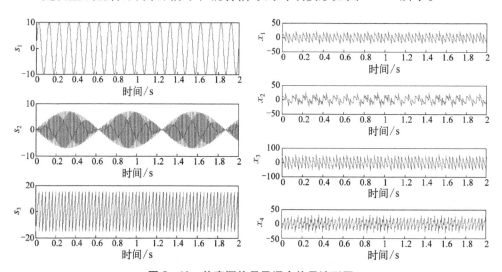

图 5-12　仿真源信号及混合信号波形图

对于第一个源信号 s_1,可以根据已知的幅值频率信息构造正弦信号;第二个源信号 s_2 为调制信号,这里假设已知其中的高频部分,构造高频余弦信号作为参考;第三个源信号 s_3 为三角波信号,这里用同幅值同频率的方波信号作为参考,三个参考信号见式(5-24)。参考信号和分离信号的时域波形如图 5-13 所示。

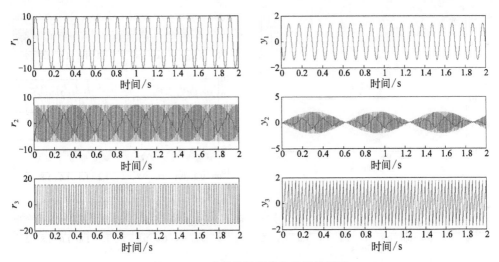

图 5-13　参考信号及分离信号波形图

$$\begin{cases} r_1 = 10\sin(2\pi \times 10t) \\ r_2 = 7\cos(2\pi \times 75t) & (5-24) \\ r_3 = 15\mathrm{square}(2\pi \times 30t) \end{cases}$$

相关距离矩阵为

$$\boldsymbol{D} = \begin{bmatrix} 1.000\,0 & 0.000\,0 & 0.001\,9 \\ 0.000\,3 & 1.000\,0 & 0.001\,4 \\ 0.002\,8 & 0.000\,5 & 1.000\,0 \end{bmatrix}$$
$$(5-25)$$

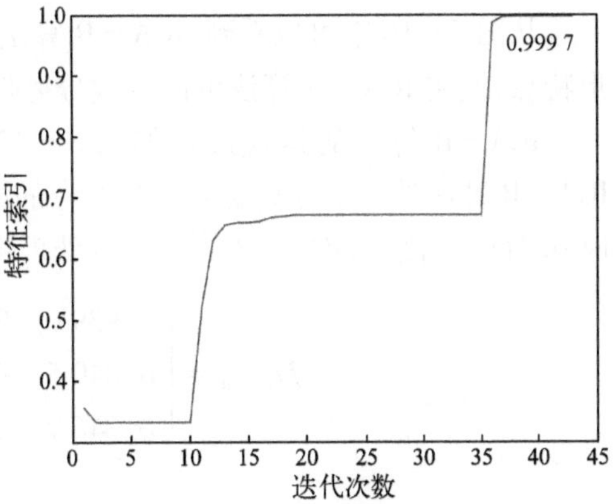

图 5-14 显示了迭代收敛过程。可以看出,三个源信号完全分离共迭代 43 次,计算耗用 CPU 时间 0.855 s。

图 5-14　ICA-R 算法收敛过程

2) 带有非线性混合的数值仿真

同样选取式(5-23)中的正弦信号、调制信号和三角波信号作为三个源信号,构造非线性形式的混合矩阵为 $\boldsymbol{A}$, 其源信号和混合信号的时域波形如图 5-15 所示。

$$\boldsymbol{A} = \begin{bmatrix} \sin s_1 & 0.22 & 0.16 \\ 0.22 & \cos s_2 & 0.33 \\ 0.25 & 0.15 & \sin s_3 \\ 2\sin s_1 & 2\sin s_2 & 2\sin s_3 \end{bmatrix} \qquad (5-26)$$

利用 ICA-R 算法进行分离,同样构造参考信号如式(5-24),利用半盲源分离算法进行信号分离,得到分离信号如图 5-16 所示。

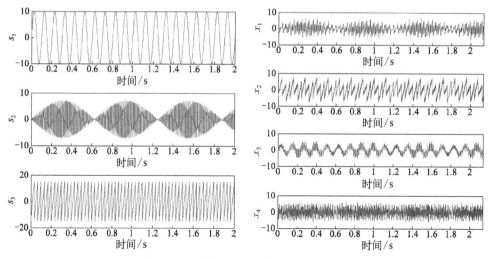

图 5 - 15   仿真源信号及混合信号波形图

从图 5 - 16 中可以看到,ICA - R 算法分离信号的波形基本能反映源信号的波形特点,说明 ICA - R 算法可以有效分离带有非线性混合的信号。

ICA - R 算法的迭代过程如图 5 - 17 所示,其相关距离矩阵见式(5 - 27)。ICA - R 算法的三个分离信号与其对应的源信号的相关距离都在 0.8 以上,计算用时 0.311 s。因此,ICA - R 算法适合处理带有非线性混合的信号。

$$\boldsymbol{D}_{\mathrm{ICA-R}} = \begin{bmatrix} 0.939\,0 & 0.022\,9 & 0.085\,8 \\ 0.040\,5 & 0.967\,8 & 0.000\,8 \\ 0.046\,9 & 0.044\,2 & 0.962\,1 \end{bmatrix} \tag{5-27}$$

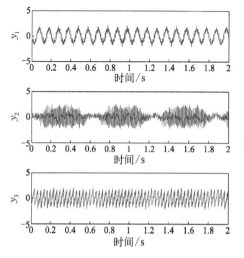

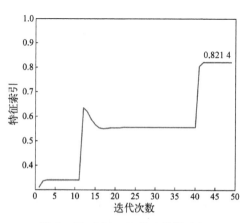

图 5 - 16   ICA - R 算法分离信号波形图   **图 5 - 17   ICA - R 算法收敛过程**

3）"有无"叠加混合的数值仿真

为了仿真带组合频率的发动机转子振动信号,令低压转子转频 f_1 = 85 Hz,高压转子转频 f_2 = 150 Hz,其中低压转子出现组合频率,并加入适当噪声信号。

仿真源信号为

$$\begin{cases} s_1 = 15\sin(2\pi f_1 t) + 15\sin(2\pi \times 2f_1 t) + 8\sin\left[2\pi \times (f_1 + f_2)t\right] + \mathrm{wgn}(10) \\ s_2 = 10\sin(2\pi f_2 t) + 12\sin(2\pi \times 2f_2 t) + \mathrm{wgn}(10) \\ s_3 = \mathrm{wgn}(40) \end{cases}$$

$$(5-28)$$

图 5 - 18 显示了三个源信号的时域波形图及频谱图。图 5 - 19 显示了混合以后的信号,从图中很难再分辨和识别源信号 s_1、s_2 和 s_3。

为仿真发动机振动信号中某频率成分在不同测振截面的反映时有时无的现象,设置混合矩阵为

$$A = \begin{bmatrix} 1 & 0 & 1 \\ 0 & 1 & 1 \\ 1 & 1 & 0 \\ 1 & 0 & 1 \end{bmatrix}$$

$$(5-29)$$

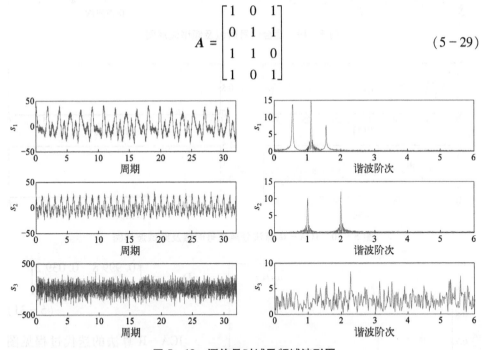

图 5 - 18　源信号时域及频域波形图

利用已知的幅值、频率信息构造参考信号为

$$\begin{cases} r_1 = 15\sin(2\pi f_1 t) + 15\sin(2\pi \times 2f_1 t) \\ r_2 = 10\sin(2\pi f_2 t) + 12\sin(2\pi \times 2f_2 t) \end{cases}$$

$$(5-30)$$

计算相关距离矩阵如式(5 - 31)所示,ICA - R 算法结果接近完全分离,在分离

信号频谱(图5-20)中没有混叠且看不到其他频率成分,基本没有白噪声的影响,分离结果能够准确识别组合频率的位置,且

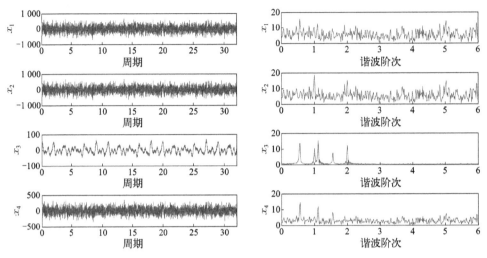

图5-19　混合信号时域及频域波形图

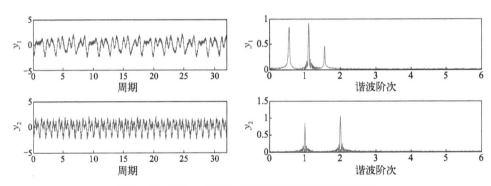

图5-20　ICA-R算法分离信号时域及频域波形图

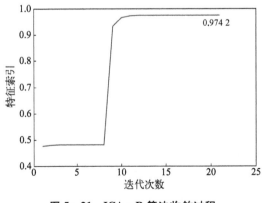

图5-21　ICA-R算法收敛过程

$$D_{\text{ICA-R}} = \begin{bmatrix} 0.999\ 8 & 0.039\ 2 \\ 0.009\ 5 & 0.999\ 4 \end{bmatrix}$$

$$(5-31)$$

ICA-R算法的迭代过程见图5-21,算法共迭代21步,计算用时0.062 s,分离效果指数为0.974 2。可以看出,在分离精度和计算时间上,ICA-R有明显优势。

5.2.4　发动机实测振动信号半盲源分离

为验证 ICA - R 算法,针对航空发动机试车振动数据进行半盲源分离分析,以期获得准确有效的分离结果。

1.发动机碰摩故障信号分离实例

某型航空发动机是双转子涡扇发动机,现有 3 支位移传感器分别布置在前、中、后截面的垂直方向上。

某次试车中发现后支点振动瞬间增大后恢复正常,位移振幅峰峰值达到 135.15 μm,此时工况为高压转速 10 859 r/min、低压转速 6 081 r/min。振动数据采集采用整周期采样,每周期采集 128 个点,以追踪高压转速。取振动突增的 16 个周期的稳态数据进行分离研究,3 个通道的稳态数据如图 5 - 22 所示。

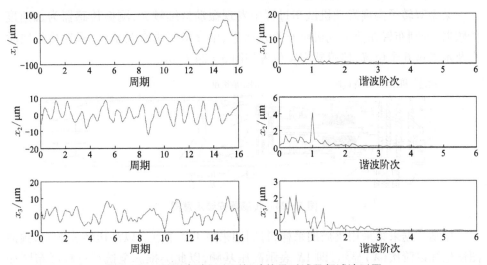

图 5 - 22　某型发动机实测振动信号时域及频域波形图

仅使用高、低压转子一阶量的幅值和频率信息,构造如下参考信号:

$$\begin{cases} r_1 = 2\sin(2\pi f_1 t + 2\pi/3) \\ r_2 = 15\sin(2\pi f_2 t + \pi/4) \end{cases} \tag{5-32}$$

通过信号分离发现(图 5 - 23),分离的第一组信号包括低压基频及其分数倍频,可以判断为低压转子振动信号;第二组信号只有高压基频,可以判断为高压转子振动信号。综合分析分离信号可知,特征频率为低压转子基频及其 1/2、1/3、3/2 等分数倍频,可以判断故障模式是低压涡轮碰摩。

经发动机分解检查发现,低压 1 级涡轮叶冠处有严重碰摩(多数叶冠裂纹)。由于低压涡轮叶片叶顶间隙太小,导致叶冠磨损较重,叶冠顶面和封严齿出现裂纹,经修复后振动幅值恢复到限制值之内。

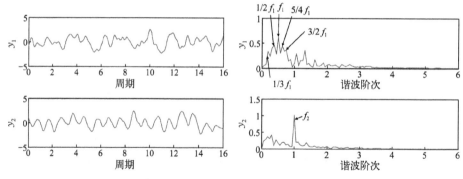

图 5 - 23　分离信号时域及频域波形图

2. 发动机组合频率特征分离实例

某型双转子涡扇发动机试车过程中发现振动持续较大,测振传感器为加速度传感器,分别布置在前进气机匣垂直及水平、中介机匣垂直及水平、涡轮后机匣垂直及水平这 6 个位置,传感器安装位置如图 5 - 24 所示。

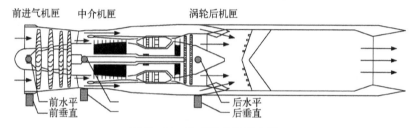

图 5 - 24　传感器安装示意图

振动数据采集采用整周期采样,每周期采集 128 个点。以高压转速触发,频谱图横坐标以阶次(X)显示,即 $1X$ 表示高压基频,以此类推。全试车过程瀑布图如图 5 - 25 所示,可以看出,整个试车过程中持续存在 $f_1 + 2f_2$ 的组合频率,但仅根据频谱图无法判断该组合频率来自高压转子还是低压转子。

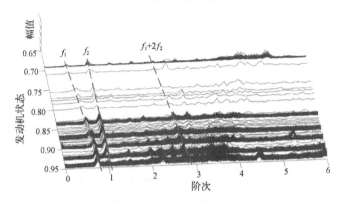

图 5 - 25　全过程瀑布图

取 16 个周期的稳态数据进行分离研究,此时工况为高压转速 12 231 r/min,低压转速 8 982 r/min,6 个通道的稳态数据如图 5 - 26 所示。根据对应的频谱图 5 - 27 可知,其中主要存在低压 1 倍、2 倍频,高压 1 倍、2 倍频,以及高压基频和低压 2 倍频的组合频率。

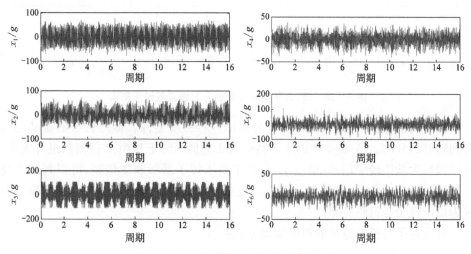

图 5 - 26　实测信号 6 个通道时域波形图

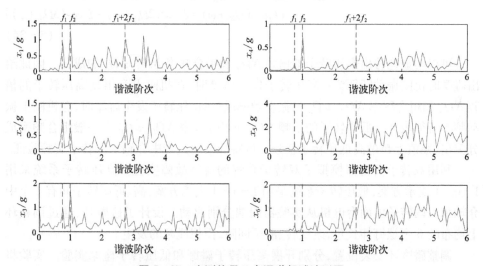

图 5 - 27　实测信号 6 个通道频域波形图

根据观测信号频率特征分别构造高、低压转子的参考信号:

$$\begin{cases} r_1 = 1\sin(2\pi f_1 t + \pi) + 0.5\sin(2\pi \times 2f_1 t + 9\pi/5) \\ r_2 = 1\sin(2\pi f_2 t + 7\pi/5) + 0.5\sin(2\pi \times 2f_2 t + 2\pi/3) \end{cases} \tag{5-33}$$

分离结果如图 5 - 28 所示。

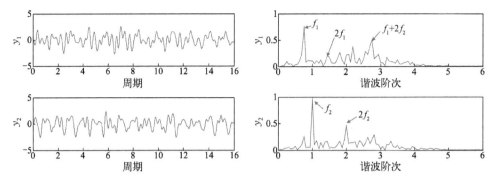

图 5 - 28　高、低压转子分离信号时域及频域波形图

从分离信号图中可以看出,两个分离信号特征明显,高、低压转子的振动信号得到较好的分离。信号 y_1 中的主要特征频率为低压转子基频、2 倍频和组合频率,可以判断为低压转子信号;信号 y_2 包含了高压转子基频和 2 倍频,可以判断为高压转子信号。因此,组合频率被辨识出现在低压转子振源 y_1 中,可以判断故障模式为低压转子与机匣碰摩。

高压转子与机匣碰摩时机匣运动方程:

$$M\ddot{x} + (d_{C1} + d_{C2})\dot{x} + (k_{C1} + k_{C2})x = k_{S1}[A\cos(\Omega_H + \alpha_H) + B\cos(\Omega_L + \alpha_L)] \times$$
$$[\xi_1\cos(\Omega_H + \varphi) + \xi_2\cos(2\Omega_H + \varphi) + \xi_3\cos(3\Omega_H + \varphi)]$$
$$(5 - 34)$$

可以明显地看出高压转子整倍频 $N\Omega_H$ 和组合频率 $N\Omega_H \pm \Omega_L$ 的成分。因此给出碰摩时机匣振动特征为:高压转子发生碰摩时,在机匣上会出现高压转子的倍频 $N\Omega_H$ 和组合频率 $N\Omega_H \pm \Omega_L$ 的振动频率成分;低压转子发生碰摩时,在机匣上振动频率特征表现为低压转子的倍频 $N\Omega_L$ 和组合频率 $N\Omega_L \pm \Omega_H$。一般组合频率成分突出,幅值上超过高低压转子基频。该特征已通过带中介轴承双转子实验验证。

利用双转子实验器模拟了双转子系统的碰摩故障实验。高压转子系统采用 1 - 0 - 1 支承方案,低压转子系统采用 1 - 1 - 1 支承方案,高、低压转子间有 1 个中介轴承。两转子由两台电机从实验器两端分别驱动。设计了碰摩环,通过调整环上均布的 6 个螺钉伸长量,改变转、静子间隙,模拟碰摩的发生。

调整碰摩环安装位置,分别开展高压转子碰摩和低压转子碰摩实验。实验将在低转速下进行,并做调整使 6 个调整螺钉的伸长量尽量相同,力图保证碰摩环上变形均匀。实际上,实验模拟的是机匣变形条件下的偏摩。后文将遵循发动机测试行业习惯,将低压转子转速记为 N_1,高压转子转速记为 N_2。

图 5 - 29 给出了高压 3 000 r/min、低压 2 300 r/min 时,模拟高压转子碰摩的实验结果。实验采用自研的软件系统进行数据采集和分析处理,软件界面左侧数据为碰摩后数据,右侧则显示未碰摩数据作为参考和比较。每个数据最上部显示的是时域

波形,下部则是对应频谱。实验中采用整周期采样的方式,频谱图横坐标以阶次 X 显示。高压转子碰摩实验以高压转速触发,即 $1X$ 表示高压基频,以此类推。从图中可以看出,高压转子发生碰摩后,转子上的振动变化并不大,仍然为高、低压基频占优。但是振动外传至碰摩环支座上,引起支座上的振动急剧增大。从频谱图中可以看出,高压发生碰摩后,高压碰摩支座上 $2N_2$ 振动频率成分占优,并伴随着明显的组合频率振动成分,如图 5 - 29 中的 $N_2 - N_1$、$N_2 + N_1$、$2N_2 + N_1$、$3N_2 + N_1$、$3N_2 - N_1$ 等。

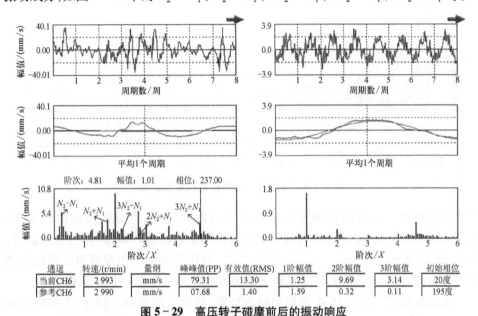

通道	转速/(r/min)	量纲	峰峰值(PP)	有效值(RMS)	1阶幅值	2阶幅值	3阶幅值	初始相位
当前CH6	2 993	mm/s	79.31	13.30	1.25	9.69	3.14	20度
参考CH6	2 990	mm/s	07.68	1.40	1.59	0.32	0.11	195度

图 5 - 29　高压转子碰摩前后的振动响应

图 5 - 30 为相同转速下,低压转子发生碰摩前后,模拟低压转子碰摩的实验结果。如前所述,软件界面左侧数据为低压碰摩后数据,右侧则显示未碰摩数据作为参考和比较。低压转子碰摩实验以低压转速触发,即 $1X$ 表示低压基频,以此类推。从图 5 - 30 中可以看出,低压转子发生碰摩后,转子上的振动变化并不大,仍然为高、低压基频占优。但是振动外传至碰摩环支座上,引起支座上的振动急剧增大。从频谱图中可以看出,低压发生碰摩后,低压碰摩支座上 $2N_1$ 振动频率成分占优,并伴随着明显的组合频率振动成分,如图 5 - 30 中的 $N_2 - N_1$、$N_2 + N_1$、$2N_1 + N_2$、$3N_1 - N_2$、$3N_1 + N_2$、$4N_2 + N_1$、$4N_1 - N_2$ 等。

双转子碰摩特征的理论分析和实验数据均印证了分离结果,因而半盲源分离可以有效定位组合频率振动源。

3. 发动机机匣局部共振故障诊断实例

从某型双转子发动机振动数据中发现:在增速过程和减速过程中,通过某一固定频率时,振动会突然增加;在通过该频率后,振幅则下降到限制值以下。振动信号主要表现为高压转子和低压转子的转频通过该频率时都会振幅突增,高低压

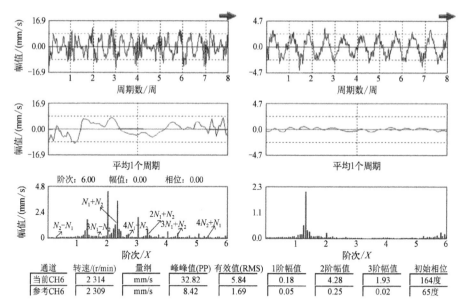

通道	转速/(r/min)	量纲	峰峰值(PP)	有效值(RMS)	1阶幅值	2阶幅值	3阶幅值	初始相位
当前CH6	2 314	mm/s	32.82	5.84	0.18	4.28	1.93	164度
参考CH6	2 309	mm/s	8.42	1.69	0.05	0.25	0.02	65度

图 5-30 低压转子碰摩前后的振动响应

基频出现峰值。已知该频率为低压激振下的涡轮模态,但分析振动信号发现:
① 在风扇机匣测点(前截面)的信号显示为低压基频出现峰值,而高压基频正常;
② 在中、后截面的测点信号显示该状态下高、低压基频同时出现峰值。因此猜测
该频率附近有两个振动源,即除了转子系统临界转速外还有一个激振源。

选取振幅突增时的 16 个周期的稳态数据,此时工况为高压转速 13 203 r/min
(220 Hz)、低压转速 10 402 r/min(173 Hz)。其中原始数据中第 5 通道信号采集错
误,将其去除以免影响分离结果,信号波形如图 5-31 所示。

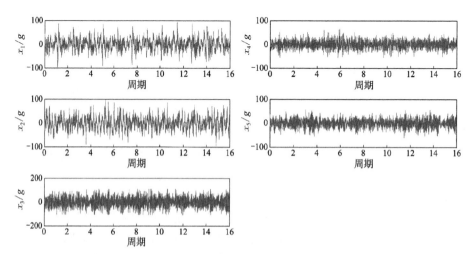

图 5-31 实测信号时域波形图

根据观测信号频率特征,分别构造高、低压转子和固定频率的参考信号:

$$\begin{cases} r_1 = 3\sin(2\pi f_1 t + \pi) + 2\sin(2\pi \times 2f_1 t + 2\pi/3) + 3\sin(2\pi \times 3f_1 t) \\ r_2 = 0.5\sin(2\pi f_2 t + 3\pi/4) \\ r_3 = 3\sin(2\pi \times 175t + \pi) \end{cases} \quad (5-35)$$

分离结果如图 5 - 32 所示。

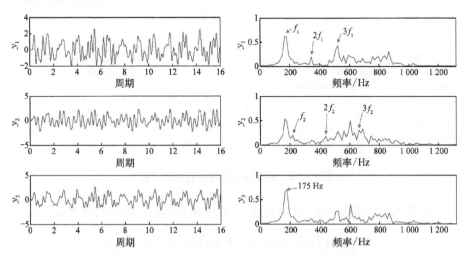

图 5 - 32　高低压转子分离信号时域及频域波形图

从分离信号图 5 - 32 中可以看出,第三个分离信号中存在 175 Hz 的固定频率且在频谱上没有其他频率特征,从而证明该发动机出现了机匣局部共振故障。

为了形成对比,选取机匣共振前某 16 周期的稳态数据进行分离验证,工况为高压转速 12 227 r/min(203 Hz),低压转速 9 151 r/min(152 Hz),该信号如图 5 - 33

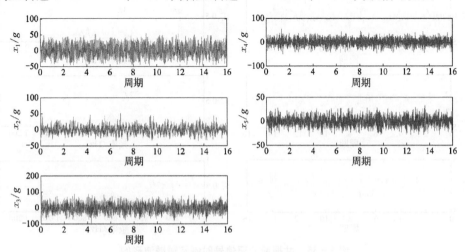

图 5 - 33　共振前实测信号时域波形图

和图 5 - 34 所示。

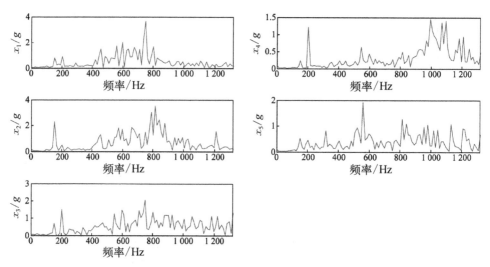

图 5 - 34　共振前实测信号频域波形图

根据观测信号频率特征,分别构造高、低压转子和固定频率的参考信号:

$$\begin{cases} r_1 = \sin(2\pi f_1 t + 5\pi/8) + \sin(2\pi \times 3f_1 t + \pi/8) \\ r_2 = 0.5\sin(2\pi f_2 t + 3\pi/4) \\ r_3 = 3\sin(2\pi \times 175t + \pi) \end{cases} \tag{5-36}$$

分离结果如图 5 - 35 所示。

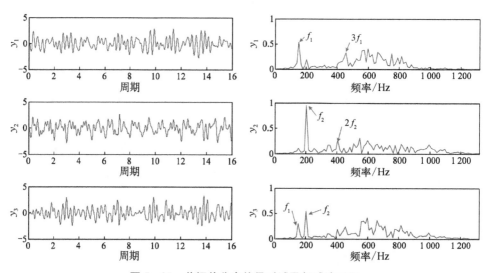

图 5 - 35　共振前分离信号时域及频域波形图

从分离信号图 5 - 35 中可以看出,第一个信号 y_1 有明显低压 1 倍频和 3 倍频,第二个信号 y_2 有明显高压 1 倍频和 2 倍频,而第三个分离信号 y_3 高低压基频都有,但完全没有参考信号中的 175 Hz 频率。该实例说明了半盲源分离可以从信号分离角度证明该发动机在低压转速经过 175 Hz 时出现了机匣局部共振故障。

5.3　工程应用中的要点

（1）在发动机振动分析中,盲源分离技术为振动源信号的分离和振动特征的提取提供了很好的解决途径。

（2）由于航空发动机实测振动信号具有振源不独立、非线性混合和振源过多的特点,基本的盲源分离算法已经不能准确分离各振动源信号。

（3）通过引入含有先验知识的参考信号,(ICA - R)算法可以解决航空发动机振动信号分离的难题。本书给出了半盲源分离的具体实施流程、工程使用和参数选取。

（4）半盲源分离的优越性在于算法复杂度降低、分离准确性提高和结果的物理意义增强。

（5）本书的 ICA - R 算法迭代格式清晰,并且除参考信号外无须人工干预,其优势在于分离精度高、计算用时短、迭代步数少。

小　结

由于发动机零部件繁多,且工作状态具有变工况的特点,振动信号十分复杂:① 多振源,多个振动源同时存在,既有转子的旋转基频及倍频,也有静子的局部共振;② 强耦合,由于中介轴承和共用支承结构,双转子或三转子结构相互耦合,振动信号混叠;③ 高噪声,由于连接结构和附件影响,以及传感器的误差,采集信号中往往包含白噪声或其他频率噪声;④ 多工况,发动机工况范围大,主要频率和幅值各不相同,振动特征随工况和健康状态的不同而不同。

本章围绕航空发动机来自不同振动源的信号分离问题进行研究,首先阐述了振动信号盲源分离理论,其次结合航空发动机振动信号特点,明确了引入先验知识的必要性,建立了多转子发动机的 ICA - R 算法,最后研究其在发动机实测信号分析和故障诊断中的应用,为整机振动源识别提供了一个很好的解决途径,为航空发动机故障诊断提供了一个准确有效的辅助手段。

参考文献

[1]　史鲁杰. 发动机振动信号盲源分离理论与应用研究[D]. 西安:西北工业大学,2019.

[2]　王俨剀. 双转子发动机转子-机匣碰摩振动特征研究[J]. 机械科学与技术,2014,33(4):

614 - 620.

[3] 陈小虎,毋文峰,姚春江. 机械信号的盲处理方法及应用[M]. 北京: 国防工业出版社,
2013.

[4] 李舜酩. 振动信号的盲源分离技术及应用[M]. 北京: 航空工业出版社,2011.

[5] Antoni J. Blind separation of vibration components: principles and demonstrations [J].
Mechanical Systems and Signal Processing, 2005, 19(6): 1166 - 1180.

[6] Gelle G, Galy J, Delaunay G. Blind source separation: a tool for system monitoring and fault
detection [C]. Budapest: IFAC Fault Detection, Supervision and Safety for Technical
Processes, 2000.

[7] Tse P W, Zhang J. The use of blind-source-separation algorithm for mechanical signal
separation and machine fault diagnosis [C]. Washington: ASME 2003 International
Mechanical Engineering Congress and Exposition, 2003.

[8] Min Z, Mu Z, Wenjie M. Implementation of FastICA on DSP for blind source separation [J].
Procedia Engineering, 2012,(29): 4228 - 4233.

[9] Cheng W, He Z, Zhang Z. A comprehensive study of vibration signals for a thin shell structure
using enhanced independent component analysis and experimental validation [J]. Journal of
Vibration and Acoustics, 2014,(136): 41011.

[10] Zheng J, Huang H, Hong K, et al. Blind source separation of vibration signals for fault
diagnosis of power transformers [C]. Hangzhou: 9th IEEE Conference on Industrial
Electronics and Applications, 2014.

[11] Liu X, Randall R B, Antoni J. Blind separation of internal combustion engine vibration signals
by a deflation method [J]. Mechanical Systems and Signal Processing, 2008, 22(5): 1082 -
1091.

[12] Zhou W, Chelidze D. Blind source separation based vibration mode identification [J].
Mechanical Systems and Signal Processing, 2007, 21(8): 3072 - 3087.

[13] He Q, Du R, Kong F. Phase space feature based on independent component analysis for
machine health diagnosis [J]. Journal of Vibration and Acoustics, 2012, (134): 21011 -
21014.

[14] Popescu T D. Blind Separation of vibration signals and source change detection — application
to machine monitoring [J]. Applied Mathematical Modelling, 2010, 34(11): 3408 - 3421.

[15] Haile M A, Dykas B. Blind source separation for vibration-based diagnostics of rotorcraft
bearings [J]. Journal of Vibration and Control, 2016, 22(18): 3807 - 3820.

[16] Serviere C, Fabry P. Blind source separation of noisy harmonic Signals for rotating machine
diagnosis [J]. Journal of Sound and Vibration, 2004, 272(1 - 2): 317 - 339.

[17] 陈锡明,黄硕翼. 盲源分离综述——问题、原理和方法[J]. 电子信息对抗技术,2008,
23(2): 1 - 5,45.

[18] 宋晓萍. 旋转机械振动信号的分离[D]. 西安: 西北工业大学,2007.

第二篇

航空发动机故障分析技术

故障机制是基础，分析技术是核心。

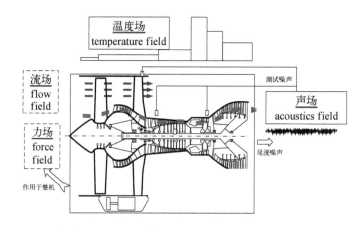

解决的主要问题包括：
⊙ 典型故障的机制是什么？
⊙ 如何归纳典型故障模式特征？
⊙ 哪些因素对故障响应影响显著？
⊙ 如何从诊断特征推断发动机的故障？
⊙ 故障如何定位到单元体或大部件？
⊙ 耦合故障将有哪些特点？

第6章

发动机典型故障机制

本章关键词:

故障机制	(fault mechanism)	故障模式	(fault mode)
故障建模	(fault modeling)	故障特征	(fault characteristic)
响应仿真	(response simulation)	敏感参数	(sensitive parameter)
模拟实验	(simulation experiment)	趋势变化	(trend variation)
故障基因	(fault gene)	危害风险	(endanger risk)

发动机故障分析始终是以典型故障动力学建模及机制分析为基础的。为此,需要以部件和整机结构动力学为基础,开展发动机典型故障建模和机制分析,将故障响应仿真计算结果与故障模拟实验数据进行对比和验证,不断修正模型参数,改进计算方法,获得反映故障特征的发动机动力学模型、故障激励下发动机动力学响应仿真方法和故障对发动机振动特性的影响规律,为发动机的故障诊断奠定基础。

参 数 表

符　号	含　义	符　号	含　义
κ	幅值放大因子	F^*	碰摩力
X_H, X_L	故障响应	M^*	碰摩力矩
Ω_H, Ω_L	角速度	α	能耗常数
β_H, β_L	初相位	δ	渗透位移
η	高、低压转子转差率	$\dot{\delta}$	渗透速度
Δ	转速比	ω_{tor}	扭转自振频率
ε	偏心距	n_τ	迟滞旋转周期数
D	阻尼比	Z	滚动体个数
ϕ	不对中夹角	f_i	内环滚道旋转频率
I	转子对轴的主惯性矩	f_0	外环滚道旋转频率
T	转矩	f_c	滚动体公转频率

续　表

符　号	含　义	符　号	含　义
B	不对中量	D_m	中径
J	转盘惯量张量	C_d	径向游隙
$\dot{\varphi}'$	转盘空间角速度	φ_c	压气机盘残余不平衡相位
L'	转盘对质心的动量矩	φ_t	涡轮盘残余不平衡相位
T_1	轴顶端温度	γ	热膨胀系数
T_2	轴底端温度	l	轴长
l_2	支承与联轴器间距	l_1	支承间距

6.1　转子类故障——质量不平衡

6.1.1　故障成因及特点

1. 故障概述

随着航空发动机推重比的不断提高,发动机转子也朝着高转速、大长径比、结构轻柔的方向发展。转子结构具有悬臂、空心、薄壁及多转子等特点。目前的设计理念在提高发动机性能的同时也带来了动力学方面的问题。例如,高转速运转的转子对不平衡非常敏感;双转子中的 2 个不平衡激振源,经由中介轴承相互影响会产生振动耦合共振等。

航空发动机转子质量不平衡实际上是一类共性问题的统一,具体包括:

(1) 风扇叶片结垢/结冰;

(2) 转子残余不平衡量大;

(3) 高压转子热弯曲;

(4) 涡轮叶片掉角等。

2. 故障产生的原因

即使是平衡好的发动机转子,也会存在一定的不平衡量。这种不平衡量通常称为残余不平衡量。造成残余不平衡量过大的因素主要有以下几个方面。

热弯曲:虽然航空发动机转子在装机前已经做过动平衡,但高温、高负荷、高转速的实际工况会造成转子弯曲变形,破坏它原来的平衡状态。转子弯曲变形主要由应力释放和热变形引起。所有的金属材料在受热时都会膨胀,机械部件可能会膨胀不均,引起不平衡。在高温下运行的设备,发生这种故障是很常见的,如某些发动机停机后因短舱内热气上升,冷气下沉,轴的上、下部分温度不同,热膨胀量不同,轴会产热弯曲。一般发动机停机半小时左右(视具体发动机型号不同有所不同),轴的弯曲最厉害,此时若再开车,就会引起发动机较大的振动,甚至无法转动。

对于大型发动机,转子热弯曲在两个小时后恢复正常。

盐雾和磨损:航空发动机转子在不同的工作环境下发生擦伤、磨损或腐蚀,这种腐蚀或磨损不均匀时,将导致转子不平衡。

间隙裕度:机械部件配合间隙变化也可能会导致转子不平衡。最典型的情况是涡轮叶片和盘之间的榫头连接产生间隙。

高温杂质结垢:燃油燃烧不充分时,所产生的粉尘或其他物质,不均匀堆积在转子或动叶上会导致转子不平衡。块状沉积物甚至疲劳断裂的叶片部分,突然从转子上脱落,还会引起严重故障。

3. 故障判别的难度

不平衡故障是转子振动异常中最典型的故障之一,但在发动机台架试车和服役的过程中,不平衡故障的辨识和确认经常是十分困难的。原因是不平衡故障虽然易发,但主要的振动特征——高、低压基频成分幅值超标,并不能唯一确定不平衡故障。表 6-1 中列出了几种主要振源引发整机振动故障的动力学特征。从表中可以看出,几乎所有的故障模式都表现为高压或低压转子基频的变化,因此很难判断发动机的不平衡故障。

表 6-1　几种发动机故障及其表现形式

序号	主 要 振 源	稳态动力学特征	趋 势 特 征
1	高压或低压转子不平衡	高压或低压转子基频绝对占优	叶片盐雾腐蚀引起的不平衡响应随时间逐步增加
2	发动机同心度问题	表现为转子基频 $1X$、倍频 $2X$ 和 $4X$ 幅值变化。工程上通常采用 $50 \sim 250$ Hz 带通滤波后,仅能表现出转子基频 $1X$ 的变化	随时间变化不明显
3	转动件与静子件碰摩、密封篦齿、叶片磨损	表现为转子基频 $1X$ 占优,伴有低次谐频成分	随时间推移,碰摩响应会略有变化;如果造成叶片掉块,表现为转子基频 $1X$ 幅值的突增
4	发动机主轴承故障	表现为转子基频 $1X$ 占优,伴有高频的轴承故障频率	转子基频振幅随时间变化不明显,轴承故障频率成分幅值逐渐增加
5	附件传动齿轮损伤	表现为高压转子基频 $1X$ 和传动齿轮啮合频率,有时伴有中央传动锥转频	随时间变化不明显
6	轴承座连接松动、转子支承结构间隙故障	主要表现为转子基频的变化,有时伴有倍频和次谐频成分	非线性特性明显
7	弹性支承故障	表现为转子基频 $1X$ 占优	如果鼠笼条断裂,表现为转子基频 $1X$ 幅值的突变
8	挤压油膜阻尼器故障	表现为转子基频 $1X$ 占优	典型的"双稳态"现象会表现为振动幅值的突增和落下
9	局部共振	激振频率接近固有频率时发生振幅激增,而激振频率往往是转子的基频,表现为转子基频 $1X$ 绝对占优	随转速变化,振幅变化明显

由此可见,航空发动机振动故障分析是一个非常复杂的问题,往往具有以下特征:

(1) 多种故障可能具有相同的征兆,征兆与故障之间并非一一对应的关系;

(2) 振动故障往往是由于多种原因造成的,需要从中找出主要原因;

(3) 出于经济性和安全性的需要,发动机起停机次数受到限制,故障复现也受到限制。

如果没有进行故障分析,就采用分解-平衡的方法排振,短时间内可能会起到一定作用,但并未找到引起振动异常的根本原因,难以积累排故的经验,无法推动设计水平的提升。

4. 故障应对思路

实际转子往往都是动静混合不平衡。转子诸截面上的质心不在旋转轴线上,由于偏心距不相等,离心力形成不平衡力和不平衡力矩。通过在转子上某些截面增加或减小质量,使转子的重心靠近其几何中心,其主惯性轴线尽量和旋转轴线靠近,以减小转子工作时的不平衡力、不平衡力矩或在临界转速附近的横向振动量,从而减小转子系统和整机的振动。图 6-1 给出了针对不平衡故障的应对措施。

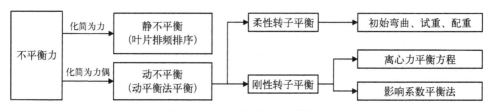

图 6-1　不平衡故障应对措施

6.1.2　风扇叶片结垢/结冰故障模式

实际上,当发动机经过工厂试车、交付试车之后,初始残余不平衡量已经被控制在适当的范围内。在长期的服役寿命期内,风扇转子的不平衡可能表现为风扇叶片结垢/结冰故障模式。

1. 故障模式的描述

由于风扇叶片长,进口空气流量大,灰尘含量高,风扇叶片结垢不可避免。随着发动机翻修寿命的不断提高,发动机服役时间越来越长,可靠性要求和振动限制要求也不断提高,风扇叶片结垢故障模式越来越受到重视。

工程实践中,所有的转子均在平衡机进行过静、动平衡工作。对于小型发动机转子允许不平衡量不大于 1 g·cm,小涵道比涡扇发动机转子的不平衡量则限制在 10 g·cm 左右,大型发动机可能会大一些。但随着风扇叶片结垢的出现,风扇转子的动平衡被破坏,转子旋转时不平衡量将产生很大的不平衡力和不平衡力矩。在不平衡力的作用下,发动机转子轴心在截面平面内作近似的椭圆运动,机匣上每个点沿径向和切向的运动则是以转子的旋转频率按简谐规律叠加。

美国普惠(P&W)公司统计表明,其生产的发动机大多数超限振动振源来自风扇转子,约占92%的振动超标可以由串装风扇转子解决。

2. 故障模式的机制

风扇叶片结垢故障在发动机工作过程中将表现为转子不平衡。由于质心偏离转子轴心线或者转子质量相对轴心线分布不均匀,离心惯性力的大小与偏心质量 M、偏心距 ε 以及旋转角速度 Ω 有关,即 $F = M\varepsilon\Omega^2$。转子旋转一周,离心力方向不断变化,在给定方向上激振一次,因此不平衡振动的频率与转速一致,幅值放大因子(幅值与静挠度或偏心距之比)为 $\kappa = (\Omega/\omega_n)^2 / \sqrt{[1-(\Omega/\omega_n)^2]^2 + (2D\Omega/\omega_n)^2}$。在临界转速 ω_n 以前,κ 随转速的上升而增大,振幅随转速上升而呈平方关系,振幅大小基本上取决于离心惯性力,称为惯性控制区;当转速与临界转速相等时,振幅达到极大值;在临界转速附近,振幅基本上取决于阻尼值的大小,称为阻尼控制区;超过临界转速区域后,随着转速的提高,振动相位与转子挠度由同相变为反相,质心基本落到了轴承中线上,偏心距接近于零,转轴中心以约等于偏心距的大小绕轴承中心连线旋转,振幅大小基本上取决于转子刚度,称为弹性控制区。由于风扇转子一般为刚性转子,工作在惯性控制区。因此,对于结垢/结冰的附加质量,特别是叶尖部位的附加质量十分敏感。

3. 故障模式的特征

(1) 单转子振动的时域波形近似于正弦波。

(2) 频谱图中,谐波能量集中于风扇转子基频,并且可能出现较小的高次谐波。

(3) 振动幅值对转速的变化很敏感,在临界转速以下,振幅随着转速的增加而增大;当转速接近于临界转速时,即发生共振;在临界转速以上,转速增加时,振幅趋于一个较小的稳定值。

(4) 当工作转速一定时,相位稳定。

(5) 转子的轴心轨迹为椭圆(整机测振中,在风扇机匣测点位置有可能表现)。

(6) 从轴心轨迹观察其进动特征为同步正进动(整机振动中无法反映)。

风扇叶片结垢故障模式的振动响应和频谱特征如图6-2所示[1]。

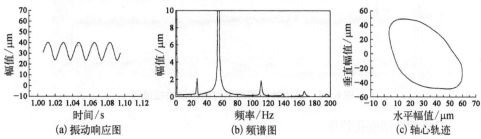

图6-2　风扇叶片结垢故障转子振动响应曲线

(a) 振动响应图　(b) 频谱图　(c) 轴心轨迹

4. 故障模式的表现

1）敏感测点位置

风扇叶片结垢故障一般在风扇机匣测点水平方向最显著,垂直方向次之;同时在中介机匣测点水平和垂直方向会有所反映。

2）趋势变化模型

风扇叶片结垢程度随时间推移会越来越严重。因此,可以用正比例线性模型描述风扇叶片结垢故障所引发整机振动响应的趋势变化,即

$$X_t = kt + a \qquad (0 < k < 1) \qquad (6-1)$$

式中,t 为服役时间;X_t 为 t 小时后振动趋势变化的幅值;k 和 a 为模型参数,均与故障程度相关。

3）引发其他故障

风扇叶片结垢问题属于原发类故障,会造成低压基频增大,继而可能引发其他并发类故障及突发类故障,其中最常见的是多振源耦合形成拍振。

图 6-3 显示了某台份发动机,由于风扇基频异常偏大,表现出多振源耦合拍振。

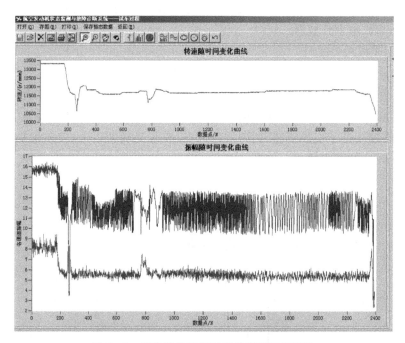

图 6-3 风扇叶片结垢引发的双源拍振风险

4）气动性能变化特征

总体上呈现出风扇叶片表面粗糙度增大的特征。性能参数变化表现在:总温

升高;绝对总压增大,但增压比下降;流量下降;部件的效率明显下降,部件总体性能衰退;发动机的单位推力下降,排气温度和耗油率升高。

5. 故障模式的风险

风扇叶片结垢问题将造成低压基频幅值增大,该频率成分很可能和其他激振源耦合形成拍振。常见的有 4 种情况:① 设计高、低压转差率过小时,N_1 基频和 N_2 基频耦合作用,形成拍振;② 特定工况下,N_1 基频和 $0.5N_2$ 频率接近,形成拍振;③ 在 $2N_1$ 存在的情况下,$2N_1$ 频率和 N_2 基频接近,形成拍振;④ 特定工况下,N_1 基频和某附件传动轴基频频率接近,形成拍振。

假设存在两个激振源,设其振动分别为[2]

$$X_H = A_H \cos(\Omega_H t + \beta_H) \tag{6-2}$$

$$X_L = A_L \cos(\Omega_L t + \beta_L) \tag{6-3}$$

式中,A_H 和 A_L 分别是两激振源的振幅;Ω_H 和 Ω_L 为旋转角速度;β_H 和 β_L 为初相位。

应用线性叠加原理,得到双转子系统的响应为

$$X = X_H + X_L \tag{6-4}$$

对式(6-4)分解整理,可以得到

$$X = A_S \sqrt{A_H^2 + A_L^2 + 2A_H A_L \cos[(\Omega_H - \Omega_L)t + (\beta_H - \beta_L)]}$$

$$\cdot \sin\left(\frac{\Omega_H + \Omega_L}{2}t + \frac{\beta_H + \beta_L}{2} + \Delta\beta\right) \tag{6-5}$$

式中,$A_S = -\operatorname{sign}\left[\sin\left(\frac{\Omega_H - \Omega_L}{2}t + \frac{\beta_H - \beta_L}{2}\right)\right]$;

$$\Delta\beta = -\arctan\left[\frac{A_H + A_L}{A_H - A_L}\cot\left(\frac{\Omega_H - \Omega_L}{2}t + \frac{\beta_H - \beta_L}{2}\right)\right], \Delta\beta \in \left(-\frac{\pi}{2}, \frac{\pi}{2}\right)。$$

由上式可以看出,转子的响应可以看作是由 $(\Omega_H - \Omega_L)/(2\pi)$ 为频率的信号 $\sqrt{A_H^2 + A_L^2 + 2A_H A_L \cos 2\alpha}$ 与振动信号 $\sin[(\Omega_H + \Omega_L)t/2 + (\beta_H + \beta_L)/2 + \Delta\beta]$ 的乘积,将前者称为调幅项,后者称为调频项。

对式(6-4)分析可得到拍振的振动信号(当 $A_L = 0.9A_H$,$\Omega_H = 2\pi$,$\Omega_L = 0.9\Omega_H$,$\beta_H = \beta_L = 0$ 时),进行信号仿真,如图 6-4 所示。在两个转子的振动合成时,由于 Ω_H 和 Ω_L 的差值,会出现振动相位相同和相反的情况。当组成拍振的 2 个简谐振动分量同相时,出现拍峰,拍峰的幅值 $A_{\max} = A_H + A_L$;当组成拍振的 2 个简谐分量反相时,出现拍谷,拍谷的幅值为 $A_{\min} = A_H - A_L$。 图 6-4 为拍振信号波形图及其包络线。

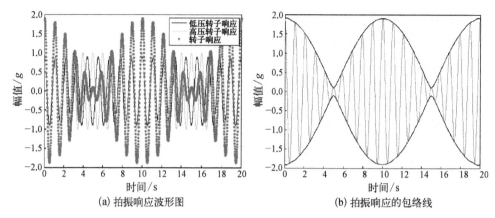

(a) 拍振响应波形图　　　　　　　(b) 拍振响应的包络线

图 6-4　双源拍振信号波形图及包络线

6. 预防故障的设计思路及排故措施

1）结构设计中的建议

① 适时考虑风扇叶片的可冲洗工艺设计;② 各工况转速预设时,尽量避免其他激振频率和 N_1 基频接近;③ 高、低压转差不应太小,避免工作范围内转差小于 1.2;④ 在风扇转子预设模态时,避免风扇变形挠度过大;⑤ 在结构动力学设计时,尽量减小各阶模态的风扇不平衡响应;⑥ 在风扇止推支承处,建议配置减振结构;⑦ 预留风扇在线动平衡调整位置;⑧ 配置风扇转子振动监测与趋势分析系统。

2）服役维护中排障措施

① 制定计划定期冲洗风扇叶片;② 实施机载风扇动平衡;③ 提高风扇转子/低压转子平衡精度;④ 对风扇转子/低压转子叶片进行静力矩称重和排频排序;⑤ 检查前支点弹性支承和轴承,必要时更换。

6.1.3　高压转子残余不平衡超标故障模式

1. 故障模式的表现

高压转子不平衡的原因可以分为质量分布不对称和转子弯曲两类。前者导致发动机大状态振动超标;后者则在慢车表现出振动异常偏大。

造成转子质量分布不对称的原因有:① 制造阶段的残余不平衡,破坏了转子质量分布的对称性;② 转动部件配合间隙变化,如叶根榫齿的间隙;③ 传装过程中的误差累积,如高压压气机和高压涡轮的装配;④ 发动机常采用多盘的长螺栓拉紧结构和级间短螺栓结构,螺母力矩在工作状态下的变化为转子不平衡量的控制增加了风险和麻烦。

造成转子弯曲的原因有:① 在制造阶段,由于部件热处理产生的残余变形引起转子弯曲;② 重力弯曲;③ 转子由于受热不均匀有可能产生热弯曲,如果弯曲量过大,就可能产生永久弯曲变形;④ 无中介轴承方案中,前后支点轴承不同心。

2. 故障模式的机制

转子不平衡引起转子系统和发动机的振动是强迫振动,它使转子作同步正进动。这种过大振动常在转子临界转速或其附近发生。发动机常常因振动过大,不敢贸然推到最大状态。因此研究解决转子不平衡引起的过大振动问题也常与解决转子系统的临界转速问题关联在一起。

在现代发动机的设计阶段,使工作转速避开临界转速区域是其最基本的原则。设计上常常将高压转子俯仰临界布置在慢车以下,将弯曲临界布置在最大转速以上,但还是很难避免工作转速靠近临界转速或高压压气机的自振频率。

图 6-5 表示一单盘对称转子模型,由支承在弹性支承上的准刚性轴和置于轴中间位置的盘组成。P 点为质量重心,W 点为盘的形状中心,O 点是两支点连线穿过的轴心。由于材料不均匀、加工误差等因素,盘的质心偏离轴线,偏心距为 ε。当转子以角速度 Ω 运转时,偏心引起的离心力即不平衡力作用在轴上,使支承产生变形。这一不平衡模型和低压转子略有不同。

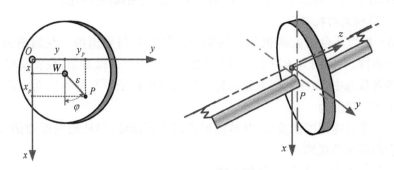

图 6-5 转子运动及坐标系

取空间固定坐标系 (O, x, y, z) 来描述转子的运动。其中,x 和 y 轴位于圆盘的中心面上,z 轴与轴承中心连线重合,坐标原点 O 位于轴承中心连线上。

转子稳态运行时的运动微分方程为

$$\ddot{x} + \omega_n^2 x = \varepsilon \Omega^2 \cos \Omega t \qquad (6-6)$$

$$\ddot{y} + \omega_n^2 y = \varepsilon \Omega^2 \sin \Omega t \qquad (6-7)$$

设方程的稳态解为

$$x = X \cos \Omega t \qquad (6-8)$$

$$y = Y \sin \Omega t \qquad (6-9)$$

代入式(6-6)和式(6-7)后可得

$$X = \frac{\varepsilon \Omega^2}{\omega_n^2 - \Omega^2} \qquad (6-10)$$

$$Y = \frac{\varepsilon \Omega^2}{\omega_n^2 - \Omega^2} \tag{6-11}$$

引入转速比 $\Delta = \Omega / \omega_n$，则方程的解最终可取如下的形式：

$$x = \varepsilon \frac{\Delta^2}{1 - \Delta^2} \cos \Omega t \tag{6-12}$$

$$y = \varepsilon \frac{\Delta^2}{1 - \Delta^2} \sin \Omega t \tag{6-13}$$

式(6-12)和式(6-13)表明，在不平衡力作用下，转子在 x 和 y 方向历经同频简谐振动，但相位相差 $90°$。振动频率与转子自转频率相同，振动幅值与不平衡偏心距 ε 成正比，并与转速 Ω 有关。当转速 Ω 与自振频率 ω_n 相同时，振幅趋于无穷大，这对转子是非常危险的。因此，称 $\Omega = \omega_n$ 为转子的临界转速。

3. 故障模式的特征

图 6-6 为某台份发动机的整机振动信号波形与频谱图。左侧图为通道 1（CH1）的曲线，右侧图为通道 2（CH2）的曲线。从图中可以看出，在发动机从慢车到最大的各状态中，高压基频总是占优。这是高压转子不平衡的振动响应。总结该故障模式的特征为

（1）窄带转速跟踪滤波后，时域波形近似于正弦波，但从通频振动信号中，很难直接看出周期性规律；

（2）频谱图中，高压转子基频占优；

（3）振动幅值对转速的变化很敏感。

其实，对于高压基频占优的现象，利用数学推导可以解释。对于双转子系统，在高压不平衡力 $m_h \varepsilon_h \Omega_h^2$ 和低压不平衡力 $m_L \varepsilon_L \Omega_L^2$ 共同作用下，故障方程可以写成：

$$(m_h + m_L)\ddot{x} + sx = m_h \varepsilon_h \Omega_h^2 \cos(\Omega_h t + \beta_h) + m_L \varepsilon_L \Omega_L^2 \cos(\Omega_L t + \beta_L) \tag{6-14}$$

应用线性叠加原理可得

$$x = \frac{m_h}{(m_h + m_L)} \frac{\varepsilon_h \Omega_h^2}{\omega^2 - \Omega_h^2} \cos(\Omega_h t + \beta_h) + \frac{m_L}{(m_h + m_L)} \frac{\varepsilon_L \Omega_L^2}{\omega^2 - \Omega_L^2} \cos(\Omega_L t + \beta_L) \tag{6-15}$$

对两式两边分别求 ε_h 和 ε_L 的导数：

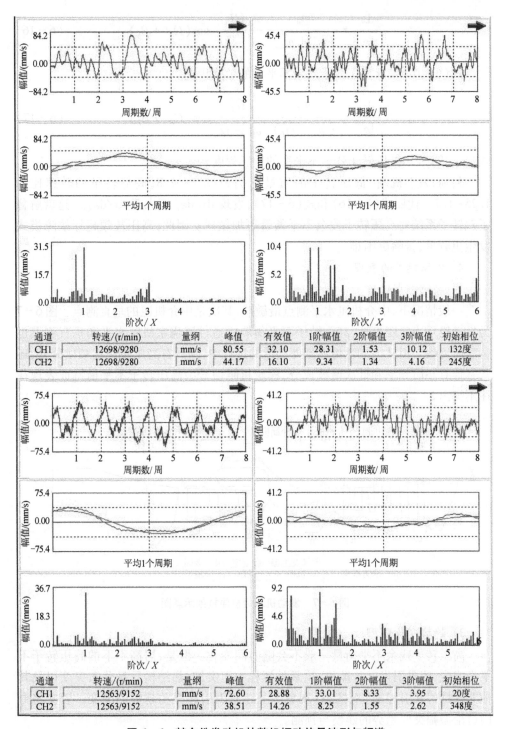

图 6-6 某台份发动机的整机振动信号波形与频谱

$$\frac{\mathrm{d}x}{\mathrm{d}\varepsilon_h} = \frac{m_h}{(m_h + m_L)}\frac{\Omega_h^2}{\omega^2 - \Omega_h^2}\cos(\Omega_h t + \beta_h) \qquad (6-16)$$

式(6-16)表示高压转子残余不平衡的敏感程度。

$$\frac{\mathrm{d}x}{\mathrm{d}\varepsilon_L} = \frac{m_L}{(m_h + m_L)}\frac{\Omega_L^2}{\omega^2 - \Omega_L^2}\cos(\Omega_L t + \beta_L) \qquad (6-17)$$

式(6-17)表示低压转子残余不平衡的敏感程度。

目前,发动机高、低压转子的质量比例为 0.7~0.8;高低转子的转速比为 1.25~1.7。代回式(6-16)和式(6-17),发现 $\mathrm{d}x/\mathrm{d}\varepsilon_h$ 恒大于 $\mathrm{d}x/\mathrm{d}\varepsilon_L$。这就解释了双转子系统对高压转子残余不平衡量更加敏感。因此,高压基频超标故障模式发生更频繁,排除更困难。

4. 故障模式的表现

1) 敏感测点位置

一般情况下,中介机匣水平测点最敏感,其次是中介机匣的垂直测点。图6-7为发动机承力机匣框架,高压转子不平衡响应通过燃烧室机匣水平和垂直测点也会有所反映。但从内涵道传递到外涵道的过程中,除具有高压转速基频成分外,还常常伴有高阶频率和低次谐波成分,涡轮机匣信号中高压转子不平衡特征表现往往不突出。

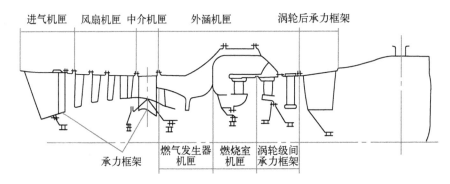

图6-7　发动机承力机匣框架示意图

2) 趋势变化模型

高压转子残余不平衡量一般不会随时间变化。但是,居高不下的高压转子不平衡响应,容易引发叶片掉块、拉紧长螺栓力矩突卸、热结构质量分布突变以及其他非线性因素引起的"双稳态"现象。上述原因引起振动趋势的突变。后文将专门讨论振幅突变趋势的建模与预测。

图6-8显示了某发动机,转速稳定在99%状态,所有通道的高压1倍频幅值

发生突变。有趣的是,风扇机匣振幅突降的同时,中介机匣响应突增,形成鲜明的对比。从图中也可以清楚地看出,中介机匣水平方向信号特征比垂直方向更显著,印证了敏感测点位置的结论。

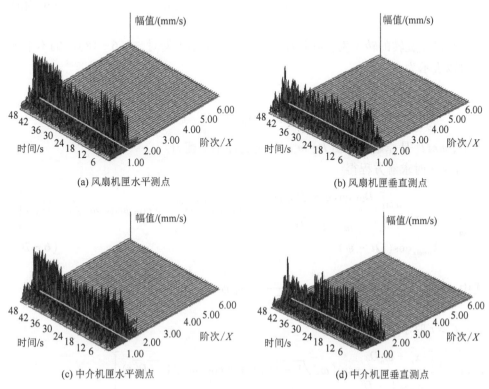

图 6-8　某发动机高压 1 倍频幅值发生突变

3) 引发其他故障

高压转子残余不平衡量大,往往表现出大状态(90%~100%状态)情况下,振动幅值超过振动限制值。此时,常常伴随碰摩的发生,严重的情况下,引起叶片疲劳掉块。

4) 气动性能变化特征

高压压气机叶片疲劳掉块故障常导致压气机效率下降。具体表现在:高、低压转速小幅上扬、排气温度剧烈波动及燃油流量小幅度波动。

涡轮叶片损伤、叶片磨损及断裂导致间隙过大使涡轮效率下降。具体表现在:高压转速轻微下降、低压转速小幅增加、排气温度剧增,尤以间隙影响最为剧烈、燃油流量增幅过大,一般高过压气机故障。

5. 故障模式的风险

高压转子与低压转子、中央传动轴及附件传动轴相比,往往具有更高的转速,因此和上述转轴基频形成多源拍振的概率不大。高压转子不平衡最可能引发的并发故障是叶片掉块。

对于叶片掉块,转子微分方程可以写为

$$\ddot{x} + 2\omega_n D\dot{x} + \omega_n^2 x = \frac{F_0}{m}\cos\Omega t \quad\quad (6-18)$$

当高速旋转的转子发生叶片掉块而产生突加不平衡时,式(6-18)中的不平衡力可以表示为

$$F_0 = \begin{cases} m\varepsilon\Omega^2 & t < r \\ m\varepsilon\Omega^2 + m_s\varepsilon\Omega^2 & t \geqslant r \end{cases} \quad\quad (6-19)$$

式中,$m\varepsilon\Omega^2$ 是原始不平衡力;$m_s\varepsilon\Omega^2$ 是突加不平衡力。

$t < r$ 时求解方程得

$$x = -X_{\text{before}}e^{-\omega_n Dt}\left[\frac{D\omega_n\cos\psi + \Omega\sin\psi}{\omega_n\sqrt{1-D^2}}\sin(\omega_n\sqrt{1-D^2}t) + \cos\psi\cos(\omega_n\sqrt{1-D^2}t)\right]$$
$$+ X_{\text{before}}\cos(\Omega t - \psi) \quad\quad (6-20)$$

式中,$X_{\text{before}} = \dfrac{\varepsilon\Omega^2}{\sqrt{(\omega_n^2 - \Omega^2)^2 + (2\omega_n\Omega D)^2}}$;$\psi = \arctan\dfrac{2\omega_n\Omega D}{\omega_n^2 - \Omega^2}$。

$t \geqslant r$ 时求解方程得

$$x = e^{-\omega_n Dt}\left[\frac{x_r + \omega_n Dx_r}{\omega_n\sqrt{1-D^2}}\sin(\omega_n\sqrt{1-D^2}t) + x_r\cos(\omega_n\sqrt{1-D^2}t)\right]$$
$$- X_{\text{after}}e^{-\omega_n Dt}\left[\frac{D\omega_n\cos\psi + \Omega\sin\psi}{\omega_n\sqrt{1-D^2}}\sin(\omega_n\sqrt{1-D^2}t) + \cos\psi\cos(\omega_n\sqrt{1-D^2}t)\right]$$
$$+ X_{\text{after}}\cos(\Omega t - \psi) \quad\quad (6-21)$$

式中,$X_{\text{after}} = \dfrac{(m \pm m_s)\varepsilon\Omega^2}{m\sqrt{(\omega_n^2 - \Omega^2)^2 + (2\omega_n\Omega D)^2}}$。

6. 缓解故障的设计思路及排障措施

1) 结构设计中的建议

① 预设高压转子模态,合理配置俯仰临界转速、弯曲临界转速裕度及其振型;② 尽量减小各阶模态的高压压气机不平衡响应和高压涡轮不平衡响应;③ 在抑制俯仰模态和平动模态时,应注意区分压气机和涡轮残余不平衡相位的组合方法;④ 在高压转子前支承处建议配置减振结构;⑤ 止推轴承处可以考虑棒、珠并用方案;⑥ 中介轴承可以考虑高压支承在内环,低压支承在外环的结构,提高转子

旋转精度;⑦ 严格控制多盘的长螺栓拉紧结构和级间短螺栓螺母拧紧力矩,估算热态变形;⑧ 制定更科学的转子平衡工艺,使平衡转速模态尽量接近工作转速模态。

2) 服役维护中排障措施

① 控制高压转子残余不平衡量;② 检查高压转子前支点弹性支承和轴承,必要时更换;③ 检查高压转子支承处挤压油膜阻尼器的工艺参数;④ 尝试在高压转子前支点鼠笼上开槽以调整弹性支承刚度;⑤ 尝试中介轴承外环和内环镀铬来增加涂层厚度,减小装配游隙。

6.1.4 不同因素对不平衡响应的影响规律

对于质量不平衡故障,在转速稳定的条件下,不同的不平衡量与振幅存在一定的线性关系。随不平衡量增大,振动响应呈线性增大。振幅可表示为

$$A = \frac{\varepsilon \Omega^2}{\sqrt{(\omega_n^2 - \Omega^2)^2 + (2\omega_n \Omega D)^2}} \quad (6-22)$$

从式(6-22)中可以看出,影响不平衡故障响应的因素有:残余不平衡量、发动机工作转速、转速比(工作转速和临界转速的比值)以及阻尼比系数。其中,配置了挤压油膜阻尼器的阻尼比约在 5%;而发动机工作转速和转速比往往由发动机气动性能设计决定。上述参数难以因抑振的需求而调整。因此,需要从限制不平衡量这个角度出发来减小不平衡故障的振动响应。本机动平衡成为一种有效的减振的手段。

6.2 静子类故障——支点不对中

6.2.1 故障成因及特点

1. 故障概述

双转子发动机的五支点结构已经比较普遍。对于低压转子,风扇前支点、风扇后支点和涡轮支点存在不共线的装配误差;对于高压转子,压气机前轴承和涡轮后轴承中心线也存在不同心的风险。这类故障统称为支点不对中故障。支点不对中可能是由机匣和支承部件装配累积误差引起,也可能由工作时零件磨损引起。另外,机匣、支座和轴承等部件在受力、受热或温度不均等情况下出现变形,也可能会导致支点不对中故障。

不对中故障会使得轴与轴承之间产生轴向和径向的相互作用力。随着转子旋转,作用力交变将使得转子和支承振动,进而引起发动机整机振动。不对中产生的异常振动使轴疲劳损伤,引发盘和鼓结构的横向裂纹。不对中附加力矩作

用在轴承上,使轴承负荷增大,造成轴承磨损、发热进而引起其他故障。另外,不对中故障响应会使得封严篦齿和叶尖间隙发生变化进而影响工作效率,故应当加以重视。

2. 故障产生的原因

不对中故障可能因转子装配不良,如端齿联轴器配合异常等引起。也有可能是机匣、承力支板、鼠笼弹支和轴承座等静子部件发生变形,导致轴承不同心问题。总的来说,由于中介机匣是发动机安装的基准面,所以不对中故障检测与排除常常依据静子部件间的同心度指标开展。本节将支点不对中归为静子类故障,也是基于此考虑。

检查发动机支点不对中的工艺参数主要有机匣端面跳动量(包括端面跳动、平行度、位置度及柱面跳动)以及几何尺寸等。在工程应用中,常将发动机各机匣简化成锥形圆筒,以靠近发动机主承力机匣以及其安装边的端面和柱面作为基准,用另一端的安装边对基准的端面跳动表征支点不对中偏差[3],如图6-9所示。

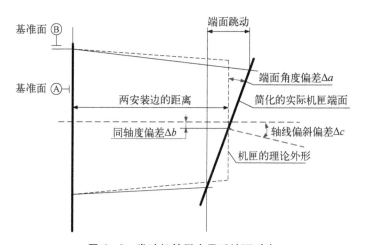

图6-9　发动机转子支承系统不对中

从图6-9中可以看出,造成不对中的偏差情况有以下3种。

(1)偏差 a:机匣前后柱面的跳动、定位销相对于柱面的位置度,以 Δa 表示。

(2)偏差 b:2个机匣的连接造成的轴线平移偏差,例如,机匣采用止口定心,在选用间隙配合的情况下,机匣的轴线会产生不对中,以 Δb 表示。

(3)偏差 c:机匣前后安装端面跳动所引起轴线偏斜偏差,以 Δc 表示。

3. 不对中故障类型

根据发动机结构形式及不对中偏差的不同,可以将支点不对中故障分类为联轴器不对中和机匣同心度问题,如图6-10所示。

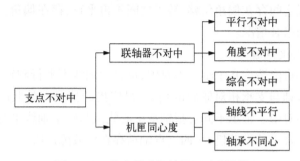

图6-10　航空发动机转子不对中分类

1) 联轴器不对中

不同的转子支承方案对联轴器的功用有不同的要求。早期有多个止推支点的方案中,联轴器只需传递扭矩;在只有一个止推支点的四支点支承方案中,联轴器不仅要传递扭矩,还要传递轴向力;在其他方案中,联轴器则需要承受扭矩、轴向力和径向力。

联轴器结构有两种:允许不同转子轴线可以有一定的倾斜角的联轴器称为柔性联轴器;将转子刚性地连成一体的联轴器,称为刚性联轴器。高压转子一般配置2个轴承,高压压气机转子和高压涡轮转子采用刚性联轴器连接在一起;低压转子至少配置3个轴承,低压转子联轴器常采用具有柔性的套齿联轴器。一些典型航空发动机的联轴器如表6-2所示。

表6-2　典型航空发动机联轴器

发动机型号	联轴器类型
WP6	采用带有半球形接头的柔性套齿联轴器
WP7	高压转子联轴器为套齿式的刚性联轴器;低压转子联轴器采用具有浮动球形垫圈的柔性套齿联轴器
WP8	压气机转子和涡轮转子间的连接采用带球形接头的套齿式柔性联轴器
CFM56	高压转子联轴器为圆柱面定心,短螺栓连接的刚性联轴器
Ал-31Ф	低压转子采用了带拉紧螺杆的柔性联轴器
RB199	高压转子联轴器为圆弧端齿刚性联轴器

当发生联轴器不对中时,联轴器处会产生附加的弯矩和径向激振力,从而使相邻的轴承承受径向力作用,严重情况下会损坏轴承,进而引发事故。联轴器不对中包含平行不对中、角度不对中和综合不对中3种。平行不对中是指压气机转子和涡轮转子之间只存在径向的位移,没有夹角,即两转子轴线是平行的。早期的低压转子采用4个轴承,压气机转子和涡轮转子均独立支承,当以不同的承力框架支承

压气机转子和涡轮转子时可能会出现此类情况。角度不对中是指压气机转子轴线与涡轮转子轴线之间存在偏角位移,转子之间不再平行,存在偏角。综合不对中是前2种不对中的组合情况。

2) 机匣同心度问题

机匣不同心可能造成几个轴承不对中,可分为轴线不平行和轴承不同心两种。轴线不平行是指轴与支承相对倾斜的情况,最突出的情况就是低压压气机和低压涡轮转子轴线不对中。轴承不同心指轴承中心线虽与转子轴线平行但在不同高度的情况。无中介轴承的发动机,三四支点轴承存在该故障风险。

6.2.2 不对中故障模式

无论是航空发动机联轴器不对中还是机匣不同心,都出现附加不对中力矩。图6-9中的3种偏差决定了不同的不对中力矩特征。为了剖析故障机制,人为划分为平行不对中、角度不对中和综合不对中三种模式。

1. 平行不对中

平行不对中是指转子之间只存在径向的位移而没有夹角,即两个转子轴线是平行的。早期的单转子发动机一般都采用1-3-0的四支点支承方案,即压气机转子与涡轮转子分别由2个支点支承,两转子之间采用套齿联轴器传递扭矩,其转子结构简图如图6-11(a)所示。为了便于分析,这里无论是套齿联轴器还是端齿联轴器,模型都简化成两个半联轴器,分别固连在压气机转子后轴颈和涡轮转子前端,如图6-11(b)所示。这种简化方式对于讨论联轴器局部配合特性是不合适的,但能够从宏观上反映转子-支承系统的不对中特征。

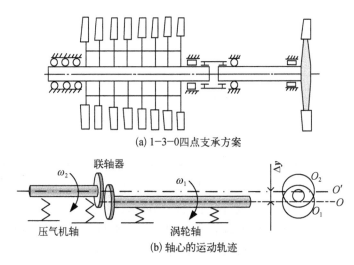

(a) 1-3-0四点支承方案

(b) 轴心的运动轨迹

图6-11 联轴器平行不对中

设 O_1 为主动转子(涡轮)的回转中心，O_2 为从动转子(压气机)的回转中心，O 为涡轮转子的静态中心，O' 为压气机转子的静态中心，压气机转子和涡轮转子绕各自的回转中心旋转，即压气机转子做平面运动。当发生平行不对中时，其中心运动轨迹为圆，并以径向位移 Δy 作为直径。图 6-11(b) 表示了轴心的运动轨迹。

以 O 为坐标原点，设压气机轴心动态中心位置为 $O'(x, y)$，两半联轴器中心的距离为 Δy，压气机轴心轨迹的转角 α 为自变量。根据几何关系可得

$$\begin{cases} x = \Delta y \sin \alpha \cos \alpha \\ y = \dfrac{1}{2} \Delta y - \Delta y \sin \alpha \sin \alpha \end{cases} \tag{6-23}$$

对式(6-23)进行三角变换得

$$\begin{cases} x = \dfrac{1}{2} \Delta y \sin 2\alpha \\ y = \dfrac{1}{2} \Delta y \cos 2\alpha \end{cases} \tag{6-24}$$

由图 6-12 可知，角度 α 就是转子转过的角度，即 $\omega = d\alpha/dt$，ω 为转子旋转角速度，将式(6-24)对时间求导，可得

$$\begin{cases} \dot{x} = \dfrac{dx}{dt} = \Delta y \cos 2\alpha \dfrac{d\alpha}{dt} = \Delta y \omega \cos 2\alpha \\ \dot{y} = \dfrac{dy}{dt} = - \Delta y \sin 2\alpha \dfrac{d\alpha}{dt} = - \Delta y \omega \sin 2\alpha \end{cases} \tag{6-25}$$

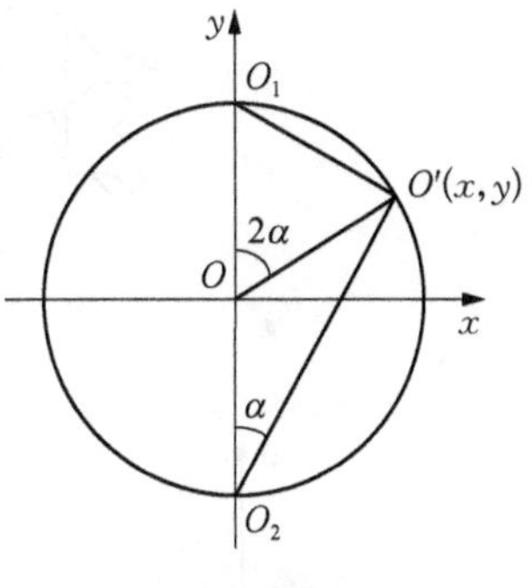

图 6-12　轴心运动的几何关系

设 O' 的切线速度为 v，由式(6-25)可得

$$v = \sqrt{(\dot{x})^2 + (\dot{y})^2} = \sqrt{(\Delta y \omega \cos 2\alpha)^2 + (\Delta y \omega \sin 2\alpha)^2} = \Delta y \omega \tag{6-26}$$

由角速度与切线速度的关系，可求出 O' 的圆周运动角速度为

$$\omega_1 = \frac{v}{\Delta y/2} = \frac{\Delta y \omega}{\Delta y/2} = 2\omega \tag{6-27}$$

当转子高速旋转时，离心力会激励转子产生 2 倍频的径向振动。对式(6-25)进行求导得

$$F_x = - 2\Delta y \cdot m\omega^2 \sin 2\alpha$$

$$F_y = -2\Delta y \cdot m\omega^2 \cos 2\alpha \qquad (6-28)$$

式中，m 为中间套齿的质量；将角度 α 用转子的转速 ω 表示，即 $\alpha = \omega t + \varphi$，$t$ 为时间，φ 为初始相位角。可得

$$\begin{cases} F_x = -2\Delta y \cdot m\omega^2 \sin(2\omega t + 2\varphi) \\ F_y = -2\Delta y \cdot m\omega^2 \cos(2\omega t + 2\varphi) \end{cases} \qquad (6-29)$$

由式(6-29)可以看出，平行不对中会产生 2 倍频的径向激振力。

2. 角度不对中

角度不对中是指压气机转子与涡轮转子轴线之间存在偏角位移，转子之间不再平行，产生偏角 φ，如图 6-13 所示。

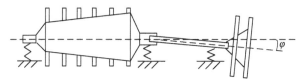

(a) 三支点支承发动机(1-2-0支承方案)

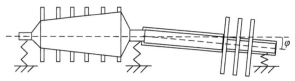

(b) 三支点支承发动机(1-1-1支承方案)

图 6-13　角度不对中示意图

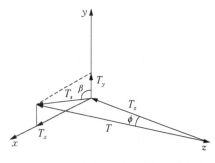

图 6-14　压气机不对中的力矩分析图

以三支点支承转子为例来进行分析。转子不对中力矩分析如图 6-14 所示。

取发动机轴线为 z 轴方向，则 $x-y$ 为垂直于压气机转子轴向的截面坐标系。设压气机转子和涡轮转子轴线之间不对中夹角为 ϕ，压气机转子通过涡轮驱动，驱动转矩设为 T。由于存在不对中夹角，可将转矩 T 分解为沿着压气机转子轴向转矩 T_z 和垂直压气机转子轴向转矩 T_s，且

$$\begin{cases} T_z = T\cos\phi \\ T_s = T\sin\phi \end{cases} \qquad (6-30)$$

某一时刻，设 T_s 与 x 轴的夹角为 β，将 T_s 进一步分解为 T_x 和 T_y，即

$$\begin{cases} T_x = T\sin\phi\cos\beta \\ T_y = T\sin\phi\sin\beta \end{cases} \quad (6-31)$$

根据欧拉运动方程，T_x、T_y、T_z 分别为

$$\begin{cases} T_x = I_x\dot{\omega}_x + \omega_y\omega_z(I_z - I_y) \\ T_y = I_y\dot{\omega}_y + \omega_z\omega_x(I_x - I_z) \\ T_z = I_z\dot{\omega}_z + \omega_x\omega_y(I_y - I_x) \end{cases} \quad (6-32)$$

式中，ω_x、ω_y、ω_z 为转子在空间三个方向上的定轴转动速度；I 为转子对轴的主惯性矩；不同轴的主惯性矩用相应下标表示。由于压气机转子只绕 z 轴旋转，因此 $\omega_x = \omega_y = 0$，ω_z 就等于转子的旋转速度。代入式(6-32)得

$$T_z = I_z\dot{\omega}_z \quad (6-33\text{a})$$

$$T\cos\phi = I_z\dot{\omega}_z \quad (6-33\text{b})$$

式中，I_z 为压气机转子对 z 轴的主惯性矩；$\dot{\omega}_z$ 为压气机转子的角加速度。如前所述，压气机转子的转速满足：

$$\omega_2/\omega_1 = C/[1 + D\cos(2\alpha)] \quad (6-34\text{a})$$

$$C = 4\cos\phi/[3 + \cos(2\phi)] \quad (6-34\text{b})$$

$$D = [1 - \cos 2\phi]/[3 + \cos(2\phi)] \quad (6-34\text{c})$$

式中，ω_2 为压气机转子角速度；ω_1 为涡轮转子角速度；α 为涡轮转子转角。对式 (6-34a)泰勒展开可得

$$\omega_2/\omega_1 = A_0 - A_2\cos 2\alpha + A_4\cos 4\alpha - \cdots + (-1)^n A_{2n}\cos 2n\alpha \quad (6-35)$$

式中，$n = 1, 2, 3, \cdots$；$A_0 = C(1 + D^2/2 + 3D^4/8 + 5D^6/16 + 35D^8/128 + \cdots) = 1$；$A_2 = C(D + 3D^3/4 + 5D^5/8 + 35D^7/64 + \cdots)$；$A_4 = C(D^2/2 + D^4/2 + 15D^6/32 + 7D^8/16 + \cdots)$；$\cdots$。

对式(6-35)微分得到

$$\omega_2/\omega_1 = B_2\sin 2\alpha - B_4\sin 4\alpha + \cdots + (-1)^n B_{2n}\sin 2n\alpha \quad (6-36)$$

式中，$n = 1, 2, 3 \cdots$；$B_2 = 2A_2$；$B_4 = 4A_4$；$B_6 = 6A_6$；$\cdots$。

令 $\alpha = \Omega t$，可以得到涡轮转子的转矩 T 为

$$T = (I_z\Omega^2/\cos\phi)\left[\sum_{n=1}^{\infty}(-1)^n B_{2n}\sin 2n\Omega t\right] \quad (6-37)$$

进而得到绕 x 轴和 y 轴的转矩分别为

$$\begin{cases} T_x = (I_z \Omega^2 \tan \phi \cos \beta) \left[\sum_{n=1}^{\infty} (-1)^n B_{2n} \sin 2n\Omega t \right] \\ T_y = (I_z \Omega^2 \tan \phi \sin \beta) \left[\sum_{n=1}^{\infty} (-1)^n B_{2n} \sin 2n\Omega t \right] \end{cases} \tag{6-38}$$

由以上各式可知：① 角度不对中所产生的径向激振力频率为转频的偶数倍，其中 2 倍频最大，其他偶数倍频较小；② 随着偏角 ϕ 的增大，不对中附加力矩随之增大；③ β 是设某一时刻力矩与坐标轴的夹角。该夹角随转子旋转运动而变化，即 $\beta = \Omega t$。说明角度不对中同时会产生旋转基频的 1 倍频，这是区别于平行不对中最显著的特征。

3. 综合不对中

在实际运行过程中，航空发动机不会产生单一的平行不对中或者角度不对中，往往是两者的综合。本质上说，平行不对中和角度不对中都是一种理想的建模简化，此时假设两轴的轴线仍然处于平面内。而综合不对中描述的是拟对中的两转子轴线的空间几何关系。

6.2.3 不对中故障特征

前节剖析了不对中故障机制，分析了不对中力矩的特征。在此基础上，本节结合不对中故障模拟实验，总结故障的振动特征。

1. 不对中模拟实验方案

实验采用在支承处加垫不同尺寸的薄铜片来模拟不对中故障，通过改变铜片的厚度来控制不对中量。此处采用人工打表的方法进行测量，不对中测量原理如图 6-15 所示。

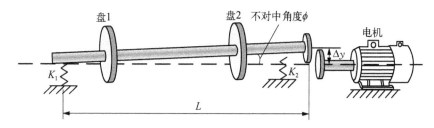

图 6-15　不对中量测量原理图

在测得轴承到左半联轴器的距离 L 及两半联轴器中心之间的距离 Δy（等效不对中量）后，可根据公式 $\tan \phi = \Delta y / L$ 求出不对中角度 ϕ。由于平行偏角的不对中量与 Δy 有关，本节采用 Δy 来表示不对中量的大小。

两半联轴器中心之间的距离 Δy 通过打表测量得到。打表测量时，本节选择将测表安装在从动轴联轴器上，统一选择垂直方向上端点为零点。测量时，手动盘动转子旋转一周，在水平和竖直 4 个方位进行打表测量并记录。分析测量结果时，水平或竖直方向数据差值的一半即为距离 Δy,方向为数据数值大的方向。

2. 不对中故障模拟实验结果

对转子初始状态及在 K_2 支承处垫 0.2 mm, 0.5 mm, 0.8 mm, 1.0 mm, 1.33 mm, 1.83 mm 的铜片进行实验研究,对每组实验的不对中进行打表测量,如图 6 - 16 所示。

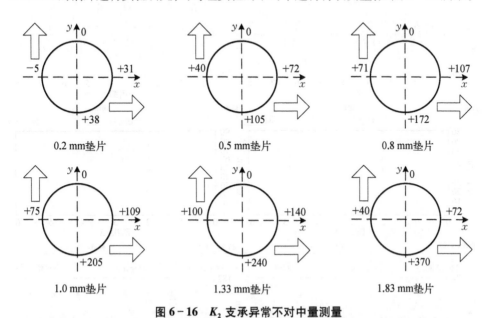

图 6 - 16 K_2 支承异常不对中量测量

将图 6 - 16 所示各组实验的不对中量测量结果进行统计,结果如表 6 - 3 所示。

表 6 - 3 K_2 异常不对中距离统计表

测量参数	初始值	不对中模拟值					
垫片厚度/mm	0.00	0.20	0.50	0.80	1.00	1.33	1.83
垂直不对中/mm	0.11	0.19	0.52	0.86	1.00	1.20	1.85
水平不对中/mm	0.25	0.18	0.16	0.18	0.17	0.20	0.16

在 K_1 支承处垫 0.2 mm, 0.5 mm, 0.7 mm, 1.0 mm, 1.2 mm 的铜片进行实验研究,对每组实验的不对中进行打表测量,结果如表 6 - 4 所示。

表 6 - 4 K_1 异常不对中距离统计表

测量参数	初始值	不对中模拟值				
垫片厚度/mm	0.000	0.200	0.500	0.700	1.000	1.200
垂直不对中/mm	0.040	0.025	0.015	0.080	0.125	0.135
水平不对中/mm	0.075	0.090	0.085	0.110	0.125	0.010

以 K_2 支承处垫片厚度为 0.8 mm 实验状态为例,讨论不对中故障的振动特性。CH1、CH2、CH3、CH4 通道的时域波形如图 6-17 所示。

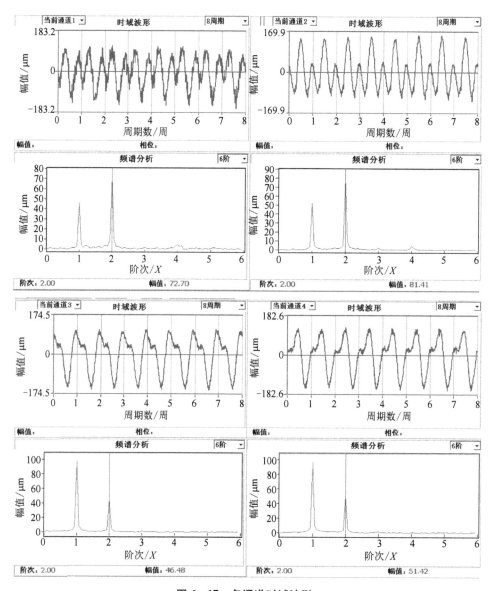

图 6-17　各通道时域波形

由图 6-17 可以看出,各通道都存在明显的 2 倍频分量,除此之外还出现了较小的 4 倍频分量。对 CH1 和 CH2 通道的数据进行趋势分析,分别选择 1 倍频趋势、2 倍频趋势进行分析,结果如图 6-18 所示。

从图 6-18 可以看出,CH1 和 CH2 通道基频变化趋势较为平稳,但 2 个通道的

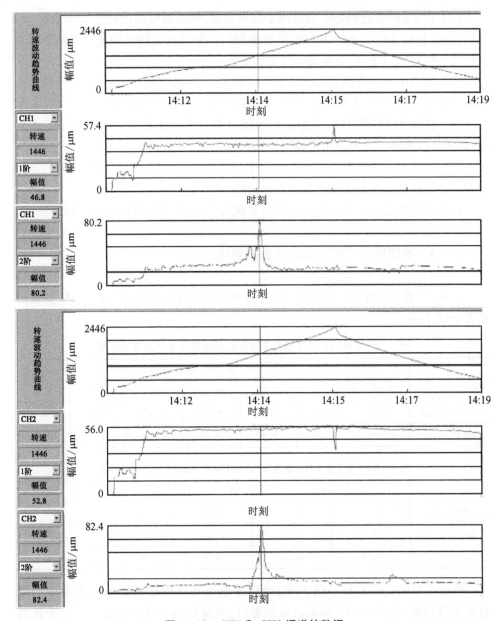

图 6-18　CH1 和 CH2 通道的数据

2 倍频趋势在 1 450 r/min 左右(半临界)呈现明显的峰值,即出现半临界现象。

3. 不对中故障特征

结合实验结果和已有理论分析结论,总结不对中故障的特征如下。

(1)发动机支点不对中的振动主要以 2X 倍频为主,虽然也存在其他高频成分,但相对较小。

（2）在 2X 的变化趋势中会出现半临界现象,即振动峰值出现在转子系统 1/2 临界转速(包括 1 阶、2 阶及高阶临界转速)处,其他转速处则不明显。半临界现象会导致共振点的增多,使得振动情况更加复杂。

（3）不对中激振力的大小与转子转速成正比,随转速的增加而增大,但转速大于临界转速后,其响应振幅趋于稳定,并不随激振力的增加而增大。

（4）在发生 2X 共振时,共振前后的相位角发生 180° 的变化。对于平行不对中,联轴器两侧同一方向的相位相同;而对于角度不对中,则相差 180°。

（5）平行不对中主要以径向振动为主,角度不对中的轴向振动和径向振动都较大。靠近联轴器处的轴承更容易发生故障。

（6）发动机支点不对中振动大小与负载成正比,随着负载的增大而增大。

6.2.4　不同因素对故障响应的影响规律

1. 不对中量的影响

对 K_2 支承异常处实验各测点 2 倍频趋势的峰值进行统计,统计结果如表 6-5 和表 6-6 所示。

表 6-5　CH1 和 CH3 通道 2 倍频趋势峰值随垂直距离变化表

垂直距离/mm	测　量　值						
	0.11	0.19	0.52	0.86	1.00	1.20	1.85
CH1 峰值/μm	71.84	73.70	78.97	86.52	85.83	95.00	159.90
CH3 峰值/μm	47.80	41.47	38.84	46.48	45.02	57.64	104.49

表 6-6　CH2 和 CH4 通道 2 倍频趋势峰值随水平距离变化表

水平距离/mm	测　量　值				
	0.25	0.20	0.18	0.17	0.16
CH2 峰值/μm	94.80	88.74	77.37	80.29	75.74
CH4 峰值/μm	55.39	58.84	49.45	55.91	49.81

将表中各测点的数据绘图表示,得到各通道 2 倍频趋势峰值随不对中程度的变化趋势图,如图 6-19 所示。可以看出,垂直方向不对中程度随不对中量的增大而增大;水平方向不对中程度在一个范围内波动,且不对中量变化很小。由图 6-19(a)还可以看出,对于该实验器,当不对中量小于 1.0 mm 时,2 倍频的峰值的变化较为平缓,当不对中量大于 1.0 mm 时,2 倍频的峰值的变化突然增大。

该实验模拟了平行偏角不对中。对于联轴器而言,其回转轨迹如图 6-20 所示。

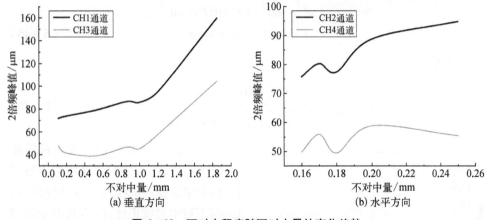

图 6 − 19 不对中程度随不对中量的变化趋势

图 6 − 20 中 O_1、O_2 为两半联轴器的中心，Ω 为转子角速度，α、β 为初始相位，B 为不对中故障载荷。由材料力学梁在载荷力作用下的变形关系可知：

$$B = \Delta y \frac{3EI}{l^3} \qquad (6-39)$$

B 与 Δy 为线性关系，得 O' 的运动轨迹为

$$\begin{cases} x = B\sin(\Omega' t - \beta) = B\sin 2(\Omega t - \alpha) \\ y = B\cos(\Omega' t - \beta) = B\cos 2(\Omega t - \alpha) \end{cases}$$
$$(6-40)$$

图 6 − 20 联轴器回转轨迹

由式(6 − 40)可求得联轴器产生的激振力的大小为

$$\begin{cases} |F_x| = 4mB\Omega^2\sin 2(\Omega t - \alpha) \\ |F_y| = 4mB\Omega^2\cos 2(\Omega t - \alpha) \end{cases} \qquad (6-41)$$

将运动方程表示为复变量的形式即

$$\ddot{U} + 2\omega_n D\dot{U} + \omega_n^2 U = 4B\Omega^2 e^{i2\Omega t} \qquad (6-42)$$

设其特解为

$$U = Ae^{i(2\Omega-\delta)} \qquad (6-43)$$

式中，δ 为相位，将式(6 − 43)代入式(6 − 42)得

$$(\omega_n^2 - 4\Omega^2 + 4\omega_n D\Omega i)A = 4B\Omega^2 e^{i\delta} \qquad (6-44)$$

将欧拉公式 $e^{i\delta} = \cos\delta + i\sin\delta$ 代入式(6 − 44)可得

$$(\omega_n^2 - 4\Omega^2)A = 4B\Omega^2\cos\delta$$
$$4\omega_n D\Omega A = 4B\Omega^2\sin\delta \qquad (6-45)$$

解得

$$A = \frac{4B\Omega^2/\omega_n^2}{\sqrt{[1-(2\Omega/\omega_n)^2]^2 + (2D)^2(2\Omega/\omega_n)^2}} \qquad (6-46)$$

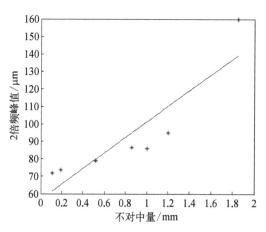

图 6-21　振动特性及不对中量关系拟合曲线

由式(6-46)可知,发动机转速 Ω 一定时,不对中响应与不对中量可以简单地描述成线性关系,同时响应与不对中量成正比,随不对中量的增加,其特征频率振动幅值等比例增大。根据上述分析,对 K_2 异常时的数据进行线性拟合,得到 2 倍频幅值与不对中量的变化关系,如图 6-21 所示。

拟合得到的线性方程为

$$y = 44.6176x + 56.5859 \qquad (6-47)$$

式中, x 为不对中量; y 为 2 倍频峰值。

2. 异常支承位置的影响

以低压压气机转子为例,考虑异常支承位置和不对中响应的影响规律。如果以发动机转子轴线为基准,引起不对中故障的异常支点有两种可能性:一支点位置,压气机前支点;二支点位置,压气机后支点。

设 l_1 为一、二支点间距离, l_2 为二支点 K_2 到左半联轴器的距离。当二支点 K_2 支承异常时,如图 6-22 所示。

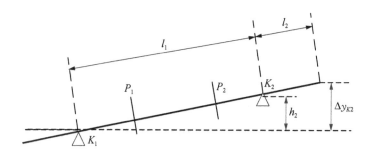

图 6-22　二支点支承异常简图

图中 h_2 为支承异常程度,由几何关系可知:

$$\Delta y_{K2} = \frac{h_2(l_1 + l_2)}{l_1} \qquad (6-48)$$

当一支点 K_1 支承异常时,如图 6-23 所示。

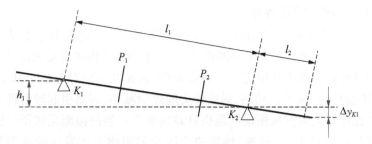

图 6-23　一支点支承异常简图

由几何关系可知:

$$\Delta y_{K1} = \frac{h_1 l_2}{l_1} \qquad (6-49)$$

由式(6-48)及式(6-49)可知,支承异常位置对不对中量的影响程度为

$$\frac{\Delta y_{K2}}{\Delta y_{K1}} = \frac{h_2(l_1 + l_2)}{h_1 l_2} \qquad (6-50)$$

当支承异常程度相同时,即 $h_1 = h_2$,代入式(6-50)可得

$$\frac{\Delta y_{K2}}{\Delta y_{K1}} = \frac{l_1 + l_2}{l_2} \qquad (6-51)$$

可见支承位置对不对中量的影响程度仅取决于 l_1 和 l_2 的大小。

将式(6-48)及式(6-49)分别代入式(6-46)可得

$$A_{K2} = \frac{4Kh_2(l_1 + l_2)\Omega^2/l_1\omega_n^2}{\sqrt{[1 - (2\Omega/\omega_n)^2]^2 + (2D)^2(2\Omega/\omega_n)^2}} \qquad (6-52)$$

$$A_{K1} = \frac{4Kh_1 l_2\Omega^2/l_1\omega_n^2}{\sqrt{[1 - (2\Omega/\omega_n)^2]^2 + (2D)^2(2\Omega/\omega_n)^2}} \qquad (6-53)$$

在压气机后轴径处,布置有套齿联轴器。由此便得到了支承位置异常对振动特性的影响规律。由式(6-52)和式(6-53)可看出,在相同偏差 $h_1 = h_2$ 下比较,

有关系 $A_{K2} > A_{K1}$ 说明转子二支点对于不对中程度更为敏感,因此低压转子联轴器在设计时应该尽量靠近二支点,从而降低轴系对不对中的敏感程度。

6.3   整机类故障——转静碰摩

6.3.1   故障成因及特点

转静碰摩故障是航空发动机最常见的故障之一[4]。随着航空发动机对高效率、高推重比以及低油耗的要求不断提高,新技术和新结构在发动机设计中不断地被采用,主动间隙控制为其中之一。研究表明,涡轮叶尖间隙每减小 0.25 mm,涡轮做功效率会增加 1%[5]。然而,涡轮叶尖间隙的减小,容易引起转静件之间的碰摩,因此与碰摩相关的整机振动问题也日益增多[6]。转静碰摩是转子二次故障形式,它往往是在不对中、不平衡、热弯曲等因素的影响下才发生的并发故障。图6-24 为航空发动机可能会发生碰摩的位置。

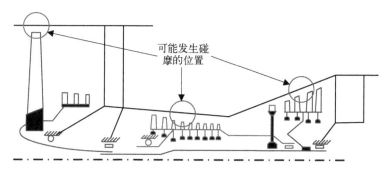

可能发生碰摩的位置

图 6-24   发动机中可能发生碰摩的位置

6.3.2   转子-机匣碰摩故障模式

1. 碰摩故障模型与机制

建立悬臂涡轮转子的故障模型,研究转子-机匣碰摩发生时的振动。模型中不仅考虑转子结构,也考虑涡轮机匣结构。在该结构中,机匣弹性不能被忽略,以反映航空发动机轻薄机匣的特点。图 6-25 为简化的碰摩转子动力学模型。该模型由两部分组成:静子部分为 1 个考虑弹性的机匣;转子部分包括 1 根无质量的弹性轴和 1 个存在不平衡偏心量的转盘,支于 2 个弹性支承上。为了便于研究,假定模型中所有元件均为各向同性。

当碰摩没有发生时,转子系统维持稳态恒定转速运行;当转子径向振动值超过转子-机匣最小间隙时,碰摩发生。此时,机匣由于弹性发生形变,这使得转子与机匣之间的间隙发生动态变化,影响碰摩的状态。当碰摩发生后,由于碰摩带来的附加力与附加力矩的影响,转子发生扭转振动,转速不再维持原有的恒定转速,驱动

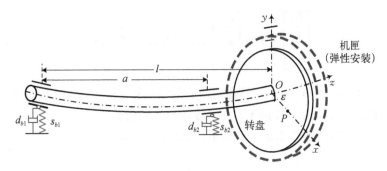

图 6-25　碰摩转子动力学模型

力矩需要相应调整[7-10]。

在故障模型中,考虑机匣 2 个方向形变、转子 2 个方向横向振动、转盘 3 个自由度的扭转和偏摆,2 个弹性支承处的 2 个方向横向振动。

上述模型具有 11 个自由度,需要对转子-支承-机匣系统列写 11 个运动关系方程。

根据质心运动定律,转盘的平动方程为

$$m\ddot{x}_p = -f_x + F_x^*　　　　　　　　　(6-54)$$

$$m\ddot{y}_p = -f_y - mg + F_y^*　　　　　　(6-55)$$

由质心运动定律,机匣的平动方程为

$$m_{st}\ddot{x}_{st} + d_{st}\dot{x}_{st} + s_{st}x_{st} = -F_x^*　　　　(6-56)$$

$$m_{st}\ddot{y}_{st} + d_{st}\dot{y}_{st} + s_{st}y_{st} = -F_y^*　　　　(6-57)$$

弹性支承处力平衡方程为

$$d_{b1}\dot{x}_{b1} + s_{b1}x_{b1} + d_{b2}\dot{x}_{b2} + s_{b2}x_{b2} = f_x　　　(6-58)$$

$$d_{b1}\dot{y}_{b1} + s_{b1}y_{b1} + d_{b2}\dot{y}_{b2} + s_{b2}y_{b2} = f_y　　　(6-59)$$

以盘形心为原点,由轮盘处的力矩平衡得到

$$-(d_{b1}\dot{x}_{b1} + s_{b1}x_{b1})l - (d_{b2}\dot{x}_{b2} + s_{b2}x_{b2})(l-a) + \widehat{m}_y = 0　　(6-60)$$

$$(d_{b1}\dot{y}_{b1} + s_{b1}y_{b1})l + (d_{b2}\dot{y}_{b2} + s_{b2}y_{b2})(l-a) + \widehat{m}_x = 0　　(6-61)$$

式中,$\widehat{m}_x$、$\widehat{m}_y$ 为碰摩附加作用在支点上的力矩。

运动过程中,转盘可以绕质心做 3 个自由度的定轴转动。考虑变形,将相对坐标系原点固连于转盘的质心。则转盘对质心的动量矩在动坐标系 $px'y'z'$ 中可以表示为

$$\begin{bmatrix} L_{x'} \\ L_{y'} \\ L_{z'} \end{bmatrix} = \boldsymbol{J} \times \begin{bmatrix} \dot{\varphi}_{x'} \\ \dot{\varphi}_{y'} \\ \dot{\varphi}_{z'} \end{bmatrix}, \text{简写为} \ \boldsymbol{L}' = \boldsymbol{J} \times \dot{\boldsymbol{\varphi}}' \qquad (6-62)$$

式中，$\boldsymbol{L}'$ 为动坐标系 $px'y'z'$ 中，转盘对质心的动量矩；$\boldsymbol{J}$ 为动坐标系 $px'y'z'$ 中，转盘惯量张量；$\dot{\boldsymbol{\varphi}}'$ 为动坐标系 $px'y'z'$ 中，转盘的空间角速度。

矩阵 $\boldsymbol{J}$ 中的各个惯性系数计算如下，忽略高阶小量：

$$\begin{cases} J_{x'} = \dfrac{1}{4}\tilde{m}r^2 = \dfrac{1}{4}mr(r-\varepsilon) \\[2mm] J_{x'y'} = 0 \\[2mm] J_{x'z'} = 0 \\[2mm] J_{y'} = \dfrac{1}{4}\tilde{m}r^2 + \tilde{m}\varepsilon^2 + \Delta m(r-\varepsilon)^2 = \dfrac{1}{4}mr^2 + \dfrac{3}{4}mr\varepsilon - m\varepsilon^2 \approx \dfrac{1}{4}mr(r+3\varepsilon) \\[2mm] J_{y'x'} = 0 \\[2mm] J_{y'z'} = 0 \\[2mm] J_{z'} = \dfrac{1}{2}\tilde{m}r^2 + \tilde{m}\varepsilon^2 + \Delta m(r-\varepsilon)^2 = \dfrac{1}{2}mr^2 + \dfrac{1}{2}mr\varepsilon - m\varepsilon^2 \approx \dfrac{1}{2}mr(r+\varepsilon) \\[2mm] J_{z'x'} = 0 \\[2mm] J_{z'y'} = 0 \end{cases}$$

$$(6-63)$$

式中，$\tilde{m}$ 为参振质量。

对式(6-63)运用动量矩定理得到

$$\begin{cases} \dfrac{\mathrm{d}L_x}{\mathrm{d}t} = \dfrac{1}{4}mr(r-\varepsilon)\ddot{\varphi}_{x_1} + \dfrac{1}{2}mr^2[\dot{\varphi}_y(\Omega+\dot{\varphi}) + \varphi_y\ddot{\varphi}] = M_x \\[3mm] \dfrac{\mathrm{d}L_y}{\mathrm{d}t} = \dfrac{1}{4}mr(r+3\varepsilon)\ddot{\varphi}_y - \dfrac{1}{2}mr^2[\dot{\varphi}_{x_1}(\Omega+\dot{\varphi}) + \varphi_{x_1}\ddot{\varphi}] = M_y \\[3mm] \dfrac{\mathrm{d}L_z}{\mathrm{d}t} = \dfrac{1}{2}mr(r+\varepsilon)\ddot{\varphi} = M_z \end{cases} \qquad (6-64)$$

另一方面，由转子力矩平衡又可得

$$\begin{cases} M_x = -\widehat{m}_x + M_x^* \\[2mm] M_y = -\widehat{m}_y + M_y^* \\[2mm] M_z = -s_T\varphi - d_T\dot{\varphi} + \Delta M + \varepsilon\cos(\Omega t + \varphi)f_y - \varepsilon\sin(\Omega t + \varphi)f_x + M_T^* \end{cases} \qquad (6-65)$$

至此,列出了全部转子-机匣系统的平动、扭转、机匣系统的变形以及支承系统的力平衡与力矩平衡方程,全面描述了转子-机匣系统的物理运动。

其中,x_p,y_p,x_{st},y_{st},x_{b1},y_{b1},x_{b2},y_{b2},φ,φ_x,φ_y 这 11 个变量为未知量。m,r,ε 为已知量;F_x,F_y,M_x,M_y,M_T 为边界条件;f_x,f_y,$\widehat{m}_x$,$\widehat{m}_y$ 为待定量;F_x^*,F_y^*,M_x^*,M_y^* 表示碰摩力和碰摩力矩,是系统中转子和静子间的作用力,大小相同,方向相反。借助 Schweitzer 等摩擦接触模型,即能给出碰摩力和碰摩力矩的数学表达式。这里集中讨论碰摩故障特征的获取思路,作为可知量,具体推导过程不继续展开。

2. 故障模型中待定量的推导

对于悬臂转子,需要考虑陀螺力矩对转子运动的影响。陀螺力矩迫使转轴弯曲变形,将影响 f_x,f_y,$\widehat{m}_x$,$\widehat{m}_y$ 等待定量的表达式。这些待定量一旦确定,11 个方程的故障方程即可解。

为了确定式 (6-65) 中 f_x,f_y,$\widehat{m}_x$,$\widehat{m}_y$,需要首先确定转子在偏置盘处力、力矩与位移和转角间的关系,即转轴在轮盘处的刚度矩阵。

在 xoz 和 yoz 平面,有关系:

$$\begin{bmatrix} F_x \\ M_y \\ F_y \\ M_x \end{bmatrix} = \begin{bmatrix} s_{11} & s_{12} & 0 & 0 \\ s_{21} & s_{22} & 0 & 0 \\ 0 & 0 & s_{11} & -s_{12} \\ 0 & 0 & -s_{21} & s_{22} \end{bmatrix} \begin{bmatrix} w \\ \varphi_y \\ v \\ \varphi_x \end{bmatrix} \begin{matrix} \left.\vphantom{\begin{matrix}F\\M\end{matrix}}\right\} xoz\ \text{平面} \\ \left.\vphantom{\begin{matrix}F\\M\end{matrix}}\right\} yoz\ \text{平面} \end{matrix} \qquad (6-66)$$

式中,$s_{ij}(i,j=1,2)$ 为刚度系数。这时需要分 xoz 和 yoz 两个平面分别讨论。首先,以 yoz 平面为例。

在对于外力分量 F_y,将产生位移 v_F 和转角 φ_{xF},如图 6-26 所示。

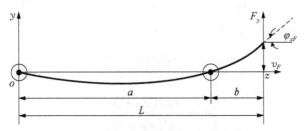

图 6-26　yoz 平面内置盘处的力与位移和转角的关系

根据材料力学公式得

$$\begin{cases} v_F = \dfrac{F_y b^2}{3EI}(a+b) \\[3mm] \varphi_{xF} = \dfrac{F_y b}{6EI}(2a+3b) \end{cases} \qquad (6-67)$$

对于陀螺力矩 M_x，将产生位移 v_M 和转角 φ_{xM}。根据材料力学公式得

$$\begin{cases} v_M = \dfrac{M_x b}{6EI}(2a + 3b) \\[3mm] \varphi_{xM} = \dfrac{M_x}{3EI}(a + 3b) \end{cases} \qquad (6-68)$$

实际转子在置盘处既有力又有力矩，因而位移和偏角为以上两部分之和，即

$$\begin{cases} v = \dfrac{F_y b^2}{3EI}(a + b) + \dfrac{M_x b}{6EI}(2a + 3b) \\[3mm] \varphi_x = \dfrac{F_y b}{6EI}(2a + 3b) + \dfrac{M_x}{3EI}(a + 3b) \end{cases} \qquad (6-69)$$

求解得

$$\begin{cases} F_y = \dfrac{6EI}{b^2(4a + 3b)}\left[\dfrac{2(a + 3b)}{b}v - (2a + 3b)\varphi_x\right] \\[3mm] M_x = \dfrac{6EI}{b(4a + 3b)}\left[-\dfrac{(2a + 3b)}{b}v + 2(a + b)\varphi_x\right] \end{cases} \qquad (6-70)$$

在 xoz 平面，同理推导，得到

$$\begin{cases} F_x = \dfrac{6EI}{b^2(4a + 3b)}\left[\dfrac{2(a + 3b)}{b}w + (2a + 3b)\varphi_y\right] \\[3mm] M_y = \dfrac{6EI}{b(4a + 3b)}\left[\dfrac{(2a + 3b)}{b}w + 2(a + b)\varphi_y\right] \end{cases} \qquad (6-71)$$

联立式(6-66)、式(6-70)、式(6-71)，得到

$$\begin{cases} s_{11} = \dfrac{12EI(a + 3b)}{b^3(4a + 3b)} \\[3mm] s_{12} = \dfrac{6EI(2a + 3b)}{b^2(4a + 3b)} \\[3mm] s_{21} = \dfrac{6EI(2a + 3b)}{b^2(4a + 3b)} \\[3mm] s_{22} = \dfrac{12EI(a + b)}{b(4a + 3b)} \end{cases} \qquad (6-72)$$

得到刚度矩阵后，即可求解圆盘因轴弯曲引起的偏摆角 φ_{x_1} 和位移 y'，继而达到获得 f_x、f_y、$\widehat{m}_x$、$\widehat{m}_y$ 等待定量表达式的目的。图 6-27 给出了转子在 yoz 平面的投影。

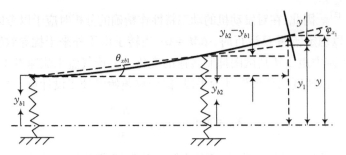

图 6-27　转子在 yoz 平面投影

从图 6-27 中的几何关系可得,圆盘因轴弯曲引起的偏摆角位移为

$$
\begin{cases}
x' = x - x_{b2} - \dfrac{b}{a}(x_{b2} - x_{b1}) \\[2mm]
\theta_y = \varphi_y + \dfrac{x_{b2} - x_{b1}}{a}
\end{cases}
,\quad
\begin{cases}
y' = y - y_{b2} - \dfrac{b}{a}(y_{b2} - y_{b1}) \\[2mm]
\theta_x = \varphi_{x_1} - \dfrac{y_{b2} - y_{b1}}{a}
\end{cases}
\tag{6-73}
$$

则所有待定参量被式(6-74)确定。

$$
\begin{bmatrix}
f_x \\ \widehat{m}_y \\ f_y \\ \widehat{m}_x
\end{bmatrix}
=
\begin{bmatrix}
s_{11} & s_{12} & 0 & 0 \\
s_{21} & s_{22} & 0 & 0 \\
0 & 0 & s_{11} & -s_{12} \\
0 & 0 & -s_{21} & s_{22}
\end{bmatrix}
\begin{bmatrix}
x - x_{b2} - \dfrac{b}{a}(x_{b2} - x_{b1}) \\[2mm]
\varphi_y + \dfrac{1}{a}(x_{b2} - x_{b1}) \\[2mm]
y - y_{b2} - \dfrac{b}{a}(y_{b2} - y_{b1}) \\[2mm]
\varphi_{x_1} - \dfrac{1}{a}(y_{b2} - y_{b1})
\end{bmatrix}
\tag{6-74}
$$

3. 迟滞转速控制力矩

转子-机匣碰摩引发转子扭转方向的振动响应,将会造成转速的波动 $\Delta\Omega$,这一波动应该被"调整驱动力矩 ΔM"所弥补。但是由于航空发动机采用调节燃油供油量,通过燃烧后改变涡轮驱动力矩的方式控制转速,如图 6-28 所示。因此,转速控制力矩反馈将会和波动补偿需求之间存在时延,通常把这段时间称为燃烧延迟时间,即时延 τ。时延 τ 大约在 $0.05\sim0.2\ \mathrm{s}$ 范围内变化[11]。转速控制延迟会影响发动机的动态特性,在扭转振动发生时,有时甚至会使发动机转速控制系统的工作产生

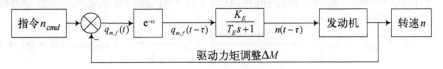

图 6-28　发动机转速控制回路

不稳定现象[12]。因此，在对发动机的动态特性作精确的分析时应予以考虑。

当转子以稳定转速 Ω 运行时，$\Delta M = 0$；当转子由于外来干扰导致转速发生变化时，这个控制力矩 ΔM 则试图抑制转速的变化。无论气流来流速度 V 怎样变化，叶轮机械总是以速度三角形设计为手段，保证攻角始终处于设计点。令

$$\lambda_D = \arctan \alpha_{A,D} = \frac{R\Omega}{v} \tag{6-75}$$

式中，$\alpha_{A,D}$ 是翼型的设计点攻角；$R\Omega$ 为转子叶尖切线速度；v 为来流速度。

此时驱动力矩为

$$M = \frac{P_D}{\Omega} = \frac{\eta_D \rho A v^3}{2\Omega} \tag{6-76}$$

式中，P_D 为设计点功率；η_D 为气流转化为机械功的效率；A 为流道截面面积。

则式(6-76)变为

$$M = \frac{\eta_D \rho \pi R^2 R^3}{2\Omega \Omega^2 R^3 / v_a^3} \Omega^2 = \frac{\eta_D \rho \pi R^5}{2\lambda_D^3} \Omega^2 = Q\Omega^2 \tag{6-77}$$

式中，v_a 是来流速度轴向分量；$Q = \eta_D \rho \pi R^5 / (2\lambda_D^3)$ 为控制力矩系数，在发动机设计过程中确定。

当转速增加 $\Delta\Omega$ 时，力矩为

$$\tilde{M} = Q \cdot (\Omega + \Delta\Omega)^2 = Q \cdot \Omega^2 + 2Q \cdot \Omega \cdot \Delta\Omega + Q \cdot \Delta\Omega^2 \tag{6-78}$$

为了抑制这个转速变化，系统附加一个转速控制力矩 ΔM，则

$$\tilde{M} + \Delta M = Q \cdot \Omega^2 = (Q \cdot \Omega^2 + 2Q \cdot \Omega \cdot \Delta\Omega + \Delta\Omega^2) - (2Q \cdot \Omega \cdot \Delta\Omega + Q \cdot \Delta\Omega^2) \tag{6-79}$$

$\Delta\Omega$ 为微小量，略去高阶小量，得

$$\Delta M = -2Q \cdot \Omega \cdot \Delta\Omega = -2Q \cdot \Omega \cdot \dot{\varphi}(t - \tau) \tag{6-80}$$

由于航空发动机转子是通过高压气流与燃油混合燃烧后产生的高温燃气来驱动，转速控制系统响应时间比碰摩作用时间要大几个数量级[13]。因此转速控制力矩必然发生延迟，即 t 时刻作用于转子的控制力矩 ΔM 实际是根据 $t - \tau$ 时刻的 φ 计算得到。

4. 转子-机匣碰摩的动力学微分方程组

根据式(6-66)~式(6-74)的推导，获得了转子-机匣碰摩系统的运动微分方程。

$$m\ddot{x}_p + s_{11}x_p + s_{12}\varphi_y = s_{11}\left[x_{b2} + \frac{b(x_{b2} - x_{b1})}{a}\right] - s_{12}\frac{x_{b2} - x_{b1}}{a} + s_{11}\varepsilon\cos(\Omega t + \varphi) + F_x^* \tag{6-81}$$

$$\frac{1}{4}mr(r + 3\varepsilon)\ddot{\varphi}_y + s_{21}x_p + s_{22}\varphi_y - \frac{1}{2}mr^2\ddot{\varphi}\varphi_{x_1} - \frac{1}{2}mr^2(\Omega + \dot{\varphi})\dot{\varphi}_{x_1}$$

$$= s_{21}\left[x_{b2} + \frac{b(x_{b2} - x_{b1})}{a}\right] - s_{22}\frac{x_{b2} - x_{b1}}{a} + s_{21}\varepsilon\cos(\Omega t + \varphi) + M_y^* \quad (6-82)$$

$$m\ddot{y}_p + s_{11}y_p - s_{12}\varphi_{x_1} = s_{11}\left[y_{b2} + \frac{b(y_{b2} - y_{b1})}{a}\right] - s_{12}\frac{y_{b2} - y_{b1}}{a}$$

$$+ s_{11}\varepsilon\sin(\Omega t + \varphi) - mg + F_y^* \quad (6-83)$$

$$\frac{1}{4}mr(r - \varepsilon)\ddot{\varphi}_{x_1} - s_{21}y_p + s_{22}\varphi_{x_1} + \frac{1}{2}mr^2\ddot{\varphi}\varphi_y + \frac{1}{2}mr^2(\Omega + \dot{\varphi})\dot{\varphi}_y$$

$$= - s_{21}\left[y_{b2} + \frac{b(y_{b2} - y_{b1})}{a}\right] + s_{22}\frac{y_{b2} - y_{b1}}{a} - s_{21}\varepsilon\sin(\Omega t + \varphi) + M_x^*$$

$$(6-84)$$

$$\frac{1}{2}mr(r + \varepsilon)\ddot{\varphi} + d_T\dot{\varphi} + s_T\varphi$$

$$= \varepsilon\cos(\Omega t + \varphi)\left\{s_{11}\left[y_p - \varepsilon\sin(\Omega t + \varphi) - y_{b2} - \frac{b(y_{b2} - y_{b1})}{a}\right] - s_{12}\left[\varphi_{x_1} - \frac{y_{b2} - y_{b1}}{a}\right]\right\}$$

$$- \varepsilon\sin(\Omega t + \varphi)\left\{s_{11}\left[x_p - \varepsilon\cos(\Omega t + \varphi) - x_{b2} - \frac{b(x_{b2} - x_{b1})}{a}\right] + s_{12}\left[\varphi_y + \frac{x_{b2} - x_{b1}}{a}\right]\right\}$$

$$+ \Delta M + M_T^* \quad (6-85)$$

$$m_{st}\ddot{x}_{st} + d_{st}\dot{x}_{st} + s_{st}x_{st} = - F_x^* \quad (6-86)$$

$$m_{st}\ddot{y}_{st} + d_{st}\dot{y}_{st} + s_{st}y_{st} = - F_y^* \quad (6-87)$$

$$d_{b1}\dot{x}_{b1} + d_{b2}\dot{x}_{b2} + \left(s_{b1} - \frac{b}{a}s_{11} + \frac{1}{a}s_{12}\right)x_{b1} + \left[s_{b2} + \left(1 + \frac{b}{a}\right)s_{11} - \frac{1}{a}s_{12}\right]x_{b2}$$

$$= s_{11}[x_p - \varepsilon\cos(\Omega t + \varphi)] + s_{12}\varphi_y \quad (6-88)$$

$$d_{b1}\dot{y}_{b1} + d_{b2}\dot{y}_{b2} + \left(s_{b1} - \frac{b}{a}s_{11} + \frac{1}{a}s_{12}\right)y_{b1} + \left[s_{b2} + \left(1 + \frac{b}{a}\right)s_{11} - \frac{1}{a}s_{12}\right]y_{b2}$$

$$= s_{11}[y_p - \varepsilon\sin(\Omega t + \varphi)] - s_{12}\varphi_{x_1} \quad (6-89)$$

$$ld_{b1}\dot{x}_{b1} + (l - a)d_{b2}\dot{x}_{b2} + \left(ls_{b1} - \frac{b}{a}s_{21} + \frac{1}{a}s_{22}\right)x_{b1} +$$

$$\left[(l - a)s_{b2} + \left(1 + \frac{b}{a}\right)s_{21} - \frac{1}{a}s_{22}\right]x_{b2}$$

$$= s_{21}[x_p - \varepsilon\cos(\Omega t + \varphi)] + s_{22}\varphi_y \quad (6-90)$$

$$ld_{b1}\dot{y}_{b1} + (l-a)d_{b2}\dot{y}_{b2} + \left(ls_{b1} - \frac{b}{a}s_{21} + \frac{1}{a}s_{22}\right)y_{b1} +$$

$$\left[(l-a)s_{b2} + \left(1 + \frac{b}{a}\right)s_{21} - \frac{1}{a}s_{22}\right]y_{b2}$$

$$= s_{21}[y_p - \varepsilon\sin(\varOmega t + \varphi)] - s_{22}\varphi_{x_1} \tag{6-91}$$

6.3.3　转子-机匣碰摩故障特征仿真

1. 模型几何数据

图 6-29 给出了数值仿真算例的几何尺寸,具体数值如下: $l = 1\,000$ mm, $a = 700$ mm, $b = 300$ mm, $d = 50$ mm, $r = 225$ mm, $r_{st} = 225.1$ mm, $D = 60$ mm。

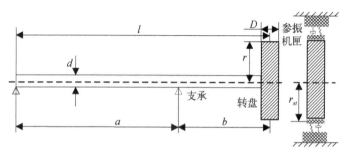

图 6-29　碰摩模型

转轴、机匣和圆盘的材料均为钢,其密度 $\rho = 7.8 \times 10^{3}$ kg/m³,弹性模量 $E = 2.1 \times 10^{11}$ N/m²,剪切弹性模量 $G = 8.07 \times 10^{10}$ N/m²。计算中,将转轴的质量等效分配到弹性支承以及圆盘处,由材料力学关系 $s_T = GI_p$,可知转子抗扭刚度约为 $s_T = 49\,559$ N·m/rad。

利用图 6-29 中给定的几何参数,可以求得基本参数,如转盘质量、惯性矩等。所求得的模型参数如表 6-7 所示。

表 6-7　模型基本参数表

参　　数	数　　值	参　　数	数　　值
m/kg	75	s_T/(N·m·rad^{-1})	49 559
m_{st}/kg	75	d_T/(N·s·m^{-1})	5
J_p/(kg·m²)	1.884 1	d_b/(N·s·m^{-1})	500
J_d/(kg·m²)	0.964 4	s_b/(N·m^{-1})	1×10⁶
ε/m	1.4×10^{-6}	s_{11}/(N·m^{-1})	1.238 2×10⁷
μ	0.1	s_{12}/(N·m^{-1})	2.67×10⁶

续　表

参　　数	数　　值	参　　数	数　　值
$s_{st}/(\mathrm{N}\cdot\mathrm{m}^{-1})$	1×10^{7}	$s_{21}/(\mathrm{N}\cdot\mathrm{m}^{-1})$	2.67×10^{6}
$d_{st}/(\mathrm{N}\cdot\mathrm{s}\cdot\mathrm{m}^{-1})$	3 000	$s_{22}/(\mathrm{N}\cdot\mathrm{m}^{-1})$	6.965 1$\times10^{5}$
$s_{\mathrm{contact}}/(\mathrm{N}\cdot\mathrm{m}^{-1})$	1×10^{9}	$e/\mu\mathrm{m}$	100

　　对于上述故障模型,不难估算其弯曲临界转速约为 687 r/min,扭转自振频率约为 25.63 Hz。可以预计,在临界转速附近,由于振幅大,碰摩容易发生,且程度强烈;远离临界转速的区间,将会发生轻微碰摩;再远,则碰摩故障消失。

　　2. 振动响应

　　1) 转子弯曲振动响应

　　图 6-30 为转子径向振动时域波形图。当工作转速 Ω = 630 r/min、830 r/min 时,轻微碰摩发生,产生一个较大的瞬态振动,随后转子进入稳态运行,转子稳态时域波形近似为标准正弦波;当工作转速 Ω = 665 r/min、690 r/min 时,可

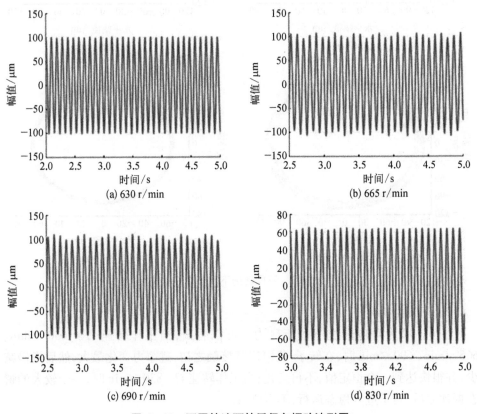

图 6-30　不同转速下转子径向振动波形图

以看出转子振动幅值出现波动,表现出拍振的特征,表明转子处于持续的碰摩状态。

图 6-31 为转子-机匣碰摩后,转子的轴心轨迹。当工作转速 $\varOmega$ = 830 r/min 时,转子发生轻微碰摩后进入稳定运行状态,脱离碰摩,轴心轨迹为一个圆。当工作转速 $\varOmega$ = 630 r/min 时,虽未脱离碰摩,但由于正碰力较小,因此轴心轨迹仍为 1 个圆。转子工作转速 $\varOmega$ = 665 r/min、690 r/min 时,碰摩持续发生,轴心轨迹呈现出花瓣状。

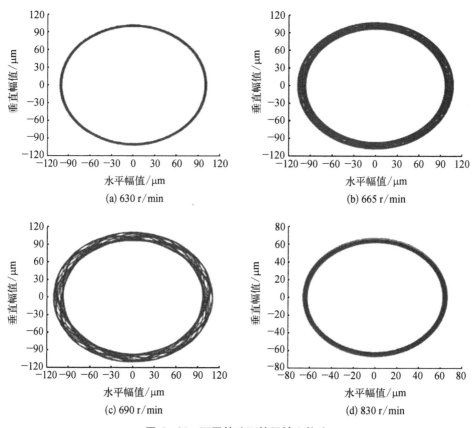

图 6-31 不同转速下转子轴心轨迹

2)正碰力特征

图 6-32 为对应转速下的正碰力。可以看出,当工作转速 $\varOmega$ = 630 r/min、665 r/min、690 r/min 时,在转子-机匣碰摩接触之初,碰摩力变化最大,然后慢慢减少,并很快达到一个恒定值,不再变化;当工作转速 $\varOmega$ = 830 r/min 时,一个较大的瞬态振动之后,转子进入稳态运行,不再碰摩。

依据正碰力的变化历程,可以将转子碰摩过程分为 3 个阶段,它们分别为阶段

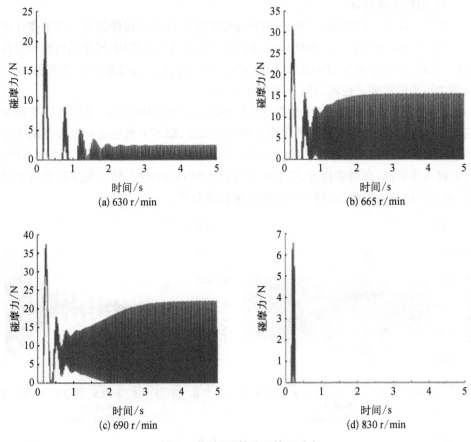

(a) 630 r/min

(b) 665 r/min

(c) 690 r/min

(d) 830 r/min

图 6-32 不同转速下的正碰力

Ⅰ-碰摩发生初期的冲击状态,阶段Ⅱ-转子不稳定运行的暂态过程,阶段Ⅲ-转子最终的稳定或似稳定运行状态,如图 6-33 所示。

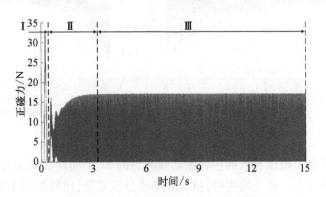

图 6-33 转子碰摩后工作过程示意图

3）扭转振动特征

图 6-34 为不同转速下，转子-机匣碰摩发生时转子的扭转振动。当工作转速 $\Omega = 630$ r/min、665 r/min、690 r/min 时，由于碰摩的持续作用，转子的扭振一直存在；且发现，在工作转速 $\Omega = 665$ r/min、690 r/min 时，转子发生扭转振动失稳，这是碰摩力矩和迟滞转速控制力矩一起作用的结果。

图 6-34(d)说明，转子工作在弯曲临界转速以上（800 r/min 之后），不平衡响应减小，故由不平衡响应诱发的碰摩故障症状减缓，即不平衡相应的振幅逐渐小于转静间隙。因此，轻微碰摩后，碰摩力矩与迟滞力矩能够使转子脱离不稳定范围，扭振将逐步衰减，直观表现为，当工作转速 $\Omega = 830$ r/min 时，转子发生轻微的碰摩后，进入了稳态运行状态，转子的扭振逐渐衰减至零。

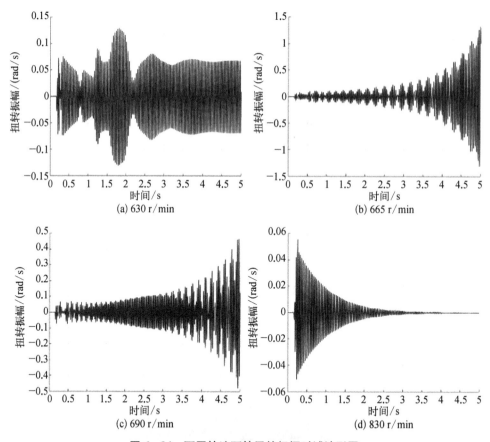

图 6-34   不同转速下转子的扭振时域波形图

选取转子由于碰摩导致的扭转振动衰减后的 32 个周期数据进行频谱分析，结果如图 6-35 所示。碰摩发生后，扭振频率成分较复杂，扭转振动主要表现为扭转自振频率，还伴随着正碰力的冲击频率，如表 6-8 所示。

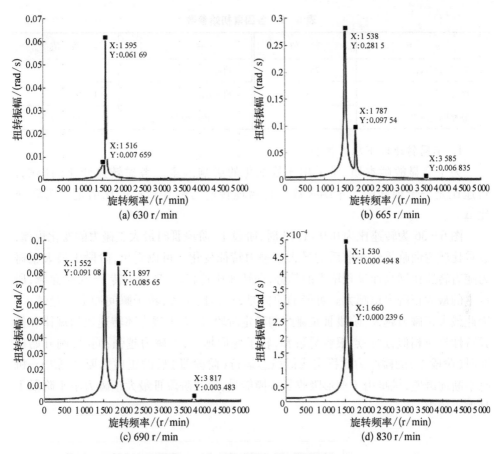

图 6-35　不同转速下转子扭振频谱

表 6-8　扭振频谱上出现的频率

扭转自振频率/Hz	伴随频率/Hz
25.3	26.0
25.6	29.8
25.9	31.6
25.5	27.7

6.3.4　不同参数对转子-机匣碰摩响应的影响规律

基于前述转子-机匣碰摩时的数值仿真结果,有必要讨论在不同转速比、不同机匣刚度、不同摩擦系数、不同碰摩刚度和不同迟滞控制力矩模型等因素影响下,转子的径向振动和扭转振动的变化规律。为此,给出上述影响因素的初始值,如表6-9所示。单因素参数逐一变化,获得影响规律。

表 6-9　各因素初始参数

参　　数	数　值	参　　数	数　值
转子质量/kg	75	机匣质量/kg	75
摩擦系数	0.1	机匣刚度/(N/m)	1×10^7
碰摩刚度/(N/m)	1×10^9	迟滞转速控制时延	2 个旋转周期

1. 不同转速比下碰摩振动

为了突显故障本质,常采用无量纲化的影响因素。考虑转速变化的影响,转速比是一个很好的无量纲参数。将物理转速与临界转速的比值定义为转速比 Δ。

图 6-36 为转速比为 0.9~1.13 时,阶段 I、阶段 III 时最大正碰力的变化规律,着重比较弯曲临界转速前后的最大正碰力特征变化。可以看出,阶段 I 最大正碰力随着转速比增高而呈现增大的趋势,即转速比越高,一旦发生转子-机匣碰摩,所产生的最大正碰力也越大。可能的原因是,转速比越大,转子瞬间冲击能量越大,因此最大正碰力越大;阶段 III 是碰摩的稳定阶段,最大正碰力随转速比的规律和幅频特性规律相似,这一点很容易解释,转子变形越大,正碰力越强;同时,刚开始碰摩时(阶段 I)的碰摩力比稳定或似稳态运行(阶段 III)后的正碰力要大,转子-机匣不断地碰撞,机匣由于变形吸收了碰撞能量,导致阶段 III 最大正碰力小于阶段 I 最大正碰力。

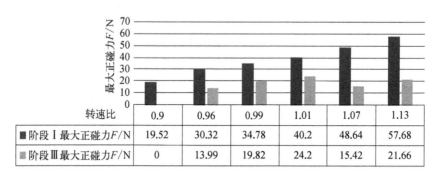

转速比	0.9	0.96	0.99	1.01	1.07	1.13
■阶段 I 最大正碰力F/N	19.52	30.32	34.78	40.2	48.64	57.68
阶段 III 最大正碰力F/N	0	13.99	19.82	24.2	15.42	21.66

图 6-36　不同转速比下,阶段 I、阶段 III 最大正碰力

图 6-37 为不同转速比下的扭转振动时域波形;可以看出:当转速比 $\Delta = 0.9$ 时,转子发生轻微的碰摩后,由于系统阻尼的作用,转子的扭振逐渐衰减至零;当转速比 $\Delta = 0.96$、0.99、1.01 和 1.07 时,由于碰摩的持续作用,转子的扭振一直存在;特别地,在转速比 $\Delta = 0.96$、0.99 和 1.01 时,转子发生扭转振动失稳。由于在不同的转速比下,转速控制力矩时延相位差不一样,所以导致扭转振动形式不一样,这是碰摩力矩和迟滞转速控制力矩共同作用的结果。

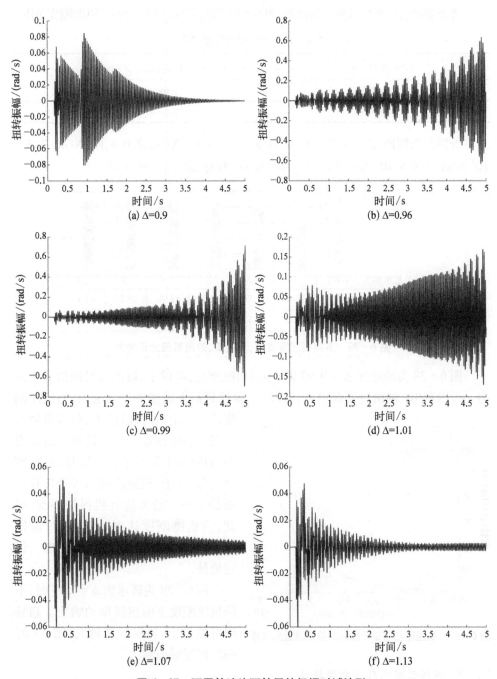

图 6-37　不同转速比下转子的扭振时域波形

2. 不同机匣刚度下碰摩振动

考虑发动机机匣弹性变形的因素,表 6-10 列出了两种不同材料机匣的刚度范围。

表 6-10 机匣弹性刚度范围

机 匣 类 型	机匣刚度/$(N \cdot m^{-1})$
铝制机匣	$1.0 \times 10^7 \sim 2.9 \times 10^7$
钢制机匣	$2.8 \times 10^7 \sim 4.0 \times 10^7$

分别取机匣刚度 $s_{st} = 1.0 \times 10^7$ N/m、1.5×10^7 N/m、2.0×10^7 N/m、2.5×10^7 N/m、3.0×10^7 N/m 和 3.5×10^7 N/m,规律如图 6-38 所示。

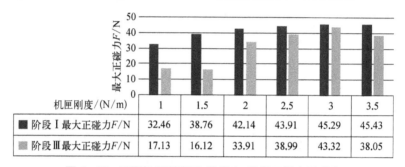

机匣刚度/(N/m)	1	1.5	2	2.5	3	3.5
■阶段Ⅰ最大正碰力F/N	32.46	38.76	42.14	43.91	45.29	45.43
▨阶段Ⅲ最大正碰力F/N	17.13	16.12	33.91	38.99	43.32	38.05

图 6-38 不同机匣刚度下,阶段Ⅰ、阶段Ⅲ最大正碰力

图 6-38 为转速比 $\Delta = 0.97$ 时,不同机匣刚度,阶段Ⅰ、阶段Ⅲ时的最大正碰力。可以看出:随机匣刚度增大,阶段Ⅰ、阶段Ⅲ最大正碰力逐渐增大;当机匣刚度达到一定值时,阶段Ⅰ、阶段Ⅲ最大正碰力将保持在一恒定值处。这是因为当机匣刚度达到某一值时,机匣刚性变强,转子-机匣之间的渗透位移逐渐趋于一个最大值且将保持不变,因此,当机匣刚度达到一定值时,阶段Ⅰ、阶段Ⅲ最大正碰力将保持在一恒定值处。

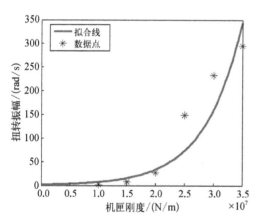

图 6-39 机匣刚度与第 5 秒时刻扭振幅值的关系

图 6-39 为转速比 $\Delta = 0.97$ 时,不同机匣刚度下的扭转振动响应。趋势线可以看出,机匣刚度越大,第 5 s 时刻的扭振幅值越大。

3. 不同摩擦系数下碰摩振动

对于碰摩问题,转子-机匣之间的摩擦系数 μ 是一个很关键的系统参数。不同的材料、不同的表面光洁度,其摩擦系数也不同。表 6-11 列出了常用材料的摩擦系数。

表 6-11 常用材料摩擦系数

材　　　料	摩　擦　系　数
钢-钢	0.10~0.12
钢-铸铁	0.05~0.15
钢-软钢	0.10~0.20
钢-铝	0.02~0.06
钢-铜	0.10~0.15

分别取摩擦系数 μ = 0.06、0.08、0.10、0.12、0.15 和 0.2，碰摩响应随摩擦系数的变化规律如图 6-40 所示。图中为转速比 Δ = 0.97 时，不同摩擦系数 μ 下转子-机匣碰摩阶段 Ⅰ、阶段 Ⅲ 时最大正碰力。可以看出：随着摩擦系数 μ 的增加，转子-机匣发生碰摩后阶段 Ⅰ 正碰力减小，而阶段 Ⅲ 正碰力增加。摩擦系数 μ 越小，会导致更小的径向变形。在恒定的渗透位移下，机匣的位移增加，正碰力会变大以平衡机匣变形产生的恢复力；在阶段 Ⅲ 状态，摩擦系数增大，转子弯曲变形增大，渗透位移增加，导致正碰力增加。

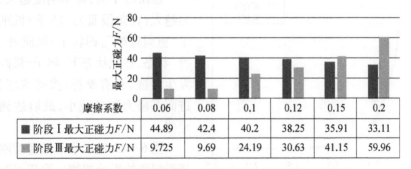

摩擦系数	0.06	0.08	0.1	0.12	0.15	0.2
阶段Ⅰ最大正碰力F/N	44.89	42.4	40.2	38.25	35.91	33.11
阶段Ⅲ最大正碰力F/N	9.725	9.69	24.19	30.63	41.15	59.96

图 6-40 不同摩擦系数 μ 下，阶段 Ⅰ、阶段 Ⅲ 最大正碰力

图 6-41 为转速比 Δ = 0.97 时，不同摩擦系数 μ 下转子的扭振。当摩擦系数 μ = 0.08、0.10、0.12、0.15 和 0.20 时，转子的扭振发生了失稳，且摩擦系数越大，扭振失稳的速度越快。这是因为摩擦系数越大，使得转子-机匣碰摩作用时的摩擦力增大；同时摩擦力的增大也使得扭振愈加剧烈。

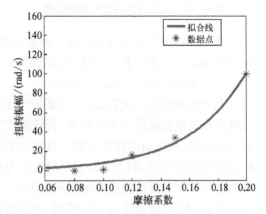

4. 不同碰摩刚度下碰摩振动

此处分别选取 s_{contact} = 0.1 ×

图 6-41 5 秒时扭振幅值随摩擦系数的变化

10^9 N/m、0.2×10^9 N/m、0.5×10^9 N/m、1.0×10^9 N/m、2.0×10^9 N/m、2.5×10^9 N/m 6个不同的碰摩刚度。图6-42为转速比 $\Delta = 0.97$ 时,不同碰摩刚度 $s_{contact}$ 下,阶段 Ⅰ、阶段 Ⅲ 时最大正碰力。对比碰摩刚度参数下的阶段 Ⅰ、阶段 Ⅲ 时最大正碰力,可以看出:在阶段 Ⅰ 时,最大正碰力持续增大;在阶段 Ⅲ 时,最大正碰力先增大后减小至一个定值。

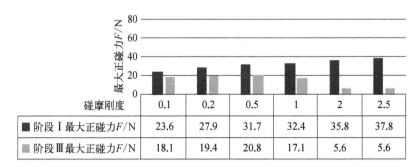

碰摩刚度	0.1	0.2	0.5	1	2	2.5
■ 阶段 Ⅰ 最大正碰力F/N	23.6	27.9	31.7	32.4	35.8	37.8
■ 阶段 Ⅲ 最大正碰力F/N	18.1	19.4	20.8	17.1	5.6	5.6

图6-42 不同碰摩刚度下,阶段 Ⅰ、阶段 Ⅲ 最大正碰力

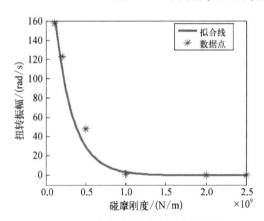

图6-43 扭振幅值碰摩刚度的变化

在阶段 Ⅰ 时,碰摩刚度越大,正碰力越大;在阶段 Ⅲ 时,转子-机匣发生了"整周碰摩",即转子-机匣处于"黏着"状态,在此状态下,转子-机匣没有发生碰撞,只有摩擦,渗透速度为零,进而正碰力逐渐减小,最后达到一个定值。

图6-43显示了不同碰摩刚度对扭振幅值的影响规律。取扭振时序信号的相同时刻的幅值绘于图中,从最终拟合曲线可以看出:随碰摩刚度的增大,转子扭振幅值逐渐减小,转子转速波动逐渐消失,正碰力变为一个恒定的力,转子转速波动渐渐停止,扭振幅值逐渐减小。

5. 不同控制力矩迟延下的扭振

由于控制力矩的延迟,转子可能发生不同状态的振动。转速控制力矩相当于对碰摩系统扭振提供了额外阻尼,若转速控制力矩存在延迟,则可能导致所附加阻尼为负阻尼,从而引起扭振失稳。在发动机中转速控制力矩的延迟不可避免。此处,控制系统设置控制力矩的启动门槛值为0.1 rad/s,即只有当发动机工作转速波动大于0.1 rad/s 时,转速控制力矩才作用。

图6-44为转速比 $\Delta = 0.97$ 时,不同控制力矩迟延下转子的扭振。可以看出,转速控制力矩的迟延时间会影响扭转振动;当控制力矩没有延迟时,控制力矩相当

于对系统的扭振提供了附加的阻尼,而当控制力矩有延迟时,系统的扭振发生震荡;特别的,当转速控制力矩迟延 τ 为 1 个和 2 个旋转周期时,扭振发生失稳。因此,由于控制力矩的延迟,可能导致不同的扭振。

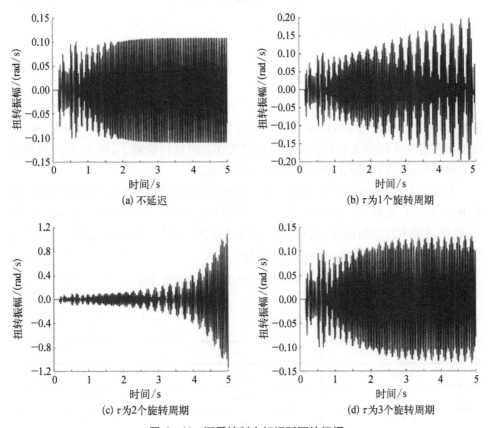

图 6-44　不同控制力矩迟延下的扭振

综上,当转速比一定时,转速控制力矩的迟滞周期会影响扭转振动;当转速控制力矩延迟的旋转周期数恰好对系统的扭振提供了负阻尼,则转子扭振发生失稳;而当转速控制力矩延迟的旋转周期数对系统提供了扭振正阻尼,则转子在扭转方向的响应则会迅速平复。因此,转速控制力矩施加不当时,会引起扭振失稳。

为了探究转速控制力矩延迟时间对转子扭转振动的影响,假设碰摩力矩单独作用时,转子的扭转振动时域波形为

$$\varphi(t) = Xe^{-\omega_{\text{tor}}Dt}\sin(\omega_{\text{tor}}t + \theta) \tag{6-92}$$

式中,ω_{tor} 是扭转自振频率。

而当失稳发生时。附加力矩 ΔM 将等效产生负阻尼的效果。即

$$D = f(\Delta M) < 0 \qquad (6-93)$$

转速控制力矩表达式为

$$\Delta M = -2Q\Omega\dot{\varphi}(t-\tau) \qquad (6-94\text{a})$$

则转速控制力矩作用时的延迟相位差为

$$\Delta\theta = 2\pi n_\tau \frac{\omega_{\text{tor}}}{\Omega} + 2k\pi, \ k = 0, \ 1, \ 2, \ 3, \ \cdots \qquad (6-94\text{b})$$

根据式(6-92),不同时延相位差下的扭转振动时域图,并利用最小二乘法拟合外包络,拟合函数为$\varphi(t) = a \cdot e^{bt}$,来拟合振动波形的外包络。当$b > 0$时,转子-机匣碰摩发生了扭振失稳;当$b < 0$时,说明在此时延相位差下,转子-机匣碰摩引发的扭转振动将趋于静止;当$b = 0$时,为临界状态。

表6-12为转速比$\Delta = 0.97$时,在2π周期内b值随时延相位差的拟合值。从表中可以看出,在转速比$\Delta = 0.97$时,时延相位差为0°、90°和270°时,$b = 0$,转子-机匣碰摩未发生扭振失稳,但扭振会持续存在;当时延相位差为135°、180°与225°时,$b > 0$,转子扭转振动发生了失稳。

表6-12 外包络b随时延相位差的拟合值

n_τ(旋转周期数)	$\Delta\theta/\text{rad}$	b
0	0	0
0.054	$\pi/4$	0
0.108	$\pi/2$	0
0.162	$3\pi/4$	0.979 8
0.216	π	2.353 4
0.271	$5\pi/4$	0.959 3
0.325	$3\pi/2$	0
0.379	$7\pi/4$	0
0.433	2π	0

对于式(6-94b),令$k = 0$,可得出转子-机匣碰摩发生后,转子发生扭振失稳的条件为

$$\frac{3}{4}\pi < 2\pi n_\tau \frac{\omega_{\text{tor}}}{\Omega} < \frac{5}{4}\pi \qquad (6-95\text{a})$$

$$\frac{3}{8}\frac{\Omega}{\omega_{\text{tor}}} < n_\tau < \frac{5}{8}\frac{\Omega}{\omega_{\text{tor}}} \qquad (6-95\text{b})$$

式中，ω_{tor} 为扭振自振频率；$600\ \text{r/min} \leqslant \Omega \leqslant 830\ \text{r/min}$ 为工作转速；n_τ 为迟滞旋转周期数。

数值分析得出模型发生碰摩的转速范围为 $600\ \text{r/min} \leqslant \Omega \leqslant 830\ \text{r/min}$。由此可以得出转子-机匣碰摩后发生扭转振动失稳的区域，如图 6 - 45 阴影区域所示。

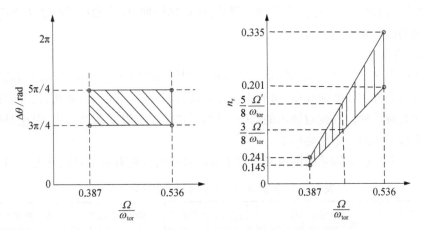

图 6 - 45　阴影区为转子-机匣碰摩后扭转振动的失稳区

6.4　关键部件故障——轴承损伤

6.4.1　故障成因及轴承故障类型

在航空发动机中，压气机和涡轮转子均使用滚动轴承支撑。由于滚动轴承轴向尺寸小，旋转精度高，因而被应用于航空发动机的转子系统。通常所用滚动轴承为滚珠轴承和滚棒轴承。前者能够承受轴向力和径向力，又被称为止推轴承；后者仅能承受径向力。在压气机端使用滚珠轴承以确定主轴的轴向位置，涡轮端使用圆柱滚棒轴承以允许转子轴向的热膨胀位移[14]。

航空发动机主轴承将转子的负荷传递到机匣上，希望它能以最小的尺寸和质量，承受高载和高速运转。因此要求轴承能够适应以下工作特点。

1. 高 DN 值

DN 值是指轴承内径 $D(\text{mm})$ 和转速 $N(\text{r/min})$ 的乘积。由于发动机转速的提高及主轴直径的不断增大，要求轴承 DN 值提高。DN 值的提高会给轴承的工作造成许多不利的影响。如果 DN 值超过 $1.5 \times 10^6\ \text{mm} \cdot \text{r/min}$，钢球将产生相当大的离心力压向外圈，从而降低轴承的疲劳寿命。另外，离心力还将引起钢球与内、外圈接触角的改变，致使内圈接触角增大而外圈接触角减小。这将使钢球的自旋速度增加，球与滚道之间的滑动加剧，摩擦热增加，最终引起接触温度升高，加速轴承的损坏。

2. 高温

对于燃气涡轮发动机,涡轮进口燃气温度越高,压气机增压比越大,发动机的性能越好。随着涡轮及燃烧室材料的不断改进以及冷却技术的提高,涡轮进口燃气温度超过 1 700℃。涡轮端轴承的工作环境温度也随之大幅提高。在高温条件下,轴承的材料硬度和摩擦系数都会降低,摩擦热增加,导致轴承承载能力下降,减小轴承的疲劳寿命。

3. 高载

作用在航空发动机主轴轴承上的载荷,按其作用力的方向,可分为轴向载荷及径向载荷 2 种。按载荷性质,可分为重力载荷、振动响应载荷、预加载荷、推力载荷和机动载荷 5 种。载荷对轴承的影响,虽然不像速度和温度那样突出,但也是轴承能否正常工作的一个重要因素。

部分典型航空轴承的国内未来需求情况及国内外现有水平对比见表 6 - 13。

表 6 - 13　典型航空轴承部分技术指标对比分析

主机类别	轴承部分指标	国内未来需求	国内现有水平	国外现有水平
涡喷/涡扇	DN/(10^6 mm · r/min)	2.5~3.0	2.0	2.5
	寿命/h	1 000~2 000	500~1 000	3 000
	载荷/kg	>6 000	5 000	6 000
	耐受温度/℃	>300	260	>350
涡轴/涡桨	DN/(10^6 mm · r/min)	2.5~2.6	2.3	3.0
	寿命/h	>3 000	1 500	>3 000
	载荷/kg	>6 000	5 000	6 000
	耐受温度/℃	>350	300	>350

为了满足上述工作要求,航空发动机主轴轴承设计成为关键技术。目前,航空发动机所用轴承的结构形式具有以下特点。

(1)滚珠轴承常用双半内圈角接触球结构,如图 6 - 46 所示(包括三点接触型和四点接触型)。这种轴承能够承受较大的轴向载荷,也可承受部分径向载荷。它的优点包括:可最大限度地增加钢球的数量,以提高轴承的承载能力;便于分解检查;可以使用高强度的整体结构实体保持架;轴向尺寸小、结构更为紧凑等。四点接触型轴承的轴向游隙小、轴向窜动最小、摩擦发热量大、高速性能不好。而三点接触型轴承的轴向游隙较大,非载荷半内圈上可能产生附加接触,高速

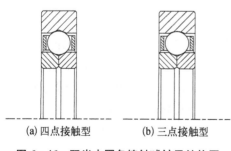

(a) 四点接触型　　(b) 三点接触型

图 6 - 46　双半内圈角接触球轴承结构图

性能较好。

（2）滚棒轴承常用短圆柱滚子结构。滚棒与滚道线接触，与滚珠轴承相比，承载径向载荷能力大，不能承受轴向载荷。滚动体与套圈挡边摩擦小，适用于高速旋转。而且滚棒相对于与外圈有较大的轴向位移，可以补偿温度变化引起的热膨胀差。高速旋转的圆柱滚子轴承有内圈引导和外圈引导两种方式，结构如图 6-47所示。外圈引导一般用于稳定负荷的情况。如果外圈静止，外圈引导便于润滑油进入引导面及滚道。内圈一般是旋转套圈，并在旋转时提供滚动体以拖动力矩。如果轴承负荷不稳定，或负荷轻时，会出现打滑。采用内引导方式，就会在保持架的引导面上形成油膜。由于油膜的作用，在非负荷区内圈给保持架以拖动力，从而增加了保持架对滚动体的附加驱动力矩，可以防止打滑。

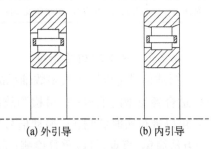

(a) 外引导   (b) 内引导

图 6-47 短圆柱滚棒轴承结构图

（3）通常轴承套圈带安装边。航空发动机用圆柱滚子轴承的外圈上连有薄弱带孔的法兰结构，用以将轴承固定在发动机机架上。内圈相应部位设置油孔、油沟，能够起到既润滑又冷却的作用。

由于高 DN 值、高温、高（交变）载的工作要求以及精密结构的特点，使得滚动轴承成为航空发动机中最容易损坏的零件之一。导致滚动轴承损坏的原因有润滑不良、材料缺陷、水分和异物侵入、腐蚀、加工或装配不当、过载等。即使在安装、润滑和使用维护都正常的情况下，经过一段时间的运转，轴承也会出现磨损与疲劳剥落等现象，从而影响发动机的安全运行。滚动轴承失效有多种形式，如疲劳、裂纹、断裂、磨损及腐蚀等。这些失效形式可能会一种或多种同时出现，降低轴承的使用寿命。表 6-14 列举了滚动轴承的常见失效形式及失效原因。

表 6-14 滚动轴承的常见失效形式及原因

失效形式	定　义	失效原因
剥落	滚动疲劳而产生的鱼鳞状现象	载荷过大、安装不当、异物侵入、润滑不良
卡伤	滑道面或滚道面沿圆周方向的线形伤痕	过大载荷、过大预压、润滑不良
断裂	轴承套圈的挡边或滚动体的局部一小部分断裂	安装过程中发生撞击、叶片飞脱等过载冲击
裂纹	轴承套圈或滚动体中的裂纹损坏	冲击载荷过大、剥落的发展、过盈量过大
保持架损伤	保持架的变形、折损和磨损	安装使用不良、力矩载荷大、冲击振动大、温度上升、润滑不良
点蚀	表面上呈分散或集群状细小坑点	润滑不良、水分的结露

失效形式	定　义	失效原因
磨损	由于摩擦造成的表面凹面磨损	生锈和电腐蚀、润滑不良、滚动体打滑
烧伤	轴承部件在旋转中迅速升温直至变色、熔化和损坏	润滑不良、载荷过大、游隙过小
腐蚀	表面出现坑状锈、梨状锈及腐蚀	腐蚀性物质侵入、水蒸气凝结、在多湿环境中工作

6.4.2　轴承的故障特征

振动信号可以用于大多数轴承故障的检测中,与其他方法相比具有以下优点:① 适合各类型的轴承;② 可检测故障种类多;③ 可有效地诊断出早期微小故障;④ 可以进行实时监测;⑤ 振动信号来自轴承本身,不需要特别信号源;⑥ 信号处理方法简单、直观,可以重复检测;⑦ 诊断结果准确可靠。因此在工程上广泛采用振动信号分析技术来诊断滚动轴承的故障。

在故障轴承的运行过程中,每当故障位置与滚动面接触时,就会发生一次撞击,表现在振动信号上就有类似于一个冲击信号。随着轴承内外环的相对转动,故障位置不断接触到其他滚动面并发生撞击,就会产生一系列的冲击振动信号。由于故障位置的不同,冲击信号的频率也不同,而这个频率称为轴承故障特征频率。这个频率是目前利用振动信号分析来诊断滚动轴承局部故障的重要依据和标准[15]。常用以下几种方法得到轴承故障特征频率。

1. 工程估算方法

滚动轴承的典型结构如图6-48所示,它由内环、外环、滚动体和保持架4部分构成。在实践中滚动轴承的几何参数较难获得,而滚动体个数是容易获知的。如果能从滚动体个数估计出故障特征倍频,就可以给诊断轴承故障带来极大的方便。1988年,Vance给出内环故障特征倍频和外环故障特征倍频分别为0.6倍(倍

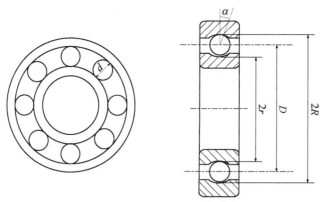

图6-48　滚动轴承的主要结构示意图

频因子 = 0.6) 和 0.4 倍 (倍频因子 = 0.4) 的滚动体个数, 即

$$
\begin{cases}
F_{REpir} = 0.6Z \\
F_{REpor} = 0.4Z
\end{cases}
\tag{6-96}
$$

式中, Z 为滚动体个数。通过直观地观察滚动体数目, 就能给出故障特征的估算结果。该方法尽管存在较大的频率误差, 却开启了基于故障特征频率诊断轴承故障的时代。

2. 特征频率计算方法

图 6-48 中, 滚动轴承主要几何参数有: 轴承节径 D; 滚动体直径 d; 内环滚道半径 r; 外环滚道半径 R; 接触角 α (滚动体受力方向与内外滚道垂直线的夹角); 滚动体个数 Z。

令内环滚道旋转频率为 f_i, 外环滚道旋转频率为 f_o, 保持架旋转频率为 f_c (即滚动体公转频率)。

以外环为参考系, 推导滚动轴承的故障特征频率。假设滚动体与内外环作纯滚动运动, 则内环相对于外环的旋转频率为 f_{io}。

内环滚道上一点相对于外环的速度为

$$
V_{io} = 2\pi r f_{io} = \pi (D - d\cos\alpha) f_{io}
\tag{6-97}
$$

保持架上一点相对于外环的速度为

$$
V_{co} = \frac{1}{2} V_{io} = \pi D f_{co}
\tag{6-98}
$$

由此可得保持架相对于外环的旋转频率为

$$
f_{co} = \frac{V_{io}}{2\pi D} = \frac{1}{2}\left(1 - \frac{d}{D}\cos\alpha\right) f_{io}
\tag{6-99}
$$

内环相对于保持架的旋转频率为

$$
f_{ic} = f_{io} - f_{co} = \frac{1}{2}\left(1 + \frac{d}{D}\cos\alpha\right) f_{io}
\tag{6-100}
$$

从保持架上来看, 由于滚动体与内环作纯滚动, 二者的线速度相同, 按传动比的角度来讲, 它们的旋转频率之比与 $d/2r$ 成反比。由此可得, 滚动体相对于保持架的旋转频率 (即滚动体的自转频率或滚动体上某一点通过内环滚道或外环滚道的频率) f_{bc} 为

$$
\frac{f_{bc}}{f_{ic}} = \frac{2r}{d} = \frac{D - d\cos\alpha}{d} = \frac{D}{d}\left(1 - \frac{d}{D}\cos\alpha\right)
\tag{6-101}
$$

$$f_{bc} = \frac{D}{d}\left(1 - \frac{d}{D}\cos\alpha\right)f_{ic} = \frac{D}{2d}\left[1 - \left(\frac{d}{D}\right)^2\cos^2\alpha\right]f_{io} \qquad (6-102)$$

保持架相对外环转动一圈,外环滚道上某一点与滚动体接触 Z 次,该点受冲击频率(即外环故障特征频率)为

$$f_{REpor} = Zf_{co} = \frac{1}{2}Z\left(1 - \frac{d}{D}\cos\alpha\right)f_{io} \qquad (6-103)$$

保持架相对内环转动一圈,内环滚道上某一点与滚动体接触 Z 次,该点受冲击频率(即内环故障特征频率)为

$$f_{REpir} = Zf_{ic} = \frac{1}{2}Z\left(1 + \frac{d}{D}\cos\alpha\right)f_{io} \qquad (6-104)$$

滚动体相对保持架转动一圈,滚动体上某一点分别与轴承的内环和外环接触一次,所以该点受冲击频率(即滚动体故障特征频率)为

$$f_R = 2f_{bc} = \frac{D}{d}\left[1 - \left(\frac{d}{D}\right)^2\cos^2\alpha\right]f_{io} \qquad (6-105)$$

当某轴承的内环或者外环静止时,只需令 f_{io} 中的 f_i 或 f_o 为 0 即可。这就为各种滚动轴承表征故障特征频率提供了统一的表达形式[13]。

3. 特征倍频因子

从式(6-103)到式(6-105)可以看出,滚动轴承特征频率与转频之间其实存在着一个明确的对应关系。如果引入特征倍频概念,将特征频率转化为转频的倍频,就可以摆脱时变转速下频率换算的重负。

滚动体故障特征倍频:

$$F_R = \frac{f_R}{f_{io}} = \frac{D}{d}\left[1 - \left(\frac{d\cos\alpha}{D}\right)^2\right] \qquad (6-106)$$

内环故障特征倍频:

$$F_{REpir} = \frac{f_{REpir}}{f_{io}} = \frac{1}{2}\left(1 + \frac{d}{D}\cos\alpha\right)Z \qquad (6-107)$$

外环故障特征倍频:

$$F_{REpor} = \frac{f_{REpor}}{f_{io}} = \frac{1}{2}\left(1 - \frac{d}{D}\cos\alpha\right)Z \qquad (6-108)$$

对于某一种确定的轴承,滚动体直径 d、中径 D、接触角 α 和滚动体数目 Z 都是已知的参数,因而 F_R、F_{REpir} 和 F_{REpor} 都是常数。将这种关系定义为滚动轴承的故障特征倍频[15]。

故障特征倍频建立了轴承各特征频率与转频之间的倍频关系,该倍频只与轴承的几何尺寸和滚动体个数有关。将不同内、外环转速条件下的特征频率转化为特征倍频,从而可以得到与发动机状态(转速)无关的量化表达。

6.4.3　滚动轴承振动信号的调制特性

1. 滚动轴承径向载荷分布规律

轴承在实际工作中,会受到如图 6-49 所示的不均匀分布的径向载荷。外环故障点与监测点的相对位置并不变化,故障冲击时产生的脉冲力的大小将只受到载荷区不均匀分布的影响。

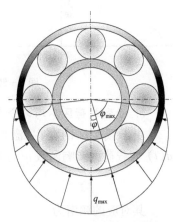

$$q(\varphi) = q_{max}\left[1 - \frac{1}{2\varepsilon}(1 - \cos\varphi)\right]^{n}$$
(6-109)

式中,对滚子轴承, $n = 1.1$;对球轴承, $n = 1.5$。且有

图 6-49　滚动轴承的径向载荷
分布规律示意图

$$|\varphi| \leqslant \varphi_{max}, \quad \varphi_{max} = \cos^{-1}\frac{C_d}{2\delta_{max} + C_d} \quad (6-110)$$

式中, C_d 为径向游隙; δ_{max} 为最大接触变形; $\varepsilon = \frac{1}{2}\left(1 - \dfrac{C_d}{2\delta_{max} + C_d}\right)$ 为载荷分布系数。无径向游隙时, $C_d = 0$, $\varepsilon = 0.5$, $\varphi_{max} = 90°$;有径向游隙时, $C_d > 0$, $\varepsilon < 0.5$, $\varphi_{max} < 90°$。

为了简便起见,假设不存在径向游隙,则有 $\varepsilon = 0.5$, $\varphi_{max} = 90°$,滚动轴承径向载荷分布为

$$q(\varphi) = q_{max}\left[1 - \frac{1}{4}(1 - \cos\varphi)\right]^{n} \quad (6-111)$$

2. 载荷区影响函数

在轴承运转过程中,由于内环故障点相对于载荷区中心以 f_s 的频率作相对旋转运动,因此,可令式(6-111)中 $\varphi = 2\pi f_s t + \varphi_0$($\varphi_0$ 为初始相位)。由于单纯考虑载荷不均匀分布的影响,可假设 $\varphi_0 = 0$,此时故障点位于载荷区中心。因此,可得到载荷区影响函数为

$$q(t) = \begin{cases} q_{max} \left[1 - \dfrac{1}{4}(1 - \cos \varphi) \right]^n, & |\varphi| < \varphi_{max} \\ 0, & 其他 \end{cases} \qquad (6-112)$$

如图 6-50 所示, $q(t)$ 为周期间隔为 $T_s(1/f_s)$ 的周期性函数。其频谱为一系列间隔为 f_s 的离散谱线,且直流分量最大,其次是一倍 f_s 分量。

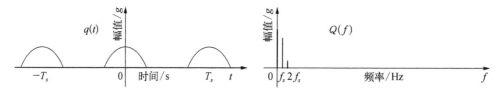

图 6-50　载荷区影响函数 $q(t)$ 及其频谱

3. 受到载荷区不均匀分布影响的故障振动信号

由于载荷区的存在,激振的脉冲力序列不再是等强度的,而是脉冲力序列 $d(t)$ 与载荷区影响函数 $q(t)$ 的乘积,即

$$d_1(t) = d(t) \cdot q(t) \qquad (6-113a)$$

其对应的频谱为

$$D_1(f) = D(f) * Q(f) \qquad (6-113b)$$

图 6-51 给出了受到载荷区不均匀分布影响的脉冲力序列。一般情况下,内环、外环和滚动体故障特征频率大于转频的 2 倍(即 $f_d > 2f_s$)。因此,脉冲力序列 $d_1(t)$ 可以认为是高频的脉冲力序列 $d(t)$ 被低频的载荷区影响函数 $q(t)$ 调制后的结果。当然,函数 $q(t)$ 频谱中同样存在一定的高频分量。但是,由于这些高频分量的幅值相比于直流量以及 1 倍 f_s 分量而言要小许多,因而可以略去,并认为函数 $q(t)$ 是低频的。如图 6-51(c) 所示,脉冲力序列 $d_1(t)$ 的频谱 $D_1(f)$ 中,出现以故障特征频率成分为中心,一倍 f_s 为间隔的边带分量。且由于函数 $q(t)$ 中直流分量相对较大,使得 $D_1(f)$ 中的故障特征频率成分仍然是主体,其幅值要大于调制边带分量的幅值。

脉冲力序列 $d_1(t)$ 激起的衰减振动信号序列,即故障振动信号相应地可以描述为

$$s(t) = d_1(t) * x(t) = [d(t) \cdot q(t)] * x(t) \qquad (6-114)$$

其对应的频谱为

$$S(f) = [D(f) * Q(f)] \cdot X(f) \qquad (6-115)$$

图 6-52 给出了受到载荷区不均匀分布影响的故障振动信号。由于 $D(f) * Q(f)$ 中 kf_d 成分占优,而以 kf_d 为中心存在一倍 f_s 为主的调制边带分量。$D(f) * Q(f)$ 乘以 $X(f)$ 后,将使信号的频谱总体上按照 $X(f)$ 的形态分布,但并不改变 kf_d 成分相

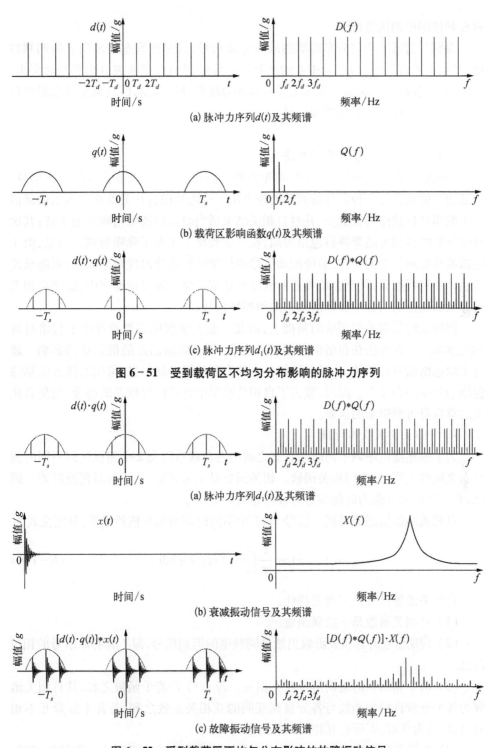

(a) 脉冲力序列$d(t)$及其频谱

(b) 载荷区影响函数$q(t)$及其频谱

(c) 脉冲力序列$d_1(t)$及其频谱

图 6-51　受到载荷区不均匀分布影响的脉冲力序列

(a) 脉冲力序列$d_1(t)$及其频谱

(b) 衰减振动信号及其频谱

(c) 故障振动信号及其频谱

图 6-52　受到载荷区不均匀分布影响的故障振动信号

对在频谱图中的优势地位。

受到载荷区不均匀分布影响的故障振动信号,其时域形态呈现明显的调制特征,其频谱上将出现以 kf_d 为中心的调制边带分量,但 kf_d 频率成分仍然相对突出。严格地说,载荷区影响函数实际上是对脉冲力序列进行调制,但其调制效果最终反映在该脉冲力序列激起的故障信号中。

6.4.4　调制信号的解调方法

分析轴承振动的调制信号时,首先需要进行解调处理,以显化故障特征信息。时延相关解调法是一种信号解调的处理方法。首先利用自相关处理提取出振动信号中的周期性故障特征成分,并对自相关结果适当时延以消除白噪声的干扰;其次对时延后的自相关结果进行包络解调,在一定程度上实现了降噪解调。但是,由于随机波动影响因素的存在,会使振动信号中故障特征成分出现频率泄漏;而随机波动达到一定程度后,甚至会使主要的故障特征成分完全淹没在噪声中,致使自相关运算无法从振动信号中提取出预想的周期性信号。

因而在时延相关解调法的基础上,西北工业大学廖明夫教授提出了包络时延相关解调法。该方法在包络信号基础上实施,可有效地消除随机波动的影响。通过求取包络信号自相关,凸显包络信号中的主要故障特征信息,采用时延方法剔除包络信号中的白噪声。同时,截去了自相关结果中计算性能较差的部分,避免自相关运算自身可能带来的误差。

1. 自相关函数及其特性

为了描述随机序列不同时刻状态之间的内在联系以及 2 个随机序列不同时刻状态之间的关联,常应用相关函数。相关函数是 τ 的函数,τ 称为时延或时差。因此,相关分析又可称为时延域分析或时差域分析[13]。

自相关函数描述的是同一信号 $x(t)$ 中不同时刻的相互依赖关系,其定义式为

$$R_x(\tau) = \lim_{T \to \infty} \frac{1}{T} \int_0^T x(t) x(t+\tau) \mathrm{d}t \qquad (6-116)$$

自相关函数具有以下重要特性。

(1) 自相关函数是 τ 的偶函数。

(2) 周期信号的自相关函数仍然是同频率的周期信号,但不具有原信号的相位信息。

(3) 两个非同频的周期信号互不相关。若 $x(t)$ 是若干函数之和,其自相关函数为各个分量自相关函数与各分量相互间的互相关函数之和;若各个分量互不相关,且均值为 0 时,则所有互相关函数结果为 0。

(4) 白噪声的均值为 0 时,白噪声的自相关函数将随 $|\tau|$ 增大而很快趋于零;

均值不为 0 时,自相关函数很快趋近于平均值的平方。

自相关函数主要用来建立任一时刻信号对未来数据的影响,因为正弦信号或其他确定性信号在所有的时间位移上都有自相关函数,所以自相关函数可以从随机信号中检测出周期信号。另一方面,白噪声信号的自相关函数随时延 τ 的增大很快趋于零,故自相关分析具有显著的非周期成分降噪效果。

2. 包含噪声干扰的轴承故障信号

滚动轴承发生故障时,故障信息会在振动信号中得到体现。但是,通过支座信号中包含着大量噪声,不利于故障特征成分的检测。

理想状态下的故障信号形态如图 6-53 所示。此时,故障振动信号无论是时域形态[图 6-53(a)]还是频域形态[图 6-53(b)]都非常规整,幅值谱中的离散谱线为故障特征频率成分。如果故障信号受到相关因素的影响,谱图上会出现以故障特征频率成分为中心的调制边带分量。这些调制边带分量也是重要的故障特征信息,并不是噪声干扰成分。然而,实际测到的信号中,不仅包括轴承局部故障引起的振动信号,还包括其他振源的振动信号及噪声成分。另外,即使是轴承局部故障自身引起的振动信号中,也会因为随机波动影响因素的存在,而使振动信号中的故障特征频率成分衰减泄漏,严重时可能使得这些成分完全淹没在噪声中[16]。

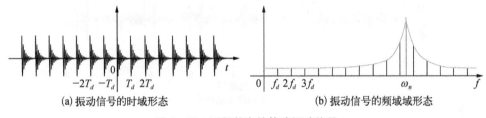

(a) 振动信号的时域形态　　　　　　(b) 振动信号的频域域形态

图 6-53　理想状态的故障振动信号

脉冲力序列周期间隔的随机波动对故障信号的影响,相当于使信号通过一个夹杂着随机噪声的低通滤波器。如图 6-54 所示,随机波动并没有使振动信号时域形态发生明显改变,但是其影响在频谱中却十分明显。此时,振动信号频谱不再由一系列规整的离散谱线组成。虽然故障特征成分仍然比较突出,但其已经发生了一定程度的频率泄漏。

同时,脉冲力序列周期间隔的随机波动程度决定着低通滤波器截止频率,波动程度越高,截止频率越低。当随机波动达到一定程度后,截止频率可能低于被激起的系统固有频率(如随机波动为 1% 时,截止频率为 $19f_d$)。如图 6-55 所示,由于振动信号中的主要故障特征成分集中于该固有频率附近,随机波动过大后,这些成分完全淹没在噪声中。因而,此种情况下,自相关运算无法从振动信号中提取出预想的周期性故障特征成分。

而对于包络信号而言,由于主要故障特征成分集中在低频段,因此随机波动对

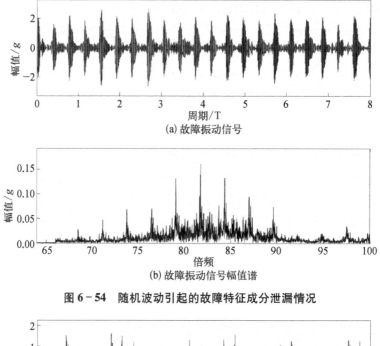

(a) 故障振动信号

(b) 故障振动信号幅值谱

图 6-54   随机波动引起的故障特征成分泄漏情况

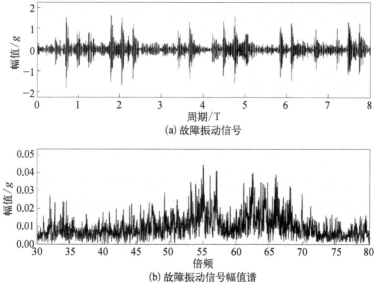

(a) 故障振动信号

(b) 故障振动信号幅值谱

图 6-55   随机波动引起的故障特征成分消失情况

其影响很小。而且,包络信号受相关因素调制影响后,故障特征成分在包络解调谱中仍然是相对突出的。但是,包络解调其实并不能消噪,包络信号中仍然包含大量噪声。加之,对于内环点蚀和滚动体此类故障而言,故障引起的冲击振动非常微弱,噪声对其影响就更为明显。如图 6-56 所示,内环点蚀故障包络解调谱[图 6-56(a)]和滚动体划痕故障包络解调谱[图 6-56(b)]中的主要故障特征频率成分几乎淹没在噪声中,不容易分辨。同时,从谱图中还可以看出,包络信号中的噪声总体上呈现出白噪声的形态。因此,考虑针对包络信号实施自相关、时延等处理步骤,以剔除包络信号中的白噪声,进一步凸显包络解调谱中的故障特征信息。

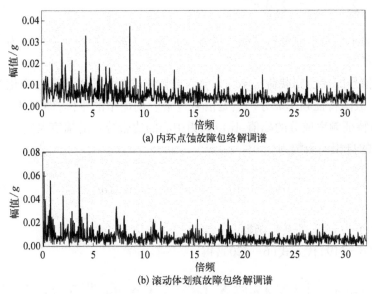

(a) 内环点蚀故障包络解调谱

(b) 滚动体划痕故障包络解调谱

图6-56 包含大量噪声的包络信号

3. 包络时延相关解调法

假设一振动信号的包络信号为

$$x(t) = v(t) + n(t) \tag{6-117}$$

式中,$v(t)$ 为轴承局部故障激起的振动信号的包络信号;$n(t)$ 为白噪声,其均值为 $m_x > 0$,方差为 σ^2。

$x(t)$ 的自相关函数为

$$
\begin{aligned}
R_x(\tau) &= \lim_{T \to \infty} \frac{1}{T} \int_0^T x(t) x(t+\tau) \mathrm{d}t \\
&= \lim_{T \to \infty} \frac{1}{T} \int_0^T [v(t) + n(t)][v(t+\tau) + n(t+\tau)] \mathrm{d}t \\
&= \lim_{T \to \infty} \frac{1}{T} \int_0^T v(t) v(t+\tau) \mathrm{d}t + \lim_{T \to \infty} \frac{1}{T} \int_0^T n(t) n(t+\tau) \mathrm{d}t \\
&\quad + \lim_{T \to \infty} \frac{1}{T} \int_0^T [v(t) n(t+\tau) + n(t) v(t+\tau)] \mathrm{d}t \\
&= R_v(\tau) + R_n(\tau) + \lim_{T \to \infty} \frac{1}{T} \int_0^T [v(t) n(t+\tau) + n(t) v(t+\tau)] \mathrm{d}t \quad (6-118)
\end{aligned}
$$

$v(t)$ 可表示为

$$v(t) = (A_0 e^{j\Omega_0 t} + A_1 e^{j\Omega_1 t} + \cdots + A_I e^{j\Omega_I t}) + (B_0 e^{j\Omega_0 t} + B_1 e^{j\Omega_1 t} + \cdots + B_J e^{j\Omega_J t})$$

$$= \sum_I A_I e^{j\Omega_I t} + \sum_J A_J e^{j\Omega_J t} \tag{6-119}$$

式中，Ω_I 表示信号中故障特征频率成分；Ω_J 表示为故障特征频率成分为中心的调制边带分量。

包络信号即使受到载荷区不均匀分布或监测点相对位置周期性变化等调制因素的影响，故障特征频率成分仍然是信号包络解调谱中的主体，即有 $A_I > B_J \geqslant 0$ （指某故障特征频率成分的幅值，比以其为中心的边带分量的幅值大）。

$v(t)$ 的自相关函数为

$$R_v(\tau) = \lim_{T \to \infty} \frac{1}{T} \int_0^T v^*(t) v(t + \tau) \mathrm{d}t \tag{6-120}$$

式中，$v^*(t)$ 为 $v(t)$ 的共轭函数。

将式（6-119）代入式（6-120），得

$$R_v(\tau) = \lim_{T \to \infty} \frac{1}{T} \int_0^T \Big[\sum_I A_I e^{-j\Omega_I t} \sum_I A_I e^{j\Omega_I(t+\tau)} + \sum_J B_J e^{-j\Omega_J t} \sum_J B_J e^{j\Omega_J(t+\tau)} \Big] \mathrm{d}t$$

$$= \sum_I A_I^2 e^{j\Omega_I \tau} + \lim_{T \to \infty} \frac{1}{T} \int_0^T \sum_{\substack{m,n \\ m \neq n}} A_m A_n e^{j(\Omega_m - \Omega_n)t} e^{j\Omega_m \tau} \mathrm{d}t$$

$$+ \sum_J B_J^2 e^{j\Omega_J \tau} + \lim_{T \to \infty} \frac{1}{T} \int_0^T \sum_{\substack{k,l \\ k \neq l}} B_k B_l e^{j(\Omega_k - \Omega_l)t} e^{j\Omega_k \tau} \mathrm{d}t \tag{6-121}$$

式中，m、n、k、l 为自然数，且 $m \leqslant I$，$n \leqslant I$，$k \leqslant J$，$l \leqslant J$。 而其中的第二项和第四项有关系 $\lim\limits_{T \to \infty} \dfrac{1}{T} \int_0^T \sum\limits_{\substack{m,n \\ m \neq n}} A_m A_n e^{j(\omega_m - \omega_n)t} e^{j\omega_m \tau} \mathrm{d}t = 0$，$\lim\limits_{T \to \infty} \dfrac{1}{T} \int_0^T \sum\limits_{\substack{k,l \\ k \neq l}} B_k B_l e^{j(\Omega_k - \Omega_l)t} e^{j\Omega_k \tau} \mathrm{d}t = 0$。 故有

$$R_v(\tau) = \sum_I A_I^2 e^{j\Omega_I \tau} + \sum_J B_J^2 e^{j\Omega_J \tau} \tag{6-122}$$

可见，$v(t)$ 的自相关函数不改变原信号的频率成分，完整地保留了信号中的故障特征信息，且各频率成分的幅值为原值的平方。

对于 $n(t)$ 的自相关函数 $R_n(\tau)$ 而言，当 $\tau = 0$ 时，$R_n(\tau) = \sigma^2 + m_X^2$，其余时皆为 m_X^2。 如进行很小时延 $\Delta\tau$，则有

$$R_n(\tau + \Delta\tau) = m_X^2 \tag{6-123}$$

$$R_v(\tau + \Delta\tau) = e^{j\Omega_I\Delta\tau}\sum_I A_I^2 e^{j\Omega_I\tau} + e^{j\Omega_J\Delta\tau}\sum_J B_J^2 e^{j\Omega_J\tau} \qquad (6-124)$$

因为 $\Delta\tau < 0$, 则有 $e^{j\Omega_I\Delta\tau} \to 1$, 则

$$R_v(\tau + \Delta\tau) \approx \sum_I A_I^2 e^{j\Omega_I\tau} + \sum_J B_J^2 e^{j\Omega_J\tau} \qquad (6-125)$$

考虑到式(6-118)最后一项为 0,可得

$$R_x(\tau + \Delta\tau) = R_v(\tau + \Delta\tau) + m_X^2 \approx \sum_I A_I^2 e^{j\Omega_I\tau} + \sum_J B_J^2 e^{j\Omega_J\tau} + m_X^2 \ (6-126)$$

而 $R_x(\tau + \Delta\tau)$ 中的直流分量 m_X^2 在频域分析中很容易去除。可见, $x(t)$ 的自相关函数如果进行适当时延后,在消除白噪声 $n(t)$ 影响的同时,完整地保留了故障特征成分,且各成分的幅值为原值的平方。由于包络信号中 $A_I > B_J \geqslant 0$, 其自相关函数中则有 $A_I^2 \gg B_J^2$。 也就是说,自相关处理后,故障特征频率成分的幅值比边带分量的幅值得到更为明显的提升,这对于显化主要故障特征信息是极为有利的[13]。

由于需要处理的实际包络信号数据为离散的,所以自相关运算采用无偏估计方法,即

$$R_x(m) = \frac{1}{N - |m|}\sum_{n=0}^{N-1-m} x_N(n) x_N(n+m) \qquad (6-127)$$

式中,N 为总的数据长度;m 为时延量(m 与连续信号中的时延量 τ 是对应的,其范围是从 $-N-1$ 至 $N-1$, 但上式仅计算 m 从 0 至 $N-1$ 部分)。

从式(6-127)中可以看出,m 越大,使用的信号有效长度越短,计算出来的 $R_x(m)$ 的性能越差。因此,为了准确起见,包络信号的自相关函数除了需作适当时延外,还需要截除自相关函数中计算性能较差的一部分,保留自相关函数中间性能较好的一段。自相关函数最终能够利用的长度要短于原包络信号的长度。就本书而言,原包络信号长度为 32 周期,只截留自相关函数中间的 16 周期。频率分辨率有所降低,但并不会对分析效果造成大的影响。

综合上述分析,包络信号的时延相关解调处理可以分为如下几个步骤,如图 6-57 所示。

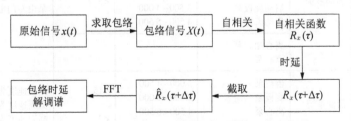

图 6-57　包络时延自相关解调法的算法步骤图

（1）求取振动信号的包络信号。此步骤虽然不能有效降噪,但可以有效地消除随机波动的影响,保留低频段的故障特征成分。

（2）求取包络信号的自相关函数。自相关函数能够从包络信号提取出周期性的故障特征成分,且幅值为原值的平方。该步骤能够有效地消除噪声,实现第 1 次降噪的同时,凸显故障特征。

（3）适当时延。对于白噪声而言,其自相关函数 $R_n(\tau)$ 随着 τ 的增大很快衰减为 0。因而对包络信号的自相关函数适当时延,消除包络信号中的白噪声,实现第 2 次降噪。

（4）截取自相关函数中计算性能差的一段,同时为了保证后续的傅里叶变化不产生泄漏,选取自相关函数中长度满足 $2n$ 的一段。

（5）对 $R_x(\tau)$ 截取出的一段信号进行频谱分析,即得到包络时延相关解调谱。

6.5　附件系统故障——传动齿轮异常

6.5.1　附件结构及齿轮故障分类

航空发动机需要传动很多附件,这些附件可分为飞机附件和发动机附件。飞机附件属于飞机上的各系统,如气压系统的压气机、电气系统的交直流发电机、液压系统的主液压泵和助力系统液压泵。发动机附件属于航空发动机的各系统,如启动系统的启动电机;滑油系统的滑油泵、回油泵;燃油系统的主泵和增压泵等。表 6-15 中列举了装在发动机上的各种附件的名称、需用功率以及转速的范围。

表 6-15　发动机上各种附件的名称、需用功率以及转速的范围

附件类型	系统名称	附件名称	转速范围/ (r/min)	功率范围/ kW	备　注
发动机附件	燃油系统	柱塞泵及调节器 高压齿轮泵	3 000~4 500 4 500~5 500	37~45	启动旋板泵和启动齿轮泵由专门电机带动
		低压旋板泵 低压离心泵 启动旋板泵 启动齿轮泵	2 000~2 500 6 000~10 000 3 500~4 000 4 500~5 500	<3.7	
		离心加力泵 离心泵			
	滑油系统	齿轮泵 旋板泵 离心泵 离心通风器	3 000~4 500 2 000~3 000 4 500~6 500 12 000~13 500	<15 　 　 <2	圆周速度为 5~10 m/s 圆周速度为 20~30 m/s 圆周速度为 40~50 m/s

附件类型	系统名称	附件名称	转速范围/(r/min)	功率范围/kW	备 注
发动机附件	启动系统	电启动机和 启动发电机 燃气涡轮启动机	10 000~12 000 30 000~35 000	<37 <187	启动时发出的最大功率
	调节和操纵系统	转速表发电机 燃油调节器 螺桨调速器 离心式放气调节器	传动比 i = 0.25; 0.5;1	<3.7	由发动机驱动的传动比 转速决定于调节系统 类型
装在发动机上的飞机附件	电气系统	直流发电机 交流发电机	8 200~9 300		
	液压系统	齿轮式液压泵 柱塞式液压泵	3 000~4 500 2 100~2 500	11~15 11~15	
	启动系统	压气机 真空泵	2 010~2 200 3 000~3 500	<0.7	

　　上述附件都是通过附件传动装置来传递功率。附件传动装置的功用就是将涡轮的轴功率传送至各附件,并满足附件的转速、转向及功率等要求。附件传动装置由附件传动机匣和附件传动机构组成。附件机匣直接安装在发动机上,附件传动机构在附件机匣内,包括各种形式的离合器以及齿轮系。所有附件均由高压转子输出功率驱动,附件机匣中布置了繁杂的齿轮传动系统,图6-58为典型的发动机附件传动图。

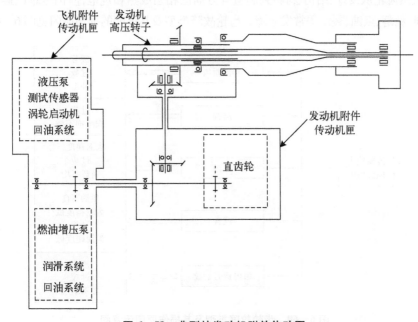

图6-58 典型的发动机附件传动图

附件系统工作的可靠性对飞机和发动机都极其重要。图 6-59 给出了附件传动系统中齿轮的故障问题,给发动机的安全运行带来威胁。

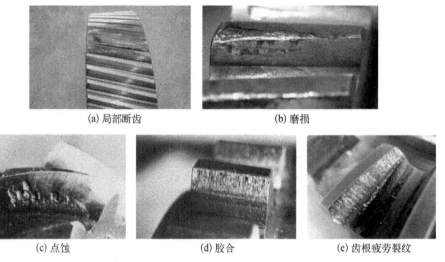

(a) 局部断齿　　　　　　　　　　　(b) 磨损

(c) 点蚀　　　　　　　(d) 胶合　　　　　　(e) 齿根疲劳裂纹

图 6-59　齿轮的可靠性问题

导致附件系统故障的因素较多,故障模式也多种多样。按照故障的部件可分为以下 2 种。

1. 传动齿轮故障

虽然齿轮从设计、结构、材料到制造等方面已相当成熟和规范,但仍然难以避免诸如磨损、剥落、点蚀、裂纹等常发故障。齿轮故障类型及其可能的损伤原因见图 6-60。

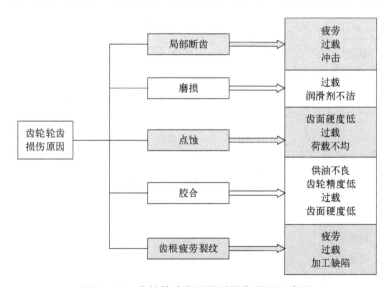

图 6-60　齿轮故障类型及其损伤原因示意图

2. 传动轴故障

在附件传动系统的运行中,传动齿轮轴不可避免地会发生一些故障。传动齿轮轴的故障可以分为以下 2 类。

齿轮轴不平衡:在运行时,由于齿轮轴固定支承的偏斜、腐蚀、磨损和沉积物的结垢等原因,齿轮轴会产生不平衡故障。

齿轮轴不对中:在运行时,由于工作温度升高,齿轮轴发生热弯曲、变形等原因,齿轮轴会产生不对中故障。

6.5.2　附件传动系统的故障特征

附件传动系统由一系列相互啮合的齿轮所组成,称为轮系。通常按轮系在传动时其各齿轮的轴线位置是否固定,分为定轴轮系与行星轮系。附件传动系统一般采用定轴轮系,因此本节讨论定轴轮系的故障特征,而行星轮系的故障特征在减速器故障章节中介绍。

轮系的传动比是指该轮系中首末两根轴的角速度之比。确定一个轮系的传动比,不仅要计算其传动比的大小,还要指明首末两轴的转向关系,通过在传动比之前加正号(正号可省略不写)或负号来表示首末两构件的转向相同或相反。

一对啮合齿轮 a, b 的传动比可表示为

$$i_{ab} = \frac{n_a}{n_b} = \pm \frac{z_b}{z_a} \qquad (6-128)$$

式中,正负号的确定取决于这对齿轮是外啮合还是内啮合。外啮合时,取负号,内啮合时,取正号。在平行轴定轴轮系中,设以 a、b 分别表示轮系中的首末两构件,用 m 表示轮系中外啮合齿轮的对数,则该轮系传动比的普遍计算公式为

$$i_{ab} = \frac{n_a}{n_b} = (-1)^m \frac{H_n}{K_g} \qquad (6-129)$$

式中,H_n 为轮系中各从动轮的齿数之积;K_g 为轮系中各主动轮的齿数之积。根据转速比,分别可以得到每根齿轮轴的轴频特征倍频和啮合倍频。此处为了工程处理方便,以主动轴为跟踪采样频率,则可得如下参数计算公式。

第 i 根轴的轴频特征倍频:

$$f = (-1)^m \frac{K_g}{H_n} \qquad (6-130a)$$

第 i 根轴输入齿轮的啮合频率(齿数为 Z_{ia}):

$$f_{m-ia} = (-1)^m \frac{K_g}{H_n} Z_{ia} \qquad (6-130\text{b})$$

第 i 根轴输出齿轮的啮合频率(齿数为 Z_{ib}):

$$f_{m-ib} = (-1)^m \frac{K_g}{H_n} Z_{ib} \qquad (6-130\text{c})$$

啮合频率从本质上反映了传动齿轮故障,是附件传动系统中最重要的特征参数。

6.5.3 附件传动系统振动信号及其调制特性

1. 附件系统激振源分析

附件系统振动主要来自齿轮轴的不平衡激振、齿轮啮合系统的激振以及轴承系统的激振。通过计算相应系统的最高频率选择合适的传感器,再根据采样定理即可得出最高采样频率,从而确定测振系统的基本参数。包括如下几种激振源。

1) 传动轴的激振

传动轴作为一种转子系统,也会出现转子典型的故障模式,这里不再重复。重要的是,需要首先区分是传动轴激励还是其他激励。实现这一目标,实际上并不困难:传动轴类故障(如不平衡和不对中)特征频率一般是旋转基频的整数倍且在相对较低的频带,而其他激励则在相对较高频带出现异常成分且幅值突出。

2) 轴承系统的激振

轴承系统的激振是由各元件的几何不精确度、外环弹性变形、润滑不良、滚动体上的载荷分布不均匀造成的可变的柔度以及保持架在游隙内的活动导致的。其振动频率主要与轴承的工作转速、几何尺寸及滚子数量等有关。缺陷有滚动体的缺陷、外环缺陷以及内环缺陷。通常通过计算滚动体、外环及内环的特征频率分析轴承系统的故障。

3) 齿轮啮合系统激振

齿轮啮合系统的激振是由齿轮传动的运动误差、齿轮的不平均度、啮合齿在载荷作用下变形等因素引起的。该振动随传动载荷和转速的增加而增大。

假设齿数为 Z_j,齿轮轴转速为 n_j,与之啮合的从动齿轮的齿数为 Z_{j+1},从动轴转速为 n_{j+1}。则两转速的关系为

$$n_{j+1} = n_j \frac{Z_j}{Z_{j+1}} \qquad (6-131\text{a})$$

该齿轮副的啮合频率为

$$f = \frac{n_j}{60} Z_j = \frac{n_{j+1}}{60} Z_{j+1} \tag{6-131b}$$

将发动机的高压转速 N_2 设定为基准转速,附件传动系统中的其他轴转速与高压转速 N_2 之比,称为传动比。将各齿轮副啮合频率与高压转频之比,称为啮合倍频。

4)白噪声

试车过程中存在着各种干扰源(噪声源),如大功率电力电子器件的接入、大功率用电设备的开启与断开等都会使空间电场和磁场产生有序或无序的变化等,这些都是干扰源(或噪声源)。由于传感器灵敏度普遍较高,会对监测结果形成各种形式的干扰。

2. 齿轮故障中的信号调制

在齿轮系统的振动频谱中,常见啮合频率或其谐频附近存在一些等间距的频率成分,这些频率成分称为边频带。边频带反映了振动信号的调制特征。边频的增多在某种程度上揭示了齿轮故障的发生,边频的距离反映故障的来源。调制可分为幅值调制、频率调制和相位调制等。

1)幅值调制

幅值调制是由于产生啮合频率的主要激励如节线冲击、啮合冲击等忽大忽小造成的。比较典型的例子是齿轮偏心使两齿轮的中心距随转速周期变化,使得节线冲击或啮合冲击的强弱也随之发生周期变化。

设啮合振动载波信号为

$$x(t) = X \sin(2\pi f_M t + \varphi) \tag{6-132}$$

没有高阶谐频成分出现;齿轮轴旋转频率为 f_r,偏心啮合时两齿轮的中心距可表示为

$$e = A(1 + e \cos 2\pi f_r t) \tag{6-133}$$

若齿轮的啮合振动的强弱与齿轮的中心距 e 有关,即受式(6-133)的调制,偏心啮合时的振动信号为

$$x(t) = A(1 + e \cos 2\pi f_r t) X \sin(2\pi f_M t + \varphi) \tag{6-134}$$

$x(t)$ 在频谱中可表示为

$$\mid X(f) \mid = AX\delta(f - f_M) + AXe\delta(f - f_M - f_r)/2 + AXe\delta(f - f_M + f_r)/2 \tag{6-135}$$

调制后的信号,除了原来的啮合频率成分外,增加了一对分量 $f_M + f_r$ 和 $f_M - f_r$,

它们以 f_M 为中心，以 f_r 为间距，对称分布于 f_M 两侧，所以称为边频带，其形成过程如图 6-61 所示。

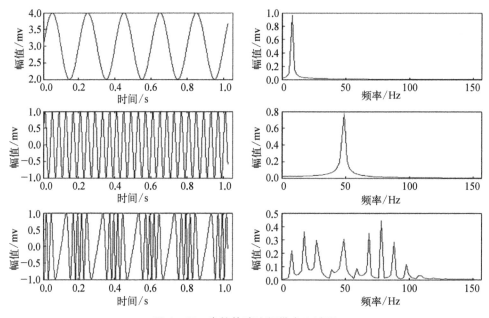

图 6-61　齿轮故障边频带产生过程

对于实际的齿轮振动信号，载波信号和调制信号都不是单一频率的，所以在频谱上形成若干组围绕啮合频率及其高阶谐频两侧的边频簇。

2) 频率调制与相位调制

调频波是瞬时频率按调制信号变化，调相波是瞬时相位按调制信号变化，二者的数学表达式是很接近的。在齿轮的振动信号中，存在频率调制或相位调制信号，不用严格加以区分。当齿轮齿距不均匀时，啮合冲击的间距也不均匀，这就导致啮合频率受齿距误差分布函数的调制；若主动轮转速忽快忽慢，也会使啮合频率受到调制。

当调制信号为单一频率成分时，会形成很多的边频成分。当调制信号较复杂，为多个频率成分的组合时，会形成无穷多的更密集的边频成分。实际的齿轮振动信号往往同时存在幅值调制与频率调制，当二者的边频间距相等，且对于同一频率的边带谱线的相位相同时，二者的幅值增加；相位相反时，二者的幅值相减。这就破坏了边频带原有的对称性，所以齿轮振动频谱中啮合频率或其高阶谐频附近的边频带分布一般是不对称的。

6.5.4　传动系统故障的特征提取方法

1. 功率谱方法

功率谱分析是附件传动系统故障最常用的分析方法之一，对识别齿轮主要激振频率十分有效。如第 4 章所述,谱分析将信号由时域变换到频域。功率谱则是幅值谱的平方结果,反映造成附件传动系统振动最主要的能量成分,是评价整机振动最直接的分析方法。采用功率谱分析,对齿轮大面积磨损、点蚀等故障的诊断效果很好。但对于局部故障的敏感性较差。

1) 信号平均功率的定义

功率信号平均功率的定义为

$$P = \lim_{T \to \infty} \frac{1}{T} \int_{-\frac{T}{2}}^{\frac{T}{2}} [x(t)]^2 \mathrm{d}t \qquad (6-136)$$

对周期信号来说,任一周期的信号,其平均功率都相同。即

$$P = \lim_{T_1 \to \infty} \frac{1}{T} \int_{-\frac{T_1}{2}}^{\frac{T_1}{2}} [x(t)]^2 \mathrm{d}t \qquad (6-137)$$

2) 周期信号的功率谱

将周期信号展成傅里叶级数:

$$x(t) = a_0 + \sum_{n=1}^{\infty} a_n \cos(n\Omega t) + b_n \sin(n\Omega t) \qquad (6-138)$$

代入式(6 – 137),利用三角函数的正交性可得

$$P = a_0^2 + \frac{1}{2} \sum_{n=1}^{\infty} (a_n^2 + b_n^2) = c_0^2 + \frac{1}{2} \sum_{n=1}^{\infty} c_n^2 = \sum_{n=-\infty}^{\infty} |X_n|^2 \qquad (6-139)$$

可以把 $c_n^2 \sim n\Omega$ 或 $|X_n|^2 \sim n\Omega$ 的关系定义为周期信号的功率谱。

3) 自功率谱密度及其估计

各态历经随机信号的功率谱密度 $S_x(\Omega)$ 与自相关函数 $R_x(\tau)$ 为傅里叶变换偶对,即

$$S_x(\Omega) = \int_{-\infty}^{\infty} R_x(\tau) \mathrm{e}^{-\mathrm{j}\Omega\tau} \mathrm{d}\tau$$

$$R_x(\tau) = \int_{-\infty}^{\infty} S_x(\Omega) \mathrm{e}^{\mathrm{j}\Omega\tau} \mathrm{d}\Omega \qquad (6-140)$$

对于各态历经随机信号,其均方值为信号能量的时域描述。由此定义自功率谱密度及其估计为

$$S_x(\Omega) = \lim_{T \to \infty} \frac{1}{T} |X(\Omega)|^2$$

$$\hat{S}_x(k) = \frac{1}{N} \mid X(k) \mid^2 \qquad (6-141)$$

式中,

$$X(k) = \sum_{n=0}^{N-1} x(n) e^{-j2mk/N} \qquad (6-142)$$

$X(\Omega)$ 为测试数据 $x(t)$ 的傅里叶变换, $X(k)$ 为 N 个数据 $x(n)$ 的离散傅里叶变换,由傅里叶算法求出。由于 $X(k)$ 具有周期函数的性质,所以称由此获得的自功率谱估计为周期图。参见图 6-62。

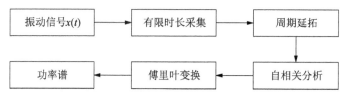

图 6-62　基于周期图的功率谱方法原理图

2. 极大熵谱估计

周期图方法实际上是把无限长序列加窗截断后,由有限长序列获得功率谱估计。不论是对原始数据还是对自相关函数进行加窗处理,其目的都是减小谱估计的方差、提高频率分辨率。传统谱估计方法通过增大数据点数来获得较高的谱估计精度。这样,不仅数据处理工作量大,而且对于短记录数据或缓变信号的处理显然是无能为力的。

极大熵谱分析方法在谱估计中不做加窗处理,而是采用适当的方法把由有限长数据求得的自相关估计外推。外推的原则是使相应的数据序列在外推点上取值的可能性具有最大的不确定性,亦即不对结果人为地增加任何附加信息。在数理统计学中,熵表征了各种随机试验的统计特性,是随机总体的平均不确定性的量度。极大熵谱分析法把熵的概念引入谱分析。上述外推原则就是要求在使随机过程的熵达到最大的条件下,确定未知的自相关函数值,外推原则的最大熵描述就是谱估计的极大熵准则。

对于连续随机变量,熵的表达式为

$$H = -\int_{-\infty}^{\infty} p(x) \log p(x) \, \mathrm{d}x = -E[\log p(x)] \qquad (6-143)$$

式中的对数可以取 10 或取 e 为底,在比较熵的大小时并没有影响。

正态随机变量 x 的概率密度为

$$p(x) = \frac{1}{\sigma_x \sqrt{2\pi}} e^{-x^2/(2\sigma_x^2)} \qquad (6-144)$$

则熵为

$$H = \ln \sigma_x \sqrt{2\pi e} \qquad (6-145)$$

高斯随机过程的样本函数 $x(n)$，其数据点数为 N，则其熵为

$$H = \frac{1}{2}\ln(|\boldsymbol{R}|) + \frac{N}{2}\ln(2\pi e) \qquad (6-146)$$

式中，$|\boldsymbol{R}|$ 为 $N \times N$ 阶自相关矩阵 $\boldsymbol{R}$ 的行列式。

方差为 σ_ε^2 的白噪声的熵为

$$H_\varepsilon = -E\{\ln[p(\varepsilon_1)p(\varepsilon_2)\cdots p(\varepsilon_N)]\} = N\ln \sigma_\varepsilon \sqrt{2\pi e} \qquad (6-147)$$

由于 H 随 N 增长将要发散，故用熵率 h 代替，熵率定义为

$$h = \lim_{N\to\infty} \frac{H}{N+1} = \lim_{N\to\infty} \frac{1}{2}\ln(|\boldsymbol{R}|)^{1/(N+1)} \qquad (6-148)$$

由于功率谱密度与自相关函数之间为傅里叶变换关系，则自相关矩阵 $\boldsymbol{R}$ 的行列式 $|\boldsymbol{R}|$ 的极限与功率谱密度 $S_x(f)$ 的关系是

$$\lim_{N\to\infty}(|\boldsymbol{R}|)^{1/(N+1)} = 2f_N \exp\left[\frac{1}{2f_N}\int_{-f_N}^{f_N} \ln S_x(f)\,\mathrm{d}f\right] \qquad (6-149)$$

式中，$f_N = 2f_c$，f_N 为采样频率；f_c 是信号的频限，即带宽。由此可以得到熵率为

$$h = \frac{1}{4f_N}\int_{-f_N}^{f_N} \ln S_x(f)\,\mathrm{d}f + \frac{1}{2}\ln 2f_N = \frac{1}{4f_N}\int_{-f_N}^{f_N} \ln\left[\sum_{-\infty}^{\infty} R_x(k)\mathrm{e}^{-\mathrm{j}2\pi f k \Delta t}\right]\mathrm{d}f$$

$$(6-150)$$

当由有限长随机信号测试数据（m 为数据点数）计算自相关估计并外推时，为使每步估计的熵达到最大，则应有

$$\frac{\partial h}{\partial R_x(k)} = 0,\ k \geqslant m+1 \qquad (6-151)$$

由此得到

$$\int_{-f_N}^{f_N} \frac{1}{S_x(f)}\mathrm{e}^{\mathrm{j}2\pi f k \Delta t}\mathrm{d}f = 0 \qquad (6-152)$$

式中，功率谱密度 $S_x(f)$ 应受到熵率导数为零的条件约束，$\dfrac{1}{S_x(f)}$ 可用截断的傅里叶级数表示成为 $2m+1$ 项有限级数之和，于是有

$$\frac{1}{S_x(f)} = \sum_{k=-n}^{m} C_n e^{j2\pi fk\Delta t} = (\Delta t P_m)^{-1} \left(\sum_{k=0}^{m} a_k e^{j2\pi fk\Delta t} \right) \left(\sum_{k=0}^{m} a_k^* e^{-j2\pi fk\Delta t} \right) \quad (6-153)$$

式中，Δt 为采样时间间隔；a_k 是自回归模型参数，a_k^* 与 a_k 共轭；P_m 是外推误差的方差。

从而求得极大熵谱

$$S_x(f) = \frac{\Delta t P_m}{\left| 1 + \sum_{k=1}^{m} a_k e^{j2\pi fk\Delta t^2} \right|^2} \quad (6-154)$$

极大熵谱与参数 a_k 和 P_m 有关。典型的算法有 Burg、Levinson、Akaike 和 Marple 算法。与周期图方法相比，极大熵谱估计方法克服了加窗处理带来的一系列缺陷。而且由于是连续谱，具有谱线光滑、谱峰陡峭、频率分辨力远高于经典谱估计等优点。其谱分辨率与样本函数长度无关，特别适用于短数据样本、缓变过程的谱估计。

3. 细化谱方法

采用细化谱的目的是为了提高分辨率，有助于识别齿轮信号的边频结构，常常用来作为功率谱的辅助分析手段。在齿轮故障信号中，调制后得到的边频含有丰富的故障信息，但是在一般的频谱图上往往又找不出清晰、具体的边频，究其原因是频谱图的频率分辨率太低。采用频谱细化技术就能对频域信号中感兴趣的局部频段进行频谱分析，得到较高的分辨率。常见的方法有基于复调制的 Zoom-FFT 法、Chirp-Z 变换和 Yip-ZOOM 变换等，但是从分析精度、计算效率、分辨率及灵活性等方面来看，基于复调制的 Zoom-FFT 方法是一种行之有效的方法。

Zoom-FFT(又称游标 FFT)的基本原理是：首先对时间上连续但不重叠的等长度分段信号采样序列进行 FFT，得到第 1 批分段粗 FFT 谱；然后在分段粗 FFT 谱中感兴趣的粗频点上对这些分段 FFT 的粗频点所构成的新序列(称为时域二次采样)进行第 2 批次 FFT 处理，从而得到粗频点处的 FFT 细节谱。

复调制细化谱分析方法的过程为：移频(复调制)-低通数字滤波-重新抽样-频谱分析-频率调整。其原理如图 6-63 所示。

设模拟信号为 $x(t)$，经过 A/D 采样后，得到离散的序列 $x_0(n)$，($n=0$, 1, $\cdots$, $N-1$)，f_s 为采样频率，f_e 为需要细化频带的中心频率，D 为细化倍数，N 为 FFT 的点数，$X(k)$ 为输出的序列。具体的算法过程归纳如下。

1) 复调制

复调制移频指的是将频域坐标向左或向右移动，使得被观察的频段的起点移动到频域坐标的零频位置。模拟信号 $x(t)$ 经过 A/D 转换后，得到离散的信号

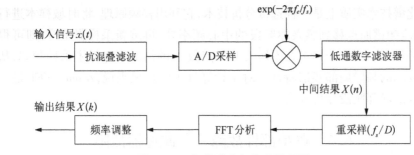

图 6 - 63　细化谱分析方法原理图

$x_0(n)$，假设要观测的频带为 $f_1 \sim f_2$，则在此频带范围内进行细化分析，观测的中心频率为 $f_e = (f_1 + f_2)/2$。

对 $x_0(n)$ 以 $\mathrm{e}^{-\mathrm{j}2\pi f_e/f_s}$ 进行复调制，得到的频移信号：

$$x(n) = x_0(n)\,\mathrm{e}^{-\mathrm{j}2\pi f_e/f_s} = x_0\cos(2\pi nL_0/N) - \mathrm{j}x_0(n)\sin(2\pi L_0/N) \quad (6-155)$$

式中，$f_s = N\Delta f$ 为采样频率，Δf 为谱线间隔；$L_0 = f_e/\Delta f$ 为频率的中心移位，也是在全局频谱显示中所对应中心频率 f_e 的谱线序号，且 $f_e = L_0\Delta f$。由此可得出，复调制使 $x_0(n)$ 的频率成分 f_e 移到 $x(n)$ 的零频点，也就是说 $X_0(k)$ 中的第 L_0 条谱线移到 $X(k)$ 中零点频谱的位置。为了得到 $X(k)$ 零点附近的部分细化频谱，可重新抽样把频率降到 f_s/D。为了使抽样后的频率不发生频谱混叠，需要在抽样前进行低通滤波。

2）数字低通滤波

为了保证重新采样后的信号在频谱分析时不发生频谱混叠，需进行抗混叠滤波，滤出需要分析的频段信号，且数字低通滤波器的截止频率 $f_c \leqslant f_s/2D$。

3）重新抽样

信号经过移频、低通滤波后，分析信号点数变少，但再以较低的采样频率进行重新采样，在通过补零保证相同的采样点数时，样本的总长度加大，频谱的分辨率也相应提高。设原采样频率为 f_s，采样点数为 N，则频率分辨率为 f_s/N，重采样频率为 f_s/D，采样点数仍是 N，则此时分辨率为 $f_s/(D \cdot N)$，分辨率提高了 D 倍。这样就在原采样频率不变的情况下得到了更高的频率分辨率。

4）复数 FFT

重新采样后的信号实部和虚部是分开的，需要对信号进行 N 点复数 FFT，从而得出 N 条谱线，此时分辨率为 $\Delta f' = f'_s/N = f_s/ND = \Delta f/D$，可见分辨率提高了 D 倍。

5）频率调整

经过算法运行后的谱线不为实际频率的谱线，需要将其反向平移，转换成实际频率，进而得出细化后的频率。

细化谱技术实质上是一种选带分析技术,它利用移频原理,将时域样本进行改造,使相应频谱原点移到感兴趣频段的中心频率处,再重新采样做 FFT,即可得到更高的分辨率。Zoom - FFT 在不增大 FFT 点数 N 的情况下降低了采样频率,从而得到欲观测的频段局部频谱特性。对于计算量小的情况来说,Zoom - FFT 是一种行之有效的局部频段分析方法。

6.6　典型部件故障——减速器故障

减速器和附件传动系统中都存在大量的齿轮结构。两者的区别主要表现为前者工作时为低速/中速、重载,而后者虽仅分配发动机 2% ~ 6% 的功率,转速却很高。在形式上,前者常因较高的传动比采用行星齿轮结构,而后者常用多级的直齿轮传动结构,故而分节讨论。本节中更倾向于讨论行星齿轮系统的故障诊断。

6.6.1　减速器类型及故障成因

航空发动机减速器是涡轮螺旋桨发动机、涡轮轴发动机驱动螺旋桨或旋翼必不可少的部件。减速器是将涡轴/涡桨发动机输出轴的转速降低到空气螺旋桨(或旋翼)所需转速的齿轮传动装置,其使 2 个转速不同的部件相互匹配,分别在各自的最佳转速工作,并能高效率的传递功率。它的一端与发动机的转子或动力涡轮相连,另一端与螺旋桨或旋翼相接。

为提高涡轮的效率,涡轮转子叶片尖部的切线速度很高。不同空气流量的发动机由于流通部分平均直径不同,相应于这些切线速度的最有利工作转速也不同。现代大流量的发动机涡轮转子的工作转速约为 8 000 ~ 10 000 r/min;中等流量的发动机涡轮转子工作转速约为 15 000 ~ 18 000 r/min;小空气流量发动机的涡轮工作转速可达 22 000 ~ 60 000 r/min。而大功率的螺旋桨对应于效率最高时的工作转速大约只有 800 ~ 1 200 r/min,中、小型直升机的旋翼工作转速仅为 320 ~ 360 r/min。如果直接用涡轮驱动这些推进装置,会因转速太低使涡轮无法正常工作,或者使涡轮平均直径增大到结构与质量不允许的程度。因此,虽然减速器会使发动机结构变复杂、尺寸和发动机质量增加,但在涡桨发动机和涡轴发动机中减速器仍是必不可少的部件。

1. 减速器传动方案

航空发动机减速器传动方案取决于发动机的型式与传动对象。涡桨发动机减速器通常设置在发动机的前面,涡轴发动机减速器的部位主要取决于直升机与发动机的总体安排,有的在前,有的在后,有的甚至设置在发动机的中间。

1) 同心式减速方案

减速器的输入轴与输出轴的中心线重合在一起的称为同心式减速器。由于它的结构具有对称性,因此通常采用沿圆周均布几个游星齿轮或中间齿轮的并联传动方案。在工作时,可以使齿轮上的负荷减小很多,而且主动与从动齿轮轴上的轴承几乎不受径向力;此外,减速器的外壳尺寸也会相应减小,这对提高发动机的推重比有着重要意义。因此,同心式减速器用于涡桨发动机与桨扇发动机居多,如俄罗斯的 AI-20 发动机、普惠公司的 PT6A 涡桨发动机等。对于正在研制的新型的大涵道比桨扇发动机,它们的减速器也采用了同心式减速器。同心式减速器传动方案如图 6-64 所示。

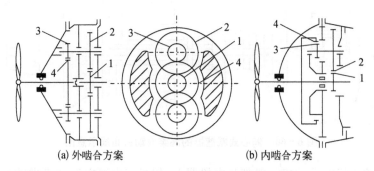

(a) 外啮合方案　　　　　(b) 内啮合方案

图 6-64　同心式减速器传动方案示意图

1. 主动齿轮;2,3. 中间齿轮;4. 从动齿轮

采用同心式减速器的涡桨发动机,其减速器正对着发动机压气机部分,虽然不会破坏进口空气速度场的均匀性,但会对空气进入发动机具有一定的影响。同心式减速器的外表面构成进气道的内壁,当减速器外廓尺寸较大时,会增大进气道中的气流偏转,造成较大的进气损失,使发动机功率降低。有的发动机(如 PT6A 涡桨发动机)为了消除这种影响,选择从发动机的后面进气,将压气机置于发动机尾端,整个发动机的布局顺序为:减速器-涡轮-压气机-进气口,如图 6-65 所示。

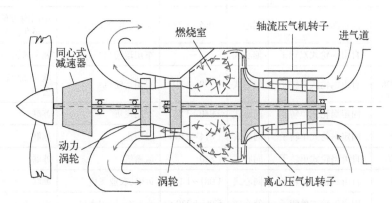

图 6-65　后进气的涡桨发动机布局示意图

2）偏心式减速方案

输入轴与输出轴中心线不重合的布局就是偏心式减速方案。该类减速器广泛应用于欧美涡轮螺旋桨发动机上,如新型的 AE2100 发动机、TP400 - D6 发动机等(图 6 - 66)。涡桨发动机采用偏心式减速器有利于短舱/增升装置一体化设计。

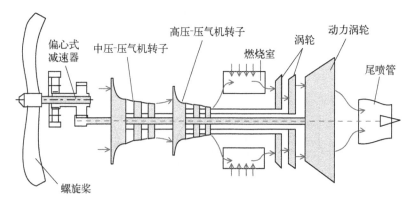

图 6 - 66　偏心式减速器的涡桨发动机布局示意图

螺旋桨飞机的发动机一般都装在机翼上,相对于由涡扇发动机带动的飞机,其增升装置的设计受短舱的不利气动干扰更明显。为提升全机的气动性能,必须进行短舱/增升装置一体化设计,而采用偏心式减速器的发动机结构对于涡桨发动机短舱/增升装置一体化设计更有优势。表 6 - 16 给出了同心式和偏心式减速器在涡桨发动机上的应用情况。

表 6 - 16　不同减速器在涡桨发动机上的应用情况

发动机型号	结 构 形 式	减速器	功率/kW	用 途	研 制
PT6A	自由涡轮式单转子	同心式	354~1 061	中、小型军、民用飞机	加拿大普惠公司
PW100	自由涡轮式双转子	偏心式	1 118~4 474	军、民用飞机	加拿大普惠公司
WJ6	固定涡轮式单转子	同心式	3 065~3 220	军、民用专业运输机	中国南方航空动力机械集团公司
M602	自由涡轮式双转子	偏心式	—	军用运输机	瓦尔特公司
TP400 - D6	自由涡轮式双转子	偏心式	7 979~8 203	军用运输机	欧洲螺旋桨国际公司
AI - 20	固定涡轮式单转子	同心式	2 940~3 863	军用飞机	苏联
AI - 24	固定涡轮式单转子	同心式	1 814~2 074	运输机	苏联
TV7 - 117	自由涡轮式单转子	同心式	1 840	运输机	苏联
TVD - 20	自由涡轮式单转子	同心式	1 081~1 119	运输、农业飞机	苏联
TPE331	固定涡轮式单转子	偏心式	578~1 230	小型军、民用飞机	霍尼韦尔国际公司

续　表

发动机型号	结 构 形 式	减速器	功率/kW	用　途	研　制
T56	固定涡轮式单转子	偏心式	2 580~4 414	战术运输机	英国罗尔斯·罗伊斯公司
AE2100	自由涡轮式单转子	偏心式	2 983~5 966	高速支线飞机	英国罗尔斯·罗伊斯公司

从表6-16中不难发现,同心式减速器一般用在单转子发动机中;双转子发动机有用同心式减速器的,也有用偏心式减速器的,尤其是带自由涡轮的双转子发动机更偏向于用偏心式减速器;欧美国家应用于军用或民用运输机的涡桨发动机大多采用偏心式减速器。

2. 减速器齿轮配合形式

尽管减速器的传动方案是多样的,但是齿轮配合形式不外乎为定轴式、游星式和差动式3种基本形式,以及它们的不同组合。定轴式前节已开展专题论述,在此不再赘述。

1) 游星式减速器

在游星式传动方案中,中间轮用轴装在与输出轴连接在一起的游星架上,绕中心旋转。中间轮既做自转,又做公转,称其为游星轮。游星式传动方案又分为单游星式与重游星式2种类型。其中,重游星式的游星齿轮是由2个齿轮串联而成,从而可以加大传动比,降低游星架的旋转速度,其具有尺寸小、质量轻、传动比大、效率高等优点,常被用于涡桨发动机。图6-67给出了单游星式传动。图6-68给出了重游星式传动。

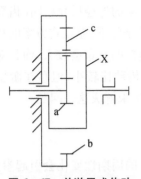

图6-67　单游星式传动

a. 中心轮;b. 固定轮;
c. 游星轮;X. 游星架

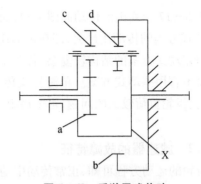

图6-68　重游星式传动

a. 中心轮;b. 固定轮;c. 游星轮;
d. 二级游星轮;X. 游星架

2) 差动式减速器

如图6-69、图6-70所示,在差动式传动方案中,各个齿轮间的相对位置与游星轮系差不多,在游星轮系的基础上,去掉对固定齿轮的约束,使固定齿轮成为可转动的中心轮,从而与游星架形成了差动式旋转,成为该传动方案的第2个输出端。

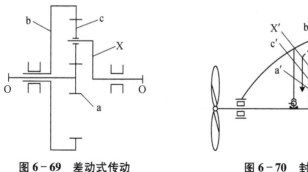

图 6-69　差动式传动

a. 中心轮;b. 内齿轮;
c. 游星轮;X. 游星架

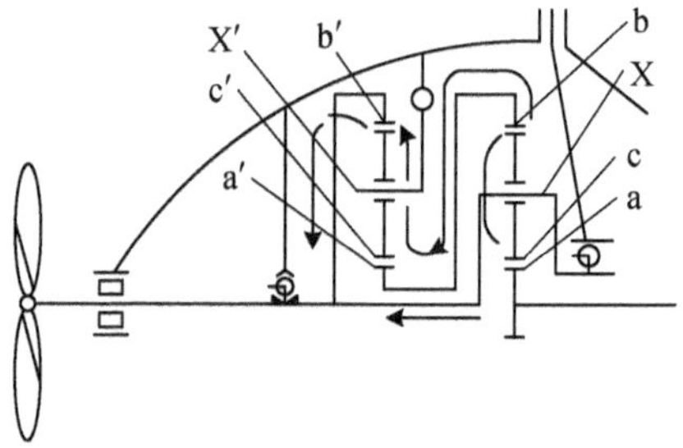

图 6-70　封闭差动式传动

a、a'为中心轮;b、b'为内齿轮;
c、c'为游星轮;X、X'为游星架

表 6-17 给出了各种传动方案的传动比。

表 6-17　各传动方案传动比比较

传动方案	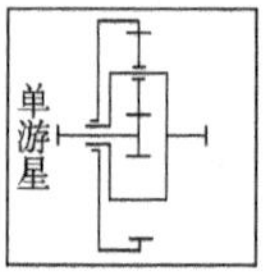 单游星	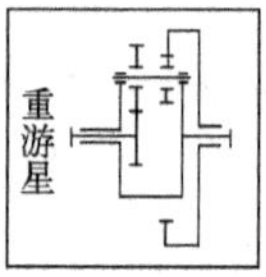 重游星	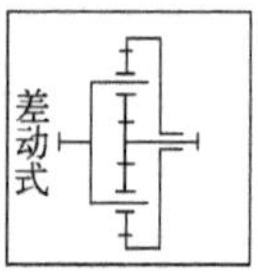 差动式
传动比	$1 + \dfrac{z_b}{z_a}$	$1 + \dfrac{z_c}{z_a}\dfrac{z_b}{z_d}$	$1 + \dfrac{z_b}{z_a} + \dfrac{z_{b'}}{z_{a'}}\dfrac{z_b}{z_a}$

由表 6-17 中列出的传动简图可知,如果各方案的外径尺寸相同(齿数模数相同),差动式方案的传动比最大,即在传动比相同的条件下,差动式方案的径向尺寸更小。但差动式方案的结构较复杂,若采用后减速器的自重会较大,而且对于偏心式减速器不宜用差动式方案。单游星式传动方案传动比较小,但存在游星架转速不能过高、齿轮负荷较大的问题,可采用组合的方法来解决这一问题。

6.6.2　减速器的故障特征

从齿轮的运动方程可知,正常传动中啮合刚度的周期性变化会引起参数振动。振动频率与转速、齿数和重叠系数有关。由于齿形误差的随机激励可能引起齿轮弹性系统的共振,当齿轮出现故障时,振动往往加剧,也会产生一些新的频率成分,这些都称为齿轮的特征频率。

游星式与差动式都属于周转轮系,或者称为行星轮系。与普通齿轮传动相比较,行星轮系具有许多独特的优点。行星轮系可以使用为数不多的齿轮得到很大的传动比;在满足传动比和传动方向要求的条件下,行星轮系可以使整个机构的外廓尺寸大为减小;可以实现运动的合成与分解等。在确定减速器的传动方案时要进行传动比计算。

在行星轮系中,由于行星架的回转使得行星轮不但有自转,还有公转,所以各齿轮之间的传动比不再具有如 6.6.1 节所推导的与齿数成反比的简单关系。在求解行星轮系的传动比时,也就不能再用计算定轴轮系传动比的方法。但是仔细考虑定轴轮系与行星轮系,两者之间无非是有无行星架的差别。定轴轮系传动比的计算方法给了行星轮系传动比计算一个“启发”,即将行星轮系中的行星架看作固定不动,则可以简化行星轮系为定轴轮系,在此基础上计算其传动比。在行星轮系中,将行星架看作固定不动,转化了的轮系中存在这样的关系:

$$i_{ab}^x = \frac{n_a - n_x}{n_b - n_x} \tag{6-156}$$

而且在行星轮系中存在这样的关系:

$$i_{ax} = 1 - i_{ab}^x \tag{6-157}$$

需要注意的是,公式(6-157)中 i_{ab}^x 本身具有正负号。

减速器传动方案一般是定轴轮系与行星轮系组合起来的复合轮系,在计算传动比之前需先分析哪些齿轮组成了定轴轮系,哪些齿轮组成了行星轮系,分别写出其传动比,然后联立求解。

1. 单游星式方案的啮合频率

计算单游星式传动方案的啮合频率。

根据式(6-157)可得

$$i_{ax} = \frac{n_a}{n_x} = 1 - i_{ab}^x \tag{6-158}$$

再根据定轴轮系式(6-156)可得

$$i_{ab}^x = \frac{n_a - n_x}{n_b - n_x} = -\frac{z_b}{z_a} \tag{6-159}$$

所以

$$i_{ax} = 1 + \frac{z_b}{z_a} \tag{6-160}$$

其啮合频率为

$$f_{m-ax} = \left(1 + \frac{z_b}{z_a}\right) f_a Z_x \tag{6-161}$$

式中，f_a 为输入轴的转频；Z_x 为输出轴的齿数。

2. 重游星方案的啮合频率

计算重游星式传动方案的传动比。

根据式(6-157)可得

$$i_{ax} = \frac{n_a}{n_x} = 1 - i_{ab}^x \tag{6-162}$$

再根据式(6-156)可得

$$i_{ab}^x = \frac{n_a - n_x}{n_b - n_x} = -\frac{z_c z_b}{z_a z_d} \tag{6-163}$$

然后有

$$i_{ax} = 1 + \frac{z_c z_b}{z_a z_d} \tag{6-164}$$

可得啮合频率为

$$f_{m-ax} = \left(1 + \frac{z_c z_b}{z_a z_d}\right) f_a Z_x \tag{6-165}$$

式中，f_a 为输入轴的转频；Z_x 为输出轴的齿数。

3. 差动式轮系的啮合频率

计算封闭差动式方案的传动比。存在约束条件：高速级内齿轮 b 的转速 n_b 与低速级主动齿轮 a' 的转速 $n_{a'}$ 相同；高速级星游架 X 的转速 n_X 与低速级内齿轮 b' 的转速 $n_{b'}$ 相同。

根据式(6-156)可得

$$\frac{n_a - n_X}{n_b - n_X} = -\frac{z_b}{z_a} \tag{6-166}$$

$$\frac{n_{a'}}{n_{b'}} = -\frac{z_{b'}}{z_{a'}} \tag{6-167}$$

根据传动方案中的约束条件可得

$$n_b = n_{a'} \tag{6-168}$$

$$n_X = n_{b'} \qquad (6-169)$$

最后联立式(6-166)、式(6-167)、式(6-168)及式(6-169)可得

$$i_{ab'} = \frac{n_a}{n_{b'}} = 1 + \frac{z_b}{z_a} + \frac{z_{b'}}{z_{a'}} \frac{z_b}{z_a} \qquad (6-170)$$

则啮合频率为

$$f_{m-ab'} = \left(1 + \frac{z_b}{z_a} + \frac{z_{b'}}{z_{a'}} \frac{z_b}{z_a}\right) f_a Z_{b'} \qquad (6-171)$$

式中，f_a 为输入轴的转频；$Z_{b'}$ 为输出轴的齿数。

表 6-18 对 3 种传动方案的轴频、特征频率与啮合频率进行了总结。

表 6-18　各传动方案轴频率、特征倍频与啮合频率比较

传动方案	单游星	重游星	差动式
轴　频	$\left(1 + \dfrac{z_b}{z_a}\right) f_a$	$\left(1 + \dfrac{z_c z_b}{z_a z_d}\right) f_a$	$\left(1 + \dfrac{z_b}{z_a} + \dfrac{z_{b'}}{z_{a'}} \dfrac{z_b}{z_a}\right) f_a$
特征倍频	$1 + \dfrac{z_b}{z_a}$	$1 + \dfrac{z_c z_b}{z_a z_d}$	$1 + \dfrac{z_b}{z_a} + \dfrac{z_{b'}}{z_{a'}} \dfrac{z_b}{z_a}$
啮合频率	$\left(1 + \dfrac{z_b}{z_a}\right) f_a Z_x$	$\left(1 + \dfrac{z_c z_b}{z_a z_d}\right) f_a Z_x$	$\left(1 + \dfrac{z_b}{z_a} + \dfrac{z_{b'}}{z_{a'}} \dfrac{z_b}{z_a}\right) f_a Z_{b'}$

6.6.3　减速器故障信号的降噪处理

减速器的振动信号具有信号调制、成分丰富、噪声突出的特点，其振动信号处理也具有显著的特殊性。从故障成分凸显、噪声信号抑制和信号解调等需求出发，有效的减速器故障信号处理方法主要包括时域同步平均、功率谱分析、细化谱分析、倒频谱分析和包络解调分析等。

1. 时域同步平均

在减速器振动信号中，周期脉冲成分的出现，在一定程度上预示着故障的发生。大多数情况下，用在减速器机匣上测得的振动信号来反映减速器中传动齿轮的运转情况。但减速器机匣振动受噪声、结构振动及传递通道干扰严重，在对齿轮振动信号进行分析之前须进行降噪处理。时域同步平均技术广泛地应用于振动信号的降噪处理。同步平均相当于使信号通过梳状滤波器，使得与齿轮轴运转周期

不同的振动信号强度减弱。

应用时域同步平均法可从复杂的振动信号中分离出与参考脉冲频率相等的周期成分以及谐波成分。此方法应用于减速器故障分析时,可从总的振动信号中提取感兴趣的那对啮合齿轮的振动信号,而把其他部件的振动信号及噪声都一概除去,从而大大提高信号的信噪比。根据时域同步平均法得到的时域信号曲线,可直观地分析出旋转齿轮的故障,如齿面剥落、断齿等。图6-71表示了时域同步平均法的基本原理[17]。

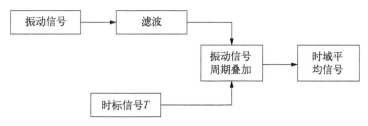

图6-71 时域同步平均方法原理图

以下是齿轮崩齿故障的分析案例。齿轮共有35齿,崩齿位置在第18齿处。由图6-72可见,齿轮崩齿故障时域波形的幅值很大,噪声干扰很严重,而齿轮崩齿故障时域同步平均波形的幅值就相对减小了很多,噪声大大消除。同时可以看到在0.52 T处振动能量比较集中,可知在此处出现故障。此时刻正好对应着第18齿(18/35 = 0.514 T),这与实际相符。

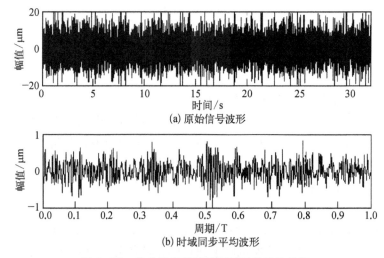

图6-72 齿轮崩齿故障的时域同步平均分析

2. 倒频谱分析

倒频谱本质上是对数谱,即幅值坐标采用对数展示。谱分析将信号由时域变换到频域,可得信号能量(或功率)的频谱分布,并分别以功率谱、幅值谱和对数谱的形式显示出来。功率谱突出信号频率的主要成分,幅值谱是幅值的线性分布,对数谱能将次要的频率成分显示出来。由于倒频谱分析对齿轮振动信号的传递路径不太敏感,这为选择测点提供了方便。

倒频谱分析也称为二次频谱分析,是检测复杂谱图中周期分量的有用工具,可以对卷积进行分解,从而通过测得的响应特性,识别源特性和系统的传输特性。

功率倒频谱的表达式为

$$X_{PC}(q) = \{\mathrm{IFT}[\lg |X(k)|^2]\}^2 = \{\mathrm{IFT}[\lg G_{xx}(k)]\}^2 \qquad (6-172)$$

式中,IFT 表示傅里叶逆变换;$G_{xx}(k)$ 为信号 $x(n)$ 的功率谱。由于自功率谱本身是一个偶函数,自功率谱的对数也是一个实偶函数,故其傅里叶正变换-逆变换后保持不变,并且也是一个实偶函数。工程上常把式(6-172)的平方根,即 $C_{xx}(q) = \mathrm{IFT}[\lg G_{xx}(k)]$ 称为幅值倒频谱。此时倒频谱单位为 dB。在减速器故障诊断的某些场合使用倒频谱而不用自相关函数,是因为倒频谱在功率谱的对数转换时,给幅值较小的分量有较高的加权,其作用是既可判别谱的周期性,又能精确地测出频率间隔。由此,很容易地识别信号的组成分量,便于提取其中所关心的成分。

图 6-73 给出倒频谱方法的原理和流程。设 $S_y(f)$ 为测点的振动功率谱,$H(f)$ 为系统传递函数的幅频特性,$S_x(f)$ 为激励的功率谱,则有

$$S_y(f) = |H(f)|^2 S_x(f) \qquad (6-173)$$

两边取对数,有

$$\lg S_y(f) = \lg|H(f)|^2 + \lg S_x(f) \qquad (6-174)$$

进一步做傅里叶变换,则

$$F\{\lg S_y(f)\} = F\{\lg|H(f)|^2\} + F\{\lg S_x(f)\} \qquad (6-175)$$

信号在时域中,可以利用 $x(t)$ 与 $h(t)$ 的卷积求输出响应:

$$y(t) = x(t)h(t) \qquad (6-176)$$

信号在频域中,可以利用 $X(f)$ 与 $H(f)$ 的乘积求输出频域响应:

$$Y(f) = X(f)H(f) \qquad (6-177)$$

信号在倒频域中,可以利用 $C_x(\tau)$ 与 $C_h(\tau)$ 相加求输出倒频谱结果:

$$C_y(\tau) = C_x(\tau) + C_h(\tau) \qquad (6-178)$$

由于,系统特性 $C_h(\tau)$ 与信号特性 $C_x(\tau)$ 可以明显区分,消除了传递通道的影响,最大限度地降低了测点位置对结果的影响。

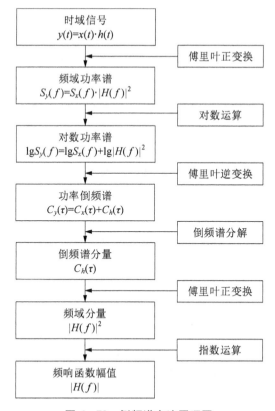

图 6-73   倒频谱方法原理图

6.6.4   工程中应用的要点

在进行减速器振动信号采集时,需要注意以下几点:

(1)减速器壳体测振,振动传递路径长,噪声大,信号需要做降噪处理;

(2)采用加速度传感器测振,频率响应需要包括轮系中的最高啮合频率;

(3)采集加速度 g 为振动限制值的量纲,以反映冲击力的变化;

(4)监测特征频率的单峰值,以描述冲击力的大小;

(5)以输入轴的旋转频率为触发频率,采用整周期采样方式,以方便全工况监测;

(6)非整数阶的齿轮轴轴频和啮合频率,采集之后幅值将表现出随机波动的性质。

6.7   发动机故障基因

当前转子结构动力学设计思路均以转子正常工况为设计点,从发动机总体参数出发进行转子结构优化设计以达到转子最佳性能。所设计的转子经过原型机的制造和装配,开展试车,检验是否满足整机振动上限的要求。若频繁出现振动超标,则需再次进行转子-支承系统设计的调整和修改。

这种传统设计思想,在设计过程中没有考虑残余不平衡量、不平衡相位、不对中量以及转子不均匀温度场等边界条件,也不考虑制造、装配和运行过程中产生的偏差,造成设计转子系统对于"故障"的零容忍。只有高精度的制造和装配才能保证产品振动特性和设计结果的相似性。微小的制造和装配偏差,或是运行过程中条件的变化均可能引起振动超标。这使得所设计的发动机转子系统有着"易受振动超标困扰"的先天不足。

本节提出航空发动机故障基因的概念,通过这一指标反映转子系统对故障的敏感度,借此改进设计,从而提高航空发动机对故障的包容程度。

6.7.1　故障基因的定义

航空发动机的故障基因由部件信息、转子信息、基因片段、故障表象、基因规律、遗传因子等部分组成。表 6-19 详细介绍了这些组成部分的含义,并以不对中故障基因为例说明,以便读者深入理解。

表 6-19　故障基因内容

故障基因	具 体 内 容	举例说明(不对中故障)
部件信息	产生该问题的主要载体	联轴器
转子信息	转子初始结构中不可改变的物理因素	转子质量 m;转子轴长度 l;支承刚度 s;转速 Ω
基因片段	转子初始结构中可进行优化调整的结构参数	支承跨距 l_1;K_2 至联轴器距离 l_2
故障表象	故障在实际振动中具体所表现出的故障特征	振动二倍频占优
基因规律	所建立的故障表象与故障程度的关系	$A_3 = \lvert C_3 h \rvert$
遗传因子	故障表象对结构参数的敏感度	$C_3 = \dfrac{3EI(1/2 + l_2/l_1)}{ml^3 \sqrt{\left[\omega^2 - (2\Omega)^2 \right]^2 + (2D)^2 (2\omega)^2}}$

6.7.2　故障基因库的建立

1. 残余不平衡量基因片

如前所述,转子不平衡的振动响应表达式为

$$r = \frac{\varepsilon \Omega^2}{\sqrt{(\omega_n^2 - \Omega^2)^2 + (2\omega_n \Omega D)^2}} e^{j\Omega t} \tag{6-179}$$

某航空发动机中附加不平衡量远小于转子质量，Δm 可忽略不计。

$$\omega_n = \sqrt{\frac{s}{m + \Delta m}} \approx \sqrt{\frac{s}{m}} \qquad (6-180)$$

其阻尼也可采用适当的方法进行估计，因此，振动一倍频幅值为

$$A_1 = \left| \frac{\varepsilon \Omega^2}{\sqrt{(\omega_n^2 - \Omega^2)^2 + (2\omega_n \Omega D)^2}} \right| \qquad (6-181)$$

遗传因子为

$$C_1 = \frac{\Omega^2}{\sqrt{(\omega_n^2 - \Omega^2)^2 + (2\omega_n \Omega D)^2}} \qquad (6-182)$$

此时基因规律为

$$A_1 = |\, C_1 \varepsilon\,| \qquad (6-183)$$

从基因规律中可以看出，改变转子系统的不平衡量可以有效改变转子系统对不平衡故障的容忍程度。

2. 组合不平衡相位基因片

出现组合不平衡故障意味着涡轮转子与压气机转子分别存在与不平衡相位相关的残余不平衡量，振幅大小符合模态叠加原则。以涡轮转子不平衡量相位为基准（$\varphi_t = 0°$），在压气机上的残余不平衡相位即为组合不平衡相位。

$$\varphi = |\, \varphi_c - \varphi_t\,| = |\, \varphi_c\,| \qquad (6-184)$$

采用模态分析方法找出不平衡相位对振动的影响规律。对于这个 1 阶弯曲模态的转子，在不平衡相位为 0° 和 180° 时分别分析，如图 6-74 所示。

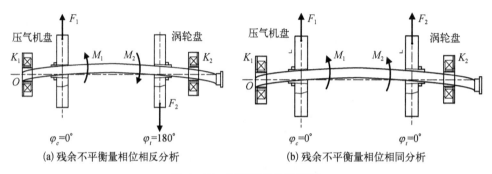

(a) 残余不平衡量相位相反分析　　　　　(b) 残余不平衡量相位相同分析

图 6-74　双盘转子故障模型

如图 6-74(a)所示,不平衡相位差为180°,离心力 F_1 和 F_2 相对于圆点 O 产生弯矩 M_1 和 M_2。M_1 使轴偏离轴线,引起振幅增加,与 M_1 相反,因为 $M_2 > M_1$,转子系统的振动会有减小。同样地,当两盘的不平衡量相位相同时,M_1 和 M_2 均会使得转子系统的振动增强,如图 6-74(b)所示。

上述分析针对组合不平衡相位分别为0°、180°两种特殊情况。根据模态叠加原理可知,其他组合不平衡相位时,对振幅的影响介于0°~180°。故振动与组合不平衡量相位关系可简略表述为

$$A_2 = |\, Q\cos(2C_2) \,|$$
$$C_2 = |\, \varphi_c - \varphi_t \,|$$
(6-185)

式中,Q 为常数,与转子模态相关。从基因规律中可以看出,在确定的转子模态下工作,改变转子系统的不平衡相位可以有效改变转子系统对组合不平衡故障的容忍程度。

3. 不对中度基因片

组合不对中故障是最常见的由联轴器引起的不对中故障。如前所述,转子在不对中力作用下,二倍频幅值为

$$A_{B_h} = \frac{3EIB_h}{ml^3 \sqrt{\left[\, \omega_n^2 - (2\Omega)^2 \,\right]^2 + (2D)^2 (2\Omega\omega_n)^2}}$$
(6-186)

可见不对中引起的二倍频幅值与不对中量线性相关。用图 6-75 所示模型来分析转子结构参数对不对中量的影响程度。

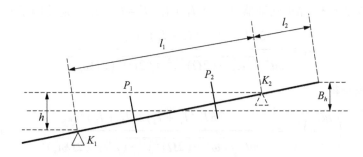

图 6-75　支承异常模型

由几何关系知:

$$h = \frac{B_h}{1/2 + l_2/l_1}$$
(6-187)

将式(6-187)代入式(6-186)得

$$A_3 = \left| \frac{3EIh(1/2 + l_2/l_1)}{ml^3 \sqrt{[\omega_n^2 - (2\Omega)^2]^2 + (2D)^2 (2\Omega\omega_n)^2}} \right| \qquad (6-188)$$

遗传因子为

$$C_3 = \frac{3EI(1/2 + l_2/l_1)}{ml^3 \sqrt{[\omega_n^2 - (2\Omega)^2]^2 + (2D)^2 (2\Omega\omega_n)^2}} \qquad (6-189)$$

此时基因规律为

$$A_3 = |C_3 h| \qquad (6-190)$$

从式(6-189)中可以看出,调整结构参数 l_1、l_2 的值来减少 C_3 的值,这对减少由不对中故障引起的振动是非常有效的。可以看出 A_3 随 l_2 的增加或 l_1 的减少而增加,由此提供了两种改进措施:移动支承 K_1 远离联轴器或移动支承 K_2 靠近联轴器。定义移动距离为 l_K。在调整后,K_1 和 K_2 之间的距离变为 l_1',K_2 与联轴器之间的距离变为 l_2'。

当移动支承 K_1 远离联轴器时,$l_1' = l_1 + l_K$,$l_2' = l_2$,遗传因子 C_3 为

$$C_3 = \frac{3EI[1/2 + l_2/(l_1 + l_K)]}{ml^3 \sqrt{[\omega_n^2 - (2\Omega)^2]^2 + (2D)^2 (2\Omega\omega_n)^2}} \qquad (6-191)$$

对 l_K 求导得

$$\left(\frac{\partial C_3}{\partial l_K} \right)_{K_1} = - \frac{3EI[l_2/(l_1 + l_K)^2]}{ml^3 \sqrt{[\omega_n^2 - (2\Omega)^2]^2 + (2D)^2 (2\Omega\omega_n)^2}} \qquad (6-192)$$

当移动支承 K_2 靠近联轴器时,$l_1' = l_1 + l_K$,$l_2' = l_2 - l_K$。遗传因子 C_3 为

$$C_3 = \frac{3EI[1/2 + (l_2 - l_K)/(l_1 + l_K)]}{ml^3 \sqrt{[\omega_n^2 - (2\Omega)^2]^2 + (2D)^2 (2\Omega\omega_n)^2}} \qquad (6-193)$$

对 l_K 求导得

$$\left(\frac{\partial C_3}{\partial l_K} \right)_{K_2} = - \frac{3EI[(l_1 + l_2)/(l_1 + l_K)^2]}{ml^3 \sqrt{[\omega_n^2 - (2\Omega)^2]^2 + (2D)^2 (2\Omega\omega_n)^2}} \qquad (6-194)$$

比较这两种方法:

$$\frac{\left(\dfrac{\partial C_3}{\partial l_K} \right)_{K_2}}{\left(\dfrac{\partial C_3}{\partial l_K} \right)_{K_1}} = \frac{l_1 + l_2}{l_2} \qquad (6-195)$$

可以看出,移动支承K_2靠近联轴器对于减振更有效,这也可以有效改变转子系统对不对中故障的容忍程度。

4. 热分布不均匀基因片

在航空发动机中,停车后转子结构的冷却过程为对流换热,轴下部的冷却速度高于上部,致使轴上部的温度高于下部,温度场的不均匀引起轴发生热弯曲。

热弯曲故障下转子运动微分方程为

$$m\ddot{r}_P + s(r_O - r_B) = 0 \tag{6-196}$$

式中,$r_P = r_O + \varepsilon e^{j(\Omega t + \beta)}$;$r_B = B e^{j(\Omega t + \alpha)}$。代入后式(6-196)变为

$$\ddot{r}_O + \omega^2 r_O = \varepsilon \Omega^2 e^{j(\Omega t + \beta)} + B\omega_n^2 e^{j(\Omega t + \alpha)} \tag{6-197}$$

求解得

$$r_O = \frac{\varepsilon \lambda^2}{1 - \lambda^2} e^{j(\Omega t + \beta)} + \frac{B}{1 - \lambda^2} e^{j(\Omega t + \alpha)} \tag{6-198}$$

可以看出转子的振动由2部分组成,第1部分是由转子不平衡引起的振动,第2部分是由轴的弯曲引起的振动。

将式(6-198)化简为

$$r_O = \frac{\varepsilon}{\dfrac{1}{\lambda^2} - 1} e^{j(\Omega t + \beta)} + \frac{B}{1 - \lambda^2} e^{j(\Omega t + \alpha)} \tag{6-199}$$

当$\lambda \to 0$时,$\dfrac{1}{\lambda^2} - 1 \to \infty$ 且 $1 - \lambda^2 \to 1$,此时

$$r_O = \frac{B}{1 - \lambda^2} e^{j(\Omega t + \alpha)} \tag{6-200}$$

在低转速时,基频幅值随初始弯曲幅值线性增大。

图6-76给出了出现热弯曲故障时转子上的温度分布。

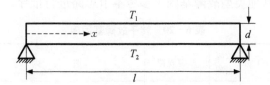

图6-76　热弯曲故障时转子上的温度分布

由于转子温度不对称产生挠曲变形微分方程为

$$\frac{\mathrm{d}^2 B}{\mathrm{d}x^2} = -\gamma \frac{\Delta T}{d} \tag{6-201}$$

式中，$\Delta T = T_2 - T_1$。

边界条件为

$$B\mid_{x=0} = 0, \ B\mid_{x=l} = 0 \tag{6-202}$$

积分得到转子挠曲线为

$$B = \frac{\gamma \Delta T}{2d}(lx - x^2) \tag{6-203}$$

在 $x = L/2$ 处轴挠度达到最大为

$$B_{\max} = \frac{\gamma \Delta T l^2}{8d} \tag{6-204}$$

将式(6-205)代入式(6-201)得到

$$r_0 = \frac{\gamma L^2}{8d(1-\lambda^2)}\Delta T \mathrm{e}^{\mathrm{j}(\Omega t+\alpha)} \tag{6-205}$$

遗传因子为

$$C_4 = \frac{\gamma L^2}{8d(1-\lambda^2)} \tag{6-206}$$

此时基因规律为

$$A_4 = \mid C_4 \Delta T\mid \tag{6-207}$$

从基因规律中可以看出，改变轴的材料、长度和直径可以有效改变转子系统对热弯曲故障的容忍程度。

5. 故障基因库

将上述几种故障基因片进行汇总得到故障基因库，如表 6-20 所示。在进行转子结构设计时，其他类型故障基因可参考本节思路进行推导。

表 6-20　转子故障基因库

基因片段	部件信息	转子信息	故障表象	基因规律	遗传因子	故障类型
ε	旋转结构	转子质量 m；转子轴长度 l；支承刚度 s；转速 Ω	1X	$A_1 = \mid C_1 \varepsilon \mid$	$C_1 = \dfrac{\Omega^2}{\sqrt{(\omega_n^2 - \Omega^2)^2 + (2\omega_n \Omega D)^2}}$	不平衡故障

续　表

基因片段	部件信息	转子信息	故障表象	基因规律	遗 传 因 子	故障类型
φ_c, φ_t	旋转结构	转子质量 m; 转子轴长度 l; 支承刚度 s; 转速 Ω	$1X$	$A_2 = Q\cos(2C_2)\vert$	$C_2 = \vert\,\varphi_c - \varphi_t\,\vert$	组合不平衡故障
l_1, l_2	联轴器	转子质量 m; 支承刚度 s; 转速 Ω	$2X$	$A_3 = \vert C_3 h \vert$	$C_3 = \dfrac{3EI(1/2 + l_2/l_1)}{ml^3\sqrt{[\omega_n^2 - (2\Omega)^2]^2 + (2D)^2(2\Omega\omega_n)^2}}$	不对中故障
ΔT, γ, L, d	转轴	转子质量 m; 支承刚度 s; 转速 Ω	$1X$	$A_4 = \vert C_4 \Delta T \vert$	$C_4 = \dfrac{\gamma L^2}{8d(1 - \lambda^2)}$	热弯曲故障

6.7.3　应用举例

将试验转子结构简化为图 6 - 77 所示的单跨双盘转子模型。

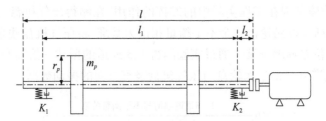

图 6 - 77　转子故障模拟实验器模型

转子结构的初步设计参数如表 6 - 21 所示。

表 6 - 21　转子结构初步设计参数

轴 参 数					
长度 l	直 径	密 度	弹性模量	l_1	l_2
1.03 m	0.02 m	7 850 kg/m³	2.1×10^{11} N/m²	0.747 5 m	0.249 0 m
盘参数			支承刚度		转子参数	
质量 m_p	半径 r_p	厚度	竖直方向刚度	水平方向刚度	转子质量 m	阻尼比 D
13.69 kg	0.13 m	0.04 m	1×10^9 N/m	1×10^9 N/m	33.09 kg	0.05

该转子试验件存在的潜在故障有不平衡故障、组合不平衡故障以及不对中故障,因此它的故障基因库包含 3 种故障基因,如表 6 - 22 所示。

对于组合不平衡故障,当不平衡相位差为 180°时,转子系统振幅最小。这也就意味着,在发动机安装过程中,使压气机盘与涡轮盘不平衡相位相差 180°有助于减小振动。

表 6-22 实验转子故障基因库

基因片段	部件信息	转子信息	故障表象	基因规律	遗传因子	故障类型
ε	旋转结构	转子质量 m;转子轴长度 l;支承刚度 s;转速 Ω	1X	$A_1 = \mid C_1\varepsilon \mid$	$C_1 = \dfrac{\Omega^2}{\sqrt{(\omega_n^2 - \Omega^2)^2 + (2\omega_n\Omega D)^2}}$	不平衡故障
φ_c, φ_t	旋转结构	转子质量 m;转子轴长度 l;支承刚度 s;转速 Ω	1X	$A_2 = \mid Q\cos(2C_2) \mid$	$C_2 = \mid \varphi_c - \varphi_t \mid$	组合不平衡故障
l_1, l_2	联轴器	转子质量 m;支承刚度 s;转速 Ω	2X	$A_3 = \mid C_3h \mid$	$C_3 = \dfrac{3EI(1/2 + l_2/l_1)}{ml^3\sqrt{[\omega_n^2 - (2\Omega)^2]^2 + (2D)^2(2\Omega\omega_n)^2}}$	不对中故障

为验证故障基因在工程实际中的发挥的作用,在测得压气机盘与涡轮盘残余不平衡量相位后,以涡轮盘残余不平衡量相位为基准,将压气机盘残余不平衡量分别以 30°的相位差递增安装。通过实验测得 1、3 通道的振动一倍频变化如图 6-78 所示。1、3 通道分别采集涡轮盘与压气机盘竖直方向的振动数据。

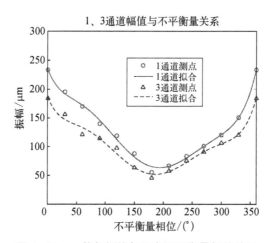

图 6-78 一倍频幅值与组合不平衡量相位关系

可见当组合不平衡量相位为 0°时,转子的振动较大。当组合不平衡量相位为 180°时,即将两盘残余不平衡量反相位安装时,振动明显得到抑制。显然,在安装时将这两个盘的残余不平衡相位设为反向有助于减小振动,也提高了转子系统对组合不平衡故障的容忍程度。

小 结

　　发动机结构类故障可以分为转子类故障、静子类故障、附件类故障。本章通过推导给出明确的故障特征,这些特征将是航空发动机故障诊断的依据和准则。参见图6-79。

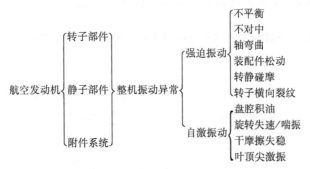

图6-79 航空发动机故障总结

　　从另一个层面讲,在航空发动机设计过程中只考虑到不平衡力激励,估算了不平衡响应(临界特性),但是在装配、工作过程中,配合间隙、拧紧力矩是不可能做到完全均匀、规范的。因此,本章提出了故障基因的概念以及非设计点的设计过程。希望考虑航空发动机对故障的包容能力。

参考文献

[1] 陈卫,程礼,李全通.航空发动机状态监控技术[M].北京:国防工业出版社,2011.

[2] 廖明夫.航空发动机转子动力学[M].西安:西北工业大学出版社,2015.

[3] 张冬梅.结构特征参数对发动机支点同心度的影响研究[J].航空科学技术,2015,5(26):22-26.

[4] 周骁,张海波,王继强,等.考虑主动间隙控制的涡轮叶尖间隙建模计算研究[J].推进技术,2015,36(7):1093-1102.

[5] 顾伟,乔剑,陈潇,等.民用航空涡扇发动机涡轮叶尖间隙控制技术综述[J].燃气轮机技术,2013,26(1):1-4.

[6] 李斌.航空发动机转子/机匣碰摩理论与实验研究[D].西安:西北工业大学,2018.

[7] 廖明夫,宋明波,张霞妹.转子/机匣碰摩引起的转子弯扭耦合振动[J].振动、测试与诊断,2016,36(5):1009-1017,1031.

[8] 邓小文,廖明夫,Robert L,等.碰摩转子的弯曲和扭转振动分析[J].航空动力学报,2002,(1):97-104.

[9] 邓小文,廖明夫,Robert L,等.双盘转子碰摩的弯曲和扭转振动实验研究[J].航空动力学报,2002,(2):205-211.

[10] 邓小文.双盘转子碰摩的弯曲和扭转耦合振动研究[D].西安:西北工业大学,2001.

[11] 樊思齐.航空发动机控制[M].西安:西北工业大学出版社,2008.

[12] 王国胜.航空发动机双转子碰摩动力学研究[D].哈尔滨:哈尔滨工业大学,2010.

［13］ 王俨剀. 双转子发动机转子-机匣碰摩振动特征研究［J］. 机械科学与技术,2014,33(4)：
       614 - 620.

［14］ 雷剑宇. 滚动轴承局部故障的振动分析与诊断［D］. 西安：西北工业大学,2007.

［15］ 廖明夫,马振国,雷剑宇. 滚动轴承的几何常数和故障特征倍频的估计方法［J］. 航空动力
       学报,2008,23(11)：1993 - 2000.

［16］ 马振国. 航空发动机中介轴承局部故障振动分析与智能诊断［D］. 西安：西北工业大学,
       2015.

［17］ 孟涛,廖明夫,李辉. 齿轮故障诊断的时延相关解调法［J］. 航空动力学报,2003,18(1)：
       109 - 113.

第 7 章
气流-结构耦合故障分析

本章关键词：

叶顶间隙	(tip clearance)	气-构耦合力	(fluid-structure coupling force)
主动间隙控制	(active clearance control)	交叉刚度	(cross stiffness)
涡轮效率	(turbine efficiency)	转子涡动	(rotor whirl)
涡动方向	(forward or backward whirl)	失稳振动	(unstable vibration)

当发动机转子受到某种激扰,其轴心偏离机匣的中心位置时,叶轮与机匣内壁面的叶顶间隙就要发生变化。叶顶间隙小的一边,叶轮受到的气动力周向分量比较大,叶顶间隙大的一边,叶轮受到的气动力周向分量比较小。叶轮机周向力的非均匀分布,最终会产生一个垂直于转子位移方向的切向力。这个力可导致转子发生正进动失稳(涡轮)或者反进动失稳(压气机)。气-构耦合所产生的力会,产生一个反对称交叉刚度,成为转子失稳运动的隐患[1-3]。

参 数 表

符 号	含 义	符 号	含 义
F_u	周向力	α	静压分布相对于气动力做功分布的相位差
Ω_C	压气机转子转速	$\varsigma(\theta)$	间隙函数
Ω_T	涡轮转子转速	R_T	机匣半径
R	压气机盘半径	β	初始偏心相位角
h	叶片高度	$v_{a\cdot L}$	气体泄漏平均流速
M	输入力矩	s_σ	附加刚度
η^*	压气机效率	ω_n	自振频率
p_1	叶轮前压力	v_{1a}	通过截面空气的轴向平均速度
p_2	叶轮后压力	F'_x	恢复力
p_Δ	静压力波动峰值	Δ_p	静压分布的不均匀度

7.1 发动机的气-构耦合异常振动

7.1.1 试车异常振动现象

　　某型燃气轮机在 0.1 工况附近(高压转速 6 900～7 500 r/min),频繁出现高压基频的次谐波,造成该工况振幅相对较高,多次振动超标,严重影响了正常的生产和交付进度。图 7-1 为某次试车的转速与振动曲线。从图 7-2 中可见,试车过

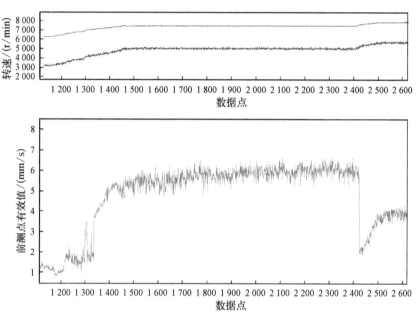

图 7-1　某次试车的转速和振动曲线

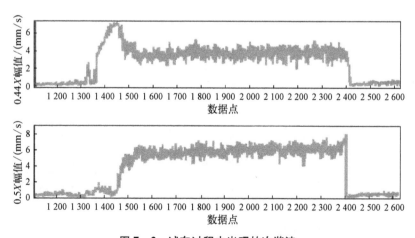

图 7-2　试车过程中出现的次谐波

程中 $0.44X$ 和 $0.5X$ 倍频幅值发现异常增大。

通过对 6 个台份的试车数据进行比较分析,得出以下结论:

(1) 特征量表现为高压基频的 $0.44 \sim 0.5$(本书简称半倍频),幅值甚至超过高、低压基频幅值;

(2) 该次谐波在转速 6 900 r/min 左右突然出现,应该有 1 个转速门槛或压力门槛;

(3) 在高压压气机后静压达到 0.7 MPa 后,控制系统操纵放气活门打开,高压第 5 级上分布的 45 个放气孔通气,高压基频的半倍频成分忽然消失,见表 7 - 1;

(4) 工况由高至低,下降过程中,次谐波未出现。

表 7 - 1　半倍频消失转速对比分析

台份	半倍频消失 转速/(r/min)	高压冷却空气阀 打开状态/(r/min)	台份	半倍频消失 转速/(r/min)	高压冷却空气阀 打开状态/(r/min)
1	7 508	7 421	4	7 516	7 553
2	7 547	7 474	5	7 764	7 564
3	7 519	7 375	6	7 600	7 513

分析后认为该燃机出现高压压气机的顶间隙激振,进而引发高压转子次同步进动失稳。

7.1.2　气-构耦合的失稳机制

压气机在运转过程中,当转子受到某种激扰偏离其与机匣的中心位置时,会造成局部叶尖和机匣的间隙不均匀。这种周向的间隙不均匀,造成周向压力分布的不均匀。间隙较小的地方,叶尖漏气损失较小,同时局部静压比较大,导致此处作用在转子上的周向气动力较大。间隙较大的地方,情况刚好相反。圆周上所有的周向力综合作用,等效于在转子轴心上施加了一个横向力。该横向力会引发并加剧转子的涡动,导致转子的失稳[4-7]。

当转速达到 2 倍临界转速时,忽然出现次谐波(常表现为工作转速的二分之一),幅值迅速增大。如果不加以控制,振动将不断加剧,可能会导致严重的后果。

引发失稳的交叉刚度项与转子偏心程度以及周向压力不均匀程度有关。因此,降低偏心以及周向放气都能够有效地缓解气-构耦合的问题。图 7 - 3 显示了气动力推动下的转子失稳运动轨迹。

图 7 - 3(a)中, F_r 为右半边叶片所受气动力合力, F_l 为左半边叶片所受气动力合力,可见 $F_r > F_l$,因此两个力的合力作用下,转子的正进动将被促进。图 7 - 3(b)表示了转子由于气动激振力而激起的失稳。由于气动激振力的作用,转子的

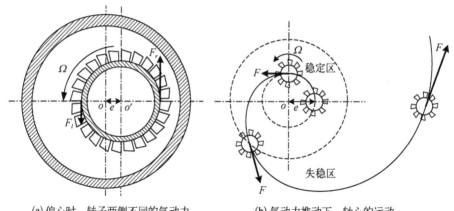

(a) 偏心时，转子两侧不同的气动力　　　　(b) 气动力推动下，轴心的运动

图 7 - 3　气动激振力激起的转子正进动

振动会增大,若此时未及时进行控制,转子振动会进一步加剧。最后越过稳定边界,出现失稳[8-10]。

7.2　发动机转子的气-构耦合模型

7.2.1　气动激振力的表达式

对于压气机来说,通过旋转对气体做功,气体焓升高,其功率 P_C 为

$$P_C = F\Omega_C(R + h) \tag{7-1}$$

式中, F 为周向力; Ω_C 为压气机转子转速; R 为压气机盘半径; h 为叶片高度。

压气机的输入功率 P_T 来源于涡轮:

$$P_T = M\Omega_T \tag{7-2}$$

式中, M 为输入力矩; Ω_T 为涡轮转子转速。

考虑压气机效率 $\eta^* = P_C/P_T$,则压气机受到的周向力可以写成:

$$F = \frac{M\eta^*}{R + h} = \dot{m}(w_{1u} - w_{2u}) \tag{7-3}$$

$$F_a = \dot{m}(w_{1a} - w_{2a}) + (P_1 - P_2)2\pi Rh \tag{7-4}$$

微圆上的力即可写成:

$$dF = F\frac{d\theta}{2\pi} \tag{7-5}$$

$$dF_a = F_a \frac{d\theta}{2\pi} \tag{7-6}$$

分解到转子 x, y 和 z 三个方向,积分得到合力的表达式:

$$F_x = \int_0^{2\pi} - dF\cos\theta = \int_0^{2\pi} - \frac{M\eta^*}{R+h}\cos\theta \frac{d\theta}{2\pi} \tag{7-7}$$

$$F_y = \int_0^{2\pi} - dF\sin\theta = \int_0^{2\pi} - \frac{M\eta^*}{R+h}\sin\theta \frac{d\theta}{2\pi} \tag{7-8}$$

$$F_z = \int_0^{2\pi} dF_a = \int_0^{2\pi} \left[\dot{m}(w_{1a} - w_{2a}) + (P_1 - P_2)2\pi Rh \right] \frac{d\theta}{2\pi} \tag{7-9}$$

可以看出,如果 η^* 不是相位 θ 角的函数,则作用在转子上的合力:

$$\begin{cases} F_x = 0 \\ F_y = 0 \\ F_z = \dot{M}(w_{1a} - w_{2a}) + (P_1 - P_2)2\pi Rh \end{cases} \tag{7-10}$$

此时,没有气动激振力。

若转子受某种激扰偏离其与机匣的中心位置时,会造成局部叶尖和机匣的间隙不均匀。这种周向的间隙不均匀,造成周向压力分布的不均匀,因此会导致压气机效率的变化。

此时,考虑叶尖损失的效率 η^* 是相位 θ 角的函数,F_x 和 F_y 不再为零。

考虑叶尖损失的效率 $\eta^*(\theta)$ 和叶轮后压力 $p_2(\theta)$ 的关系,可以假设效率和叶轮后截面静压的关系模型为

$$\eta^*(\theta) = \frac{\overline{p}_2 - p_\Delta\cos(\theta - \alpha)}{\overline{p}_2} = 1 - \Delta_p\cos(\theta - \alpha) \tag{7-11}$$

式中,$\overline{p}_2$ 为叶轮后截面静压的平均值;p_Δ 为静压力波动峰值;$\Delta_p = p_\Delta/\overline{p}_2$ 表示叶轮后截面静压分布的不均匀程度;α 为静压分布相对于气动力做功分布的相位差。

代入式(7-8),积分得

$$F_x = \int_0^{2\pi} \frac{M[1 - \Delta_p\cos(\theta - \alpha)]}{R+h}\cos\theta \frac{d\theta}{2\pi} = \frac{M\cos\alpha}{R+h}\Delta_p \tag{7-12}$$

$$F_y = \int_0^{2\pi} \frac{M[1 - \Delta_p\cos(\theta - \alpha)]}{R+h}\sin\theta \frac{d\theta}{2\pi} = -\frac{M\sin\alpha}{R+h}\Delta_p \tag{7-13}$$

由此可以看出,由于周向的间隙不均匀,造成周向压力分布的不均匀,进而会导致周向气动力大小的变化。如果改善周向压力分布的均匀度(Δ_p 减小),则周向气动力也会随之减小[11-12]。

7.2.2 气动激振力产生的交叉刚度

如果将叶尖损失的效率 $\eta^*(\theta)$ 表示成间隙泄露流量与截面的总流量之比,则微圆的效率 $\eta^*(\theta)$ 可以表示为

$$\eta^*(\theta) = 1 - \frac{\mathrm{d}\dot{m}_{sp}(\theta)}{\mathrm{d}\dot{M}} \qquad (7-14)$$

$$\mathrm{d}\dot{M} = \dot{M}\frac{\mathrm{d}\theta}{2\pi} = \rho v_{1a} Rh \mathrm{d}\theta \qquad (7-15)$$

$$\mathrm{d}\dot{m}_{sp}(\theta) = \rho v_{a \cdot L} R_T \varsigma(\theta)\mathrm{d}\theta \qquad (7-16)$$

式中,v_{1a} 为通过截面空气的轴向平均速度;$v_{a\cdot L}$ 为气体泄露平均流速;R_T 为机匣半径;$\varsigma(\theta)$ 为间隙函数。

$$\varsigma(\theta) = R_T - R - h - e(t)\cos(\theta - \beta) \qquad (7-17)$$

式中,β 为初始偏心相位角。

代回得

$$\eta^*(\theta) = 1 - \frac{v_{a\cdot L} R_T}{v_{1a} Rh}\varsigma(\theta) \qquad (7-18)$$

代入式(7-7)、式(7-8),积分得

$$\begin{cases} F_x = \int_0^{2\pi} -\dfrac{M\eta^*(\theta)}{R+h}\cos\theta\,\dfrac{\mathrm{d}\theta}{2\pi} = \dfrac{M}{2(R+h)}\dfrac{v_{a\cdot L}R_T}{v_{1a}Rh}e(t)\cos\beta \\[3mm] F_y = \int_0^{2\pi} -\dfrac{M\eta^*(\theta)}{R+h}\sin\theta\,\dfrac{\mathrm{d}\theta}{2\pi} = -\dfrac{M}{2(R+h)}\dfrac{v_{a\cdot L}R_T}{v_{1a}Rh}e(t)\sin\beta \end{cases} \qquad (7-19)$$

式中,$e(t)\cos\beta$ 为偏心振动在 y 轴上的位移投影;$e(t)\sin\beta$ 为偏心振动在 x 轴上的位移投影。则式(7-19)可以写成

$$\begin{bmatrix} F_x \\ F_y \end{bmatrix} = \begin{bmatrix} & s_{xy} \\ -s_{yx} & \end{bmatrix}\begin{bmatrix} x \\ y \end{bmatrix} \qquad (7-20)$$

式中，$s_{xy} = - s_{yx} = \dfrac{M}{2(R+h)h} \dfrac{v_{a \cdot L}}{v_{1a}}$；$x$、$y$ 是转子运动在平面坐标轴上的分量。

当转子发生位移 x 和位移 y 时，周向气动力的合力等效作用在转子的轴心上。气动激振力始终垂直于转子的位移方向，迫使转子发生顺着压力梯度方向运动。气体不断向转子输入能量，最终导致转子失稳。

此时列出转子的运动方程：

$$\begin{cases} m\ddot{x} + d\dot{x} + s_{xx}x = F_x \\ m\ddot{y} + d\dot{y} + s_{yy}y = F_y \end{cases} \tag{7-21}$$

令 $\omega_n^2 = s_{xx}/m = s_{yy}/m$，$D = d/2m$，则

$$\begin{cases} \ddot{x} + 2D\dot{x} + \omega_n^2 x - \omega_k^2 y = 0 \\ \ddot{y} + 2D\dot{y} + \omega_n^2 y + \omega_k^2 x = 0 \end{cases} \tag{7-22}$$

令 $u = x + jy$ 代入式（7-22）变成复数表达式：

$$\ddot{u} + 2D\dot{u} + \omega_n^2(1 - jB)z = 0 \tag{7-23}$$

式中，$B = \omega_k^2/\omega_n^2 = s_{xy}/s_{xx}$。

假设振动相应解的形式为 $u = Ae^{rt}$，代回式（7-23），解得

$$r = - D \pm \sqrt{D^2 - \omega_n^2(1 - jB)} \tag{7-24}$$

如果式（7-24）根号前取"-"号，则 $r < 0$，振幅随时间逐渐衰减，转子的运动是稳定的。

讨论另一种情况，根号前取"+"号。

$$r = - D \pm j\omega_n \sqrt{1 - (D/\omega_n)^2} \sqrt{1 - \dfrac{jB}{1 - (D/\omega_n)^2}} \tag{7-25}$$

通常 B 远小于 $1 - (D/\omega_n)^2$，开方近似得

$$\sqrt{1 - \dfrac{jB}{1 - (D/\omega_n)^2}} = 1 - \dfrac{1}{2} \dfrac{jB}{1 - (D/\omega_n)^2} \tag{7-26}$$

则

$$r \approx - D + \dfrac{1}{2} \dfrac{\omega_n B}{\sqrt{1 - (D/\omega_n)^2}} + j\omega_n \sqrt{1 - (D/\omega_n)^2} \tag{7-27}$$

此时外阻尼 $D = 0$，式(7 − 27)变为 $r \approx \dfrac{\omega_n B}{2} + \mathrm{j}\omega_n$。解得

$$u = A\mathrm{e}^{\left(\frac{\omega_n B}{2} + \mathrm{j}\omega_n\right)t} \tag{7 − 28}$$

由此可见，如果外阻尼为零，B 不为负时，系统总是失稳的。轴心涡动的频率等于自振频率 ω_n。

实际工作中，外阻尼不会完全为零。同时，系数 $B = s_{xy}/s_{xx}$ 也会增大成为

$$B' = \dfrac{s_{xy}}{s_{xx} + s_\sigma} \tag{7 − 29}$$

附加刚度 s_σ 是周向压差的作用体现。由于周向压力分布不均匀，压差会产生指向轴心的恢复力，力的大小为

$$F'_x = \Delta_p\big[\cos(\theta + \alpha) - \cos(\pi - \theta + \sigma)\big]2Rh \tag{7 − 30}$$

7.3　转子运动稳定性分析

7.3.1　稳定性判据

得到气动力周向分量的表达式后，就具备了判断转子运动稳定性的条件。判断转子稳定性的数学方法有特征值判据、Routh − Hurwitz(R − H)稳定性准则和 Lyapunov 稳定性准则等几类。

1. 特征值判据

离散、线性、自治、完整的动力系统(转子系统大多数属于这类系统)，其位移用独立广义坐标集 q 表示，系统的运动方程为

$$m\ddot{q} + d\dot{q} + sq = 0 \tag{7 − 31}$$

式中，m 是 $n \times n$ 的惯性阵，一般是正定对称阵；对一般的扰动力，s、d 是 $n \times n$ 阶一般实阵。对应式(7 − 31)的特征值问题求解下列方程，即

$$(\lambda^2 m + \lambda d + s)\Phi = 0 \tag{7 − 32}$$

其中，特征值 λ 由式(7 − 33)解出，即

$$|\lambda^2 m + \lambda d + s| = 0 \tag{7 − 33}$$

式(7 − 33)可展开成 $2n$ 阶实系数代数方程，即

$$a_0\lambda^{2n} + a_1\lambda^{2n-1} + a_2\lambda^{2n-2}\cdots a_{2n-1}\lambda^1 + a_{2n}\lambda^0 = 0 \tag{7 − 34}$$

在状态空间中,式(7-31)可改写为

$$\dot{X} = AX \qquad (7-35)$$

式中, $X = \begin{bmatrix} \dot{q} \\ q \end{bmatrix}$; $A = \begin{bmatrix} -m^{-1}d & -m^{-1}s \\ I & 0 \end{bmatrix}$。

此处 A 也是一般实阵。相应的特征值问题是

$$\lambda X = AX \qquad (7-36)$$

若 $\lambda X = AX$ 的特征根实部全为负实数,则系统渐近稳定。

矩阵论指出,任何 n 阶方阵 A 都可经相似变化 $T^{\mathrm{T}}AT$ 变成 Jordan 标准形:

$$T^{\mathrm{T}}AT = \mathrm{Block-diag}[J_1, J_2, \cdots, J_k] \qquad (7-37)$$

式中, $n_1 + n_2 + \cdots + n_k = n$, n_k 为第 k 个 Jordan 块的阶数。

$$\begin{bmatrix} \lambda_j & 1 & & & \\ & \lambda_j & 1 & & \\ & & \ddots & \ddots & \\ & & & \ddots & 1 \\ & & & & \lambda_j \end{bmatrix} \qquad (7-38)$$

λ_j 是 A 的 k 阶重特征根。此处对应不同于不同特征向量的 λ_j 看作为不同的根。因为 $\dot{X}_k = J_k X_k$,初始条件 $X_k(0)$ 下的解为

$$X_k(t) = \begin{bmatrix} 1 & t & \dfrac{t^2}{2!} & \cdots & \dfrac{t^{(k-1)}}{(k-1)!} \\ 0 & 1 & t & \cdots & \dfrac{t^{(k-2)}}{(k-2)!} \\ \cdots & \cdots & \cdots & \cdots & \cdots \\ & & & \cdots & 1 \end{bmatrix} e_j^{\lambda t} X_k(0) \qquad (7-39)$$

式(7-39)表明,当且仅当 λ_j 有负实部时,系统渐近稳定。因此, A 的特征根的实部全为负是线性系统渐近稳定的充要条件,这就是特征根判据。如果有一个 λ_j 为纯虚根且对应的 Jordan 块 J_k 的阶数 $k = 1$,则系统稳定,但不再渐近稳定。如果至少有一个 λ_j 的实部为正,或者有一个 λ_j 为纯虚根且 $k > 1$,则系统失稳。必须指出,上述结论仅对线性系统而言。如果线性系统是非线性系统的线性化模型,则对纯虚根情况的实际稳定性,需要考察计及非线性项的解以后再作判断。因此常把出现纯虚根称为临界态,其稳定性由高阶项决定。

存在两种失稳态,若 λ_j 为正实数(虚部为零),系统呈发散失稳,这是一种静态

失稳,与平衡态的分叉有关,见图 7-4。若 λ_j 是实部为正的复数,虚部不为零,或者是 $k > 1$ 的纯虚根,则称颤振失稳,呈现增幅振荡的动力失稳,转子系统的失稳大多数属于这一类,见图 7-5。

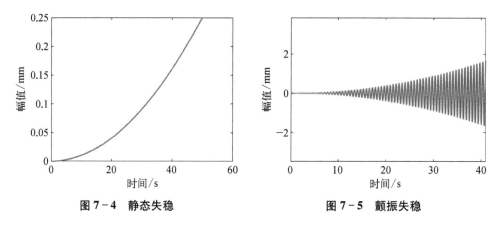

图 7-4　静态失稳　　　　　　　　图 7-5　颤振失稳

对单自由度的系统来说,其静态失稳即为匀加速运动。因此其幅值与时间呈二次关系。而颤振失稳时,可见其幅值出现波动,且幅值逐渐增大。

2. Routh-Hurwitz(R-H)稳定性准则

判断系统是否稳定,只需了解其特征根的实部是否全小于零,无需解出全部特征根。有一些代数判据可直接判断根的性质而无须去求解根,R-H 准则就是常用的一个。

建立如下的 Hurwitz 阵,即

$$\boldsymbol{H} = \begin{bmatrix} a_1 & a_0 & 0 & 0 & 0 & \cdots & \cdots & 0 \\ a_3 & a_2 & a_1 & a_0 & 0 & \cdots & \cdots & 0 \\ a_5 & a_4 & a_3 & a_2 & a_1 & \cdots & \cdots & 0 \\ \vdots & \vdots & \vdots & \vdots & \vdots & \vdots & \vdots & 0 \\ 0 & 0 & 0 & 0 & 0 & 0 & \cdots & a_k \end{bmatrix} \tag{7-40}$$

式中,取 $a_k = 0 \, (k > m)$。根据 R-H 准则,式(7-40)的根全部带负实部的充要条件是 $\boldsymbol{H}$ 阵的各阶主子行列式均大于零,即

$$\begin{cases} H_1 = a_1 > 0 \\ H_2 = a_2 a_1 - a_3 a_0 > 0 \\ \quad\cdots \\ H_m = a_m H_{m-1} > 0 \end{cases} \tag{7-41}$$

若式(7-40)是复系数代数方程,令 $\lambda = \mathrm{i}p$,代入得

$$b_0 p^m + b_1 p^{m-1} + \cdots + b_m + \mathrm{i}(c_0 p^m + c_1 p^{m-1} + \cdots + c_m) = 0 \qquad (7-42)$$

建立如下 $2m$ 阶广义 $\boldsymbol{H}$ 阵：

$$\boldsymbol{H} = \begin{bmatrix} c_0 & c_1 & c_2 & \cdots & c_m & & & & \\ b_0 & b_1 & b_2 & \cdots & b_m & & & & \\ & c_0 & c_1 & c_2 & \cdots & c_m & & & \\ & b_0 & b_1 & b_2 & \cdots & b_m & & & \\ & & & & \ddots & & & & \\ & & & & & c_0 & c_1 & c_2 & \cdots & c_m \\ & & & & & b_0 & b_1 & b_2 & \cdots & b_m \end{bmatrix} \qquad (7-43)$$

稳定性的充分条件是广义 $\boldsymbol{H}$ 阵的全体偶阶主子行列式大于零。

R - H 准则主要适用于单盘转子类自由度较少的系统,对工程实际中的多自由度转子系统,仍需另觅途径。

3. Lyapunov 稳定性准则

Lyapunov 第一方法,也称间接法,属于小范围稳定性分析方法。其思路为将非线性自治系统运动方程在足够小的邻域内进行泰勒展开,导出一次近似线性系统。再根据线性系统特征值在复平面上的分布,推断出非线性系统在领域内的稳定性。在 Lyapunov 第一方法中,有一个基础性的问题,即将非线性方程线性化的问题。

实际上其方法的主要数学工具是泰勒展开式,即对函数 $f(x)$ 在 x_0 邻域内展开后:

$$f(x) = f(x_0) + f'(x_0)(x - x_0) + \frac{1}{2!} f''(x_0)(x - x_0)^2 + \cdots$$

$$+ \frac{1}{n!} f^{(n)}(x_0)(x - x_0)^n + \cdots \qquad (7-44)$$

仅取线性项,忽略高阶次项:

$$f(x) \approx f(x_0) + f'(x_0)(x - x_0) \qquad (7-45)$$

称式(7-45)为 $f(x)$ 非线性函数在 x_0 邻域内的线性函数表达。

故而 $x - x_0$ 必须要足够小,其变化 $\Delta x = x - x_0$ 应在 x_0 的小邻域内进行,即运动是非常小的,因为运动亦可称为一种扰动,因此上述方法常称为小扰动线性化。

Lyapunov 第二方法,也称直接法,属于直接根据系统结构判断内部稳定性的方法。该方法直接面对非线性系统,基于引入具有广义能量属性的 Lyapunov 函数和分析李氏函数的定量性,建立判断稳定性的相应结论。因此,Lyapunov 第二方法更具有一般性。

7.3.2　判据的非线性应用

振动系统中惯性(质量或转动惯量)、线性系数或阻尼系数不为常数时,将该振动系统称为非线性振动系统。实际工程中虽然大多数振动系统是非线性振动系统,然而其中多数可以线性化,按线性系统处理。非线性系统中有其不同的特点。按线性系统处理后,这些特有现象就显示不出来。所以如果要了解、研究非线性系统的特有的现象,就不能将其线性化。非线性系统稳定性的研究,即使是最简单的原点的稳定性问题,研究起来也是十分困难的,难以建立一般的方法。下面提出常用于工程系统中的方法。

1. 线性化方法

设系统的微分方程是非线性的:

$$\dot{x}_i = F_i(x_1, x_2, \cdots, x_n) \quad (i = 1, 2, \cdots, n) \tag{7-46}$$

将非线性函数 F_i 在 $x_i = 0$(原点)附近展开为泰勒级数,得

$$F_i(x_1, x_2, \cdots, x_n) = f_{i0} + f_{i1}x_1 + f_{i2}x_2 + \cdots + f_{in}x_n + f_i(x_1, x_2, \cdots, x_n)$$
$$(i = 1, 2, \cdots, n) \tag{7-47}$$

式中,f_{i0} 为常数;f_{i1} 是一次项的系数;$f_i(x_1, x_2, \cdots, x_n)$ 是所有高次项的和。由于原点是平衡状态,是方程的解,所以式(7-47)中 $f_i(0, 0, \cdots, 0) = 0$ 给出所有常数 $f_{i0} = 0$,于是式(7-46)可写成:

$$\dot{x}_i = \sum_{j=1}^{n} f_{ij}x_j + f_i(x_1, \cdots, x_n) \quad (i = 1, 2, \cdots, n) \tag{7-48}$$

如果不计高次项,便得到该非线性系统的线性化系统。工程上多为非线性系统,求解起来很困难,常用这种方法求出其线性化系统来替代,即原系统改为

$$\dot{x}_i = \sum_{j=1}^{n} f_{ij}x_j \quad (i = 1, 2, \cdots, n) \tag{7-49}$$

然后按线性系统进行分析求解。式(7-49)是一阶线性方程组,在求得复数特征根后,可按一阶线性方程组稳定性的方法判别系统的稳定性。

一般情况,线性系统不能代替非线性系统,这里只是研究问题的范围缩小到原点的稳定性问题。即使在此小范围如果求出的线性化系统的特征根中有实部为零的根(零根和虚根),其余根均有负实部,那么非线性系统的原点的稳定性也不能按线性化系统来判定,它决定于高次项的性质。

2. 数值方法

数值方法是直接对转子运动微分方程采用时间积分的方法,在空间上采用有限元方法离散,对时间变量则采用差分方法离散,如 Runge – Kutta(R – K)方法。数值方法可以比较准确地给出某一时刻的位移、速度和加速度的数值。通过计算机编程,依据逐点积分原理,利用有限差分法代替积分,得到系统的响应。根据响应了解系统的运动情况,以判定系统运动的稳定性。

3. 摄动方法

摄动方法又称小参数展开法,是把转子运动微分方程的解近似地表示为某一参数的幂级数形式。利用摄动法求解方程的渐近解,通常要将物理方程和定解条件无量纲化,在无量纲方程中选择 1 个能反映物理特征的无量纲小参数作为摄动量,然后假设解可以按小参数展成幂级数,将这一形式级数代入无量纲方程后,可得各级近似方程,依据这些方程可确定幂级数的系数,对级数进行截断,便得到原方程的渐近解。在早期的直接展开法(基本摄动法)中,参数幂级数的表达式只限于在某一区域内有效,而在另外的区域,由于幂级数的不一致而失效,为了拓展幂级数一致性的适用范围,人们从物理、工程、应用数学等不同领域发展了各项技术,从而形成了各种方法。其中最有影响、最成系统的有 Lindstedt – Poincare(L – P)法,多尺度法和渐近法。

4. 微分方程求解的 Runge – Kutta 法

Runge – Kutta 方法是一种间接采用泰勒级数展开而求解常微分方程问题的数值方法。该方法用某些点上函数值 $f(x,y)$ 的不同组合来近似初值问题的解析解。该算法是构建在数学支持的基础上。对于一阶精度的拉格朗日中值定理有

$$y_{i+1} = y_i + h \times k_1 \tag{7-50}$$

$$k_1 = f(x_i, y_i) \tag{7-51}$$

当用点 x_i 处的斜率近似值 k_1 与右端点 x_{i+1} 处的斜率 k_2 的算术平均值作为平均斜率 k^* 的近似值,那么就会得到二阶精度的改进拉格朗日中值定理:

$$y_{i+1} = y_i + h \times (k_1 + k_2)/2 \tag{7-52}$$

$$k_1 = f(x_i, y_i) \tag{7-53}$$

$$k_2 = f(x_i + h, y_i + h \times k_1) \tag{7-54}$$

依次类推,如果在区间 $[x_i, x_{i+1}]$ 内多预估几个点上的斜率值 k_1, k_2, $\cdots$, k_m,并用它们的加权平均数作为平均斜率 k^* 的近似值,显然能构造出具有很高精度的高阶计算公式。经数学推导、求解,可以得出四阶 Runge – Kutta 公式,也就是在工程中应用广泛的经典 Runge – Kutta 算法:

$$
\begin{cases}
y_{n+1} = y_n + \dfrac{h}{6}(K_1 + 2K_2 + 2K_3 + K_4) \\[2mm]
K_1 = f(x_n,\ y_n) \\[2mm]
K_2 = f\left(x_n + \dfrac{1}{2}h,\ y_n + \dfrac{h}{2}K_1\right) \\[2mm]
K_3 = f\left(x_n + \dfrac{1}{2}h,\ y_n + \dfrac{h}{2}K_2\right) \\[2mm]
K_4 = f(x_n + h,\ y_n + hK_3)
\end{cases}
\tag{7-55}
$$

5. 谐波平衡法

谐波平衡法是把转子运动微分方程周期解展开成傅里叶级数,通过比较方程中谐波项的系数,把原来的非线性常微分方程化为以傅里叶级数为未知量的非线性代数方程组,然后采用熟知的求解非线性方程的方法如迭代法或 N-R 方法求解。该方法概念直观,易于应用,有解析表达式,适用于与计算机数值方法结合起来形成半解析半数值的方法。

6. 临界转速估算方法

由于动力学失稳和转子系统临界转速之间存在本质上的联系。因此,通过计算临界转速,也可以起到失稳门槛转速估计的作用。在转子运动稳定性判别中,临界转速法也是工程中可以考虑的思路之一。临界转速的估计,常用方法分为以下两类。

(1) 传递矩阵法。基本思路是,将转子系统划分为若干个单元,这些单元一环接一环地结合起来,形成一种链式结构。每个单元都可视为无质量的等截面梁,每个单元的质量集中在其两端的节点上。每个单元通过状态参数来进行描述。然后通过传递矩阵,将各个单元的状态参数从起始端传递到终止端,再利用两端的边界条件进行求解。

(2) 有限元法。基本思路是,将转子系统划分为轮盘、轴段和轴承等单元,将各单元彼此的连接定义为节点,各单元通过节点传递相互作用力。建立每个单元的运动学平衡方程,从而得到各单元的状态参数矩阵。利用各节点之间的相互作用力平衡的条件,将各矩阵进行综合组装,从而得到以节点挠度及挠角为未知量的常微分方程组,求解方程组就可得到转子系统的动力学特性。

获得临界转速以后,结合转子结构特点、失稳模型和失稳力表达式,就可以外推实现转子系统运动稳定性分析。

通过上述特征值判据、Routh-Hurwitz(R-H)稳定性判据、Lyapunov 稳定性判据、判据的非线性处理算法以及临界特性计算方法,将气动激振力表达式代入转子运动方程,即可判断气-构耦合作用下的转子稳定性及动力学响应。

7.4　工程应用中的要点

（1）气-构耦合故障引起的转子失稳振动，主要表现为旋转基频的半倍频幅值的突然增加。由于摩擦等损失，频率可能会略小于半倍频，常表现出的故障特征频率为 $0.4X \sim 0.5X$。

（2）气-构耦合故障旋转的方向与气动力方向相同，即压气机部件表现为反进动，涡轮部件表现为正进动。

（3）随着局部压力的周向分布变均匀，失稳现象随即消失。因此，打开放气活门是控制气-构耦合故障的有效措施之一。

（4）稳定性判据在后续解决多场耦合导致失稳故障时，可以通过理论建模分析来得到故障特征及各影响参数的影响规律。

小　结

本章分析了气-构耦合故障的机制，主要表现为气动力合力与转子位移之间的失稳关系。为此，本章从故障实例出发，阐述了失稳振动的特征，建立了气-构耦合方程，推导出气动激振力及交叉刚度的表达式。力图通过耦合力的解析表达式，解释故障的影响因素。

参考文献

［1］　廖明夫. 航空发动机转子动力学［M］. 西安：西北工业大学出版社，2015.

［2］　Song S J, Wisler D C, Ehrich F F, et al. Unsteady flow and whirl-inducing forces in axial-flow compressors：part Ⅱ－analysis［J］. Journal of Turbomachinery, 2001, 123(3)：446－452.

［3］　Storace A F, Wisler D C, Shin H W, et al. Unsteady flow and whirl-inducing forces in axial-flow compressors：part Ⅰ－experiment［J］. Journal of Turbomachinery, 2001, 123(3)：433－445.

［4］　Song S J. An investigation of tip clearance flow excitation forces in a single-stage unshrouded turbine［D］. Boston：Massachusetts Institute of Technology, 1995.

［5］　Martinez-Sanchez M, Jaroux B, Song S J, et al. Measurement of turbine blade-tip rotor dynamic excitation forces［J］. Journal of Turbomachinery, 1995, 117(3)：384－392.

［6］　Kang Y S, Kang S H. Prediction of the fluid induced instability force of an axial compressor［C］. Miami：ASME 2006 2nd Joint US-European Fluids Engineering Summer Meeting Collocated With the 14th International Conference on Nuclear Engineering. American Society of Mechanical Engineers Digital Collection, 2006：337－344.

［7］　Al-Nahwi A A, Paduano J D, Nayfeh S A. Aerodynamic-rotor dynamic interaction in axial compression systems：part Ⅰ－modeling and analysis of fluid-induced forces［C］. Amsterdam：ASME Turbo Expo 2002：Power for Land, Sea, and Air/American Society of Mechanical

Engineers, 2002: 1077 - 1091.

[8] Qiu Y J, Martinez-Sanchez M. Prediction of destabilizing blade tip forces for shrouded and unshrouded turbines [R]. NASA. Lewis Research Center Instability in Rotating Machinery, 1985: 287 - 299.

[9] 胡绚,张强.非均匀来流条件下偏心涡轮转子的气流激振力和动力特性[J].科学技术与工程,2015,15(7): 115 - 121.

[10] 杨喜关.气流激振力作用下转子系统稳定性分析[D].南京: 南京航空航天大学,2008.

[11] Song S J, Martinez-Sanchez M. Rotordynamic forces due to turbine tip leakage: part Ⅰ - blade scale effects [J]. Journal of Turbomachinery, 1997, 119(4): 695 - 703.

[12] Song S J, Martinez-Sanchez M. Rotordynamic forces due to turbine tip leakage: part Ⅱ - radius scale effects and experimental verification [J]. Journal of Turbomachinery, 1997, 119(4): 704 - 713.

第8章
油液-结构耦合故障分析

本章关键词:

盘腔积液	(rotor partly filled with liquid)	液-构耦合力	(liquid-structure coupling force)
失稳机制	(instability mechanism)	液体黏度	(liquid viscosity)
失稳边界	(instability boundary)	充液比	(liquid filled ratio)
门槛转速	(threshold speed)	失稳预警	(instability prediction)

发动机转子采用盘鼓结构,转子内腔可能积液。液-构现象在航空发动机工作过程中时有发生,是引起发动机振动超标的因素之一[1]。油液聚集在鼓筒中将会跟随转子旋转,形成液体-结构的耦合运动。鼓筒腔体内存在的自由表面极易引起转子发生自激振荡。这一自激失稳振动常常引起整机振动超标,同时引发碰摩故障等二次故障,严重时更会对机械结构造成致命破坏,引发灾难性的后果[2-4]。

参 数 表

符 号	含 义	符 号	含 义
L	盘腔宽度	Re	雷诺数
κ	盘腔内外径比	Re_{cr}	临界雷诺数
ρ	积液液体密度	μ	积液液体黏性系数
m_c	积液液体质量	ν	积液液体动力黏度
ξ_{rotor}	转子挠度	Ω	转子自转频率
$m_{c失稳}$	失稳门槛积液量	$\Omega_{失稳}$	失稳门槛转速
χ	积液接触壁面湿周长	$\Omega_{恢复}$	失稳恢复转速
d_e	当量直径	ω	积液转子涡动频率
F_{lx}, F_{ly}, F_{lz}	绝对坐标系下积液作用力	ω_n	干转子固有频率
$F_{l\xi}$, F_{lr}, F_{lz}	柱面坐标系下积液作用力	ω_l	积液转子共振频带

续　表

符　号	含　义	符　号	含　义
p	积液压力分布	Δ	自转频率与涡动频率的差
v_x, v_y, v_z	绝对坐标系下积液速度分布	$\eta_{失稳}$	失稳门槛转速比
v_r, v_φ, v_z	柱面坐标系下积液速度分布	γ	失稳门槛转速比倒数
h	积液液面厚度	s_{xy}	交叉刚度
α	耦合力初始相位角	f	黏性摩擦力
β	重力与径向力夹角	Λ	失稳幅值突增速率
θ	绝对坐标系下重心涡动角	δ	重心涡动角

　　盘鼓腔积液是航空发动机中经常发生的问题,由于压气机转子一般采用盘鼓结构,滑油可能聚积在转子的盘鼓腔处,形成独特的盘鼓腔积液现象。以高压压气机转子结构为例,如图 8-1 所示,图中圈住部分为篦齿封严结构。由于高压压气机转子的前支承浸泡在滑油之中,航空发动机工作在高温高压的条件下,滑油喷射、飞溅、搅拌和高温作用都会导致轴承腔处的滑油发生汽化,同时篦齿封严结构在发动机运行过程中也难免会产生漏气,致使油气从轴承腔处随气体一同流动到盘鼓结构内腔中。油气在盘鼓结构中凝结为液态,从而导致航空发动机高压压气机盘鼓腔内产生积液现象[5]。

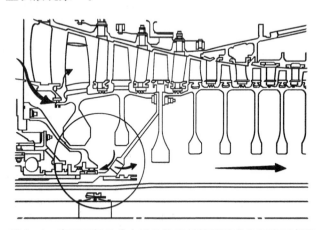

图 8-1　高压压气机前支承结构密封的泄漏产生积液示意图

　　在试车后,对发动机进行分解时常在转子盘鼓腔结构的前几级压气机盘鼓处发现有液态的油存在。盘鼓腔积液现象在航空发动机实际运行过程中普遍存在。据某厂不完全统计,在发生积液现象的试车台份中,转子盘鼓腔中积液量约占单级盘鼓腔体积的 5% 左右,积液现象主要存在于前几级盘腔中,并且存在积液的发动机,都会表现不同程度的异常振动。

　　在实际试车过程中,盘鼓腔积液现象将会导致航空发动机转子系统产生异常振动,而且造成振动超标,甚至出现转子自激失稳。在某次航空发动机试车过程中,发现了振动突增的现象,并有风扇叶片的磨损等故障产生。其进气机匣测点、中介机匣测点和涡轮后机匣测点振动瀑布图如图 8-2 所示,在图中可以明显地看出振动中含有异常频率成分 fx,该频率处的幅值明显大于其他频率幅值。试车之后对发动机进行分解,发现在产生这种异常频率时,其高压转子的锥形壁内均有积油,可认为这种异常状态是因为航空发动转子盘鼓腔积液现象导致的。

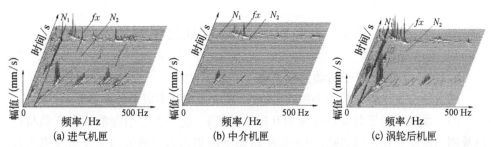

(a) 进气机匣　　　　　(b) 中介机匣　　　　　(c) 涡轮后机匣

图 8-2　某发动机 3 个测点处振动响应瀑布图

　　针对 10 种型号的双转子航空发动机的单级盘鼓腔尺寸进行统计,统计结果如表 8-1 所示。

表 8-1　10 种型号发动机盘鼓腔尺寸统计

型　　号	低压单级盘鼓腔平均长度/mm	低压盘鼓腔最小直径/mm	低压盘鼓腔最大直径/mm	高压单级盘鼓腔平均长度/mm	高压盘鼓腔最小直径/mm	高压盘鼓腔最大直径/mm
MK-202	67	240	360	45	290	290
PW545	92	210	300	83	170	170
PW300	99	160	280	36	140	230
M88	143	119	502	72	143	525
PW2000	59	274	881	72	352	509
BR720	81	330	510	81	210	560
CFM56	85	210	710	57	490	490
GE90	96	730	1 390	32	390	690
AL-31F	139	430	590	46	430	680
F119	114	440	580	76	490	490

　　根据表 8-1 可以得出,在双转子航空发动机中,低压单级盘鼓腔的长度范围为 55~145 mm,高压单级盘鼓腔长度范围为 45~85 mm,低压盘鼓腔直径为 200~

700 mm,高压盘鼓腔直径为 150~700 mm。由此可见：在航空发动机中，单级盘鼓腔较小；在不同型号的航空发动机中，盘鼓腔尺寸是有显著区别的；单级盘鼓腔长度与直径的比的范围为 0.02~0.17。

因此，为了保证航空发动机的性能、结构的稳定性和安全性，有必要对转子盘鼓腔积液现象进行深入研究。针对地面转子充液失稳现象，已经有一些可以借鉴的理论。本书根据现有充液转子的理论，基于航空发动机转子模型，建立充液转子实验器对该理论进行验证。

8.1 盘腔积液的液-构耦合模型

8.1.1 带积液转子的动力学方程

结合航空发动机结构及小积液量特点，理论模型基本假设条件如下。

（1）发动机转子各级盘腔为相互独立的短腔，挠曲变形引起的轴向流动与径向及周向流动相比可以忽略；匀速巡航状态下简单认为积液轴向速度与飞机飞行速度相同，可简化为准三维流动[6-8]。

（2）发动机转子通常设计为柔性，工作转速在 1 阶临界之上，因此模型引入盘心挠度。

（3）黏性系数影响油液的流动状态，对转子作用力及振动特性影响不同，所以模型考虑流体黏性。

本章的研究对象为卧式转子，结合基本假设建立的盘腔积液壁面液-构耦合模型如图 8-3 所示。盘中虚线为积液运动的自由液面。

图 8-3 中采用空间固定坐标系 (O, x, y, z) 来描述转子的运动。其中 x 轴和 y 轴位于圆盘的中心面上，分别为水平和竖直方向，z 轴与轴承中心连线重合，方向为飞行方向；坐标原点 O 位于轴承中心连线上，表示固定坐标系速度，例如，飞行速度。积液转子的运动模型建立过程如下：

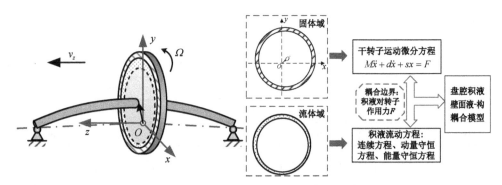

图 8-3 积液转子的液-构耦合模型

（1）以积液转子系统为研究对象,建立转子的运动方程。转子运动方程可表述为

$$M\ddot{x} + d\dot{x} + sx = M(\xi_{\text{rotor}} + \varepsilon)\Omega^2\cos\theta + F_{lx} \qquad (8-1)$$

$$M\ddot{y} + d\dot{y} + sy = M(\xi_{\text{rotor}} + \varepsilon)\Omega^2\sin\theta - Mg + F_{ly} \qquad (8-2)$$

$$M\ddot{z} + d\dot{z} + sz = F_{\text{推}} + F_{lz} \qquad (8-3)$$

式中, M 为转子系统质量; d 为阻尼系数; s 为刚度系数; ξ_{rotor} 为转子挠度,根据 ISO 2372 标准取转子盘在涡动过程中运行状态良好的振动值; ε 为质量偏心; $F_{\text{推}}$ 为转子轴向推力; F_l 为积液对转子作用力。由转子运动方程可知,若要研究积液转子的振动规律,分析积液对转子的作用力表达式是模型建立的关键[6-8]。

（2）以盘腔内流体为研究对象,对盘腔积液的压力分布进行积分:

$$F_{lx} = \oiint_S p_{(x,\,y,\,z)}\mathrm{d}S_{yz}, \ F_{ly} = \oiint_S p_{(x,\,y,\,z)}\mathrm{d}S_{xz}, \ F_{lz} = \oiint_S p_{(x,\,y,\,z)}\mathrm{d}S_{xy} \qquad (8-4)$$

式中, S 为积液与转子接触面区域; $\mathrm{d}S_{yz}$ 、 $\mathrm{d}S_{xz}$ 、 $\mathrm{d}S_{xy}$ 分别为 3 个方向上的面积微元; $p_{(x,\,y,\,z)}$ 为盘腔内部积液的压力分布。

（3）以盘腔内的流体微团为研究对象,动量方程分别写成三个方向上的分量。

r 方向上的分量为

$$\rho\left(\frac{\partial v_r}{\partial t} + v_r\frac{\partial v_r}{\partial r} + \frac{v_\phi}{r}\frac{\partial v_r}{\partial\phi} - \frac{v_\phi^2}{r} + v_z\frac{\partial v_r}{\partial z}\right)$$

$$= \rho g_r + \rho\Omega^2(r + \xi_{\text{rotor}}) - \frac{\partial p}{\partial r} + \mu\left\{\frac{\partial}{\partial r}\left[\frac{1}{r}\frac{\partial(rv_r)}{\partial r}\right] + \frac{1}{r^2}\frac{\partial^2 v_r}{\partial\phi^2} - \frac{2}{r^2}\frac{\partial v_\phi}{\partial\phi} + \frac{\partial^2 v_r}{\partial z^2}\right\} \qquad (8-5)$$

φ 方向上的分量为

$$\rho\left(\frac{\partial v_\phi}{\partial t} + v_r\frac{\partial v_\phi}{\partial r} + \frac{v_\phi}{r}\frac{\partial v_\phi}{\partial\phi} - \frac{v_r v_\phi}{r} + v_z\frac{\partial v_\phi}{\partial z}\right)$$

$$= \rho g_\phi - \frac{1}{r}\frac{\partial p}{\partial\phi} + \mu\left\{\frac{\partial}{\partial r}\left[\frac{1}{r}\frac{\partial(rv_\phi)}{\partial r}\right] + \frac{1}{r^2}\frac{\partial^2 v_\phi}{\partial\phi^2} + \frac{2}{r^2}\frac{\partial v_r}{\partial\phi} + \frac{\partial^2 v_\phi}{\partial z^2}\right\} \qquad (8-6)$$

Z 方向上的分量为

$$\rho\left(\frac{\partial v_z}{\partial t} + v_r\frac{\partial v_z}{\partial r} + \frac{v_\phi}{r}\frac{\partial v_z}{\partial\phi} + v_z\frac{\partial v_z}{\partial z}\right)$$

$$= \rho g_z - \frac{\partial p}{\partial z} + \mu \left\{ \frac{1}{r} \frac{\partial}{\partial r} \left[r \frac{\partial (r v_z)}{\partial r} \right] + \frac{1}{r^2} \frac{\partial^2 v_z}{\partial \phi^2} + \frac{\partial^2 v_z}{\partial z^2} \right\} \qquad (8-7)$$

式中，v_r、v_φ、v_z 分别为积液径向、周向及轴向运动速度；μ 为积液黏性系数；p 为积液的压力分布。

由于挠曲变形引起的轴向流动可以忽略，根据准三维流动假设可知：

$$\frac{\partial v_r}{\partial z} = \frac{\partial v_\varphi}{\partial z} = \frac{\partial v_z}{\partial r} = \frac{\partial v_z}{\partial \varphi} = \frac{\partial v_z}{\partial z} = \frac{\partial p}{\partial z} = 0 \qquad (8-8)$$

简化后连续方程：

$$\frac{\partial v_r}{\partial r} + \frac{v_r}{r} + \frac{1}{r} \frac{\partial v_\varphi}{\partial \varphi} = 0 \qquad (8-9)$$

简化后动量方程 r 方向上的分量为

$$\rho \left(\frac{\partial v_r}{\partial t} + v_r \frac{\partial v_r}{\partial r} + \frac{v_\varphi}{r} \frac{\partial v_r}{\partial \varphi} - \frac{v_\varphi^2}{r} \right)$$

$$= \rho g_r + \rho \Omega^2 (r + \xi_{\text{rotor}}) - \frac{\partial p}{\partial r} + \mu \left\{ \frac{\partial}{\partial r} \left[\frac{1}{r} \frac{\partial (r v_r)}{\partial r} \right] + \frac{1}{r^2} \frac{\partial^2 v_r}{\partial \varphi^2} - \frac{2}{r^2} \frac{\partial v_\varphi}{\partial \varphi} \right\}$$
$$(8-10)$$

φ 方向上的分量为

$$\rho \left(\frac{\partial v_\varphi}{\partial t} + v_r \frac{\partial v_\varphi}{\partial r} + \frac{v_\varphi}{r} \frac{\partial v_\varphi}{\partial \varphi} - \frac{v_r v_\varphi}{r} \right)$$

$$= \rho g_\varphi - \frac{1}{r} \frac{\partial p}{\partial \varphi} + \mu \left\{ \frac{\partial}{\partial r} \left[\frac{1}{r} \frac{\partial (r v_\varphi)}{\partial r} \right] + \frac{1}{r^2} \frac{\partial^2 v_\varphi}{\partial \varphi^2} + \frac{2}{r^2} \frac{\partial v_r}{\partial \varphi} \right\} \qquad (8-11)$$

简化后，式(8-9)~式(8-11)为本章基本假设条件下盘腔内积液的运动方程。

8.1.2　转子协调正进动的积液流动分析

转子协调正进动时，液体的切向速度记为 $u(r)$，此时积液流动特性为[9-10]

$$v_r = 0; \; v_\varphi = u(r); \; \frac{\partial}{\partial t} = 0; \; \frac{\partial}{\partial \varphi} = 0 \qquad (8-12)$$

将式(8-12)代入式(8-10)和式(8-11)，可得在积液转子协调正进动条件下积液的流动方程：

$$
\begin{cases}
\rho\,\dfrac{v_\varphi^2}{r} = \dfrac{\partial p}{\partial r} - \rho\xi_{\text{rotor}}\Omega^2 \\[4mm]
\rho\left(\dfrac{\partial^2 v_\varphi}{\partial r^2} + \dfrac{1}{r}\dfrac{\partial v_\varphi}{\partial r} - \dfrac{v_\varphi}{r^2}\right) = 0
\end{cases}
\tag{8-13}
$$

将 $v_\varphi = u(r)$ 代入式(8-13)，低雷诺数情况下，主要考虑压力的作用，则

$$
\frac{u(r)^2}{r} - \frac{1}{\rho}\frac{\mathrm{d}p}{\mathrm{d}r} = 0
\tag{8-14}
$$

$$
\frac{\mathrm{d}^2 u(r)}{\mathrm{d}r^2} + \frac{1}{r}\frac{\mathrm{d}u(r)}{\mathrm{d}r} - \frac{u(r)}{r^2} = 0
\tag{8-15}
$$

且已知边界条件：$r = R$ 时，$u\,|_{r=R} = \Omega R$；$r = R - h$ 时，$p\,|_{r=R-h} = 0$。

由于转子为协调正进动，周向速度有关系：

$$
u(r) = \Omega r
\tag{8-16}
$$

那么式(8-15)恒成立，解式(8-14)可得

$$
p(r) = \frac{1}{2}\rho\Omega^2 r^2 + C
\tag{8-17}
$$

代入边界条件，可得协调正进动时积液压力分布为

$$
p(r) = \frac{1}{2}\rho\Omega^2\big[r^2 - (R - h)^2\big]
\tag{8-18}
$$

对压力分布沿转子周向进行积分，得到积液作用于转子的径向力 $F_{l\xi}$ 和切向力 $F_{l\tau}$ 分别为

$$
\begin{cases}
F_{l\xi} = 2\pi RL\displaystyle\int_0^{2\pi} p(R)\cos\theta\,\mathrm{d}\theta = 0 \\[4mm]
F_{l\tau} = 2\pi RL\displaystyle\int_0^{2\pi} p(R)\sin\theta\,\mathrm{d}\theta = 0
\end{cases}
\tag{8-19}
$$

由式(8-19)可得，转子协调正进动时，盘腔内液体的压力对称分布，因此不会造成附加的力，积液对转子在径向和切向上的合力为零，因此协调正进动条件下的积液转子将会稳定运行。

8.1.3　转子非协调正进动的积液流动分析

转子涡动时，对于简化后的动量方程，忽略 2 次求导项 $\partial^2/\partial r^2$ 与周向压力差异

$\partial p / \partial \varphi$ 后,可以写成:

$$\begin{cases} \rho \left(v_r \dfrac{\partial v_r}{\partial r} + \dfrac{v_\varphi}{r} \dfrac{\partial v_r}{\partial \varphi} - \dfrac{v_\varphi^2}{r} \right) = \rho \Omega^2 (r + \xi_{\text{rotor}}) + \rho g_r - \dfrac{\partial p}{\partial r} - \mu \dfrac{2}{r^2} \dfrac{\partial v_\varphi}{\partial \varphi} \\[4mm] \rho \left(v_r \dfrac{\partial v_\varphi}{\partial r} + \dfrac{v_\varphi}{r} \dfrac{\partial v_\varphi}{\partial \varphi} - \dfrac{v_r v_\varphi}{r} \right) = \rho g_\varphi + \mu \dfrac{2}{r^2} \dfrac{\partial v_r}{\partial \varphi} \end{cases}$$

$$(8-20)$$

可见将积液速度分布代入式(8-20)即可求得积液压力分布。盘腔内速度分布模型建立过程如下。

1. 周向速度 v_φ

由于液膜厚度 h 很薄,根据附面层理论,v_φ 沿半径方向呈线性关系,即 $\partial v_\varphi / \partial r = C$,$\partial v_\varphi / \partial \varphi = 0$。

图 8-4 为积液周向速度分布情况,图中 R 为转子空腔外径,$R-h$ 为积液自由液面位置,两处积液的周向速度分别为 u_1 和 u_0,r 为液膜内任一位置的半径。

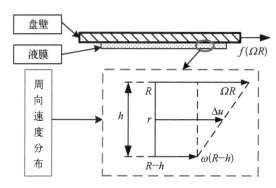

图 8-4   积液周向速度分布情况

积液内部某一半径处周向流动速度为

$$v_\varphi(r) = u_0 + \Delta u \tag{8-21}$$

由几何关系有

$$\frac{\Delta u}{h - (R - r)} = \frac{u_1 - u_0}{h} \tag{8-22}$$

根据附面层理论及液体-转子涡动规律,流体表面速度边界条件可取为

$$u_1 = \Omega R,\ u_0 = \omega(R - h + \xi_{\text{rotor}}) \tag{8-23}$$

将式(8-22)、式(8-23)代入式(8-21)得到周向速度并忽略小量,可得

$$v_\varphi(r) = \frac{h + r - R}{h} R(\Omega - \omega) + r\omega \qquad (8-24)$$

当 $\omega = \Omega$ 时,此时 $v_\varphi(r) = \Omega r$,与式(8 - 16)一致;当 $r = R$ 时,满足边界条件,则 $v_\varphi(r) \mid_{r=R} = R\Omega$。

令 $\Delta = \Omega - \omega$,可以得到积液运动周向速度梯度:

$$\frac{\partial v_\varphi}{\partial r} = \frac{R}{h} \Delta + \omega \qquad (8-25)$$

2. 径向速度 v_r

径向动量方程的解采用如下形式:

$$v_r(r) = C_1 r + \frac{C_2}{r} \qquad (8-26)$$

代入连续方程式(8 - 9)中,可得 $C_1 = 0$。

考虑边界条件,液团在腔壁上的径向流速和转子的径向速度相同,即 $v_r \mid_{r=R} = \dot{\xi}_{\text{rotor}}$。 可得 $C_2 = \dot{\xi}_{\text{rotor}} R$。

由此得到径向速度表达式:

$$v_r(r) = \dot{\xi}_{\text{rotor}} R/r \qquad (8-27)$$

将流体微团受力分析及速度模型代入式(8 - 20),则动量方程可写为

$$\frac{\mathrm{d}p}{\mathrm{d}r} = \rho \left\{ \Omega^2(r + \xi_{\text{rotor}})\cos(\Delta t + \theta_0) + g\cos(\omega t + \theta_0) + \frac{v_\varphi^2 r^2 - \dot{\xi}_{\text{rotor}}^2 R^2}{r^3} \right.$$

$$\left. - \frac{\rho}{2\mu} v_\varphi \left[\dot{\xi}_{\text{rotor}} R\left(\frac{R}{h}\Delta + \omega - \frac{v_\varphi}{r}\right) - \Omega^2 r(r + \xi_{\text{rotor}})\sin(\Delta t + \theta_0) - gr\sin(\omega t + \theta_0) \right] \right\}$$

$$(8-28)$$

可以看出,压力变化由离心力,惯性力、重力和黏性力综合作用而成,即

$$p(r) = p_\xi(r) + p_a(r) + p_g(r) + p_\mu(r) + C \qquad (8-29)$$

逐项积分可得

$$p_\xi(r) = \rho\Omega^2 \left(\frac{r^2}{2} + \xi_{\text{rotor}} r\right) \cos(\Delta t + \theta_0) \qquad (8-30)$$

$$p_a(r) = v_\phi^2 \rho\ln r + \rho\xi_{\text{rotor}} R^2 \frac{1}{2r^2} \qquad (8-31)$$

$$p_g(r) = \rho gr\cos(\omega t + \theta_0) + \frac{\rho^2 gr^2}{4\mu}\left(\frac{R}{h}\Delta + \omega\right)\sin(\omega t + \theta_0) \quad (8-32)$$

$$p_\mu(r) = -\frac{\rho^2 \dot{\xi}_{\text{rotor}} R}{2\mu}\left(\frac{R}{h}\Delta + \omega\right)\int v_\phi dr + \frac{\rho^2 \Omega^2}{2\mu}\left[\left(\frac{h-R}{h}\right)R\Delta\left(\frac{r^3}{3} + \frac{r^2}{2}\xi_{\text{rotor}}\right)\right.$$

$$\left. + \left(\frac{R}{h}\Delta + \omega\right)\left(\frac{r^4}{4} + \frac{r^3}{3}\xi_{\text{rotor}}\right)\right]\sin(\Delta t + \theta_0) \quad (8-33)$$

积液作用在转子上的径向力及切向力合力分别为

$$\begin{cases} F_{l\zeta} = 2\pi RL\int_0^{2\pi} p(R)\cos\theta\, d\theta \\ F_{l\tau} = 2\pi RL\int_0^{2\pi} p(R)\sin\theta d\theta \end{cases} \quad (8-34)$$

将压力分布代入上式,由于 h/R 为小量,略去其高阶量,得到径向力和切向力的表达式为

$$F_{l\zeta} = \rho\Omega^2\pi^2 LRh(R + \xi_{\text{rotor}}) + 2\rho g\pi^2 LRh \quad (8-35)$$

$$F_{l\tau} = \frac{\rho^2\Omega^3\pi^2 LR^3 h}{2\mu}(R + \xi_{\text{rotor}})\left(1 - \frac{\omega}{\Omega}\right) + \frac{\rho^2 g\pi^2 LRh}{2\mu}\left(\frac{R}{h}\Delta + \omega\right)(2R - h)$$

$$(8-36)$$

由表达式可以得出各参数对积液作用于转子径向力与切向力的影响关系,如表 8-2 所示。

表 8-2 各参数对切向力与径向力影响关系

参 数	μ	ρ	Ω	R	h/R	ω/Ω	ξ_{rotor}
切向力影响最高阶次	-1	2	3	4	4	1	1
径向力影响最高阶次	0	1	2	2	3	0	1

至此推导得到了积液转子涡动条件下转子和积液间耦合作用力表达式。

8.2 带积液转子的稳定性分析

8.2.1 液-构耦合的失稳机制

随着积液转子转速的变化,可将盘腔内积液分布状态分为以下 4 个阶段,如图 8-5 所示。

阶段一:在转子开始增速阶段,转子和积液间的摩擦力不足以带动油液分布

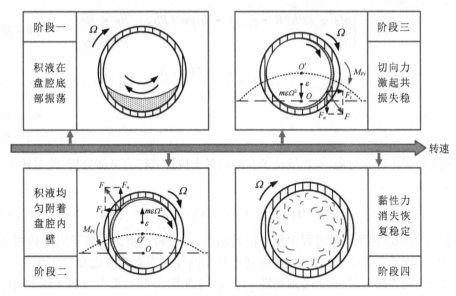

图 8 - 5　积液分布状态随转速变化

于整个盘腔内壁,此时油液在转子盘腔底部进行振荡。

阶段二:随着转速增加,转子带动积液附着于盘腔内壁,进行层流流动,由于黏性影响积液最厚点运动落后于转子转动。此时积液切向力对转子的作用与涡动方向相反,抑制转子失稳。径向力与离心力方向相同,促进转子的径向振动。

阶段三:转子转速越过 1 阶临界转速后,转子质心发生偏转,积液仍随转子同方向旋转,但积液最厚点相对于转子反向运动。由于积液黏性作用,积液反向运动并不如质心偏转迅速。此时,积液对转子切向力作用与涡动方向相同,加速转子涡动,引起失稳。

阶段四:转速继续增加,当转子转速增加至某一转速,此时均匀附着于盘腔内壁的积液由层流流动转换为湍流,积液作用与转子的黏性力消失,此后转子恢复至稳定运转。

阶段三及阶段四的转速阈值分别为积液转子的失稳及恢复转速,确定了积液转子的失稳振动区间。

8.2.2　转子失稳振动分析

对于转子系统,结合积液随转速分布状态,得到液-固耦合边界,即积液对转子作用力可以记为

$$F_l = F_{l\xi} \mathrm{e}^{\mathrm{j}\left[(\Omega-\omega)t+\alpha\right]} + F_{l\tau} \mathrm{e}^{\mathrm{j}\left[(\Omega-\omega)t+\alpha+\frac{\pi}{2}\right]} \qquad (8-37)$$

式中,α 为耦合力的初始相位角。

$$F_{l\xi} = \begin{cases} \rho\Omega^2\pi^2LRh(R + \xi_{\text{rotor}}) + 2\rho g\pi^2LRh, & Re < Re_{cr} \\ 0, & Re \geq Re_{cr} \end{cases} \quad (8-38)$$

$$F_{l\tau} = \begin{cases} \dfrac{\rho^2\Omega^3\pi^2LR^3h}{2\mu}(R + \xi_{\text{rotor}})\left(1 - \dfrac{\omega}{\Omega}\right) + \dfrac{\rho^2 g\pi^2LRh}{2\mu}\left(\dfrac{R}{h}\Delta + \omega\right)(2R - h), & Re < Re_{cr} \\ 0, & Re \geq Re_{cr} \end{cases}$$

$$(8-39)$$

以积液转子为研究对象,对积液转子在振动最大位置进行力平衡分析,此时转子的挠度为 ξ_{rotor},则

$$F_{l\xi} + M\Omega^2(\xi_{\text{rotor}} + \varepsilon) + Mg\cos\delta = s\xi_{\text{rotor}} \quad (8-40)$$

式中,δ 为积液转子涡动过程中重心的涡动角,可见转子重力与转子涡动角相关。积液转子涡动过程中,重力与积液对转子作用的径向力夹角 β 也在发生变化。当重力和径向力同向时,重力会削弱转子刚度;当两者反向时,重力会加强转子刚度。如图 8-6 所示,轴的刚度在削弱与加强之间变换,其变换的频率即为充液转子的涡动频率 ω_l,可见重力的影响较为复杂。

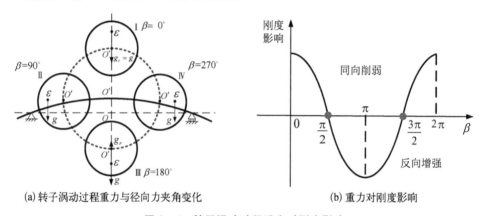

(a) 转子涡动过程重力与径向力夹角变化　　　(b) 重力对刚度影响

图 8-6　转子涡动过程重力对刚度影响

考虑平均重力的影响,将径向力式代入式(8-40),此时积液转子振动最大位置处的力平衡方程为

$$\rho\Omega^2\pi^2LR^2\left(\dfrac{h}{R}\right)(R + \xi_{\text{rotor}}) + 2\rho g\pi^2LRh + M\Omega^2(\xi_{\text{rotor}} + \varepsilon) = s\xi_{\text{rotor}} \quad (8-41)$$

当 $\Omega = \omega_l$ 时,积液转子发生自激失稳振动。此时,式(8-41)为

$$\rho\omega_l^2\pi^2LR^2\left(\dfrac{h}{R}\right)(R + \xi_{\text{rotor}}) + 2\rho g\pi^2LRh + M\omega_l^2(\xi_{\text{rotor}} + \varepsilon) = s\xi_{\text{rotor}} \quad (8-42)$$

将上式表示为 ω_l 的关系并考虑 $\omega_n^2 = s/M$ 可得

$$\omega_l = \sqrt{\frac{M\xi_{\text{rotor}}\omega_n^2 - 2\rho g\pi^2 LRh}{\rho\pi^2 LRh(R + \xi_{\text{rotor}}) + M(\xi_{\text{rotor}} + \varepsilon)}} \qquad (8-43)$$

小积液量条件下液面厚度 h 很小,忽略分子后项并将 $m_c = 2\pi RLh\rho$ 代入,则共振通频带约为

$$\omega_l = \frac{\omega_n}{\sqrt{\dfrac{\pi m_c(R + \xi_{\text{rotor}})}{2M\xi_{\text{rotor}}} + \dfrac{\varepsilon}{\xi_{\text{rotor}}} + 1}} < \omega_n \qquad (8-44)$$

可见 $\omega_l \approx \omega_n$,并且有 $\omega_l < \omega_n$。因此可以得出结论,转子在积液的作用下,表现出的振动特征为次谐波共振频带,略低于干转子的固有频率,即积液转子失稳振动的门槛转速约在 1 阶临界转速之上。同时可以看出随着积液量的增加,积液转子涡动频率 ω_l 将呈下降趋势。

接着针对积液作用于转子的切向力进行研究,寻找门槛转速频率。积液对转子切向作用力为

$$F_{l\tau} = \frac{\rho^2\Omega^3\pi^2 LR^3 h}{2\mu}(R + \xi_{\text{rotor}})\left(1 - \frac{\omega}{\Omega}\right) + \frac{\rho^2 g\pi^2 LRh}{2\mu}\left(\frac{R}{h}\Delta + \omega\right)(2R - h) - Mg\cos\varphi \qquad (8-45)$$

由于切向力引起交叉刚度 s_{xy} 反映了切向力与其所引起径向振动的大小变化关系,交叉刚度 s_{xy} 可记为

$$s_{xy} = \frac{\partial F_{l\tau}}{\partial \xi_{\text{rotor}}} = \frac{m_c\rho\Omega^3\pi R^2}{4\mu}\left(1 - \frac{\omega}{\Omega}\right) \qquad (8-46)$$

根据交叉刚度的表达式,可以得到表 8-3 所示关系:

表 8-3 交叉刚度与转子参数关系

参 数	参 数 变 化	交 叉 刚 度 变 化
m_c	增大	增大,一次关系
h/R	增大	减小,一次关系
Ω	增大	增大,二次关系

(1)当 $\omega/\Omega = 1$ 时,$s_{xy} = 0$,此时交叉刚度为 0,转子做协调正进动,积液转子稳定运行。

(2) 当 $\omega/\Omega > 1$ 时，$s_{xy} < 0$，交叉刚度为负值，此时转子也将稳定运行，不会出现失稳现象。

(3) 当 $\omega/\Omega < 1$ 时，$s_{xy} > 0$，交叉刚度为正值，此时积液对转子的切向力将会引发转子的失稳振动。

可见当 $\omega/\Omega < 1$ 时，积液对转子的切向力将激起低次谐波频率可能引起转子失稳。与径向力分析结果吻合，即积液转子失稳振动的门槛转速约在 1 阶临界转速之上。

8.2.3　失稳转速区间确定

1. 失稳门槛转速

现寻找转子失稳时门槛转速阈值，以积液转子系统为研究对象，建立固定坐标系下的转子的运动方程：

$$M\ddot{r} + d\dot{r} + sr = M(\xi_{\text{rotor}} + \varepsilon)\Omega^2 + Mg\sin\delta + F_{l\xi} \qquad (8-47)$$

转子在积液的作用下，引起转子失稳振动的因素为积液对转子作用力影响，振动特征为次谐波共振频带，为突出失稳振动主要特征，同时简化计算过程，引入积液力引起的交叉刚度项 $s_{\tau\xi}$，则上式可写为

$$M\ddot{r} + d\dot{r} + (s - js_{\tau\xi})r = 0 \qquad (8-48)$$

假设解的形式如下：

$$r = Ae^{\lambda t} \qquad (8-49)$$

由此解可导出特征方程：

$$M\lambda^2 + d\lambda + s - js_{\tau\xi} = 0 \qquad (8-50)$$

特征值 λ 为方程的根。由于方程为二次方程，因此有 2 个根。使用二次方程的标准解来求出这 2 个根：

$$\lambda_{1,2} = \frac{-d}{2M} \pm \sqrt{\left(\frac{d}{2M}\right)^2 - \frac{s}{M} + j\frac{s_{xy}}{M}} \qquad (8-51)$$

通过如下数学变换方式：

$$\sqrt{a+jb} = \sqrt{\frac{\sqrt{a^2+b^2}+a}{2}} \pm j\sqrt{\frac{\sqrt{a^2+b^2}-a}{2}} \qquad (8-52)$$

可得到 2 个特征根的表达式，其形式如下：

$$\lambda_{1,2} = \text{Re}_{1,2} + j\text{Im}_{1,2} \qquad (8-53)$$

式中,$\mathrm{Re}_{1,2} = \left[\dfrac{-d}{2M} \pm \dfrac{1}{\sqrt{2}} \sqrt{-\omega_d^2 + \sqrt{\omega_d^4 + \left(\dfrac{s_{\tau\xi}}{M}\right)^2}} \right]$;

$\mathrm{Im}_{1,2} = \pm \mathrm{j} \left[\dfrac{1}{\sqrt{2}} \sqrt{\omega_d^2 + \sqrt{\omega_d^4 + \left(\dfrac{s_{\tau\xi}}{M}\right)^2}} \right]$, ω_d 为干转子的阻尼固有频率。

$$\omega_d = \sqrt{\dfrac{s}{M} - \left(\dfrac{d}{2M}\right)^2} \qquad (8-54)$$

当特征根实部 Re 为零时,所求得的速度即为失稳阈值速度 $\Omega_{失稳}$。令 $\mathrm{Re}_{1,2}$ 为零,代入 $s_{\tau\xi}$ 得

$$\Omega_{失稳} = \sqrt[6]{\dfrac{64\nu^2 D^2 s^2 M}{\pi^2 R^4 m_c^2 (1-\gamma)^2}} \qquad (8-55)$$

式中,$\nu = \mu/\rho$ 为动力黏度;D 为阻尼比;$\gamma = \omega/\Omega \in [0.5, 1)$;$\Omega_{失稳}$ 即为所求失稳区间的下边界。

2. 恢复边界转速确定

为寻找积液引起失稳振动的恢复边界,在模型 ZOY 平面进行流动分析,将任一点流体坐标记为 (r, l),流动速度可记为 $v_{(r, l)}$,其中 $r \in [-R, R]$,$l \in [-L/2, L/2]$,由附面层理论可知,积液流动速度 $v_{(r, l)}$ 为

$$v_{(r, l)} = v_{(r, 0)} + \Delta v \qquad (8-56)$$

其中:

$$\dfrac{\Delta v}{l} = \dfrac{v_{(r, \pm L/2)} - v_{(r, 0)}}{L/2}; \quad v_{(r, 0)} = v_{(R-h, 0)} + \dfrac{v_{(R, 0)} - v_{(R-h, 0)}}{h}(r - R + h) \qquad (8-57)$$

取流动边界条件为 $v_{(R-h, 0)} = \omega(R-h)$;$v_{(R, 0)} = \Omega R$;$v_{(r, \pm L/2)} = \Omega r$。解得

$$v_{(r, l)} = \left(1 - \dfrac{2l}{L}\right) \left[\omega(R-h) + \dfrac{\Omega R - \omega(R-h)}{h}(r - R + h)\right] + \dfrac{2\Omega r l}{L} \qquad (8-58)$$

此时雷诺数可表示为

$$Re = \dfrac{\rho \bar{v} d_\varepsilon}{\mu} = \dfrac{\rho h L \Omega [(3+\gamma)R - (1+\gamma)h]}{\mu(2h + L)} \qquad (8-59)$$

积液由层流转捩为湍流条件为 $Re \geqslant Re_{cr}$，故转子恢复门槛转速应为

$$\Omega_{\text{恢复}} = \frac{\mu\pi RLRe_{cr}m_c + \mu\pi^2 R^2\rho L^3 Re_{cr}}{-m_c^2 L(1+\gamma) + 2R^2 L^2\pi\rho m_c(3+\gamma)} \qquad (8-60)$$

积液转子的失稳区间为

$$\Omega \in \left[\sqrt[6]{\frac{64\mu^2 D^2 K^2 M}{\pi^2\rho^2 R^4 m_c^2(1-\gamma)^2}}, \frac{\mu\pi RLRe_{cr}m_c + \mu\pi^2 R^2\rho L^3 Re_{cr}}{-m_c^2 L(1+\gamma) + 2R^2 L^2\pi\rho m_c(3+\gamma)}\right] \qquad (8-61)$$

3. 两种可能情况讨论

通过式(8-61)失稳边界及失稳恢复边界可知，失稳门槛转速主要受转子结构参数影响，而失稳振动恢复边界转速主要受积液液体特性影响。由于两者影响因素不同，针对不同结构的转子可分为以下两种情况。

1) $\Omega_{\text{恢复}} > \Omega_{\text{失稳}}$

随积液转子转速的升高，转子转速先越过失稳门槛转速，进入振动不稳定区域。随着转速的继续升高，到达恢复边界时，转子内积液由层流转捩为湍流，积液作用于转子的黏性力消失，转子振动恢复稳定。

2) $\Omega_{\text{恢复}} \leqslant \Omega_{\text{失稳}}$

在该情况下，随着积液转子转速的升高，由于转子内部积液在黏性力激起转子失稳振动前，已经由层流转捩为湍流，黏性力消失。因此并不会引起转子的失稳振动。这一讨论结果很好地解释了有些积液转子经常失稳，而有些却不会的现象。

8.2.4　影响失稳门槛转速的因素

1. 积液量 m_c 对失稳门槛转速的影响规律

分析式(8-61)，积液转子失稳门槛转速主要受转子结构参数影响。积液转子的失稳门槛转速比 $\eta_{\text{失稳}}$ 为

$$\eta_{\text{失稳}} = \frac{\Omega_{\text{失稳}}}{\omega_l} = \sqrt[6]{\frac{64\nu^2 D^2 s^2 M}{\pi^2 R^4\omega_n^6(1-\gamma)^2 m_c^2}\left[\frac{\pi(R+\xi_{\text{rotor}}+\varepsilon)}{2m\xi_{\text{rotor}}}m_c+1\right]^3} \qquad (8-62)$$

考虑对同一充液转子，影响失稳边界 $\eta_{\text{失稳}}$ 的主要因素记为

$$\eta_{\text{失稳}} = K_1\sqrt[6]{\frac{(K_1'm_c+1)^3}{m_c^2}} \qquad (8-63)$$

式中，$K_1 = \sqrt[6]{\dfrac{64\nu^2 D^2 K^2 m}{\pi^2 R^4 \omega_n^6 (1-\gamma)^2}}$；$K_1' = \dfrac{\pi(R + \xi_{rotor} + \varepsilon)}{2m\xi_{rotor}}$。

对式（8-63），将 $\eta_{失稳}$ 对 m_c 进行求导分析，并采用盛金公式求解：

当积液量 $m_c \in (0, 4m\xi_{rotor}/[\pi(R + \xi_{rotor} + \varepsilon)])$ 时，随着 m_c 增加，失稳门槛转速比 $\eta_{失稳}$ 减小；

当积液量 $m_c \in (4m\xi_{rotor}/[\pi(R + \xi_{rotor} + \varepsilon)], +\infty)$ 时，随着 m_c 增加，失稳门槛转速比 $\eta_{失稳}$ 增大；

当 $m_c = 4m\xi_{rotor}/[\pi(R + \xi_{rotor} + \varepsilon)]$，失稳门槛转速比 $\eta_{失稳}$ 为极小值点，但其值大于 1。

从中可以看出，随着积液量 m_c 的逐渐增加，失稳门槛转速 $\eta_{失稳}$ 将先减小后增大。极值点 $\dfrac{m_c}{m} = \dfrac{4\xi_{rotor}}{\pi(R + \xi_{rotor} + \varepsilon)}$ 的存在与所考虑柔性转子的挠度 ξ_{rotor} 密不可分。若不考虑柔性转子挠度，则极值点不存在，这可能会导致柔性转子和刚性转子失稳表现的不同。

2. 黏性系数 μ 对失稳门槛转速的影响规律

式（8-55）也可以写为

$$\Omega_{失稳} = \sqrt[3]{\mu} \cdot \sqrt[6]{\dfrac{64 D^2 s^2 m}{\pi^2 \rho^2 R^4 m_c^2 (1-\gamma)^2}} \tag{8-64}$$

因此，当黏性系数 μ 增大时，失稳门槛转速随之上升。

3. 黏性系数 μ 对失稳门槛积液量 $m_{c失稳}$ 的影响规律

对于不同的积液类型，当盘鼓腔内积液量从 0 mL 开始持续增加至能够引起积液转子失稳振动的积液量，记为该种积液类型下的失稳门槛积液量 $m_{c失稳}$，可得

$$m_{c失稳} = \mu \cdot \sqrt{\dfrac{64 D^2 s M}{\pi^2 R^4 \rho \Omega^6 (1-\gamma)^2}} \tag{8-65}$$

可见，随着黏性系数 μ 增大，积液转子出现失稳振动时失稳门槛积液量 $m_{c失稳}$ 增大。

4. 黏性系数 μ 对失稳振动时幅值突增速率影响规律

转子出现失稳振动时，如果失稳振动幅值的突增速率很大，积液转子的振动幅值短时间内将达到很大，瞬间引起转子结构发生碰摩等二次故障，对发动机的结构造成严重破坏。引起这一变化的根本原因是由于交叉刚度的不同影响。将振动幅值的突增速率记为 Λ，则由式（8-46）可得

$$\Lambda \propto \frac{m_c \Omega^3}{\mu} \tag{8-66}$$

黏性的变化同时会引起失稳门槛转速及失稳门槛积液量同时变化。且 $m_c \propto \mu$，$\Omega \propto \mu^{1/3}$，因此

$$\Lambda \propto \frac{m_c \Omega^3}{\mu} \propto \mu \tag{8-67}$$

当黏性系数 μ 增加时，失稳振动的幅值突增速率 Λ 也随之增加。

8.3　带积液转子的稳定边界

利用图 8-7 所示的液-构耦合实验器开展模拟实验，针对水、植物油和滑油开展不同积液量的液-构耦合模拟实验。

(a) 液-构耦合模拟实验器
(b) 液-构耦合模拟盘

1. 前支点；2. 压气机转子盘腔积液模拟盘；
3. 位移传感器测量支架；4. 转子轴；
5. 涡轮模拟盘；6. 后支点；7. 电机

图 8-7　液-构耦合故障模拟实验器

8.3.1　失稳现象实验复现

1. 振动监测情况

充水 35 mL 时各通道振动幅值随转速的变化情况如图 8-8 所示，图中曲线由 CAMD6800 航空发动机状态监测与故障诊断系统实时监测得到。

图 8-8 上部曲线为转速随时间变化曲线，从图中可以看出，随着时间增加，转速由 0 缓慢增加至 5 200 r/min，随后又逐步减速。下部曲线为振动有效值随时间变化曲线，横坐标为时间，纵坐标为采集到 6 个通道的振动有效值，图中曲线为所监测对应时间对应转速下的振动有效值变化情况。

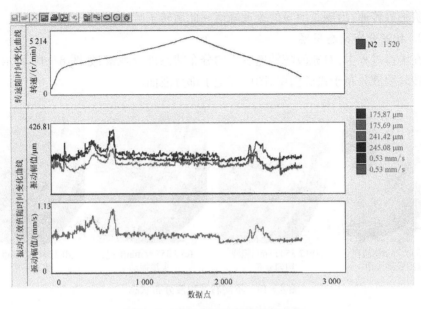

图 8-8 充水 35 mL 振动监测曲线

在图 8-8 中增速和减速过程中,均存在幅值突增的情况。为此,特别进行放大分析,如图 8-9 所示。

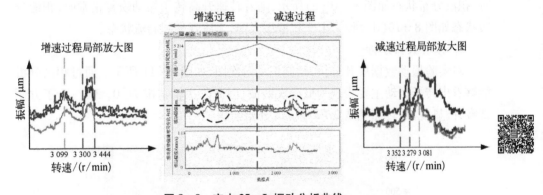

图 8-9 充水 35 mL 振动分析曲线

在增速过程中,转子增速至 1 阶临界转速 3 099 r/min 时,转子振动出现了明显峰值。越过 1 阶临界转速之后,转子的振动幅值有所下降。但随后增速至 3 300 r/min 时,又出现了另一振动峰值,且幅值明显高于 1 阶临界转速处的振动峰值。该振动峰值由积液引起,在转子增速至 3 444 r/min 之后消失。此后转子继续增速至 5 214 r/min 过程中,转子振动处于稳定状态,并未出现任何异常振动峰值。

转子增速至 5 214 r/min 开始减速,当转子减速至 3 352 r/min 时,转子振动出现峰值,转速为 3 279 r/min 时振动峰值消失。继续减速至 3 081 r/min 时,转子越过1阶临界转速,出现了明显的振动峰值。此后转子减速至停止。

2. 积液分布状态观察

在增速过程中,对充液随转速变化的分布状态进行观察,如图8-10所示。转子旋转时积液分布于盘腔内壁,图中标记了部分液面。

| (a) 273 r/min积液在 盘腔底部振动 | (b) 2 350 r/min积液 均匀分布 | (c) 3 358 r/min出现 失稳振动 | (d) 4 380 r/min振动 恢复正常 |

图8-10 不同转速积液分布状态

在转子转速增速至300 r/min的过程中,转子和积液之间的摩擦力不足以维持液体的运动,此时积液在转子盘腔底部进行振荡,如图8-10(a)所示;当转速升高,积液均匀分布于盘腔内壁,如图8-10(b)所示;转子继续增速至出现失稳振动时,积液分布状态如图8-10(c)所示;随着转速升高转子振动恢复正常时,积液分布状态如图8-10(d)所示,由于积液层太薄,无法观察到湍流状态。

3. 振动数据分析

对实验振动数据展开分析,绘制振动阶次图,如图8-11所示。通过频谱分析能够看出转子振动主要表现为低阶次谐波,因此阶次轴范围为$[0, 3X]$;为了方便观察,凸显规律,转速轴从2 700 r/min开始绘制。

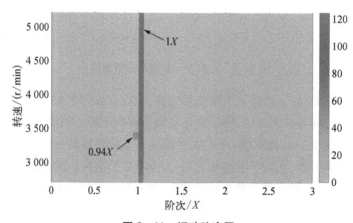

图8-11 振动阶次图

由图 8-11 中可以看到,在转子转速范围内主要存在 1X 分量,在 3 400 r/min 附近出现了较为明显的 0.94X 次谐波分量。

绘制各通道转子 1X 幅值随转速变化关系图和次谐波频率幅随转速变化关系图,如图 8-12 所示。

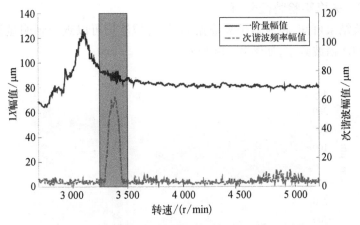

图 8-12　1X 及次谐波频率幅随转速变化关系曲线

图 8-12 中,阴影部分为充水 35 mL 时,实验过程中监测到 1 阶临界转速后的异常振动峰值的转速范围。图中,阴影范围内即转速在 3 400 r/min 左右,各通道的 1X 分量出现了明显的波动,但其幅值并未发生较大的变化。但阴影内次谐波频率的振动幅值出现了显著变化,次谐波频率幅值从约 5 μm 突增至约 70 μm。综合图 8-9 与图 8-12 的分析可以判定,转子越过 1 阶临界转速后在 3 400 r/min 附近出现的异常振动峰值主要由积液产生的次谐波频率成分引起。

绘制幅值波动处的时域波形,如图 8-13 所示。从图中可以发现,在积液转子

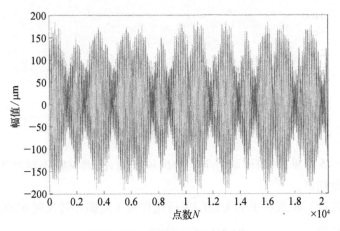

图 8-13　幅值波动处时域波形

发生异常失稳振动时,1X 分量幅值发生了明显的波动,其原因是由于积液转子出现失稳振动时,转子的振动出现了拍振现象,引起了转子 1X 振动幅值在此时发生波动。

8.3.2　失稳实验特征分析

由实验结果可知,积液转子失稳振动时,时域波形可以观测到明显拍振,频域出现明显的次谐波频率,如图 8 − 14 所示。

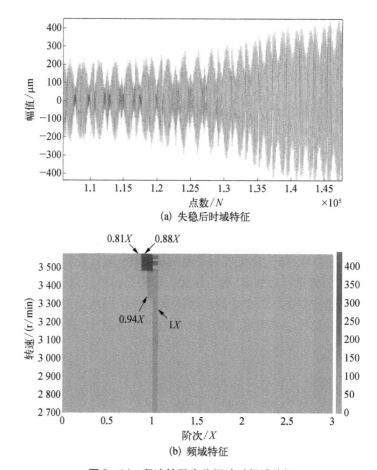

(a) 失稳后时域特征

(b) 频域特征

图 8 − 14　积液转子失稳振动时频域特征

由图 8 − 15 可见,失稳振动时 1 阶量出现波动,次谐波频率幅值出现突增,明显大于 1 阶量幅值。

不同积液量下积液转子的失稳门槛转速比及 1 阶临界转速随积液量的变化关系如图 8 − 16 所示。

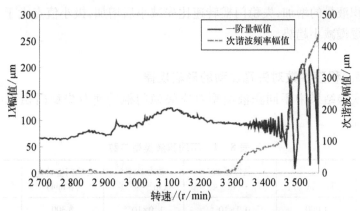

图 8－15　1 阶量及次谐波幅值随转速变化关系

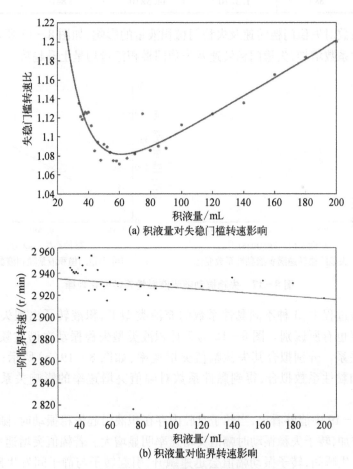

(a) 积液量对失稳门槛转速影响

(b) 积液量对临界转速影响

图 8－16　失稳门槛转速随积液量的变化关系

随着积液量的增加,失稳门槛转速比先减小后增加,极小值点大于1。1阶临界转速呈缓慢减小趋势。

8.3.3　积液参数对失稳振动的影响规律

统计实验结果中不同积液类型对应失稳门槛转速及失稳门槛积液量,如表8-4所示。

表8-4　不同积液类型参数

积液类型	密度/ (kg·m⁻³)	黏性系数/ [kg·(m·s)⁻¹]	动力黏度/ (m²·s⁻¹)	失稳门槛转速/ (r/min)	失稳门槛积 液量/mL
水	1 000	$0.1×10^{-2}$	$1.0×10^{-6}$	3 300	35
植物油	925	$0.78×10^{-2}$	$8.5×10^{-6}$	3 596	98
滑油	885	$1.3×10^{-2}$	$14.5×10^{-6}$	3 841	200

黏性系数对失稳门槛转速及失稳门槛积液量的影响,如图8-17所示。可见,随积液黏性系数增加,失稳门槛转速及失稳门槛积液量均呈上升趋势。

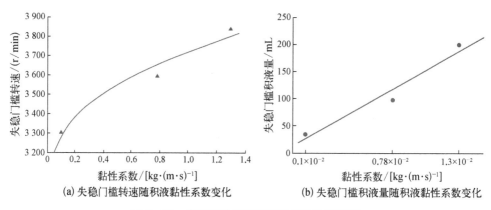

(a) 失稳门槛转速随积液黏性系数变化　　　　(b) 失稳门槛积液量随积液黏性系数变化

图8-17　失稳振动随积液黏性系数变化规律

在实验过程中,3种不同黏性系数的充液类型下,积液转子出现失稳时的振动剧烈程度也有所区别。图8-18为3种积液类型失稳振动次谐波频率幅值随转速变化关系。分别拟合其失稳幅值突增速率,如图8-19(a)所示;再将幅值突增速率和黏性系数拟合,得到黏性系数对幅值突增速率的影响关系,如图8-19(b)。

从图8-19中能够看出,当转子盘腔内存在积液引起失稳振动时,随着积液黏性系数的增加,转子失稳振动时幅值突增速率明显增大。若幅值突增速率过大,在失稳振动发生瞬间,转子振动幅值会迅速飙升,引起转子与静子间发生碰摩,严重时将会对发动机结构造成致命性破坏,危害飞行安全。

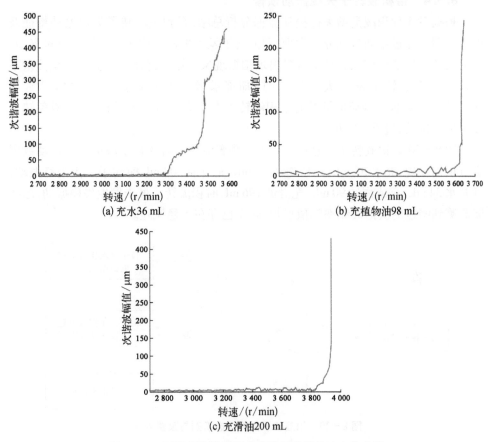

(a) 充水36 mL

(b) 充植物油98 mL

(c) 充滑油200 mL

图 8-18　不同积液类型下次谐波幅值随转速变化曲线

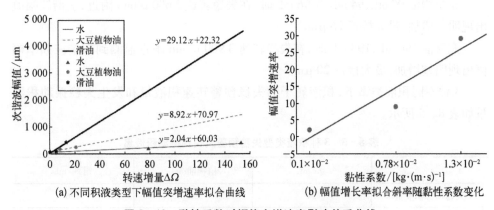

(a) 不同积液类型下幅值突增速率拟合曲线

(b) 幅值增长率拟合斜率随黏性系数变化

图 8-19　黏性系数对幅值突增速率影响关系曲线

8.3.4　带积液转子失稳振动预警

根据对 3 种积液类型失稳振动数据分析总结,得到积液转子失稳振动特征及识别准则。通过振动数据分析发现,积液转子发生失稳振动伴随着振动总量突增、次谐波频率幅值突增及振动 1 阶量出现拍振现象等振动特征。但盘腔内积液量不足以引发积液转子发生失稳振动时,却能够监测到次谐波频率幅值异常增加[11-13]。针对这一现象能够及时在积液转子发生失稳振动前进行预警,避免转子发生失稳振动,造成严重破坏。

图 8-20 是积液转子失稳振动识别与预警流程。对 3 种积液类型的振动数据进行识别发现,充水 35 mL、充植物油 98 mL、充滑油 200 mL 时转子发生失稳振动,且充水 34 mL、充植物油 90 mL、充滑油 196 mL 时积液转子虽未发生失稳振动,已经能监测到明显的次谐波频率幅值增加,转子已存在失稳风险。

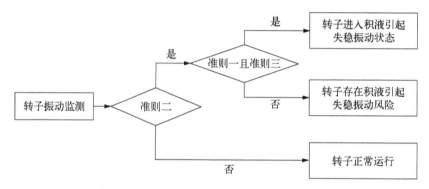

图 8-20　积液转子失稳状态识别与预警流程

充水 34 mL 时,在失稳转速 3 400 r/min 附近,次谐波幅值出现明显增加,接近 17 μm。

充植物油 90 mL、94 mL 及 96 mL 时,在失稳转速 3 600 r/min 附近,次谐波幅值出现明显增加,最大接近 26 μm。

充滑油 196 mL、198 mL 时,在失稳转速 3 900 r/min 附近监测到次谐波频率幅值出现明显增加,最大接近 20 μm。

3 种不同积液类型下,积液转子的失稳预警转速积液量和发生失稳振动积液量如表 8-5 所示。

表 8-5　3 种积液类型失稳预警及失稳振动积液量

	水/mL	植物油/mL	滑油/mL
失稳预警积液量	34	90	196
失稳发生积液量	35	98	200

对表 8－5 中数据进行拟合得到积液转子的失稳风险预警边界和失稳振动边界,如图 8－21 所示。由图可知,当积液量大于失稳振动边界时,积液转子将处于失稳振动区,会发生失稳振动;当积液量小于失稳风险预警边界时,积液转子处于正常工作区,不会发生失稳振动;当积液量处于失稳振动边界和失稳风险预警边界之间时,此时转子处于失稳预警区,积液转子存在失稳振动的风险,若积液量继续增加,积液转子将很快发生失稳振动。

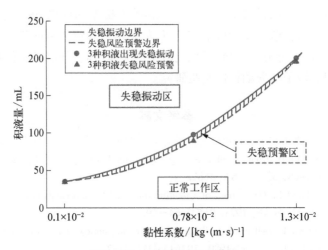

图 8－21　积液转子工作范围

在航空发动机中,若封严结构出现泄漏,盘鼓腔内的滑油将会缓慢的持续增加。根据本章提出的积液转子失稳振动识别准则,能够在积液量达到失稳预警区时,及时给出发动机转子存在失稳振动风险的预警,及时检查并排故,能够有效避免盘腔积液所引起的失稳振动对发动机转子结构带来的巨大危害。

8.4　工程应用中的要点

(1)越过临界转速之后,盘腔积液可能引起失稳振动,其振动特征为:振动总量出现幅值突增;次谐波频率幅值出现突增;旋转基频幅值存在波动现象。

(2)随着积液量的增加,失稳门槛转速先减小后增加,极小值点失稳门槛转速在 1 阶临界转速之上。

(3)随着积液黏性系数增大,积液转子的失稳门槛转速、失稳门槛积液量均上升,出现失稳振动时的幅值突增速率增大。

(4)由于流体上临界雷诺数大于流体的下临界雷诺数,转子增速过程中失稳恢复边界转速大于转子减速过程中的失稳上边界转速。

(5)提出了转子结构组合参数,用以校核转子结构有无积液引起失稳振动风险,包含转子空腔内外径、空腔宽度、转子质量、刚度系数及阻尼系数等特性参数。

(6) 提出了积液转子进入失稳振动状态的识别准则,能够提前对有失稳风险的积液转子进行预警。准则包括振动总量判别准则、次谐波分量判别准则及 1 阶量判别准则。

小　结

本章针对航空发动机转子盘腔积液引起的失稳振动现象,进行了理论建模分析和实验研究。结合航空发动机结构特点,从结构域和流体域同步入手,建立了盘腔积液壁面液-构耦合模型,得到了积液转子的失稳区间;开展了不同积液量、不同积液类型下积液转子的振动特性实验研究。

参考文献

[1]　王鑫. 航空发动机转子盘腔积液失稳理论与实验研究[D]. 西安: 西北工业大学,2019.

[2]　Wolf, J. A. Whirl dynamics of a rotor partially filled with liquid [J]. Journal of Applied Mechanics, 1968, 35(4): 676-682.

[3]　Daich I M, Bar I L. Oscillations of a rotating solid body with a cavity partly filled with viscous fluid [J]. Prikl. Mekh, 1973, 9(5): 64-69.

[4]　Saito S, Someya T. Self-excited vibration of a rotating hollow shaft partially filled with liquid [J]. ASME J. Mech. Des, 1980, 102(1): 185-192.

[5]　郑旭东,张连祥. 航空发动机整机振动典型故障分析[J]. 航空发动机,2013,39(1): 34-37.

[6]　祝长生. 准三维旋转流体模型及其在部分充液转子稳定性分析中的应用[J]. 应用力学学报,2001,18(2): 26-33.

[7]　王光定. 基于三维流动分析的充液转子动力稳定性研究[C]. 南宁: 第十二届全国振动理论及应用学术会议,2017.

[8]　Wang G D, Yuan H Q. Dynamic stability analysis of a flexible rotor filled with liquid based on three-dimensional flow [J]. Physics of Fluids Engineering, 2019, 141(5): 051202.

[9]　祝长生. 部分充有黏性流体的转子系统稳定性的理论分析[J]. 机械科学与技术,2001,20(4): 485-487.

[10]　Bently D E, Hatch C T. Fundamentals of rotating machinery diagnostics [M]. Minden: Bently Pressurized Bearing Co, 2002.

[11]　Kern D, Jehle G. Dynamics of a rotor partially filled with a viscous incompressible fluid [J]. PAMM, 2016, 16(1): 279-280.

[12]　Wang G, Yuan H. An analysis of dynamic stability for a flexible rotor filled with liquid [J] Phys. Fluids, 2018, 30(3): 037101.

[13]　Zhu C S. Experimental investigation into the instability of an over-hung rigid centrifuge rotor partially filled with fluid [J]. J. Vib. Acoust, 2002, 124: 483-491.

第9章
结构-结构耦合故障分析

本章关键词:

干摩擦　　　(dry friction)　　　　　　构-构耦合力　(structure-structure coupling force)

失稳机制　　(instability mechanism)　　摩擦系数　　　(friction coefficient)

次同步进动(subsynchronous vibration)　配合参数　　　(fit parameter)

通频带振动(passband vibration)　　　　拧紧力矩　　　(tightening torque)

　　结构和结构之间的干摩擦可能激发转子的自激振动。维持这种运动的周期力不是交变外力,而是来自转子部件之间的配合内力。从力的本质上看,往往是结构之间的干摩擦力。上述干摩擦力可以等效成为与轴振幅方向垂直的横向力。转子在不平衡力引起的正同步强迫振动情况下,由于这种横向力的出现,转子将附加一个自由振动。在多数情况下,因外阻尼力的存在,自由振动会逐渐衰减而消失,剩下的只是稳定的有阻强迫振动。当外阻尼力很小自激力强烈时,自由振动不被衰减而是维持下去,自激力与振幅互相促进以至振幅逐渐增大,最后发生失稳[1-2]。

参 数 表

符 号	含 义	符 号	含 义
Ω	自转角速度	F_N	配合面正压力
ω	进动角速度	e	转盘偏心距
P_t	激振力	σ	配合间隙
F_f	摩擦力	r_p	套齿节圆半径
μ	摩擦系数	l	转轴跨距
m	盘的质量	c	内阻尼
D	外阻尼系数	C	内阻尼系数
s	刚度系数	λ	特征根
s_{xy}	交叉刚度	Δ	转盘厚度
F	内阻尼力	F_Δ	不平衡力

符　号	含　义	符　号	含　义
b	自激振动频率	ω_c	门槛转速
$\dot{\zeta}$	相对滑动速度	ω_n	临界转速

9.1　构-构耦合故障出现的部件

在工程实践中,构-构配合的转子进行次同步进动运动时,可能激发出失稳故障。所谓次同步进动就是轴心涡动速度低于旋转速度的一种运动状态。在转子系统中存在的自激振动因素较多,主要因素有内阻尼和结构间的干摩擦[3]。

图 9-1 显示了某型涡轮泵空转试车过程瀑布图。在试车过程中,当涡轮泵加速到工作转速之后,出现了低于工作频率的次谐波;同时整机振动异常增大,并持续涡轮泵的整个运转过程。经过分析得到,此为较为明显的次同步进动现象,严重时会导致涡轮泵失稳破坏。该故障严重影响了该型涡轮泵的设计和生产进程,造成了巨大的经济损失。类似的情况,也曾经发生在发动机的套齿连接结构中。

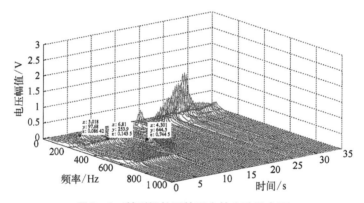

图 9-1　某型涡轮泵转子空转实验瀑布图

套齿连接结构是多转子发动机常用的一种连接方式,表 9-1~表 9-3 给出了目前发动机高、低压转子采用的联轴器结构形式。

表 9-1　大涵道比涡扇发动机联轴器结构

发动机型号	联轴器结构形式	
	高　压　转　子	低　压　转　子
CFM56	采用圆柱面定心,短螺栓连接摩擦传扭的刚性联轴器	采用双圆柱面定心,大螺帽压紧,套齿传扭
V2500	采用无锥形衬套,刚性端齿联轴器	采用双圆柱面定心,大螺帽压紧,套齿传扭

续 表

发动机型号	联轴器结构形式	
	高 压 转 子	低 压 转 子
CJ－1000	采用圆柱面定心,短螺栓连接摩擦传扭的刚性联轴器	采用双圆柱面定心,大螺帽压紧,套齿传扭
GP7000	采用圆柱面定心,短螺栓连接摩擦传扭的刚性联轴器	采用双圆柱面定心,大螺帽压紧,套齿传扭
PW1000G	采用止口定心,筒形长螺杆加大螺帽压紧,摩擦传扭	采用齿轮箱连接,内部使用套齿加柔性轴连接

表9－2 小涵道比涡扇发动机联轴器结构

发动机型号	联轴器结构形式	
	高 压 转 子	低 压 转 子
АЛ－31Ф	采用止口定心,多根长螺杆拉紧,摩擦传扭	采用带拉紧螺杆的柔性联轴器
F110－GE129	采用圆柱面定心,短螺栓连接摩擦传扭的刚性联轴器	采用双圆柱面定心,大螺帽压紧,套齿传扭
F110－GE132	采用圆柱面定心,短螺栓连接摩擦传扭的刚性联轴器	采用双圆柱面定心,大螺帽压紧,带多功能轴套齿传扭

表9－3 涡轴/涡浆发动机联轴器结构

发动机型号	联轴器结构形式
T700	止口定心,短螺栓连接,摩擦传扭
T800	双圆柱面定心,大螺母压紧,套齿传扭
PW150	双圆柱面定心,大螺母压紧,套齿传扭

由表9－3可见,套齿连接结构是涡轴/涡浆发动机最经典的连接形式。对于套齿连接结构定心方式,有单圆柱面定心与双圆柱面定心2种,对于套齿连接结构传扭方式,有套齿传扭与带多功能轴套齿传扭两种。图9－2~图9－4分别为单圆柱面定心、双圆柱面定心和带多功能轴套齿联轴器的结构简图。

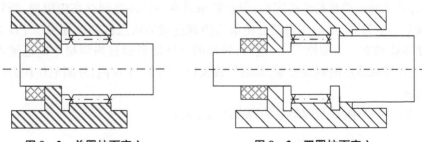

图9－2 单圆柱面定心　　　　　　图9－3 双圆柱面定心

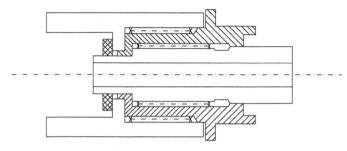

图 9-4　带多功能轴套齿联轴器

相较于单圆柱面定心,双圆柱面具有更高的弯曲刚性,并且可以减少套齿磨损,连接的稳定性也更高,因此发动机大多选择双圆柱面定心的结构。在工程实际中,由于装配原因,一些小涵道比涡扇发动机会选择带多功能轴的套齿进行传扭。

纵观发动机研制发展历史,振动突增的失稳情况时而发生在套齿结构、轴套结构以及润滑不良的轴承结构中。本书将力图说明振动失稳发生的原因和本质。

9.2　构-构耦合的失稳机制

9.2.1　内阻尼失稳机制

结构之间由于相对滑动产生摩擦力。若以整台发动机/转子为研究对象,结构和结构之间的摩擦力是内力,下文称为内摩擦力。摩擦力耗能生热,常被用作阻尼装置。结构与结构之间的相对滑动摩擦力、碰摩摩擦力以及轴承内摩擦力往往表现出振系阻尼的效果,下文称为内阻尼。

内阻尼有时能够使系统运动趋于稳定;但是在一定条件下,也会激发转子的异常振动,造成失稳振动。

转子系统由于内阻尼引起失稳的根本原因是由于内摩擦使得应力与应变变化不再同步。此时如果转环装有对称布局的外阻尼,这些阻尼器对质点的振动起阻尼作用,系统的振动是趋于稳定的;但是如果质点与转环之间存在内阻尼,当转环以 Ω 旋转,这些内阻尼的作用就会使偏离协调进动的质点被转环拖曳(当 $\Omega > \omega$ 时),使得扰动进一步加剧[4-5]。这时,转环的自转能量通过内阻尼不断地输入到质点上,转换成质点的涡动能量,从而导致失稳。图 9-5 是内、外阻尼作用力的对比示意图。

表 9-4 对外阻尼与内阻尼的特点进行了对比。

 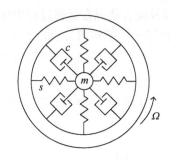

(a) 外阻尼的等效作用力　　　　　　　　(b) 内阻尼的等效作用力

图 9 - 5　内阻尼和外阻尼作用力的比较

表 9 - 4　外阻尼与内阻尼的特点

	外 阻 尼 d	内 阻 尼 c
形成的机制	通过外部安装的阻尼器来提供阻力	由于材料的变形或结构的相互摩擦
阻尼力方向	正比于在固定坐标系下的绝对速度	阻尼力在速度上与固定坐标不成正比,但与旋转坐标系统中的相对速度成正比
动力学分析	无交叉项	有时会产生不稳定切向力
动力学特征	同步进动	次同步进动是不稳定的,失稳转速是 1 阶临界转速
动力学效果	抑制振动	在 1 阶临界转速前,内阻尼抑制振动;1 阶临界转速后,内阻尼可能导致振动幅值突增
动力学设计	主动设计	尽可能避免

9.2.2　不同结构内阻尼引起失稳

构-构耦合产生的内阻尼常常引发转子失稳,本节力图从内阻尼易于产生的结构、内阻尼失稳发生的条件来揭示其失稳本质。按照内阻尼失稳发生的结构,可以分为套齿结构、轴套结构以及其他配合结构。

1. **套齿结构内阻尼引起失稳**

套齿联轴器是航空发动机中常见的结构,它由套齿传扭、圆柱面定心及大螺帽压紧三部分组成。套齿由外花键与内花键连接而成[6]。假设由于支承及转轴的弹性变形,外花键的轴心线与内花键的轴心线出现了一个夹角 β,如图 9 - 6 所示。

转子在不平衡力作用下,做同步正进动。此时,套齿的内花键与外花键的

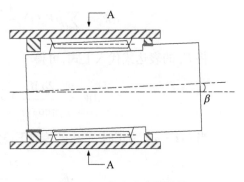

图 9 - 6　套齿产生的偏摆

相对位置以及配合状况在运转过程中保持不变；当转子受到外部扰动，使得进动角速度 Ω 不再等于转子转速 ω，此时，套齿外花键相对于套齿内花键来说，它的位置是变化的。也就是说，齿面的接触面积发生了变化，配合面之间发生了相对滑动。

工作过程中，套齿由于传扭，每个齿上都作用有 1 个正压力 F_n。受到扰动后，齿面接触发生了滑移，齿面将产生滑动摩擦力 $F_f = \mu F_n$ 的作用。其中 μ 是齿面间的摩擦系数。

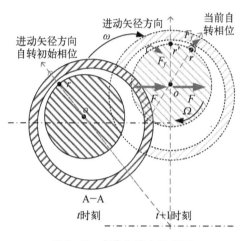

图 9 - 7 套齿失稳力示意图

当使得进动角速度 ω 小于转子转速 Ω 时，套齿的各个齿之间发生相对滑移。如图 9 - 7 所示，在 or 左半边周的花键齿，将始终趋于减短配合齿面接触长度，因此齿面所受的摩擦力是向前的；在 or 右半边周的花键齿，将始终趋于增长配合齿面接触长度，因此齿面所受的摩擦力是向后的。在整个力偶的作用下，转子的正进动将被促进，转子趋于失稳。

当盘腔处的挠度发生改变时，图 9 - 6 中的 β 角以及齿面的配合长度也会发生改变。因此，配合面之间会发生相对滑动，齿面的接触之间受到摩擦力作用。

综合上述的两个方面可以看出，套齿联轴器中齿面间产生的内摩擦力的物理作用，与材料迟滞产生的内摩擦力很相似。因此，可以采用作用在盘上的一个当量内阻尼力来表示。

现在来推导这个内阻尼力的表达式。在 dt 时间内，套齿联轴器因内摩擦耗散的功为 dW_t，由于转子转速 Ω 与进动角速度 ω 不相等，在 dt 时间内，套齿联轴器耗散的摩擦功为

$$dW_t = \sum_{i=1}^{z} \mu F_n(i) \frac{4r_p \,|\, \tan\beta \,|}{2\pi} (\Omega - \omega) dt \qquad (9-1)$$

将 F_n 的表达式代入上式，可得

$$dW_t = \frac{2\mu M_t}{\pi \cos\alpha} \,|\, \tan\beta \,|\, (\Omega - \omega) dt \qquad (9-2)$$

当 $(\Omega - \omega)$ 为正时，产生的等效不稳定力为 $+u_r$ 方向，因此，等效的内摩擦力为

$$F_t = \frac{2\mu M_t}{\pi \cos\alpha} \,|\, \tan\beta \,|\, u_t \qquad (9-3)$$

由于套齿联轴器齿面接触产生的摩擦力,作用于盘上的等效阻尼力大小为 $2\mu M_t/\pi\cos\alpha$,方向为 $(\Omega-\omega)$,因此可以表示为

$$F = \frac{2\mu M_t}{\pi\cos\alpha}\,|\tan\beta\,|\,\frac{\Omega-\omega}{|(\Omega-\omega)|} = -\,C\,\frac{\dot{\xi}_c}{|\dot{\xi}_c|} \qquad (9-4)$$

可以看出,内摩擦力的大小与众多因素有关,因此需要结合具体的转子系统才能确定。

2. 轴套结构内阻尼引起失稳

轴套结构被广泛地应用于航空发动机及火箭发动机中。在其高速运转的过程中,存在着振动失稳的风险。轴套结构主要为一段套在轴外端的圆柱面,两者中间存在着间隙,一端由螺母压紧进行轴向定位[3]。图9-8为套筒失稳示意图。

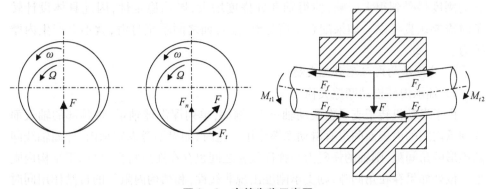

图 9-8　套筒失稳示意图

当轴套结构运行在工作转速时,转轴将发生弯曲变形。由于轴与轴套属于间隙配合,当轴向下拱曲时,凸面处轴向纤维伸长,凹面处轴向纤维收缩,轴套接触面对轴的凸面处有 1 个向内的摩擦力,而凹面处的摩擦力向外,从而形成 1 个作用在轴上的力矩。可以将这 2 个力矩简化成作用于轴心的等效横向力 F。当转子系统的运动为同步进动时,轴套与轴无相对运动。当转轴发生弯曲变形时,等效横向力 F 指向轴心,系统是相对稳定的。当转子系统发生次同步进动,若自转角速度 Ω 大于进动角速度 ω,则系统在横向力的作用下趋向不稳定。为了便以理解,建立以进动角速度 ω 旋转的动坐标系,则等效横向力 F 分解为 2 个分力,其中 1 个分力 F_t 指向进动方向,推动了转子进动,激振力与振幅相互促进,不断增强,最终导致系统失稳。

内摩擦力等于接触面正压力与摩擦系数的乘积,所以摩擦力与正压力呈线性关系,内摩擦力随着正压力的增大而增大。随着转速的升高,轴系的弯曲变形逐渐增大,轴与轴套彼此配合面的作用力必然增大,内摩擦力将呈现增大的趋势。内摩擦力的增大导致沿进动方向的分力随之增大,进一步推动转子进动,最终将引起整

个转子系统发生失稳。

如果只考虑一侧的配合面,其工作情况与套齿齿面配合的工作情况是很相似的。二者相较,套齿齿面中总的正压力为 $M_t/r_p\cos\alpha$,轴套配合处总的正压力为 $\sigma_p 2\pi r_p b$(其中 σ_p 是工作是配合面上的压应力,r_p 是配合面的半径,b 是一侧的配合面宽度)。参照式(9-4)可得一侧配合面间产生的内摩擦力为

$$F = -\frac{2\mu F_n r_p}{\pi}\frac{\dot{\xi}_c}{|\dot{\xi}_c|} = -C\frac{\dot{\xi}_c}{|\dot{\xi}_c|} \qquad (9-5)$$

式中,F_n 为一侧配合面上受到的总正压力,即 $\sigma_p 2\pi r_p b$。

由于轴套配合面的配合紧度是由定位的要求来确定的,因此应尽可能使配合面较短,使总的正压力 F_n 较小,从而减小内摩擦力 F。但是配合面减短后,轴套的刚度将受到很大影响,使得轴套处挠度增大,影响稳定性,因此具体设计转子时需要认真考虑。如果配合紧度足够,配合面之间不至打滑,就不会产生内摩擦力。

3. 其他结构内阻尼引起失稳

1) 轴承内环松动摩擦失稳

由于发动机转子支承在滚动轴承上,例如,单列深沟球轴承,轴颈部的轴表面和轴承内圈的内表面间也有滑动摩擦作用。这时,如果不考虑轴承内、外圈轴线间圆锥形的角间隙,则轴的恢复力与弹性位移之间也存在滞后特性,也属于结构内阻尼。该处如果存在角间隙,则支承刚度出现非线性,和结构内阻尼的自激作用同时存在[7-8]。

2) 转子与固定件间的干摩擦失稳

当转子由于某些原因(如设计制造不善、偏心安装、工作情况异常、零件变形或者因不平衡量过大致使转子挠度过大等)使得转动件与机匣之间接触,就发生了转子与固定件的干摩擦,又称碰摩。碰摩含有 3 种物理现象:碰撞、摩擦和轴系刚度的改变。

碰撞相当于给转子及静子 1 个冲击脉冲,能将转子和静子的固有频率激发起来。因此,转子的实际振动是驱动力的强迫振动和碰撞冲击产生的自由振动的叠加。摩擦能产生切向摩擦力,使转子从正向涡动转向反向涡动。当转子与壳体发生径向接触时,在接触点壳体对转子的切向干摩擦力与转速方向相反,如果把该摩擦力向转子几何中心简化,则简化后的力偶要求驱动力增加,而通过轴心的切向力使转子沿壳体内壁反向进动,这种反进动又加大了转子的离心力,引起了更大程度上的径向接触,从而加大了引起反进动的摩擦力,可能使转子反进动失稳。当转子与静子接触瞬间,转子刚度增大,静子反弹后脱离接触,转子刚度减小,并发生自由振动。因此,在转子和静子发生干摩擦前后,转子刚度发生了变化,固有频率也发

生变化,轴系将不稳定,可能发生自激振动[9]。

在整个过程中,转子发生了强迫振动、碰摩的自由振动和摩擦涡动叠加的复杂振动。由于碰摩力是不稳定的接触正压力,在时间和空间位置上都发生变化,因此,振动具有明显的非线性。这一部分在第6章已经进行了系统的介绍,此处不再赘述。

9.2.3 失稳原因的统一表达

上述不同的结构产生不同的内摩擦力。尽管内摩擦力表达式不同,但是内摩擦力等效为内阻尼,推动转子轴心涡动的本质是相同的。本节试图解释构-构耦合失稳的原因。

实际上,转子系统由于内阻尼失稳的原因在于:应变的变化滞后于应力的变化,转轴的应力中性线不再与应变中性线重合,从而产生1个与转轴进动方向同向的切向力分量。在一定条件下,若这个切向力大于外阻尼力,就会加剧转子系统的涡动从而导致失稳。从能量观点上看,它不断地把自旋动能转移到涡动运动上,从而累积造成涡动失稳[10]。图9-9为结构内阻尼变化的规律曲线。

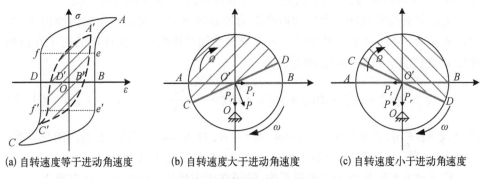

(a) 自转速度等于进动角速度   (b) 自转速度大于进动角速度   (c) 自转速度小于进动角速度

图9-9 结构内阻尼变化规律

静载荷作用下应力与应变的变化近似线性关系。当结构受到动载荷时,应变的变化落后于应力的变化。应力与应变的变化成封闭的回线,应力与应变的这种变化现象叫迟滞现象。图9-9(a)中曲线 ABCD 表示结构受到动载荷时,1个周期内应力与应变变化的曲线示意图。可以看出,应力与应变的变化不是同步的,图中同一个应变对应有两个应力,分别对应于应力增加和应力减小过程,即具有动态二值性。当应力在 e-e' 与 f-f' 之间时,由于结构之间的静摩擦力,结构之间未产生滑动,因此应力应变曲线呈直线。虚线 A'B'C'D' 表示材料本身在受到动载荷时,应力与应变之间的迟滞特性。结构的迟滞性远大于材料的迟滞性[11]。

转子做正同步进动时,在一定的转速下,轴上的结构之间的应力和应变均不变。如果转轴受到横向力干扰,则转子将出现非同步进动。配合结构的应力和应变则发生周期性变化。图 9-9(b) 为当自转角速度 Ω 大于进动角速度 ω 时,轴上的一个横截面应力与应变的示意图。图中,AB 线是配合结构的应变中性线,CD 线是配合结构的应力中性线。其中,AB 线以上轴截面的应变为拉应变,以下轴截面的应变为压应变;CD 线左上方轴截面应力为拉应力,右下方轴截面应力为压应力。此时该轴截面上将产生 1 个垂直于应力中性线 CD 的弹性力 P,此弹性力可分解为 1 个指向 O 点的分力 P_r,1 个垂直于 OO' 的分力 P_t。P_r 为弹性恢复力,使轴心 O' 趋向于 O;而 P_t 为激振力,引起正进动加速,推动转子公转,增大变形转子的离心力,进而增大转子的振幅,最终使弹性力 P 增大,进一步增大激振力 P_t。激振力与振幅相互促进,不断增强,最终导致转子失稳。当自转角速度 Ω 小于进动角速度 ω 时,情况相反,如图 9-9(c) 所示,这时弹性力的分力与进动方向相反,成为阻尼力,抑制转子发生失稳。因此,只有在自转角速度大于进动角速度的情况下,才有可能由结构内阻尼诱发次同步自激振动,进而导致轴系失稳[11-14]。

　　为了便于理解,建立以进动角速度 ω 旋转的动坐标系,在这个动坐标系中,轴系没有进动角速度,因此当自转角速度 Ω 大于进动角速度 ω 时,相对速度为 $\Omega - \omega$,且方向同旋转方向一致。当自转角速度 Ω 小于进动角速度 ω 时,相对速度为 $\Omega - \omega$,且方向同旋转方向相反,这样就容易理解图 9-9(c) 中的情况。

　　无论是套齿结构配合产生的内摩擦力还是轴套结构配合产生的内摩擦力,都可以表示为 $-C\dot{\xi}_c / |\dot{\xi}_c|$ 的形式。可以导出受到结构内摩擦力作用的转子在以角速度 ω 旋转的坐标系中的运动方程为

$$\ddot{\zeta} + 2j\omega\dot{\zeta} - \omega^2\zeta + D(\dot{\zeta} + j\omega\zeta) + \omega_n^2\zeta + C\frac{\dot{\zeta}}{|\dot{\zeta}|} = -jge^{-j\omega t} + \varepsilon\omega^2 \quad (9-6)$$

式中,$\zeta = \zeta + i\eta$, $D = d/m$, $\omega_n^2 = s/m$, $C = c/m$, D 为外阻尼系数,C 为内阻尼系数,s 为刚度系数;m 为质量;ε 偏心距;$-C\dot{\xi}_c / |\dot{\xi}_c|$ 为内摩擦力。

　　将运动方程转换到固定坐标系中,转子在固定坐标系中的实变量方程为

$$\begin{bmatrix} m & 0 \\ 0 & m \end{bmatrix}\begin{bmatrix} \ddot{x} \\ \ddot{y} \end{bmatrix} + \begin{bmatrix} d & \dfrac{c}{|(\dot{x}+j\dot{y})-j\omega(x+jy)|} \\ \dfrac{c}{|(\dot{x}+j\dot{y})-j\omega(x+jy)|} & d \end{bmatrix}\begin{bmatrix} \dot{x} \\ \dot{y} \end{bmatrix} +$$

$$\begin{bmatrix} s & \dfrac{\omega c}{|(\dot{x}+j\dot{y})-j\omega(x+jy)|} \\ \dfrac{\omega c}{|(\dot{x}+j\dot{y})-j\omega(x+jy)|} & s \end{bmatrix}\begin{bmatrix} x \\ y \end{bmatrix} = \begin{bmatrix} 0 \\ -jmg \end{bmatrix} + \begin{bmatrix} m\varepsilon\omega^2\cos\omega t \\ m\varepsilon\omega^2\sin\omega t \end{bmatrix}$$

$$(9-7)$$

其中刚度矩阵可分解成对称部分和反对称部分:

$$s_{xy} = \begin{bmatrix} s & \dfrac{\omega c}{|\ (\dot{x} + \mathrm{j}\dot{y})\ -\ \mathrm{j}\omega(x + \mathrm{j}y)\ |} \\[4mm] \dfrac{\omega c}{|\ (\dot{x} + \mathrm{j}\dot{y})\ -\ \mathrm{j}\omega(x + \mathrm{j}y)\ |} & s \end{bmatrix}$$

$$= \begin{bmatrix} s & \\ & s \end{bmatrix} + \begin{bmatrix} & \dfrac{\omega c}{|\ (\dot{x} + \mathrm{j}\dot{y})\ -\ \mathrm{j}\omega(x + \mathrm{j}y)\ |} \\[4mm] \dfrac{\omega c}{|\ (\dot{x} + \mathrm{j}\dot{y})\ -\ \mathrm{j}\omega(x + \mathrm{j}y)\ |} & \end{bmatrix} \qquad (9-8)$$

由此可见,结构内摩擦产生了交叉阻尼矩阵分量与反对称交叉刚度分量,并且此刚度分量与转速相关。

存在反对称交叉刚度与交叉阻尼时,转子的运动方程简写为

$$\begin{bmatrix} m & 0 \\ 0 & m \end{bmatrix}\begin{bmatrix} \ddot{x} \\ \ddot{y} \end{bmatrix} + \begin{bmatrix} d_{11} & d_{12} \\ d_{21} & d_{22} \end{bmatrix}\begin{bmatrix} \dot{x} \\ \dot{y} \end{bmatrix} + \begin{bmatrix} s_{11} & s_{12} \\ s_{21} & s_{22} \end{bmatrix}\begin{bmatrix} x \\ y \end{bmatrix} = \begin{bmatrix} m\varepsilon\omega^2\cos\omega t \\ m\varepsilon\omega^2\sin\omega t \end{bmatrix} \qquad (9-9)$$

式中, $s_{12} = -s_{21}$, $d_{12} = d_{21}$ 。

为了考察转子稳定性,只需要分析运动方程对应的齐次方程即可。

设 $s_{11} = s_{22}$, $d_{11} = d_{22}$,得到其特征方程为

$$m\lambda^2 + (d_{11} - \mathrm{j}d_{12})\lambda + (s_{11} - \mathrm{j}s_{12}) = 0 \qquad (9-10)$$

设其根为 $\lambda = \alpha + \mathrm{j}\omega$,代入方程中,将实部与虚部分开得

$$\begin{cases} m\alpha^2 - m\omega^2 + \alpha d_{11} + \omega d_{12} + s_{11} = 0 \\ 2m\alpha\omega + d_{11}\omega - d_{12}\alpha - s_{12} = 0 \end{cases} \qquad (9-11)$$

假设转子系统无阻尼,即 $d_{12} = d_{11} = 0$,式(9-11)变为

$$\begin{cases} m\alpha^2 - m\omega^2 + s_{11} = 0 \\ 2m\alpha\omega - s_{12} = 0 \end{cases} \qquad (9-12)$$

当无交叉刚度时, $s_{12} = 0$,则 $\alpha = 0$, $\omega = \sqrt{\dfrac{s_{11}}{m}}$ 。这表明系统不会失稳。

由方程组(9-12)得

$$\begin{cases} \omega_1^2 = \dfrac{s_{11}}{2m} + \dfrac{\sqrt{s_{11}^2 + s_{12}^2}}{2m} \\[4mm] \omega_2^2 = \dfrac{s_{11}}{2m} - \dfrac{\sqrt{s_{11}^2 + s_{12}^2}}{2m} \\[4mm] \alpha_1^2 = \dfrac{\sqrt{s_{11}^2 + s_{12}^2}}{2m} - \dfrac{s_{11}}{2m} \end{cases} \qquad (9-13)$$

或

$$\begin{cases} \alpha_1 = \dfrac{s_{12}}{2m\omega_1} \\[3mm] \alpha_2 = \dfrac{s_{12}}{2m\omega_2} \end{cases} \qquad (9-14)$$

由于 $\omega_1 > 0$，故 $\alpha_1 > 0$，因此系统将失稳。可见，反对称交叉刚度使得转子失稳，失稳时转子的振动频率为 ω_1。

从失稳特征来看，不论是材料内阻尼还是结构内阻尼，其失稳振动均为自激失稳，失稳振动的频率为转子的 1 阶自振频率，振动幅值突增，失稳振动 1 阶正进动绝对占优。

9.3　构–构耦合的建模与仿真

9.3.1　耦合故障的转子运动方程

无论是套齿结构还是轴套结构产生的结构内阻尼，其失稳故障机制及失稳特征都是相似的，本节讨论内阻尼失稳的建模。

以 Jeffcott 转子为模型分析转子系统的稳定性，如图 9-10 所示。

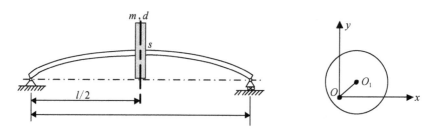

图 9-10　分析稳定性用的 Jeffcott 转子模型

无论是齿面配合产生的内摩擦力还是圆柱面配合产生的内摩擦力，转子的运动方程在固定坐标系中的实变量方程组为

$$\begin{bmatrix} m & 0 \\ 0 & m \end{bmatrix}\begin{bmatrix} \ddot{x} \\ \ddot{y} \end{bmatrix} + \begin{bmatrix} d & \dfrac{c}{|\,(\dot{x}+j\dot{y})-j\omega(x+jy)\,|} \\[4mm] \dfrac{c}{|\,(\dot{x}+j\dot{y})-j\omega(x+jy)\,|} & d \end{bmatrix}\begin{bmatrix} \dot{x} \\ \dot{y} \end{bmatrix} +$$

$$
\begin{bmatrix} s & \dfrac{\omega c}{\mid(\dot{x}+\mathrm{j}\dot{y})-\mathrm{j}\omega(x+\mathrm{j}y)\mid} \\[4mm] \dfrac{\omega c}{\mid(\dot{x}+\mathrm{j}\dot{y})-\mathrm{j}\omega(x+\mathrm{j}y)\mid} & s \end{bmatrix} \begin{bmatrix} x \\ y \end{bmatrix} = \begin{bmatrix} 0 \\ -\mathrm{j}mg \end{bmatrix} + \begin{bmatrix} m\varepsilon\omega^2\cos\omega t \\ m\varepsilon\omega^2\sin\omega t \end{bmatrix}
$$

$$(9-15)$$

由此可见,结构内摩擦力产生了交叉阻尼矩阵分量与反对称交叉刚度分量,并且此刚度分量与转速相关。

在此方程中,交叉阻尼分量、反交叉刚度分量均与 x、y、$\dot{x}$、$\dot{y}$ 有关,因此该方程为 2 阶非齐次非线性的微分方程,难以用直接求解的方法求出解析解,工程上一般采取数值拟合的方法求其数值解。

为了分析不同参数的影响规律,采取另一种方法来对结构内摩擦对转子运动稳定性进行解析分析。

设 $z=x+\mathrm{j}y$,将式(9-15)转换到固定坐标系中,转子在固定坐标系中的方程为

$$
\ddot{z}+D\dot{z}+\omega_n^2 z+C\frac{\dot{z}-\mathrm{j}\omega z}{\mid\dot{z}-\mathrm{j}\omega z\mid}=-\mathrm{j}g+\varepsilon\omega^2\mathrm{e}^{\mathrm{j}\omega t} \qquad (9-16)
$$

该方程的周期解由两部分组成,即重力响应与不平衡响应两部分,即

$$
z_p=\rho_0\mathrm{e}^{-\mathrm{j}\Phi_0}+\rho_1\mathrm{e}^{\mathrm{j}(\omega t-\Phi_1)} \qquad (9-17)
$$

将其代入式(9-16)中,解得

$$
\rho_0=\frac{g}{\omega_n^2}\sqrt{1-\left(\frac{C}{g}\right)^2} \qquad (9-18)
$$

$$
\tan\Phi_0=\frac{\omega_n^2\rho_0}{C} \qquad (9-19)
$$

$$
\rho_1=\frac{\varepsilon\omega^2}{\sqrt{(\omega_n^2-\omega^2)^2+(D\omega)^2}} \qquad (9-20)
$$

$$
\tan\Phi_1=\frac{D\omega}{\omega_n^2-\omega^2} \qquad (9-21)
$$

由式(9-18)和式(9-19)可见,内摩擦使得重力产生的挠度略有减小,并且偏离垂直方向。此时,振幅为 ρ_1,平均振幅为 ρ_0。因此重力响应与不平衡响应互相关系,具体反映在 C 与 ρ_1 和 ρ_0 相关。

现在研究式(9-17)的稳定性,由于研究周期解附近的小扰动,为了便于分析,令

$$z = z_0 + \rho_1 e^{j(\omega t - \Phi_1)} \tag{9-22}$$

因为 $\rho_1 e^{j(\omega t - \Phi_1)}$ 为不平衡响应,则式(9-22)可以改写为

$$\ddot{z}_0 + D\dot{z}_0 + \omega_n^2 z_0 + C \frac{\dot{z}_0 - j\omega z_0}{|\dot{z}_0 - j\omega z_0|} = -jg \tag{9-23}$$

不平衡力的影响,反映在 C 内,则问题转化为研究式(9-23)周期解 $z_{0p} = \rho_0 e^{-j\Phi_0}$ 的稳定性。当这一周期解受到扰动以后:

$$z_0 = z_{0p} + \delta e^{-j\Phi_0} - j\rho_0 e^{-j\Phi_0}\theta \tag{9-24}$$

$$\dot{z}_0 = \dot{z}_{0p} + \dot{\delta} e^{-j\Phi_0} - j\rho_0 e^{-j\Phi_0}\dot{\theta} - j\omega\delta e^{-j\Phi_0} - \omega\rho_0 e^{-j\Phi_0}\theta \tag{9-25}$$

$$\ddot{z}_0 = \ddot{z}_{0p} + \ddot{\delta} e^{-j\Phi_0} - j\rho_0\ddot{\theta} e^{-j\Phi_0} - 2j\omega\dot{\delta} e^{-j\Phi_0} - 2\omega\rho_0\dot{\theta} e^{-j\Phi_0} - \omega^2\delta e^{-j\Phi_0} + j\omega^2\rho_0\theta e^{-j\Phi_0} \tag{9-26}$$

$$\dot{z}_0 - j\omega z_0 = -j\omega\rho_0 + \dot{\delta} - j\rho_0\dot{\theta} - j\omega\delta - \omega\rho_0\theta \tag{9-27}$$

则

$$\frac{\dot{z}_0 - j\omega z_0}{|\dot{z}_0 - j\omega z_0|} = \left(-j - \theta + \frac{\dot{\delta}}{\omega\rho_0}\right) e^{-j\Phi_0} \tag{9-28}$$

受到扰动后,C 变为

$$D + D'(\omega\delta + \rho_0\dot{\theta}) \tag{9-29}$$

将以上关系式代入式(9-23)可得变分方程。将方程按照实部虚部分开,消去 $e^{-j\Phi_0}$ 以后得

$$\begin{cases} \ddot{\delta} - \omega^2\rho_0 - 2\omega\rho_0\dot{\theta} - \omega^2\delta + D\dot{\delta} - D\omega\rho_0\theta + \omega_n^2\rho_0 + \omega_n^2\delta + \left[c_i + c_i'(\omega\delta + \rho_0\dot{\theta})\right]\left(\frac{\delta}{\omega\rho_0} - \theta\right) = 0 \\ -\rho_0\ddot{\theta} - 2\omega\dot{\delta} - \omega^2\rho_0\theta - c\omega\rho_0 - D\rho_0\dot{\theta} - D\omega\delta - \omega_n^2\rho_0\theta - c_i - c_i'(\omega\delta + \rho_0\dot{\theta}) = 0 \end{cases} \tag{9-30}$$

该方程组的解为 $\delta = \delta_0 e^{\lambda t}$, $\theta = \theta_0 e^{\lambda t}$, 由 δ_0, θ_0 有非零解的条件,得到其特征方程,化简后为

$$\lambda^4 + (2D + C)\lambda^3 + \left(2\omega^2 - 2\omega_n^2 + DC + \frac{C + C'\omega}{\omega\rho_0}\right)\lambda^2 +$$

$$\left[(\omega^4 - \omega_n^4) + (\omega^2 + \omega_n^2)\frac{C + C'\omega}{\omega\rho_0} + \omega^2 D^2 + \omega^3 DC'\right]\lambda + 2D\omega_n^2 + C(\omega^2 + \omega_n^2) +$$

$$\left(\frac{C + C'\omega}{\omega\rho_0}\right)(D + C) = 0 \qquad (9-31)$$

根据 Routh 稳定性判据,可得

λ^4	$a_4 = 1$	$a_2 = 2\omega^2 - 2\omega_n^2 + DC + \dfrac{C+C'\omega}{\omega\rho_0}$	$a_0 = 2D\omega_n^2 + C(\omega^2 + \omega_n^2) + \left(\dfrac{C+C'\omega}{\omega\rho_0}\right)(D+C)$
λ^3	$a_3 = 2D + C$	$a_1 = (\omega^4 - \omega_n^4) + (\omega^2 + \omega_n^2)\dfrac{C+C'\omega}{\omega\rho_0} + \omega^2 D^2 + \omega^3 DC'$	0
λ^2	$b_3 = \dfrac{a_3 a_2 - a_4 a_1}{a_3}$	$b_1 = \dfrac{a_3 a_0 - a_4{}_{-1}}{a_3}$	0
λ^1	$c_3 = \dfrac{a_3 b_1 - b_3 a_1}{b_3}$	0	0
λ^0	$d_3 = \dfrac{b_3 c_1 - b_1 c_1}{c_3}$	0	0

$$(9-32)$$

式中,竖线左侧表示特征根的阶数,竖线右侧表示各阶次对应的特征根。

稳定性条件为各项的系数大于零,则可得

$$\begin{cases} 2\omega^2 - 2\omega_n^2 + DC + \dfrac{C+C'\omega}{\omega\rho_0} > 0 \\ (\omega^4 - \omega_n^4) + (\omega^2 + \omega_n^2)\dfrac{C+C'\omega}{\omega\rho_0} + \omega^2 D^2 + \omega^3 DC' > 0 \\ (2D+C)\left(2\omega^2 - 2\omega_n^2 + DC + \dfrac{C+C'\omega}{\omega\rho_0}\right) - (\omega^4 - \omega_n^4) + \\ \quad (\omega^2 + \omega_n^2)\dfrac{C+C'\omega}{\omega\rho_0} + \omega^2 D^2 + \omega^3 DC' > 0 \end{cases} \qquad (9-33)$$

展开化简整理得

$$\omega_n^2(D + C')\left(D + \frac{C}{\omega\rho_0}\right) - \frac{CC'\omega}{\rho_0} > 0 \qquad (9-34)$$

解得转子因结构内阻尼而失稳的门槛转速为

$$\omega_c = \frac{D^2\omega_n^2\rho_0 + \sqrt{D^4\omega_n^4\rho_0^2 + 4DC^2C'\omega_n^2}}{2DC'} \qquad (9-35)$$

从以上讨论可知,处理上的一点差异,结果将有较大的不同。所以,一方面在分析中必须十分谨慎,同时应理解稳定分析常常只能是定性的。

9.3.2　耦合故障振动特征的数值仿真

本节采用 Jeffcott 转子作为计算模型,转盘与轴之间采用间隙配合。转子系统的初始计算参数如下:转子质量为 $m = 5\ \text{kg}$;转轴刚度 $s = 1.33 \times 10^5\ \text{N/m}$;转盘偏心距 $e = 0.0001\ \text{m}$;摩擦系数 $\mu = 0.20$,配合面长度 $b = 0.02\ \text{m}$;配合面直径 $r_p = 0.015\ \text{m}$;间隙长度 $\sigma = 5 \times 10^{-5}\ \text{m}$;1 阶临界转速 $\omega_n = 2500\ \text{r/min}$;外阻尼系数 $D = 200\ \text{N/(m/s)}$,内阻尼系数 $C = 5\ \text{N/(m/s)}$。

考虑内摩擦力,转子在固定坐标系中的实变量方程组为

$$\ddot{z} + D\dot{z} + \omega_n^2 z + C\frac{\dot{z} - j\omega z}{|\dot{z} - j\omega z|} = -jg + \varepsilon\omega^2 e^{j\omega t} \qquad (9-36)$$

通过 4 阶 Runge - Kutta 法求解转子系统的动力学方程,求解内阻尼转子的动力学响应。

由图 9 - 11 可知,由于内阻尼的存在,转子会发生失稳,当转速增大到一定值时,振动幅值急剧增大,且振幅随时间的增加而增加,转子发生明显的失稳振动。在给定的初始条件下,转子系统的失稳转速为 4 293 r/min,基本等于转子的 2 倍临界转速。图 9 - 12 为内阻尼转子失稳时的时域波形图。

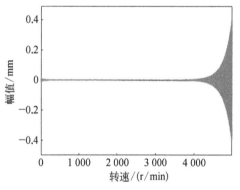
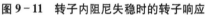
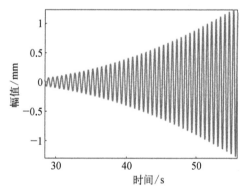

图 9 - 11　转子内阻尼失稳时的转子响应　　图 9 - 12　转子内阻尼失稳时域波形

9.3.3　耦合故障的影响参数分析

通过之前的建模分析,得出外阻尼、1 阶临界转速、齿面摩擦系数、齿形压力角、齿宽以及不对中偏角等参数对内阻尼转子稳定性影响较大。改变不同的参数,进行仿真。分别得到不同参数对转子内阻尼失稳的门槛转速的影响规律。如图 9 - 13 ~ 图 9 - 18 所示。

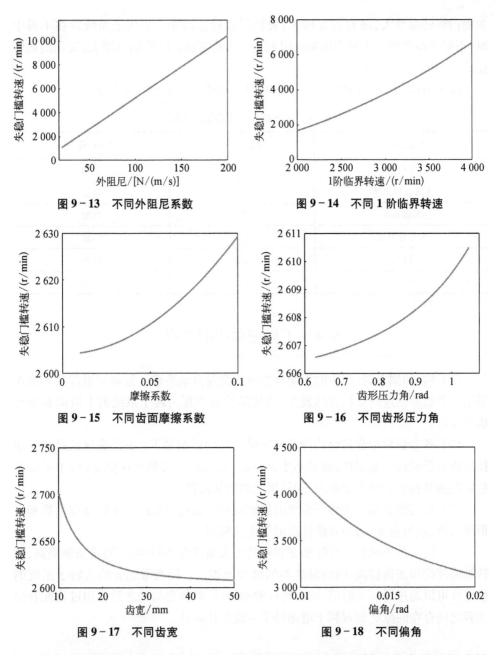

图 9-13 不同外阻尼系数

图 9-14 不同 1 阶临界转速

图 9-15 不同齿面摩擦系数

图 9-16 不同齿形压力角

图 9-17 不同齿宽

图 9-18 不同偏角

从仿真结果可以看出,外阻尼及 1 阶临界转速对内阻尼转子稳定性的影响较大。外阻尼从 50 N/(m/s) 增大到 150 N/(m/s) 后,失稳门槛转速增大了近 6 000 r/min;1 阶临界转速从 2 000 r/min 增大到 4 000 r/min 后,失稳门槛转速增大了近 4 000 r/min。而齿面摩擦系数、齿形压力角以及齿宽等参数对内阻尼转子稳定性的影响较小。随着齿面摩擦系数增大,失稳门槛转速增大;随着齿形压力角增大,失稳门槛转速增大;随着齿宽增大,失稳门槛转速减小。当转子系统存在不对中时,不对中偏角的大小也会影响内阻尼转子的稳定性。随着偏角增大,失稳门槛转速减小,转子稳定性下降。

综上所述,表9-5列出了主要影响因素对转子稳定性的影响规律。

表9-5　各参数对转子稳定性的影响

参 数 名 称	参 数 变 化	失 稳 转 速
外阻尼	增加	增加
1 阶临界转速	增加	增加
摩擦系数	增加	增加
齿形压力角	增加	增加
齿宽	增加	减小
偏角	增加	减小

9.4　工程应用中的要点

(1)构-构耦合时,产生的干摩擦力可能激发振动失稳。振幅突增现象一般在系统1阶临界转速的2倍突然发生,其故障特征表现为转子系统的1阶固有频率成分突出。

(2)各参数对带套齿结构转子系统稳定性的影响如下: 不平衡量通过转子动挠度进而影响转子稳定性,随着不平衡量的增加,转子失稳转速降低;转子系统的稳定性随摩擦系数增大而增大,随外阻尼的增加而提高。

(3)提高带套齿结构转子系统的稳定性可以通过增加配合面的摩擦系数和齿形压力角,减短齿宽,增加系统外阻尼等途径实现。

(4)转子系统的稳定性随轴套直径的加大而降低,随外阻尼的增加而提高,随转轴刚度的增加而提高,随转轴跨距的增加而提高。提高带轴套结构转子系统的稳定性可以通过增加外阻尼,增加转轴的刚度,同时轴套与轴之间采用过盈配合比二者之间存在间隙更加有利于增加转子系统的稳定性。

小　结

针对构-构耦合引起的转子内阻尼失稳振动进行研究,分析了航空发动机中常见的构-构配合结构。以套齿联轴器为例,推导其内阻尼力,分析其引起失稳振动的机制。同时,对不同配合结构产生内阻尼失稳的原因进行了统一。以 Jeffcott 转子为模型,对转子内阻尼失稳进行了仿真分析。通过 Runge - Kutta 法计算带套齿结构转子系统的失稳转速,得到了各参数对转子稳定性的影响规律。

参考文献

[1]　闻邦椿,顾家柳,夏松波,等.高等转子动力学[M].北京:机械工业出版社,1999:13-28.

[2]　程礼,范家栋,陈雪峰.结构阻尼对发动机转子系统稳定性的影响[J].航空动力学报,2007,24(2):360-364.

[3]　白长青,许庆余,张小龙.密封和内阻尼对火箭发动机液氢涡轮泵转子系统动力稳定性的影响[J].机械工程学报,2006,42(3):150-155.

[4]　Zorzi E S, Nelson H D. Finite element simulation of rotor-bearing systems with internal damping [J], Journal of Engineering for Power, 1977, 99(1):71-76.

[5]　Crandall S H. The influence of material creep on rotor dynamics [J]. Proceedings of the International Conference on Vibration Problems in Engineering, 1986, (1):43-50.

[6]　康丽霞,曹义华,梅庆.直升机传动系统花键连接轴的动力失稳[J].北京航空航天大学学报,2010,36(6):646-649.

[7]　桑潇潇.带装配间隙轴承转子的动力学特性研究[D].西安:西北工业大学,2016.

[8]　苏燕玲.可倾瓦滑动轴承-转子系统振动稳定性分析[D].上海:华东理工大学,2017.

[9]　赵经明.涡轮泵表面结构间隙密封-转子系统动力学特性研究[D].哈尔滨:哈尔滨工业大学,2018.

[10]　Lees A. Misalignment in rigidly coupled rotors [J]. Journal of Sound and Vibration, 2007, 305(1):261-271.

[11]　Lei Zu, Hui Xu, Bing Zhang, et al. Filament-wound composite sleeves of permanent magnet motor rotors with ultra-high fiber tension [J]. Composite Structures, 2018, 204:525-535.

[12]　Yadav S K, Rajput A K, Ram N, et al. Stability analysis of a rigid rotor supported by two-lobe hydrodynamic journal bearings operating with a non-Newtonian lubricant [J]. Proceedings of the Institution of Mechanical Engineers, 2019, 233(6):884-898.

[13]　Amoozgar M, Shahverdi H. Aeroelastic stability analysis of hingeless rotor blades in hover using fully intrinsic equations and dynamic wake model [J]. Aircraft Engineering and Aerospace Technology, 2019, 91(8):1113-1121.

[14]　王彤.航空发动机带套齿的转子失稳理论与实验研究[D].西安:西北工业大学,2020.

第 10 章
高、低压转子的耦合故障

本章关键词：

中介轴承　（intershaft bearing）　　　双转子系统　（twin spool system）

耦合振动　（coupling vibration）　　　同步冲击　　（synchronization lurch）

减载设计　（load reduction design）　　内外环滚道　（bearing race）

疲劳寿命　（fatigue life）　　　　　　动载荷　　　（dynamic load）

在现代航空发动机中，广泛采用双转子加中介轴承的设计方案，以达到减轻发动机质量而提高推重比的目标。这种结构形式使发动机高、低压转子具有很强的振动耦合性。而中介轴承是其中的关键部件，也是薄弱部件。中介轴承转速高，承受载荷大，为延长其疲劳寿命，发动机轴承的减载设计十分必要[1-3]。

10.1 概　　述

中介轴承是双转子航空发动机中关键的承力和传动部件。转子上受到的各种力通过中介轴承最终传递到承力机匣上。发动机轴承运行工况范围大、载荷交变特性突出、热应力效应显著，很容易发生故障。同时，中介轴承是发动机的关键件，一旦发生故障将带来灾难性的后果。因此，发动机中介轴承减载设计意义重大[4-6]。

中介轴承利用内外环间滚动体的滚动，获得内外环之间的相对运动。即使在正常条件下使用，内外环和滚动体的滚动面也会因接触应力作用而发生材料疲劳，造成剥落[7]。滚动接触疲劳是最主要的失效形式之一，大量理论分析和实验研究针对此问题展开，讨论了材料缺陷、工作温度、润滑条件以及预紧力对接触疲劳的影响。采取的相应措施有效地降低了轴承的故障率，但同时给轴承的加工、装配和使用附加了苛刻的要求。事实上，材料冶金缺陷、机械加工带来的表面不完整是不可避免的。因此，发动机轴承减载设计是提高轴承寿命最根本的途径[8-9]。

实际上，在发动机转子动力学设计的过程中，已经充分估计了主要激振力（主要为不平衡响应及气动激振力）。这些激振力将全部作用在轴承上。因此,应该充分考虑这些激振力在滚道上产生的动载荷,实施轴承的减载设计[10]。

本章首先建立带中介轴承的双转子系统的动力学模型,阐述因设计不当引发中介轴承动载荷急剧增大的原因,以解释内外环滚道"同步冲击"现象,提出中介轴承减载设计原则,继而提出一种中介轴承的减载设计方法,以降低轴承的动载荷,保证轴承的接触疲劳寿命。

10.2　带中介轴承的双转子系统的受力分析

中介轴承的外环安装在高压转子上,内环安装在低压转子上或者相反,外环安装在低压转子上,内环安装在高压转子上。因此,作用在转子上的旋转激振力成为轴承承受动载荷的主要来源,如图 10-1 所示。图中:Ω_H、Ω_L 为高、低压转子转速,F_H、F_L 分别代表高、低压转子转频的整数倍(K 倍)频率的旋转激振力,其振幅分别为 F_{H0}、F_{L0}。

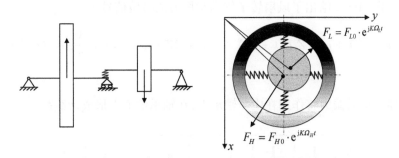

图 10-1　带中介轴承的双转子系统动力学模型

发动机工作过程中,转子及叶片承受着复杂的气动激振载荷,尤其是风扇转子的气动激振力。随着发动机涵道比的不断提高,风扇直径越来越大,该激振力的影响也越发显著。

风扇叶片的气动激振力主要是由结构对气流的阻碍造成的。在发动机环形进气的气流通道中,由于叶片尾缘及附面层的影响,将引起叶栅出口处气流速度的亏损,形成尾迹。它导致叶栅通道中的总压沿周向呈非均匀分布。又由于下游叶栅与上游叶栅有一相对转速,因此,下游叶栅入口处的气动参数是周期变化的,这样,转子便会受到周期性激振。

一个叶片形成的局部脉冲力展开成的傅里叶级数为

$$F(\theta) = F_0 + F_1\cos(\theta + \phi_1) + F_2\cos(2\theta + \phi_2) + F_3\cos(3\theta + \phi_3) + \cdots$$

$$(10-1)$$

对于 Z_b 个叶片的风扇转子,可以得到

$$F_b(\theta) = F_0 + F_1\cos(Z_b\theta + \phi_1) + F_2\cos(2Z_b\theta + \phi_2) + F_3\cos(3Z_b\theta + \phi_3) + \cdots$$

$$(10-2)$$

在发动机工作过程中,实际上有 $\theta = \Omega t$,$[\Omega = 2\pi n/60(\text{rad/s})]$。 则气动激振力随时间的函数表达式可以写成:

$$F_b(t) = F_0 + F_1\cos(Z_b\Omega t + \phi_1) + F_2\cos(2Z_b\Omega t + \phi_2) + F_3\cos(3Z_b\Omega t + \phi_3) + \cdots$$

$$(10-3)$$

由于风扇是低压转子的一部分,故将式(10-3)中的 Ω 替换为 Ω_L,则风扇产生的气动激振力的频率包括:风扇叶片数目和风扇转子转速 Ω_L 的乘积、风扇叶片数目的 2 倍和风扇转子转速 Ω_L 的乘积、风扇叶片数目的 3 倍和风扇转子转速 Ω_L 的乘积等。

令 $F_b(t) = F_0 = F_1 = 2F_2 = 3F_3$,由于各阶振幅依次减少,故提取前三阶模拟风扇气动激振力。得到风扇叶片数为 Z_b 的风扇转子气动激振力数学模型如式(10-4)所示。图 10-2 给出了风扇转子气动激振力的时域信号。

$$F_b(t) = F_0 \times \left[1 + \cos(Z_b\Omega_L t + \phi_1) + \frac{1}{2}\cos(2Z_b\Omega_L t + \phi_2) + \frac{1}{3}\cos(3Z_b\Omega_L t + \phi_3)\right]$$

$$(10-4)$$

上述气动激振力将作用在中介轴承上,在轴承滚道上形成动载荷。

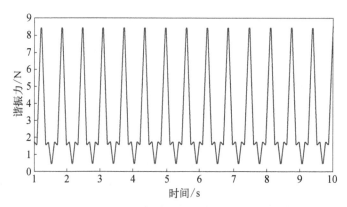

图 10-2 风扇转子承受的气动激振力

10.3 中介轴承滚道承受的动载荷

发动机运转过程中,当轴承滚道上某一微损伤点 P 与轴承滚动体接触时,同时

也会受到旋转气动激振力的冲击作用,P 点的动载荷即为滚动体冲击力与旋转气动激振力的叠加。

对于中介轴承内环上微损伤点 P,它每接触一个滚子,受到一次冲击,与 Z 个滚子的冲击频率为 f_P。 图 10−3 是滚动体对内环的冲击力示意图[11−12]。

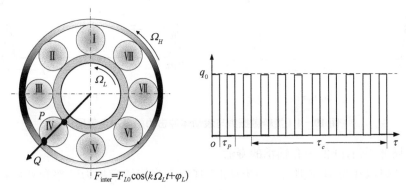

$$F_{inter}=F_{L0}\cos(k\Omega_L t+\varphi_L)$$

图 10−3　中介轴承滚动体对滚道的冲击力

以内环安装在低压转子上,外环安装在高压转子上,两转子同向旋转方案为例,对于 Z 个滚动体的中介轴承,滚动体同内环上的点 P、外环上点 Q 的接触频率分别为

$$f_P = \frac{1}{2 \times 2\pi} \mid \Omega_H - \Omega_L \mid \left(1 + \frac{d}{D_m}\cos\alpha\right)z \qquad (10-5)$$

$$f_Q = \frac{1}{2 \times 2\pi} \mid \Omega_H - \Omega_L \mid \left(1 - \frac{d}{D_m}\cos\alpha\right)z \qquad (10-6)$$

式中,Ω_H、Ω_L 为高压转子、低压转子的旋转角速度;d 为滚动体直径;D_m 为轴承节径;α 为接触角,指接触面中心与滚动体中心连线和轴承径向平面之间的夹角。

图 10−4 是作用在转子上的激振力 F_{inter} 在滚道上形成的动载荷。滚子Ⅳ、滚子Ⅲ和滚子Ⅱ依次滚过内环上点 P 时,P 点受到的载荷变化如图 10−4 所示。其中,图 10−4(a)是激振力频率和内环特征频率不相等条件下的动载荷,图 10−4(b)是激振力频率和内环特征频率相等条件下的动载荷。图中虚线是旋转激振力的波形,τ_F 是旋转激振力的周期,τ_P 是滚子对内环冲击力的周期。

可以看出,滚道承受的载荷由两部分组成:滚动体冲击力与旋转气动激振力。旋转气动激振力频率和内环特征频率不相等时,P 点受到的冲击力不会始终等于滚动体冲击力与激振力力幅之和;但当激振力与滚动体冲击力同频同相时,点 P 受到的冲击力为滚动体冲击力与旋转激振力力幅之和,且持续作用于 P 点。这种现象称为"同步冲击"。在"同步冲击"作用下,中介轴承受到的动载荷增大,易造成

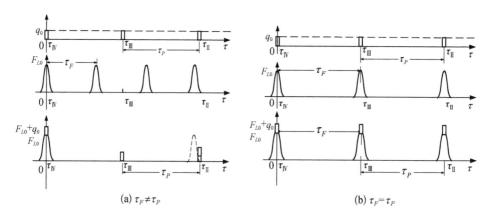

图 10 - 4　旋转激振力与滚动体冲击力的叠加示意图

滚道的局部损伤,降低中介轴承的寿命。

上述以内环为例,说明了"同步冲击"现象。当旋转激振力频率和外环特征频率相等时,也能得到类似的结果,外环上点 Q 将会受到"同步冲击"。

从式(10-5)和式(10-6)可以看出:对于单转子系统,轴承外环不旋转,即外环转速为0,且 $d\cos \alpha/D_m$ 一般不为整数,故轴承内、外环特征频率不可能和转子整倍频周期激振力的频率相等。但对于具有中介轴承的双转子发动机,按照发动机性能要求,高、低压转速 Ω_H、Ω_L 在较大范围内变化,完全有可能使中介轴承内、外环特征频率与气动激振力频率相等或相近,发生"同步冲击",引起中介轴承受到的动载荷增大,易于造成滚道的局部损伤,降低中介轴承的寿命。因此,必须确定避免"同步冲击"的原则,开展中介轴承减载设计。

10.4　减载设计的原则

对于双转子发动机,风扇叶片将产生周期性的气动激振力,其频率是风扇叶片数目整倍数与低压转速 Ω_L 的乘积。发动机高、低压转子转速比按照发动机性能控制率变化,在一定转速范围内可能会使中介轴承内环或外环特征频率等于风扇的气动激振力频率,该力与滚动体的冲击力叠加,就会造成对中介轴承的"同步冲击"。

$$f_P = \frac{1}{2 \times 2\pi} \mid \Omega_H - \Omega_L \mid \left(1 + \frac{d}{D_m}\cos \alpha\right) z \approx K\Omega_L \qquad (10-7)$$

$$f_Q = \frac{1}{2 \times 2\pi} \mid \Omega_H - \Omega_L \mid \left(1 - \frac{d}{D_m}\cos \alpha\right) z \approx K\Omega_L \qquad (10-8)$$

式中,K 为任意不小于1的整数。

为了便于减载设计,将中介轴承内、外环的特征频率改写成低压转速倍数的形式,即内、外环特征倍频数,式(10-7)和式(10-8)变为

$$X_P = \frac{1}{2} \cdot \left| \frac{\Omega_H}{\Omega_L} - 1 \right| \cdot \left(1 + \frac{d}{D_m} \cos \alpha \right) z \qquad (10-9)$$

$$X_Q = \frac{1}{2} \cdot \left| \frac{\Omega_H}{\Omega_L} - 1 \right| \cdot \left(1 - \frac{d}{D_m} \cos \alpha \right) z \qquad (10-10)$$

式(10-9)和式(10-10)中,包含高、低压转子转速比 Ω_H/Ω_L。高、低压转子转速比变化时,内环特征倍频数 X_P 和外环特征倍频数 X_Q 随之变化。

图 10-5 显示了某型发动机的中介轴承所受的冲击频率和气动激振频率的相互关系。其中,纵坐标为航空发动机低压转子的转速倍频;横坐标为发动机工作状态,表征发动机转速。在图 10-5 中分别绘出内、外环特征频率曲线和风扇叶片通过频率曲线,两条曲线的交点表示频率相等,发生了"同步冲击"。上述交点为高、低压转速比设计值下得到。在不同台发动机的试车过程中,由于高、低压转速比的变化,中介轴承特征倍频实际分布在一定的区间内(图中每条曲线对应 1 次试车),在发动机设计过程中,这一区间即是可能发生"同步冲击"的危险区域,需要尽量回避。

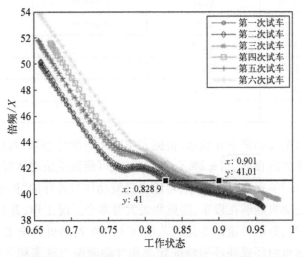

图 10-5　某中介轴承在工作范围内出现"同步冲击"

为了确定危险区域的边界,对 3 种型号的中介轴承进行统计。每种型号选取30 份的试车数据统计,发现频率重合点(发生"同步冲击"的点)分布在一定的倍频区间范围内,如图 10-6 所示。图 10-6 中:横坐标为发动机工作百分比转速;纵坐标为相应转速下发生"同步冲击"的概率。对频率重合点进行数理统计,得到均值 $E(f)$ 和标准差 S,如表 10-1 所示。其中,所得到的均值为高、低压转子在设计

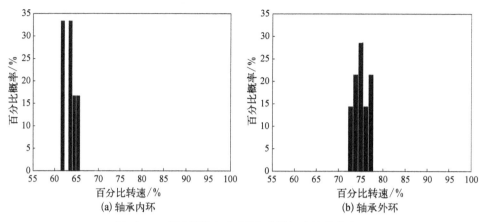

图 10 - 6　轴承"同步冲击"发生的概率统计直方图

转速比下中介轴承的特征倍频,得到的标准差即可用于确定危险区域的边界。

表 10 - 1　3 种型号的中介轴承危险区域边界的统计结果

特征倍频曲线	均　值	标准差	a 值/%
类型 1 中介轴承内环	0.75	0.017 20	2.29
类型 1 中介轴承外环	0.64	0.016 75	2.64
类型 2 中介轴承内环	0.75	0.016 99	2.26
类型 2 中介轴承外环	无交点	—	—
类型 3 中介轴承内环	无交点	—	—
类型 3 中介轴承外环	无交点	—	—
平均后取整	2		

　　基于 3 种典型发动机中介轴承,根据表 10 - 1 的统计结果,可以得到结论:如果气动激振力倍频落在 X_{inner} ± 2%X_{inner} 的范围,可能发生滚动体对内环的"同步冲击";落在 X_{outer} ± 2%X_{outer} 的范围中,可能出现滚动体对外环的"同步冲击"。

　　由于要求发动机能够在慢车、巡航和最大等多个工况工作,并且在各工况之间频繁过渡,因此高、低压转速比变化的范围较大。在发动机的全工况下,很难完全避免出现中介轴承内环或外环的特征频率和气动激振力频率相等的情况。此时,需要给出危险区域占发动机全工况比例的上限。

　　借鉴国内外经典发动机的中介轴承,通过统计得到危险区域占发动机全工况比例的上限。图 10 - 7 显示了来自 3 种型号的中介轴承各 30 次试车样本的统计结果。上述型号的中介轴承,设计合理,服役多年。图 10 - 7 中,设计合理的第 4 种型号为在研的中介轴承,其内环特征频率的危险区域占全工况的比例高达 31.2%。在试车过程中,一套新轴承工作未满 100 小时,即出现轴承内环贯穿性裂纹。由此得到使中介轴承免受"同步冲击"的原则是中介轴承内、外环特征倍频同风扇叶片数目及其整倍数接近至 2% 的情况为危险区域,禁止发动机在此区域长期工作。如果危险区域占发动机全工况(从慢车状态至最大状态)比例超过 10%,则需要开展减载设计[13]。

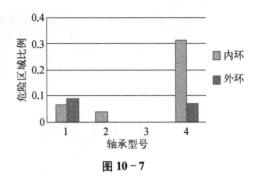

图 10 - 7

10.5　减载设计算法

本节提出一种避免中介轴承受到"同步冲击"的设计方法。图 10 - 8 是设计方法的流程图。首先,在航空发动机工作范围内选取 N 个转速点,确定每个转速下中介轴承内、外环的特征倍频;然后,标出风扇的叶片数目;最后,校核风扇叶片数目及其整倍数是否和内、外环特征倍频相距在 2% 之内。若满足这一条件的转速区间超过发动机工作转速范围的 10%,则调整叶片数目或高/低压转子转速比,保证在 90% 以上的发动机工作转速范围(慢车状态转速-最大状态转速)内,风扇叶片数目及其整倍数与中介轴承内环或者外环特征倍频相差在 2% 以上。

步骤 1:计算高压转子和低压转子的转速比。

按照转速等间隔原则,在航空发动机工作转速范围内选取 N 个转速点。根据发动机高压转子设计转速和低压转子设计转速,计算每一转速工况下的高/低压转子转速比 $\gamma_i = \Omega_{H, i}/\Omega_{L, i} = n_{2, i}/n_{1, i} (i = 1, 2, \cdots, N)$。其中,$\Omega_H$ 和 Ω_L 分别是高、低压转子的旋转角速度。n_2 是高压转子设计转速(r/min),n_1 是低压转子设计转速(r/min)。

步骤 2:确定中介轴承内环、外环特征频率。

通过式(10 - 11)确定每一个转速工况下,中介轴承外环特征频率 $f_{\text{outer}, i}$:

$$f_{\text{outer}, i} = \frac{1}{2 \times 60} | n_{2, i} \pm n_{1, i} | \left(1 - \frac{d}{D_m} \cos \alpha \right) Z, i = 1, 2, \cdots, N$$

$$(10 - 11)$$

通过式(10 - 12)确定每一个转速工况下,中介轴承内环特征频率 $f_{\text{inner}, i}$:

$$f_{\text{inner}, i} = \frac{1}{2 \times 60} | n_{2, i} \pm n_{1, i} | \left(1 + \frac{d}{D_m} \cos \alpha \right) Z, i = 1, 2, \cdots, N$$

$$(10 - 12)$$

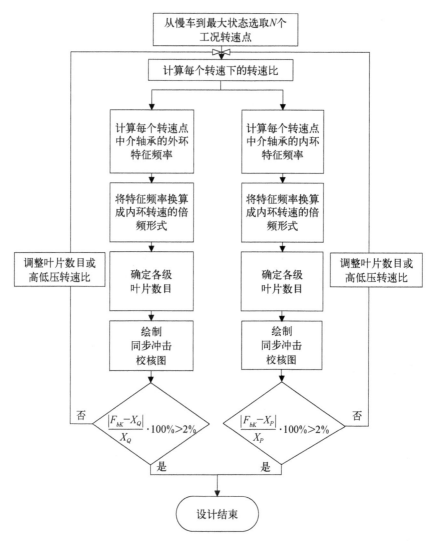

图 10-8　避免"同步冲击"的减载设计方法流程图

式中,高压转子和低压转子同向旋转时,取减号"-",反向旋转时,取加号"+"。

步骤 3:计算中介轴承内环特征倍频。

按式(10-13),将计算得到的内环特征频率 $f_{\text{inner},i}$ 换算成低压转子转速的倍频形式:

$$X_{\text{inner},i} = \frac{1}{2} \mid \gamma_i \pm 1 \mid \left(1 + \frac{d}{D_m}\cos\alpha\right) Z \qquad (10-13)$$

步骤 4:依据"原则"校核中介轴承的载荷状态。

叶片数目及其整倍数处于 $X_{\text{inner}} \pm 2\% X_{\text{inner}}$ 边界线范围内,则为危险区域,禁止发动机在此区域长期工作。

步骤 5：针对中介轴承的减载优化设计。

如果叶片数目及其整倍数处于 $X_{inner} \pm 2\%X_{inner}$ 范围内的转速区间超过发动机工作转速范围(慢车转速-最大转速)的 10%，则调整叶片数目或高、低压转子转速比，保证在 90%以上的发动机工作转速范围内，叶片数目及其整倍数与中介轴承内环特征倍频相差在 2%以上。

步骤 6：校核外环特征倍频是否满足减载设计原则。

按式(10-14)，将计算得到的外环特征频率 $f_{outer,\,i}$ 换算成低压转子转速的倍频形式：

$$X_{\text{outer},\,i} = \frac{1}{2} \cdot |\,\gamma_i\,\pm 1\,| \cdot \left(1 - \frac{d}{D_m}\cos\alpha\right) \cdot Z \qquad (10-14)$$

重复步骤 3 至步骤 6，对中介轴承外环受到"同步冲击"的可能性进行校核。

10.6　工程应用中的要点

(1) 在采用中介轴承的双转子发动机中，风扇叶片产生的气动激振力频率和轴承内、外环特征频率在某些工况下重合，可能造成滚子对内、外环滚道的动载荷骤增，出现"同步冲击"。

(2) 使中介轴承免受"同步冲击"的原则是：中介轴承内、外环特征倍频同风扇叶片数目及其整倍数接近至 2%的情况为危险区域，禁止发动机在此区域长期工作。危险区域占发动机全工况(从慢车状态至最大状态)比例不宜超过 10%。

(3) 如果不能满足上述原则，可以按照本书所提出的中介轴承减载设计方法，通过调整叶片数目或高/低压转子转速比进行迭代设计。按所建立的 6 个设计步骤，可使中介轴承免受"同步冲击"，有效降低轴承滚道上的动载荷，提高中介轴承的疲劳寿命。

小　结

中介轴承是双转子航空发动机中关键的承力和传动部件，其内环、外环同时旋转。当高、低压转子转速比与叶片数目匹配不当时，转子系统会对中介轴承产生"同步冲击"，使轴承动载荷急剧增大，加速中介轴承失效。本书解释了中介轴承特有的"同步冲击"现象，通过对 3 种典型的中介轴承各 30 台份的试车数据统计，得到使中介轴承免受"同步冲击"的原则，即中介轴承内环特征倍频、外环特征倍频同风扇叶片数目及其整倍数接近至 2%的范围内的情况为危险区域，禁止发动机在此区域长期工作。继而，提出了带中介轴承的转子系统优化迭代的动力学设计方法,通过调整叶片数目或高/低压转子转速比进行迭代设计,直至保证危险区域的范围占发动机工作范围(从慢车状态至最大状态)的比例不宜超过 10%。该方法可使中介轴承免受"同步冲击",有效地降低轴承滚道上的动载荷,提高中介轴承的疲劳寿命。

参考文献

[1] 胡绚,罗贵火,高德平,等.航空发动机中介轴承的特性分析[J].航空动力学报,2007,22(3):439-443.

[2] Hu X, Luo G H, Gao D P, et al. Performance analysis of aero-engine intershaft bearing [J]. Journal of Aerospace Power, 2007, 22(3):439-443.

[3] 吴波,祁向荣,江征风,等.基于多失效模式的轴承滚动体可靠性模型[J].轴承,2015,(9):21-24.

[4] 廖明夫,马振国,刘永泉,等.航空发动机中介轴承的故障特征与诊断方法[J].航空动力学报,2013,28(12):2752-2758.

[5] Defaye C, Bonneau O, Arghir M, et al. Dynamic behavior of a double spool rotor integrating an oil-damped intershaft bearing [J]. Tribology Transactions, 2008, 51(5):562-572.

[6] 廖明夫,刘永泉,王四季,等.中介轴承对双转子振动的影响[J].机械科学与技术,2013,32(5):641-646.

[7] Oswald F B, Zaretsky E V, Poplawski J V. Effect of internal clearance on load distribution and life of radially loaded ball and roller bearings [J]. Tribology Transactions, 2012, 55(2):245-265.

[8] Oswald F B, Zaretsky E V, Poplawski J V. Interference-fit life factors for roller bearings [J]. Tribology Transactions, 2009, 52(4):415-426.

[9] Flouros M, Hirschmann M, Cottier F, et al. Active outer ring cooling of high-loaded and high-speed ball bearings [J]. Journal of Engineering for Gas Turbines and Power, 2012, 135(8):1-8.

[10] 王俨剀,廖明夫,张家豪.航空发动机中介轴承的动力学减载设计[J].航空动力学报,2017,32(2):492-499.

[11] Ebert F J. An overview of performance characteristics, experiences and trends of aerospace engine bearings technologies [J]. Chinese Journal of Aeronautics, 2007, 20(4):378-384.

[12] 唐云冰,高德平,罗贵火.航空发动机滚动轴承的载荷分布研究[J].航空学报,2006,27(6):1117-1121.

[13] Olave M, Sagartzazu X, Damian J, et al. Design of four contact-point slewing bearing with a new load distribution procedure to account for structural stiffness [J]. Mechanism and Machine Theory, 2010, 132(2):1-10.

第三篇

航空发动机健康管理技术

发动机健康状态是指标,管理才是目标

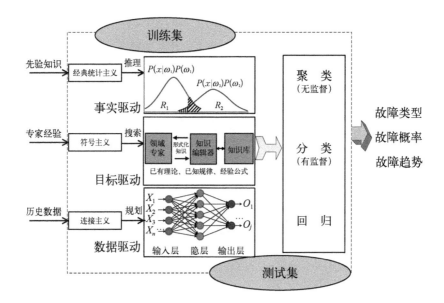

解决的主要问题包括:

- ⊙ 发动机还能正常服役多久?
- ⊙ 如何综合利用气动、振动数据?
- ⊙ 如何能够提高准确率,降低虚警率?
- ⊙ 如何进行故障预测?
- ⊙ 智能诊断的瓶颈是什么?

第11章

融合诊断

本章关键词：

融合模型	（fusion model）	小偏差法	（small deviation method）
特征融合	（feature fusion）	基准偏差法	（reference deviation method）
多级融合	（multistage fusion）	权重矩阵	（weight matrix）
决策融合	（decision fusion）	相似度法	（similarity method）
诊断融合	（diagnostic fusion）	距离指标法	（distance index method）

  对航空发动机而言，任何故障都是牵一发而动全身，任何故障都会在气动参数、振动参数和滑油参数上有所反映，如风扇叶片结垢、气路喘振以及转子与静子碰摩导致的间隙变化。对于这种情况，采用单一的气动或振动故障诊断方法，就会使故障诊断的难度增大，其准确度也会大打折扣。而将多种参数综合考虑，建立故障融合诊断模型，不仅能增加信息量，提高诊断的确诊率，更有利于诊断结果向实际故障模式靠拢。因此，故障融合诊断方法便是健康管理的一种很好的方法，有必要对此开展深入研究[1-2]。

11.1 发动机故障的融合诊断

11.1.1 多层多域融合诊断的思路

  故障融合诊断方法属于发动机故障诊断多信息利用技术的一个分支。在工程实践中，工程师希望将振动数据、气路趋势等信息进行融合，以获得综合性的诊断结果和维修方案。因此，在测试过程中，振动参数与气动参数需要同时测量、采集与处理，这有利于提高状态监测与故障诊断的效率、准确度以及可靠性。然而，航空发动机的故障被人为划分成气路故障和振动故障[3]。而且在故障诊断的中心环节（数据采集层、特征提取层、诊断决策层）上，气路故障诊断技术与振动故障诊断技术之间有较大差异，如图 11-1 所示。

  人为划分的初衷是为了方便对各自领域进行具体、细致而深入的研究。但实

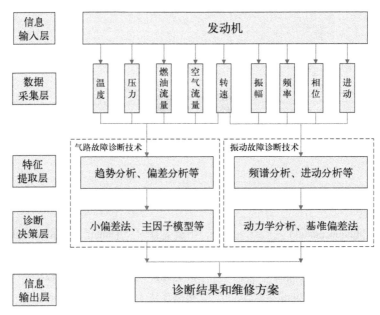

图 11-1 气路与振动故障诊断技术研究现状

质上并不存在绝对意义上的单纯气路故障与振动故障,这种人为划分方法对于发动机的整机故障诊断而言并不合理。

　　航空发动机上一个很小的缺陷,也会"牵一发而动全身"。各个部件是协调工作、相互影响、相互制约的,所以任何一个部件工作状态的变化都会影响其他部件的工作。例如,风扇叶片上结垢,既会阻塞气流通道从而导致风扇效率下降,总增压比下降甚至发动机推力下降,也会产生不平衡从而导致振动。因此,将两者进行综合分析,才能体现故障的本质属性。

　　常见的气路故障诊断是基于性能参数的趋势分析,而振动故障诊断是基于振动特征参数的动力学分析。振动的特征参数根据特征的变化特点可以分为 3 种:稳态特征、过渡态特征以及趋势特征。转子转速不变情况下,测得的振动参数具有稳态特征;转子转速变化时,即起停机升降速过程中,测得的振动参数具有过渡态特征;随时间变化振动参数发生变化时,此时测得的振动参数具有趋势特征[4]。

　　趋势特征一般体现在慢变故障和累积故障上,而气动参数也具有慢变特性。因此,振动的趋势与气动的趋势具有一定的相似性,可以对两者进行融合诊断,这适用于燃气轮机和民用航空发动机[5]。

　　性能(气路)故障和振动故障的诊断技术在现今的航空发动机故障诊断领域具有同等重要的作用,不能顾此失彼。然而,两者在多个方面都存在较大差异。性能(气路)故障与振动故障诊断方法之间的区别如表 11-1 所示。

表 11-1　性能故障与振动故障诊断方法的区别

区　别	性能(气路)故障诊断技术	振动故障诊断技术
监测参数	发动机转速、空气流量、燃油量以及多个关键截面处的温度、压力	振动特征量(位移、速度、加速度、频率、相位和进动方向)
参数性质	慢变量,且变化幅度较小	高频响应量,快变量,且变化幅度较大
故障表现	发动机性能衰退	由周期激振导致疲劳破坏,以及振动失稳导致突变破坏
数学建模	可建立相对准确的模型;建立故障方程,评估实测参数与工作基准线的偏差程度	可建立简化模型,估算临界转速和转子振型;很难设计整机振动响应;在设计工作中没有相应的体系保证
分析方法	主要是基于模型的方法,包括小偏差故障方程法、经验故障方程等	主要是基于数据的方法,包括时域分析、频域分析、进动分析、幅值域分析和倒频域分析等
目标参数	部件效率、发动机推力、耗油率	振幅合格,趋近于正常谱
诊断级别	目前可达到部件级诊断;故障耦合程度相对较小	故障耦合程度很高,仅极个别情况下可定位到故障发生位置
故障复杂程度	一般以单一形式为主	常常是一种故障诱发产生多种故障形式
故障多发部位	多发生在主要气路部件的气流通道中	多发生于轴、轴承等转子系统部件
故障严重程度	主要对发动机性能影响较大	主要对发动机寿命、安全性影响较大
排故/维修方法	调节油门杆位置; 被动控制:调节喷口截面大小、方向,导流叶片和静子叶片角度; 主动控制; 机匣处理; 改进零部件气动设计	拧紧力矩大小、导流叶片角度等外部参数调整; 附件等外围部件串件处理; 高压转子或低压转子分解; 整机分解; 局部结构改进

11.1.2　融合诊断域

由于性能故障与振动故障诊断方法存在表 11-1 所述的差别,因此对性能与振动故障融合诊断技术进行研究则具有一定的难度,主要集中在以下 6 个方面[6-7]。

1. 数据采集和数据处理统筹

性能测量参数是慢变量,随时间的上下波动较小;而振动参数是快变量,随时间的上下波动较大。如若进行融合诊断,必须布置多个传感器,并合理布置各传感器的位置,否则会大大增加发动机的负担,且降低测量的精度。

2. 建立合理的数据结构体系

建立合理的数据结构体系时必须依据以下准则:

(1)方便添加新的故障模式;

(2)易于修改已有的故障特征;

(3)方便引入新的故障诊断领域,如滑油监测领域;

（4）数据量足够用于故障诊断；

（5）适用于性能故障与振动故障各自的分析方法；

（6）有利于故障诊断结果的表达与展示。

3. 创建新的分析方法

对于性能故障诊断和振动故障诊断，发展至今都已经有比较成熟的分析方法。对于性能故障，基于故障方程的故障诊断得到广泛应用。首先对被诊断系统建立能够反映其故障状态的数学模型，即所谓发动机故障模型；然后根据故障模型以及所录取的发动机性能参数求解该故障方程。故障方程解中，非零故障因子的类型就反映相应的故障类型，而非零故障因子的数值就代表该故障的严重程度。

对于振动故障，一般先对处于运行中的部件进行振动信号测量，或者采用人工激励振动信号测量，并对所测到的信号进行分析处理，将其特征参数与事先通过统计或预先测量、计算所得的标准参数进行比较，根据参数间的关系判断部件的故障。

这两种故障诊断的方法差别较大，对于创建能同时适合两者的分析方法存在较大难度。

4. 确定基准点

气路故障的监测参数不仅与大气条件有关，而且与发动机运转状态有关；而振动故障的监测参数一般与幅频特性有关。选取两者共同的基准点，需要进行统筹分析，一般选取最大稳定状态。

5. 建立融合诊断模型和实现融合诊断算法

由于融合诊断技术是未来一个很好的发展方向，在这方面所能借鉴的经验很少，需要进行大量的自主创新工作。首先，建立融合诊断模型的过程本身存在不小的难度，而且还需要对该模型进行准确而完整的描述，形成一系列解决问题的清晰指令，实现融合诊断模型的具体算法。

6. 保证诊断结果的准确度

航空发动机故障存在故障耦合的现象。耦合故障的表现形式常常与典型的气路故障或振动故障模式吻合，这时就需要考虑是否存在故障耦合。这对提高该模型诊断结果的准确度将设置不小的障碍。为此，必须通过增加信息量和增加测量次数等措施进行深入分析，以缩小故障可能的范围。

11.2 特征层融合

航空发动机处于高转速、高负荷（高应力）和高温的工作环境，发动机又是由许多零部件构成，其本身工作情况以及外场使用环境都十分复杂，致使发动机在使用期间容易出现故障，因此航空发动机属于故障多发的机械。研究发动机的故障问题,就是为了确保发动机能可靠地工作。归纳航空发动机气路故障、振动故障及其特征,进而将两者结合,给出典型部件级故障原因及其特征,目的在于为发动机的故障诊断提供良好的借鉴和科学依据,从而对故障进行有效而精确地排除。

航空发动机故障类别与故障模式繁多复杂。总体上,故障类别主要包括气路故障和振动故障,本书将讨论不同故障模式及其特征。

11.2.1　气路故障模式及其特征

从发动机故障部位的局部气流流场来看,由于发动机局部形状不符合要求,致使气流流路损失增加或温度场分布异常[8]。这种局部的参数异常可以导致发动机总体性能不合格,推力减小,排气温度过高,耗油率增大,启动过程时间太长或加速过程超温,甚至使发动机发生喘振或自动停车。表 11-2 为发动机典型气路故障模式及其特征[9]。

表 11-2　发动机典型气路故障模式及其特征

气路故障模式	气路故障特征
增压比减小	压气机增压比减小,单位推力减小,排气温度升高,耗油率升高
相似空气流量下降	当相似空气流量下降较少时,压气机增压比增大,压气机效率增大,推力增大;当相似空气流量下降较多时,压气机增压比减小,压气机效率下降,推力减小,排气温度升高
涡轮效率下降	涡轮功减少,单位推力减小;为保证转速不变,燃油流量增大,排气温度升高,耗油率升高
第 1 级涡轮导向器临界截面面积增大	涡轮落压比减小,涡轮功减小,压气机增压比减小,空气量流量增大,压气机功减小,耗油率增大; 若压气机功比涡轮功小要多,则转速有上升趋势,为保证转速不变时,燃油流量减小,涡轮前燃气温度减小;若涡轮功比压气机功小要多,则转速有下降趋势,为保证转速不变时,燃油流量增大,涡轮前燃气温度增大
第 1 级涡轮导向器临界截面面积减小	涡轮落压比增大,涡轮功增大,压气机增压比增大,空气量流量下降,压气机功增大,耗油率减小; 若压气机功比涡轮功大要多,则转速有下降趋势,为保证转速不变时,燃油流量增大,涡轮前燃气温度增大;若涡轮功比压气机功大要多,则转速有上升趋势,为保证转速不变时,燃油流量减小,涡轮前燃气温度减小
尾喷管出口面积增大	涡轮落压比增大,涡轮功大于压气机功,转速有上升趋势,为保证转速不变时,燃油流量减小,涡轮前燃气温度减小,压气机增压比减小,空气流量增大,推力减小,耗油率也减小
尾喷管出口面积减小	涡轮落压比下降,涡轮功小于压气机功,转速有下降趋势,为保证转速不变时,燃油流量增大,涡轮前燃气温度增大,压气机增压比增大,空气流量减小,推力增大,耗油率也增大

11.2.2　振动故障模式及其特征

发动机典型振动故障一般体现在转子系统上以及转静件之间。根据工程经验,从时域波形、频谱、相位、进动、轴心轨迹以及振动方向等特征对典型振动故障特征进行归纳汇总,如表 11-3 所示。

表 11-3 发动机典型振动故障模式及其特征

振动故障模式	振动故障特征
不平衡	时域波形近似正弦波;频谱能量集中于基频,并且会出现较小的高次谐波,呈"枞树形";当工作转速一定时,相位稳定;转子的轴心轨迹为椭圆;其进动特征为同步正进动
不对中	故障特征频率为转速的 1 倍频和 2 倍频(其中,2 倍频明显较高),常伴频率有高次谐波;进动方向为正进动;轴心轨迹是香蕉形、8 字形(严重);由不对中产生的对转子的激励力随转速升高而成平方增大;激励力与不对中量成正比
转子弯曲	时域波形为正弦波;特征频率为 1 倍频,常伴频率为 2 倍频和高次谐波;轴心轨迹是椭圆,进动方向为正进动;转子永久性弯曲故障时,开机启动时振动较大,且随转速升高继续增大;而转子临时性弯曲时,则随着开机升速过程振幅增大到某一值后有所减小
转子热套配合过盈不足	时域波形为次谐波叠加波形;特征频率为 $1/n$ 倍频,常伴频率为 1 倍频;进动方向为正进动;径向振动;轴心轨迹不稳定
动静件径向摩擦	时域波形为削波;除 1 倍频外,特征频率还包括 $1/n$ 倍频 ($n = 2, 3, \cdots$;摩擦严重时 $n = 2$) 及 n 倍频;轴心轨迹紊乱或扩散;振动方向为径向;相位特征为反向位移;轻度摩擦时为正进动,重度摩擦时为反进动;矢量区域突变
动静件轴向摩擦	时域波形为正弦波,常伴有 1 倍频,轴向摩擦的进动方向是反进动;由于轴向干摩擦的作用是基频影响相对下降,同时还有高频成分出现,所以轴向干摩擦具有阻尼的特性
转子支承部件松动	特征频率为基频、分数次谐波;常伴频率有 2 倍频、3 倍频等高次谐波;振动方向敏感,沿松动方向的振幅大;转子支承系统为非线性系统时,基频振幅随转速比而变化;当速比小于 1 时,松动的振幅较大,稳定性较差;当速比大于 1 时,松动的振幅反而较小
转轴裂纹	除 1 倍频外,特征频率还包括 2、3 等高次谐波;产生 1、2、3 阶正进动和 1、2、3 阶反进动;裂纹的扩展速度会随裂纹深度的增加而加剧
旋转失速	时域波形为各成分叠加波形,特征频率成对次谐波,常伴有组合频率,振动波动幅度较大,振动方向为径向,轴心轨迹杂乱、不稳定,进动方向为正进动
喘振	时域波形为低频成分明显的叠加波形,特征频率为 1~30 Hz 的低频成分,常伴有 1 倍频,振动幅值有大幅度波动,振动方向为径向,轴心轨迹紊乱,进动方向为正进动

11.2.3 部件级的典型故障原因及融合特征

在故障诊断中如若只获得故障模式,而不知道实际故障原因,则仍然不能对故障进行定位诊断并给出排故措施。因此,需要将故障划分至发动机的部件上,即由故障模式推断出实际的部件故障原因,从而达到定位故障的目的。

鉴于航空发动机的故障原因众多,通过对典型的气路故障模式和振动故障模式的特征总结,表 11-4 归纳了按部件级划分的典型故障原因及其气路与振动的融合特征。

表 11 - 4　发动机典型部件级故障原因及融合特征

部件	故障模式	故障特征(定性分析)
进气道	通道壁面结垢	气动参数：发动机各截面以及尾喷管内的总压均下降；空气质量流量相应减少；进气道总压恢复系数下降；推力下降，耗油率增加
风扇	失速颤振	气动参数：在部件性能曲线上，增压比有所下降；压力脉动波形增大；在特性图上对应小流量； 振动参数：颤振易发生在换算转速较高时；振动与动应力幅值均突增；低换算转速多为扭转振型；高换算转速多为弯曲振型；振动相位图上出现多个不同频率、幅值的极限环叠加运动；对应的来流攻角大
	阻塞颤振	气动参数：增压比变化连续且较快下降；在特性图上对应大流量；发生在特性图上的阻塞线附近；来流攻角小； 振动参数：叶片颤振的共振频率与换算转速有关；振动与动应力的幅值均逐渐增大；多为弯曲振型
	叶片积垢	气动参数：总体上呈现叶片粗糙度增大的特征：总温升高；绝对总压增大，但增压比下降；流通面积减小，流量下降；部件的效率明显下降，部件总体性能衰退；发动机的单位推力下降，排气温度和耗油率升高； 振动参数：1 阶振幅较大，不平衡特征较明显；如果叶尖结垢严重，则可能导致转静件径向摩擦，从而产生高次谐波甚至还有低次谐波
	叶片侵蚀或腐蚀	总体上呈现叶片粗糙度增大的特征：总温升高；绝对总压增大，但增压比下降；流量下降；部件的效率下降，部件总体性能衰退；发动机的单位推力下降，排气温度和耗油率升高[10-11]； 振动参数：1 阶振幅较大，不平衡特征较明显
压气机	叶片积垢	气动参数：总体上呈现压气机叶片粗糙度增大的特征：总温升高；绝对总压增大，但增压比下降；流量下降；部件的效率明显下降，部件总体性能衰退；发动机的单位推力下降，排气温度和耗油率升高； 振动参数：1 阶振幅较大，不平衡特征较明显；如果叶尖结垢严重，则可能导致转静件径向摩擦，从而产生高次谐波甚至还有低次谐波
	侵蚀或腐蚀	气动参数：总体上呈现压气机粗糙度增大的特征：总温升高；绝对总压增大，但增压比下降；流量下降；部件的效率明显下降，部件总体性能衰退；发动机的单位推力下降，排气温度和耗油率升高； 振动参数：1 阶振幅较大，不平衡特征较明显
	阻塞工况	总温下降；增压比迅速下降；当转速固定时，气流甚至从减速扩压变成加速膨胀(涡轮工况)；即使增大进口气流速度，空气流量也不再变化；压气机效率下降；压气机一般不允许在此工况下工作；在特性线上反映为等转速线上大流量的垂直段
	进口流场畸变	气动参数：温度分布不均；压力呈现周期性、高频率、小振幅地上下波动；压力波动的程度与旋转失速近似，两者有高度的相关性；进气道各截面的流场分布不均； 振动参数：振动的特征频率小于转速频率；与旋转失速相比，振幅较小
	叶轮偏心引起自激力而导致失稳	气动参数：压力分布不均，呈现周期性波动；间隙小处压力大，间隙大处压力小；流量分布不均，并呈现周期性波动； 振动参数：振动的特征频率为转速频率；常伴频率为 1 阶反同步进动固有频率；在轴心轨迹图上出现明显的非协调反进动；在特征频率以及常伴频率处振幅突增；具有非协调进动特征；间隙小处效率高，间隙大处效率低；推动叶轮反进动

部件	故障模式	故障特征(定性分析)
压气机	旋转失速	气动参数：压力呈现周期性、高频率、小振幅地上下波动；处于较小流量状态；压气机各截面的流量不变；振动的特征频率小于转速频率，存在成对次谐波；轴心轨迹杂乱、不稳定；流场非轴对称；气流脉动沿压气机周向传播，失速区传播速度小于压气机转速； 振动参数：振幅波动较大；振幅随压气机出口压力的增大而增大；振幅随流量的减小而增大；振动频率较高
	喘振	气动参数：压力呈现周期性、低频率、大振幅上下波动；流量很小，有倒流现象； 振动参数：喘振的振动时域波形为低频成分明显的叠加波形；特征频率为 1~30 Hz 的低频成分；常伴有转速频率；轴心轨迹紊乱；振幅大幅波动；流场分布轴对称；气流脉动方向为轴向；有周期性的吼叫声
燃烧室	积炭与热腐蚀	温度分布不均，局部温度梯度过大，局部高温过热而恶化；压力分布不均匀；压力损失增大；燃油流量分布不均，雾化受阻；燃烧效率下降；富油区容易积炭；严重时，可能导致涡轮叶片的烧蚀
	燃烧过程组织不善	燃烧室出口温度场不均匀；压力分布不均匀，气流结构异常；燃油与空气流量不匹配或者其分布不均匀；燃烧效率下降，发动机总体性能下降
涡轮	叶轮偏心导致叶顶间隙气流激振	气动参数：压力周向分布不均，且呈现周期性波动；落压比下降，压力损失大；流量周向分布不均，且呈现周期性波动；涡轮效率下降，推力下降，耗油率升高； 振动参数：特征频率为转速频率；常伴频率为 1 阶正同步进动固有频率；轴心轨迹具有非协调进动特征；在特征频率以及常伴频率处振幅突增；间隙小处气体力大，做功多；间隙大处气体力小，做功少；推动叶轮正进动
	涡轮叶片掉块	气动参数：涡轮出口温度升高；落压比明显增加；流量增加且分布不均；由于转静件的间隙有增大趋势，所以涡轮效率下降； 振动参数：特征频率为转速频率，且振幅突增或突减；常伴有高次谐波；振幅突增或突减后趋于稳定
	涡轮叶片积垢	气动参数：总体上呈现涡轮叶片粗糙度增大的特征；总温基本维持不变，略有增加；总压稍有减小；因轴向速度减小而流量减小；涡轮效率下降；涡轮部件总体性能衰退；发动机推力下降，耗油率升高； 振动参数：1 阶振幅较大，不平衡特征较明显；如果叶尖积垢严重，则可能导致转静件径向摩擦，从而产生高次谐波甚至还有低次谐波
	涡轮叶片侵蚀或腐蚀	气动参数：总体上呈现涡轮叶片粗糙度增大的特征；总温基本维持不变，略有增加；总压稍有减小；因轴向速度减小而流量减小；涡轮效率下降；涡轮部件总体性能衰退；发动机推力下降，耗油率升高； 振动参数：1 阶振幅较大，不平衡特征较明显
	冷却有效性差(冷却量过少)	气动参数：温度分布不均，热应力大；相对于冷却量最佳时的压力偏大，压缩空气流失量小；冷却空气量过少，做功燃气量相对增加；涡轮效率有所上升，但不能有效冷却而使涡轮部件寿命减少； 振动参数：冷却不足会导致转子热弯曲，若冷却严重不足，还可能会导致转静件径向摩擦；1 倍频振幅较大，常伴有高次谐波和低次谐波
	冷却有效性差(冷却量过多)	零件内温度分布均匀，热应力小，使涡轮前燃气温度可以提高限度；压力损失大，总压显著降低；冷却空气量过多，而做功燃气量相对减少；涡轮效率下降，涡轮做功量小，发动机性能降低

续 表

部件	故障模式	故障特征（定性分析）
加力燃烧室	高频振荡燃烧	气动参数：温度分布较为不均；压力脉动幅度不大； 振动参数：振动的时域波形为各成分叠加波形；特征频率为 200~3 000 Hz；振幅较小；伴随尖叫啸声
	中频振荡燃烧	气动参数：温度分布不均，局部可能过热；压力脉动幅度较大； 振动参数：振动的时域波形为各成分叠加波形，周期性明显；特征频率为 30~200 Hz；振幅较大；介于尖叫啸声与低沉嚓鸣声之间
	低频振荡燃烧	气动参数：温度分布很不均，局部可能过热；压力脉动幅度很大； 振动参数：振动的时域波形为各成分叠加波形，周期性更明显；特征频率为 20~30 Hz；振幅很大；伴随低沉嚓鸣声

上述是对典型气路故障模式、振动故障模式以及部件级典型故障原因的机制和特征进行定性分析，但是仍不能有效地诊断可能发生的故障。因此，为了实现定量分析，必须建立航空发动机故障融合诊断模型。

11.3 模式层融合

当已知发动机典型故障及其特征，即有了故障诊断的依据，进而需要对发动机实际出现的异常情况进行定量分析，利用可行的方法进行故障诊断，获得诊断结果，以采取有效的排故措施。

常见的气路故障诊断方法是基于建立数学模型，采用小偏差法得到性能参数的趋势变化，而振动故障诊断方法是基于振动参数的动力学分析。针对航空发动机气路与振动故障融合诊断方法，首先需要通过建立模型或长期经验来确定适合某型发动机的气动和振动测量参数，其次确定包含气路与振动两者的故障模式，建立起测量参数与故障模式之间的第 1 层联系，最终建立起故障模式与部件级实际故障原因之间的第 2 层联系。通过如此传递关系，就能依据测量参数变化诊断出发动机实际故障原因。

11.3.1 基于小偏差法的气路故障判据

由于常见的气路故障诊断方法通过建立数学模型求解故障方程，可以保证解的精度，所以仍将其用于故障融合诊断。建立气动测量参数与气路故障模式，用气路故障因子（故障因子的数值表示故障模式的严重程度）之间的方程组获得气路故障系数矩阵，即获得气路故障判据。

本节将介绍故障方程法的基本原理和优点，以单轴涡喷发动机为例[1]，利用小偏差法获得其气路故障系数矩阵。

1. 故障融合思路

首先对被诊断系统建立正常状态的数学模型,一般来说,发动机正常状态的数学模型由以下 4 部分条件构成:

(1) 发动机部件特性关系式;

(2) 发动机部件匹配关系式(热力学关系式);

(3) 发动机的外部条件(边界条件);

(4) 发动机的控制条件。

其次,对被诊断系统建立能够反映其故障状态的数学模型,即所谓的发动机故障模型。发动机故障模型可以通过在发动机正常状态模型中引入表征部件故障状态的变量即所谓的故障因子来建立。然而,发动机的故障模型通常是非线性的。常见的做法是将其线性化为线性模型,即故障方程。所谓故障方程式,是指系统的可测性能(称为测量参数或征兆量)的变化与引起这些变化的系统内部状态参数(称为故障因子)的变化之间的线性关系式。

然后根据故障模型以及所录取的发动机性能参数(测量参数,或称为征兆量)求解该故障方程。故障方程的解中的非零故障因子的类型就反映了相应的故障模式,而非零故障因子的数值(绝对值)就代表了该故障的严重程度。

2. 解析线性化

建立小偏差故障方程而进行求解的方法称为小偏差法。发动机的小偏差故障方程是对发动机部件匹配关系式引入故障因子并进行线性化处理而得到的故障方程。本书采用解析线性化方法,其计算步骤如下。

(1) 写出原始非线性模型。

(2) 引入第一类故障因子,得出非线性故障模型。

(3) 发动机故障模型的线性化。对发动机故障模型微分,然后把所有故障因子偏差放在方程组的右边,把其余变量放到方程组的左边,得到如下小偏差方程:

$$A\delta Y = B\delta \tilde{X} \qquad (11-1)$$

式中,A 和 B 分别为 $m \times m$ 和 $m \times n$ 矩阵。

(4) 解小偏差故障方程。对于完整地数学模型,向量 Y 的维数等于方程式的个数,即系数矩阵 A 为一方阵。于是可以对向量 Y 求解,得到故障方程:

$$\delta Y = (A^{-1}B)\delta \tilde{X} = C\delta \tilde{X} \qquad (11-2)$$

式中,δY 为 m 维响应向量;$\delta \tilde{X}$ 为 n 维故障因子向量,响应与故障因子分别位于式中的左右两边;$C = A^{-1}B$ 是故障系数矩阵。

3. 建立发动机正常状态方程

本节依据小偏差故障方程的基本原理以及范作民于 2000 年建立的单轴涡喷

发动机的气路故障模型,在此基础上获得气路故障系数矩阵,并且得到气路故障判据。

压气机效率特性(对压气机部件特性曲线进行拟合,得到压气机部件特性方程,取控制条件为 n = 常数):

$$\eta_C = 0.561\,7 + 0.038\,25\pi_C - 0.001\,116(\pi_C)^2 \qquad (11-3)$$

式中, η_C 为压气机效率; π_C 为压气机增压比。

压气机流量特性(相似转速 $\bar{n}$ = 常数):

$$\bar{q}_m = 98.00 + 4.500\pi_C - 0.361\,1(\pi_C)^2 \qquad (11-4)$$

式中, $\bar{q}_m$ 为通过压气机的相似空气流量。

涡轮效率特性(相似转速 $\bar{n}$ = 常数):

$$\eta_T = 0.910\,0 \qquad (11-5)$$

式中, η_T 为涡轮效率。

第 1 级涡轮导向器临界截面面积特性:

$$A_T = 0.072\,325 \qquad (11-6)$$

式中, A_T 为第 1 级涡轮导向器临界截面面积。

压气机进出口截面参数关系:

$$T_2^* - T_1^* = T_1^* \frac{(\pi_C)^{m_a} - 1}{\eta_C} \qquad (11-7)$$

式中, T_1^* 为压气机进口空气总温; T_2^* 为压气机出口空气总温; $m_a = \dfrac{\gamma_a - 1}{\gamma_a}$, γ_a 为空气的定熵指数。

压气机与涡轮之间的连续方程(假设涡轮导向器出口截面临界):

$$q_m = \frac{K\sigma_B p_1^* \pi_C A_T}{\sqrt{T_3^*}} \qquad (11-8)$$

式中, q_m 为空气流量; σ_B 为燃烧室总压恢复系数; p_1^* 为发动机进口截面总压; T_3^* 为涡轮进口燃气总温。

压气机与涡轮之间的功率平衡:

$$c_{pa}T_1^* \frac{(\pi_C)^{m_a} - 1}{\eta_C} = c_{pg}T_3^* \left[1 - (\pi_T)^{-m_g}\right]\eta_T\eta_m \qquad (11-9)$$

式中，c_{pa} 为空气比定压热容；c_{pg} 为燃气比定压热容；π_T 为涡轮落压比；$m_g = \dfrac{\gamma_g - 1}{\gamma_g}$，$\gamma_g$ 为燃气的定熵指数；η_m 为涡轮轴传动的机械效率。

涡轮进出口截面参数关系：

$$T_3^* - T_5^* = T_3^* \left[1 - (\pi_T)^{-m_g} \right] \eta_T \qquad (11-10)$$

式中，T_5^* 为涡轮出口截面燃气总温。

燃烧室能量平衡：

$$q_m c_p (T_3^* - T_2^*) = \eta_B q_f H_u \qquad (11-11)$$

式中，$c_p = \dfrac{c_{pa} + c_{pg}}{2}$；$q_f$ 为燃油流量；η_B 为燃烧效率；H_u 为燃料的低热值。

涡轮与尾喷管之间的连续方程（假设尾喷管出口截面临界）：

$$\frac{\pi_T A_T}{\sqrt{T_3^*}} = \frac{A_E}{\sqrt{T_5^*}} \qquad (11-12)$$

式中，A_E 为发动机尾喷管出口截面面积。

在上面 10 个方程式中，以下一些参数为已知量，这些参数及其数值为 $\gamma_a = 1.40$；$\gamma_g = 1.33$；$c_{pa} = 1\,004.71\ \text{J}/(\text{kg} \cdot \text{K})$；$c_{pg} = 1\,158.31\ \text{J}/(\text{kg} \cdot \text{K})$；$\eta_m = 0.99$；$H_u = 0.43 \times 10^8\ \text{J/kg}$；$\sigma_B = 0.950\,0$；$A_E = 0.263\,97\ \text{m}^2$；$T_1^* = 288.15\ \text{K}$；$p_1^* = 101\,325\ \text{Pa}$。未知量为如下 10 个：$\eta_C$，$\pi_C$，$\pi_T$，$T_2^*$，$T_3^*$，$T_5^*$，$q_m$，$q_f$，$\eta_T$，$A_T$。

因此，这是一个封闭的、完整的数学模型。由此数学模型可以解出上述 10 个未知变量。$(\eta_C)^0 = 0.859\,997$，$(\pi_C)^0 = 12.000\,1$，$(\pi_T)^0 = 4.289\,20$，$(T_2^*)^0 = 634.582\ \text{K}$，$(T_3^*)^0 = 1\,100.01\ \text{K}$，$(T_5^*)^0 = 796.483\ \text{K}$，$(q_m)^0 = 100.001\ \text{kg/s}$，$(q_f)^0 = 1.194\,523\ \text{kg/s}$，$(\eta_T)^0 = 0.910\,0$，$(A_T)^0 = 0.072\,325\ \text{m}^2$。其中，上标 "0" 表示对应于发动机正常状态时的数值，也作为该型发动机的基准点处的数值。

4. 建立发动机故障状态方程

将发动机正常状态数学模型中的所有部件特性都用它们的当量故障特性代替，就得到用于发动机故障诊断的故障模型。因此，故障模型即是向正常部件特性引入故障因子而获得的。

对于单轴纯涡轮喷气发动机，其故障模型如下。

将式（11-3）~式（11-6）替换成式（11-13）~式（11-16），得

$$\eta_C = 0.561\,7 + 0.038\,25\pi_C - 0.001\,116(\pi_C)^2 + \tilde{\eta}_C \qquad (11-13)$$

$$\bar{q}_m = 98.00 + 4.500\pi_C - 0.361\,1(\pi_C)^2 + \tilde{q}_m \qquad (11-14)$$

$$\eta_T = 0.910\,0 + \tilde{\eta}_T \qquad (11-15)$$

$$A_T = 0.072\,325 + \tilde{A}_T \qquad (11-16)$$

然后保留式(11-7)~式(11-12),即构成故障模型。

发动机故障模型的意义在于,如果发动机某部件特性没有发生任何变化,则相应的故障因子数值为零,而只要某部件特性发生变化,则相应故障因子数值必不为零。因此,气路故障模式(故障因子)就是发动机实际部件故障原因的气路表征。

5. 求解发动机故障方程

发动机故障模型一般都是非线性的,因此本书采用解析线性化方法对模型进行线性化,通过对线性模型进行求解,可以得到如下的小偏差方程:

$$\delta Y_1 = C_1 \delta \tilde{X}_1 \qquad (11-17)$$

式中,

$$\delta Y_1 = \begin{bmatrix} \delta\eta_c \\ \delta\pi_C \\ \delta\pi_T \\ \delta T_2^* \\ \delta T_3^* \\ \delta T_5^* \\ \delta q_m \\ \delta q_f \end{bmatrix}, \quad \delta\tilde{X}_1 = \begin{bmatrix} \delta\tilde{\eta}_c \\ \delta\tilde{q}_m \\ \delta\tilde{\eta}_T \\ \delta\tilde{A}_T \end{bmatrix}, \quad C_1 = \begin{bmatrix} 0.938\,4 & 0.123\,2 & -0.069\,1 & -0.083\,8 \\ -0.384\,9 & 0.769\,8 & -0.431\,8 & -0.523\,7 \\ 0 & 0 & 0.213\,7 & -1.121\,7 \\ -0.630\,5 & 0.169\,1 & -0.094\,8 & -0.115\,0 \\ -1.154\,7 & 0.309\,5 & -1.295\,4 & 0.428\,8 \\ -1.154\,7 & 0.309\,5 & -1.722\,9 & 0.672\,2 \\ 0.192\,5 & 0.615\,1 & 0.215\,9 & 0.261\,9 \\ -1.676\,8 & 1.115\,9 & -2.715\,9 & 1.432\,0 \end{bmatrix}$$

$$(11-18)$$

11.3.2　典型振动故障模式的判据

该振动故障判据主要根据试验测试所得的经验结果,通过专家打分法对各种故障模式出现的主要频率进行百分比的打分。某个频率所占比例越大,百分比越高,则该频率越能代表此故障模式的特征。由于大多数振动故障出现的频率主要以转子旋转频率的倍数为主,其中既包括整数倍,也包括分数倍,但仍以整数倍为主,如表 11-5 所示。因此,为了简化模型,着重关注振动幅值在转子旋转频率的 0.5 倍频、1 倍频、2 倍频以及高阶(3、4、5)倍频处出现的概率以及该处的振幅大小,而由于振幅在其他频率处出现的概率一般很小并且振幅相对较小,所以忽略。

表 11-5 振动故障的主要频率分布

振动故障模式 δX_2	主要频率 δY_2			
	低次谐波 y_1	1 倍频 y_2	2 倍频 y_3	高次谐波 y_4
不平衡 x_1	0	0.90	0.05	0.05
不对中 x_2	0	0.35	0.55	0.10
转子弯曲 x_3	0	0.90	0.05	0.05
转静件径向摩擦 x_4	0.45	0.20	0.15	0.20
转静件轴向碰摩 x_5	0.30	0.40	0.10	0.20
转子热套配合过盈不足 x_6	0.35	0.30	0.20	0.15
转子支承部件松动 x_7	0.05	0.40	0.30	0.25
转轴裂纹 x_8	0	0.45	0.35	0.20
旋转失速 x_9	0.85	0.05	0.05	0.05
喘振 x_{10}	0.95	0.05	0	0

由于简谐运动的振动位移可以表述成:

$$y = A\cos(\omega t + \varphi) \tag{11-19}$$

则振动速度为

$$\dot{y} = -\omega A\sin(\omega t + \varphi) \tag{11-20}$$

振动加速度为

$$\ddot{y} = -\omega^2 A\cos(\omega t + \varphi) \tag{11-21}$$

振动能量为

$$E = \frac{1}{2}m\dot{y}^2 = \frac{1}{2}m\omega^2 A^2\sin^2(\omega t + \varphi) \tag{11-22}$$

并且最大振动能量为

$$E_{max} = \frac{1}{2}m\dot{y}^2 = \frac{1}{2}m\omega^2 A^2 \tag{11-23}$$

由此可以看出振动能量与振动位移的平方成比例, $E \propto A^2$ 在一定程度上振动位移的大小可以反映振动能量的大小。将 3、4、5 倍频振幅进行能量等效,其振幅平方根作为获得高次谐波的振幅,用 0.5 倍频和除 0.5 倍频且低于 1 倍频的振幅最大值进行能量等效,其振幅平方根作为低次谐波的振幅。本书按照这一思路即对采集获取的振动幅值进行预处理后可以获得相对偏差 δY_2。

δY_2 的分量可以表示成:

$$\delta y_i = \sqrt{\frac{y_{mi}^2 - y_{si}^2}{y_{si}^2}}, \ i = 1, 2, \cdots, 4 \tag{11-24}$$

式中，下标"m"表示测量值，下标"s"表示标准值。

然后通过振动故障方程 $\delta \tilde{X}_2 = C_2^{-1} \delta Y_2$ 求解获得期望的振动故障模式 $\delta \tilde{X}_2$。$\delta \tilde{X}_2$ 的数值表示每种振动故障模式出现的概率及其严重程度，当向量 $\delta \tilde{X}_2$ 中的某一元素值越大，则说明其对应的振动故障模式出现的概率越大，故障越严重。

可以将表 11-5 的内容用矩阵的形式表达：

$$\delta \tilde{X}_2 = C_2^{-1} \delta Y_2 \tag{11-25}$$

式中，向量 $\delta \tilde{X}_2 = [\begin{matrix} \delta x_1 & \delta x_2 & \delta x_3 & \delta x_4 & \delta x_5 & \delta x_6 & \delta x_7 & \delta x_8 & \delta x_9 & \delta x_{10} \end{matrix}]^T$；向量 $\delta Y_2 = [\begin{matrix} \delta y_1 & \delta y_2 & \delta y_3 & \delta y_4 \end{matrix}]^T$；$C_2$ 为 4×10 维的振动故障系数矩阵，而 C_2^{-1} 是 C_2 的广义逆矩阵，维数为 10×4。

$$C_2^{-1} = \begin{bmatrix} 0 & 0 & 0 & 0.45 & 0.30 & 0.45 & 0.40 & 0 & 0.85 & 0.95 \\ 0.90 & 0.35 & 0.90 & 0.20 & 0.40 & 0.55 & 0.40 & 0.45 & 0.05 & 0.05 \\ 0.05 & 0.55 & 0.05 & 0.15 & 0.10 & 0 & 0.10 & 0.35 & 0.05 & 0 \\ 0.05 & 0.10 & 0.05 & 0.20 & 0.20 & 0 & 0.10 & 0.20 & 0.05 & 0 \end{bmatrix} \tag{11-26}$$

而将

$$\delta Y_2 = C_2 \delta \tilde{X}_2 \tag{11-27}$$

称为振动方程组，其中故障系数矩阵 C_2 是经验值。如此建立振动方程组进行求解的方法称为基准偏差法。

11.3.3　典型融合故障系数矩阵

由 11.3.2 节可知，已经建立起测量参数与故障模式之间的联系，得到了气动以及振动故障系数矩阵。为了实现气路故障和振动故障融合诊断，必须将气路和振动的故障系数矩阵融合为一个矩阵，即将各自的故障判据形成一个判据，用于联系测量参数与故障模式。

气路故障模式 $\delta \tilde{X}_1$ 是 4×1 维向量 $\delta \tilde{X}_1 = [\begin{matrix} \delta \tilde{x}_1 & \delta \tilde{x}_2 & \delta \tilde{x}_3 & \delta \tilde{x}_4 \end{matrix}]^T$；

气动测量参数 δY_1 是 8×1 维向量 $\delta Y_1 = [\begin{matrix} \delta y_1 & \delta y_2 & \delta y_3 & \delta y_4 & \delta y_5 & \delta y_6 & \delta y_7 & \delta y_8 \end{matrix}]^T$；

振动故障模式 $\delta \tilde{X}_2$ 是 10×1 维向量 $\delta \tilde{X}_2 = [\begin{matrix} \delta \tilde{x}_1 & \delta \tilde{x}_2 & \delta \tilde{x}_3 & \delta \tilde{x}_4 & \delta \tilde{x}_5 & \delta \tilde{x}_6 & \delta \tilde{x}_7 & \delta \tilde{x}_8 & \delta \tilde{x}_9 & \delta \tilde{x}_{10} \end{matrix}]^T$；

振动测量参数 δY_2 是 4×1 维向量 $\delta Y_2 = [\begin{matrix} \delta y_1 & \delta y_2 & \delta y_3 & \delta y_4 \end{matrix}]^T$。

气路故障系数矩阵 $\boldsymbol{C}_1$ 是 8×4 维矩阵,如式(11-18)所示;

振动故障系数矩阵 $\boldsymbol{C}_2$ 是 4×10 维矩阵,如式(11-26)所示。

综合上述发动机典型气路和振动故障模式,建立融合故障模式的方程,方程可以表述成 $\delta \boldsymbol{Y} = \boldsymbol{C}\delta \tilde{\boldsymbol{X}}$。

测量参数(征兆量)向量 $\delta \boldsymbol{Y} = \begin{bmatrix} \delta \boldsymbol{Y}_1 \\ \delta \boldsymbol{Y}_2 \end{bmatrix}$,故障因子向量 $\delta \tilde{\boldsymbol{X}} = \begin{bmatrix} \delta \tilde{\boldsymbol{X}}_1 \\ \delta \tilde{\boldsymbol{X}}_2 \end{bmatrix}$。

因此,典型融合故障系数矩阵 $\boldsymbol{C}$ 可以表述成 $\boldsymbol{C} = \begin{bmatrix} \boldsymbol{C}_1 & \boldsymbol{0} \\ \boldsymbol{0} & \boldsymbol{C}_2 \end{bmatrix}$,$\boldsymbol{C}$ 是 12×14 维矩阵。

11.3.4　故障的权重系数矩阵

11.3.1 节已经建立起测量参数与故障模式之间的联系,现在需要建立实际部件故障原因与故障模式之间的联系,获得线性方程组。如此,才能通过 2 个层次的传递关系,由测量参数变化诊断出发动机实际故障原因。发动机部件级故障的权重系数矩阵就是联系实际部件故障原因与故障模式之间的纽带。

针对 11.3.1 节的单轴纯涡轮喷气发动机模型,可能存在以下多种实际物理故障。由于不同的部件级故障原因可能导致不同的故障模式组合,于是根据经验并结合本书参考的单轴涡轮喷气发动机模型,获取每一种故障原因下对应的故障模式及其权重系数,然后进行归类汇总,得到发动机部件级故障权重系数矩阵,如表 11-6 所示。

表 11-6　单轴涡喷发动机的部件级故障权重系数表

部　件	实际故障原因 $\boldsymbol{Z}$	故障模式 $\boldsymbol{XX}$ 及权重系数
进气道	通道壁面结垢 $\boldsymbol{Z}_1$	流量下降5%,压气机效率下降1%
压气机	压气机叶片积垢 $\boldsymbol{Z}_2$	流量下降7%,压气机效率下降2%;转子不平衡权重为0.9,转静件径向碰摩权重为0.1
	压气机叶片侵蚀或腐蚀 $\boldsymbol{Z}_3$	流量下降5%,压气机效率下降3%,转子不平衡权重为1
	阻塞工况 $\boldsymbol{Z}_4$	压气机效率下降10%
	进口流场畸变 $\boldsymbol{Z}_5$	流量下降3%,压气机效率下降2%,旋转失速振动故障特径权重为1
	叶轮偏心引起自激力导致失稳 $\boldsymbol{Z}_6$	流量下降3%,压气机效率下降5%;转子不平衡权重为0.6,转静件径向碰摩权重为0.4
	旋转失速 $\boldsymbol{Z}_7$	压气机效率下降4%;旋转失速振动故障特径权重为1
	喘振 $\boldsymbol{Z}_8$	流量下降8%,压气机效率下降15%;喘振振动故障特征权重为1
主燃烧室	积炭与热腐蚀 $\boldsymbol{Z}_9$	空气流量下降3%,涡轮效率下降7%
	燃烧过程组织不善 $\boldsymbol{Z}_{10}$	流量下降4%,涡轮效率下降5%

续　表

部　件	实际故障原因 Z	故障模式 XX 及权重系数
涡轮	叶轮偏心导致叶顶间隙气流激振 Z_{11}	流量下降 2%，涡轮效率下降 5%，第 1 级涡轮导向器临界截面的面积减小 2%；转子不平衡权重为 0.5，转静件径向碰摩权重为 0.5
	涡轮叶片掉块 Z_{12}	流量上升 6%，涡轮效率下降 5%，第 1 级涡轮导向器临界截面的面积增加 1%；转子不平衡权重为 0.5，转子弯曲权重为 0.5
	涡轮叶片积垢 Z_{13}	流量下降 2%，涡轮效率下降 3%，第 1 级涡轮导向器临界截面的面积下降 2%；转子不平衡权重为 0.85，转静件径向碰摩权重为 0.15
	涡轮叶片侵蚀或腐蚀 Z_{14}	流量下降 1%，涡轮效率下降 2%；转子不平衡权重为 1
	冷却有效性差（冷却量过少）Z_{15}	流量下降 2%，涡轮效率上升 2%；转子弯曲权重为 0.7，转静件径向碰摩权重为 0.3
	冷却有效性差（冷却量过多）Z_{16}	流量下降 3%，涡轮效率下降 4%

为了方便表达和故障识别，令

$$Z = Q\delta\tilde{X} \tag{11-28}$$

式中，实际部件故障原因 Z 为 16×1 向量；故障模式（包括气路和振动故障模式）$\delta\tilde{X}$ 为 14×1 向量；发动机部件级故障权重系数矩阵 Q 为 16×14 矩阵，且

$$Q = \begin{bmatrix}
-0.01 & -0.05 & 0 & 0 & 0 & 0 & 0 & 0 & 0 & 0 & 0 & 0 & 0 & 0 \\
-0.02 & -0.07 & 0 & 0 & 0.9 & 0 & 0 & 0.1 & 0 & 0 & 0 & 0 & 0 & 0 \\
-0.03 & -0.05 & 0 & 0 & 1 & 0 & 0 & 0 & 0 & 0 & 0 & 0 & 0 & 0 \\
-0.1 & 0 & 0 & 0 & 0 & 0 & 0 & 0 & 0 & 0 & 0 & 0 & 0 & 0 \\
-0.02 & -0.03 & 0 & 0 & 0.2 & 0 & 0 & 0 & 0 & 0 & 0 & 0 & 0.8 & 0 \\
-0.05 & -0.03 & 0 & 0 & 0.6 & 0 & 0 & 0.4 & 0 & 0 & 0 & 0 & 0 & 0 \\
-0.04 & 0 & 0 & 0 & 0 & 0 & 0 & 0 & 0 & 0 & 0 & 0 & 1 & 0 \\
-0.15 & -0.08 & 0 & 0 & 0 & 0 & 0 & 0 & 0 & 0 & 0 & 0 & 0 & 1 \\
0 & -0.03 & -0.07 & 0 & 0 & 0 & 0 & 0 & 0 & 0 & 0 & 0 & 0 & 0 \\
0 & -0.04 & -0.05 & 0 & 0 & 0 & 0 & 0 & 0 & 0 & 0 & 0 & 0 & 0 \\
0 & -0.02 & -0.05 & -0.02 & 0.5 & 0 & 0 & 0.5 & 0 & 0 & 0 & 0 & 0 & 0 \\
0 & 0.06 & -0.05 & 0.01 & 0.5 & 0 & 0.5 & 0 & 0 & 0 & 0 & 0 & 0 & 0 \\
0 & -0.02 & -0.03 & -0.02 & 0.85 & 0 & 0 & 0.15 & 0 & 0 & 0 & 0 & 0 & 0 \\
0 & -0.01 & -0.02 & 0 & 1 & 0 & 0 & 0 & 0 & 0 & 0 & 0 & 0 & 0 \\
0 & 0.02 & 0.02 & 0 & 0.7 & 0 & 0 & 0.3 & 0 & 0 & 0 & 0 & 0 & 0 \\
0 & -0.03 & -0.04 & 0 & 0 & 0 & 0 & 0 & 0 & 0 & 0 & 0 & 0 & 0
\end{bmatrix}$$

$$\tag{11-29}$$

举例说明,对于单轴纯涡轮喷气发动机,压气机叶片结垢的气路故障判据变化为流量下降7%以及压气机效率下降2%。

$$\delta \boldsymbol{Z}_1 = \begin{bmatrix} 2\% & 7\% & 0 & 0 \end{bmatrix} \begin{bmatrix} \delta \tilde{\eta}_C \\ \delta \tilde{q}_m \\ \delta \tilde{\eta}_T \\ \delta \tilde{A}_T \end{bmatrix} = \begin{bmatrix} 2\% & 7\% & 0 & 0 \end{bmatrix} \delta \tilde{\boldsymbol{X}}_1 \qquad (11-30)$$

式中,$\boldsymbol{Z}_1$ 表示压气机叶片结垢这一实际部件故障原因;$\delta \tilde{\boldsymbol{X}}_1$ 表示气路故障模式。

11.3.5　发动机故障融合模型

本节首先介绍常见的故障诊断信息传递路径,然后提出故障融合诊断模型的信息传递路径,在说明两者的信息传递路径有所区别的同时,又能体现故障融合诊断模型的优势。

1. 常见的故障诊断信息传递路径

发动机的故障成因是多种多样的,并且都表现在发动机部件的尺寸变化上,如零件表面的腐蚀、侵蚀、磨损、外来物损伤、密封件损坏、叶片断裂、烧毁或变形、喷嘴堵塞、可调导向叶片或引气活门由于多种原因而偏离额定位置等。

发动机部件的尺寸变化将导致发动机部件性能恶化,如压气机流量下降、压气机效率下降、涡轮导向器临界截面面积改变等。

部件性能恶化又会导致发动机的性能衰退,如转速、燃油流量、排气温度和功率输出的改变。发动机的性能衰退(可测量参数的变化)就是发动机故障状态的反映。

如果把发动机故障引起发动机性能衰退的实际过程看作是正过程,那么故障诊断过程就是它的逆过程,即根据发动机可测参数的变化来确定发动机的实际故障,从而达到故障定位。

图 11-2 展现出两种常见的故障诊断方法,其一为直接传递方案,其二为间接

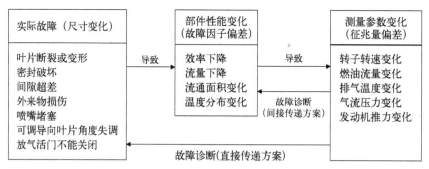

图 11-2　发动机故障诊断的信息传递

传递方案。对于气路故障而言,前者是通过掌握反映不同故障模式的各种故障样本,建立经验故障方程,根据测量参数的变换域故障样本进行比较来诊断可能发生的故障原因;后者是建立小偏差故障方程,已知测量参数的变化,根据建立的故障方程求解出故障模式,但并不能直接诊断出实际发生的部件故障原因。

2. 发动机故障融合模型的信息传递路径

本书研究的故障融合诊断模型,其目的就在于通过测量参数变化 δY 直接给出实际部件故障原因 Z,而故障模式 $\delta \tilde{X}$ 是中间过渡环节。

故障融合诊断的信息传递路径:

首先已知 δY,根据故障方程 $\delta \tilde{X} = C^{-1} \delta Y$ 求解出 $\delta \tilde{X}$。此处 $\delta \tilde{X}$ 不仅具有物理意义,代表可能的故障模式,而且也包含数值大小和正负号,代表故障的严重程度。

注意,此时需要对振动故障模式 $\delta \tilde{X}$ 进行故障识别前的预处理。即当某种振动故障模式 $\delta \tilde{x}_i (i = 1 \sim 10)$(总共有 10 个振动故障模式)的振动能量小于 20%,则说明振动合格、未超限,可以将其归零而忽略;而当某种振动故障模式的振动能量大于等于 20%,则说明振动不合格、超限,此时必须考虑其影响。然后,当判断完 10 种振动故障模式的振动能量大小之后,将它们的数值进行归一化,即得到各自所占的比例。

再根据发动机部件故障权重系数表(表 11 - 6)。实际部件故障原因 $\tilde{Z} = Q g \delta \tilde{X}$。此处 $\delta \tilde{X}$ 只代表物理意义,而数值大小和正负号均由 Q 体现出来。

然后将预处理过的 $\delta \tilde{X}$ 与部件故障权重系数表中的 $\tilde{Z}$ 分量进行对比,从 $\tilde{Z}$ 中提取与求解获得的 $\delta \tilde{X}$ 最相似的分量(向量),作为最有可能发生的部件故障原因。

3. 将故障模式 $\tilde{X}$ 变换成实际故障 $\tilde{Z}$ 的好处

(1)建立起实际物理故障原因 $\tilde{Z}$ 与故障模式 $\tilde{X}$ 之间的紧密联系,方便故障诊断时能通过故障模式的变化识别出实际部件故障原因。

(2)使诊断方法和结果更直观,更具有现实意义。因为故障模式毕竟是经过特征提取后的信息,具有一定的抽象性。如果直接将求得的故障模式结果作为诊断结果,则相比之下并没有部件故障原因显得直观明晰。而故障诊断的核心目的就是获知实际的部件级故障原因,从而给出适合的排故措施。

(3)有利于 $\tilde{Z}$ 的修改和更新。$Z = QX$ 变换后,使 $\tilde{X}$ 只表示故障模式的物理意义(故障模式的类型),Q 只表示对应的数值大小和正负号(故障的变化情况和严重程度),而 $\tilde{Z}$ 表示实际部件级故障原因。在故障模式没有发生变化的前提下,若实际故障原因的种类和个数发生变化,则只需改变 Q 和 $\tilde{Z}$ 的维数和数值,而无须改变已有的故障模式,这样不会对故障方程造成影响。

(4)有利于引入新的故障诊断领域(如滑油状态监测与故障诊断领域)。只需向 $\tilde{Z}$ 中添加新的故障诊断领域的故障模式元素,并在 Q 中增加相应的数值描述,即可完成新的故障诊断领域的引入。对于已有的 $\tilde{Z}$,则无须改动;对于由新的故障诊断领域而扩充的实际故障原因,即新的 $\tilde{Z}$,则可以直接添加。而如果采用前述的直接传递方案,由测量参数变化直接判断实际故障原因,则需要全面更新故障样本,这样导致费时费力。

11.4 决策层融合

建立故障融合模型的过程,是进行故障特征层和模式层融合的过程。建立起故障融合模型之后,能够根据实测参数的变化来获得可能的故障模式。但仍需要对其进行融合识别,以判断它属于何种实际部件故障原因,这一过程即是进行决策层融合的过程。

11.4.1 融合识别思路

经过特征层和模式层的故障融合之后,能够获得具体的故障模式的类型和严重程度,接下来将进一步分析该故障模式是由何种实际部件故障原因导致的。这一过程即故障识别的过程。

以往的故障诊断方法一般只关注故障模式,但在实践中工程师或维修人员必须根据经验对故障进行定位,判断故障可能发生的位置,确定故障发生在哪个具体的部件上,从而给出具体的排故方案并予以实施[11-12]。

本节提出的故障融合识别方法力求以简单的算法实现部件级故障的自动识别。本书在 11.3 节提出的发动机部件级故障权重系数表(表 11 - 6),已经归纳了实际部件级故障原因与故障模式之间的关系,列举了不同的实际部件级故障原因所对应的故障模式,并将其作为故障识别的依据。

11.4.2 融合数据处理

本节将运用 2 种故障识别的方法,相似度法和距离指标法。鉴于待识别的数据是由气动特征量和振动特征量组成的向量,以及故障模式本身包括气路故障模式和振动故障模式,所以将其称为故障融合识别方法。

由于相似度法和距离指标法考虑形相似和值相似,它们是把样本的每个特征等同对待,并没有考虑不同的特征在距离计算和分类中的不同贡献。当样本中各个参数不是同一类变量或者不是同一数量级的变量时,距离数值之间失去比较性,也就是说,各个参数对距离影响与它自身量纲或者量级有关。因此,有必要在计算相似度或距离前,对数据进行等方差化和标准化的预处理[13]。

1. 等方差化

关于测量向量各分量具有相同方差 σ^2(等方差性),而且两两不相关(不相关性)的假定通常称为 GM 假定。

但在发动机故障诊断的实际问题中,故障方程通常是不能满足 GM 假定中的等方差性和不相关性,这样的模型称为异方差模型。如果测量参数的方差,或者等价的误差向量方差为一正定方阵 $\boldsymbol{R} = \text{var}(\boldsymbol{e}) = \boldsymbol{E}(\boldsymbol{e}\boldsymbol{e}^{\mathrm{T}})$ 时,则可以把异方差模型转化为等方差模型。

异方差模型:

$$\boldsymbol{y} = \boldsymbol{A}\boldsymbol{x} + \boldsymbol{e}, \ \boldsymbol{E}(\boldsymbol{e}) = 0 \tag{11-31}$$

由矩阵论可知,对于正定矩阵 $\boldsymbol{R}$,必存在唯一的正定矩阵 $\boldsymbol{R}^{-1/2}$,使 $\boldsymbol{R}^{-1/2}\boldsymbol{R}^{-1/2} = \boldsymbol{R}$。记 $\boldsymbol{W} = \lambda^2\boldsymbol{R}^{-1} = (\boldsymbol{R}^*)^{-1}$,其中 $\boldsymbol{R}^* = \lambda^{-2}\boldsymbol{R}$;$\lambda$ 为一正数,称为标准比,而 λ^2 称为方差比。以 $\boldsymbol{W}^{1/2} = (\boldsymbol{R}^*)^{-1/2} = \lambda\boldsymbol{R}^{-1/2}$ 左乘 $\boldsymbol{y} = \boldsymbol{A}\boldsymbol{x} + \boldsymbol{e}$ 的两边,得

$$\boldsymbol{z} = \boldsymbol{B}\boldsymbol{x} + \boldsymbol{\varepsilon} \tag{11-32}$$

式中,$\boldsymbol{z} = \boldsymbol{W}^{1/2}\boldsymbol{y} = (\boldsymbol{R}^*)^{-1/2}\boldsymbol{y}$;$\boldsymbol{B} = \boldsymbol{W}^{1/2}\boldsymbol{A} = (\boldsymbol{R}^*)^{-1/2}\boldsymbol{A}$;$\boldsymbol{\varepsilon} = \boldsymbol{W}^{1/2}\boldsymbol{e} = (\boldsymbol{R}^*)^{-1/2}\boldsymbol{e}$。

有

$$\text{var}(\boldsymbol{\varepsilon}) = \text{var}(\boldsymbol{W}^{1/2}\boldsymbol{e}) = \boldsymbol{W}^{1/2}[\text{var}(\boldsymbol{e})](\boldsymbol{W}^{1/2})^{\mathrm{T}} = \lambda^2 \tag{11-33}$$

将式(11-31)通过最优加权转化成式(11-32)的形式,即为异方差模型的等方差化。

2. 标准化

所谓标准化,就是把各向量分别除以相应的长度,使之成为单位向量。取 $\boldsymbol{Z} = \boldsymbol{B}\boldsymbol{X}$ 中矩阵 $\boldsymbol{B}$ 的各列向量的长度即 Euclid 范数:

$$L_j = \| b_j \| = \Big[\sum_{i=1}^m (b_{ij})^2\Big]^{\frac{1}{2}}, j = 1, \cdots, p \tag{11-34}$$

作为标准化除数,并且记

$$h_{ij} = \frac{b_{ij}}{L_j}, \ i = 1, \cdots, m, \ j = 1, \cdots, p \tag{11-35}$$

式中,m 为矩阵 $\boldsymbol{B}$ 的行数;p 为矩阵 $\boldsymbol{B}$ 的列数。

再记 $\boldsymbol{h}_j^{\mathrm{T}} = (h_{1j}, h_{2j}, \cdots, h_{mj})$,$j = 1, \cdots, p$;$\boldsymbol{H} = (h_{ij})_{m\times p} = (h_1, h_2, \cdots, h_p)$;$\boldsymbol{B} = (b_1, b_2, \cdots, b_p)$;$\boldsymbol{L} = \text{diag}(L_1, L_2, \cdots, L_p)$,则有

$$h_j = \frac{\boldsymbol{b}_j}{L_j}, j = 1, \cdots, p \tag{11-36}$$

及

$$\boldsymbol{H} = \boldsymbol{B}\boldsymbol{L}^{-1} \tag{11-37}$$

或 $B = HL$。

而式(11 - 32)可改写为

$$Z = H\theta + \varepsilon \qquad (11-38)$$

式中，

$$\theta = Lx \qquad (11-39)$$

将式(11 - 32)转化成式(11 - 38)的形式，即为标准化。标准化的优点在于可以减小公式中各自变量数量级上的差别的影响。

11.4.3 相似程度决策

两向量之间的相似度是反映两向量接近程度的最简单和最直接的指标之一，而且两向量之间的相似度是 2 个向量之间的夹角余弦值。实际上，向量夹角余弦是多元统计分析中聚类分析的 1 个基本判据。

h_j 是由测量参数通过故障方程求得的故障模式向量，而 h_k 为表 11 - 6 中对应于第 k 个部件级故障原因($k = 1, \cdots, p$)的权重系数向量。2 个向量 h_j 和 h_k 均已进行等方差化与标准化，2 个向量之间的相似度(夹角余弦)S_{jk} 按式(11 - 40)计算：

$$S_{jk} = \frac{h_j, \ h_k}{[(h_j, \ h_j)(h_k, \ h_k)]^{1/2}}, \ k = 1, \cdots, p \qquad (11-40)$$

然后选择 S_{jk} 最大的那个向量所对应的部件故障原因作为最可能发生的故障原因向量。

11.4.4 距离指标决策

距离是评价两向量之间接近相等程度的指标。

按照式(11 - 41)的标准化距离指标可以用于评价两向量之间的相似程度：

$$d^* = \| u^* - v^* \| \qquad (11-41)$$

式中，$u^* = \dfrac{u}{\| u \|}$；$v^* = \dfrac{v}{\| v \|}$。

当关心的不只是向量之间的相似程度，而且还要考虑它们近似相等的程度，就可以利用距离指标：

$$D_{jk} = [(h_j - h_k)^T(h_j - h_k)]^{\frac{1}{2}} \qquad (11-42)$$

而且当距离越小时，两向量就越接近相等。选择 D_{jk} 最小的那个向量所对应的部件故障原因作为最可能发生的故障原因向量。

11.5 工程应用中的要点

（1）用于建立测量参数和故障模式之间联系的故障方程法，物理意义明确、方法简单、效率可观、可行性良好。

（2）用于联系故障模式和实际部件故障原因之间的权重系数矩阵，依据专家打分法，数据易修改，通用性良好。

（3）故障融合诊断系统的三级（特征级、模式级、决策级）融合方式是合理的，能够提高故障诊断的有效性。

——————— 小 结 ———————

参照信息融合理论，本书研究拟遵循以下的研究思路，如图11-3所示。

图11-3 融合诊断研究思路示意图

如表11-7所示，本书的研究思路可以详细阐述如下。

（1）征兆量：首先采集来自多个不同的传感器的测量参数（征兆量）的数据，包括温度、压力、流量、转速、位移、频率和相位等。

（2）将故障融合级别划分为3级，依次为特征级、模式级和决策级。

① 故障特征级融合：对采集的测量参数进行数据处理，得到所需的特征参数及其变化趋势，包括特定截面的温度、压比、振幅、特征频率、相位信息及进动方向等，从而构成待诊断故障的信息向量。

② 故障模式级融合：统筹气路故障模式与振动故障模式。气路故障模式一般包含推力小、耗油率高、排气温度高、效率低等。振动故障模式一般包含不平衡、不对中、转静件碰摩、转轴裂纹等。并且针对故障耦合，特别是气路与振动故障耦合的现象必须能识别出来。

举例说明：压气机叶片掉块故障不仅会导致气流通道周向不对称，增压效果下降，引起压气机效率下降，还可能会导致转子质量偏心，引起振幅突然增大。因此，气路和振动故障模式同时显著表现在压气机叶片掉块这一故障原因中。

③ 故障决策级融合：决策级融合的目的在于进行故障识别，将所得的故障模式与标准故障数据库进行比较，获得多个可能的故障原因，利用算法对所有可能的故障原因进行评估，以期获得最接近实际故障原因的解。

（3）人机交互界面：借鉴频谱图、指纹图等图形表达方法，采用适宜故障融合诊断模型的图形表达方式，图文并茂地显示诊断过程、诊断结果以及维修方案。

表 11-7 融合诊断研究内容

征 兆 量	采集多个传感器的测量参数
故障特征级融合	初步数据处理，构成待诊断故障的信息向量
故障模式级融合	统筹气路和振动的故障模式；识别故障耦合的情况
故障决策级融合	进行故障识别，通过合适的评估手段以获得最接近实际故障的解
人机交互界面	图文并茂地显示诊断结果和维修方案

参考文献

[1] 范作民,孙春林,白杰.航空发动机故障诊断导论[M].北京：科学出版社,2004：21-368.

[2] 孙玮琛.基于 D-S 证据理论的航空发动机早期故障诊断方法[J].工业技术创新,2016,3(6)：1281-1283.

[3] 车畅畅,王华伟,倪晓梅,等.基于深度学习的航空发动机故障融合诊断[J].北京航空航天大学学报,2018,44(3)：621-628.

[4] 田野,蔺文彬.信息融合角度下的航空发动机整机振动故障诊断技术分析[J].黑龙江科技信息,2015,(8)：69.

[5] Volponi A. Data fusion for enhanced aircraft engine prognostics and health management [R]. NASA-CR-2005-214055, 2005.

[6] 陈曦.航空发动机故障融合诊断方法研究[D].西安：西北工业大学,2012.

[7] 陈曦,廖明夫,王俨剀.航空发动机故障融合诊断研究[J].航空发动机,2013,39(4)：78-84.

[8] Turso J A, Litt J S. A foreign object damage event detector data fusion system for turbofan engines [J]. Journal of Aerospace Computing Information and Communication, 2004, 2(7)：291-308.

[9] 梁磊,陈杰,蒋东翔.航空发动机常见气路故障与振动故障特征分析[J].振动与冲击,2010,29：213-215.

[10] 李本威,李冬,沈伟.涡轮叶片粗糙度对其性能衰退的影响研究[J].航空计算技术,2009,39(5)：26-34.

[11] 李冬,樊照远,张娟.压气机叶片粗糙度对其性能衰退的影响研究[J].航空发动机,2009,35(5)：31-35.

[12] 盛兆顺,尹琦岭.设备状态监测与故障诊断技术及应用[M].北京：化学工业出版社,2003：136-177.

[13] 杨洪富,贾晓亮,任寿伟.基于数据驱动的航空发动机故障诊断与预测方法综述[J].航空精密制造技术,2016,52(5)：6-9.

第 12 章
发动机整机振动预测

本章关键词：

故障预测	（fault prediction）	振动预测	（vibration prediction）
动力学模型	（dynamic model）	趋势模型	（trend model）
双源拍振	（beat vibration）	模型识别	（model identification）
线性增长	（linear growth）	参数估计	（parameter estimation）
阶跃突变	（step mutation）	预测误差	（prediction error）

预测是健康管理技术中难度最大、最具挑战性的综合性技术，预测技术是当前国内外健康管理研究的热点。航空发动机故障诊断与振动预测技术是"故障预测与健康管理系统（prognostics and health management，PHM）"的关键和重要组成部分。

目前存在的难点：① 如何建立合理的、开放的故障诊断和振动预测体系；② 预测模型的建立；③ 预测模型的辨识；④ 模型参数估计；⑤ 故障诊断和振动预测如何有机地结合在一起[1]。

12.1 整机振动趋势预测的框架

随着航空发动机性能的提高及其结构的日益复杂，航空发动机故障诊断技术越来越受到重视，对振动预测的需求也越来越强烈。航空发动机故障诊断与振动预测技术是 PHM 的关键和重要组成部分。配装先进的 PHM 系统是第五代航空发动机的标志，也是重要的技术要求。整机振动信号由于随机性强、非线性强、影响因素多，成为预测技术的瓶颈[2]。

对发动机进行长期预测可以得到发动机未来的宏观振动趋势。开展长期预测有助于保障以下工作顺利进行：

（1）指导维修安排。根据长期预测的振动趋势判断发动机未来健康状态，及时视情维修，保障发动机正常工作，降低维修费用。

（2）制定飞行计划。根据长期预测结果判定发动机健康状态，有助于合理的安排飞机的飞行计划。

（3）总结该型号发动机寿命规律，为延寿奠定基础。统计总结该型发动机的振动规律，结合长期振动预测值，分析发动机恶性振动形成的原因，有助于在发动机型号改进时提供工程支持。

（4）安全保障评估。统计总结发动机长期以来的振动实测值与预测值，分析数据，统计发动机常见故障，评估发动机状态，保障飞机安全可靠。

发动机整机振动短时预测能够辅助发动机控制决策，实时地调整发动机工作状态。一方面为最优控制提供技术依据。由于发动机工作在气构耦合、结构耦合等多种耦合环境下，最优控制是发动机设计追求的最终目标。振动幅值是最优控制的一个理想控制目标，例如，目前广泛应用的主动间隙控制技术。另一方面也为振动主动控制提供技术依据。发动机振动主动控制是近年结构动力学研究的热点和难点，比较有代表性的有弹支干摩擦阻尼器、可变参数挤压油膜阻尼器和电磁轴承等。振幅的正确预测将有可能改善上述振动主动控制方法的时延指标[3-5]。

近几年，发动机故障诊断与振动预测技术逐渐成为研究热点，研究以正向设计和反向推断两条主线开展，研究主要集中在以下 3 个方面：

（1）故障机制和规律研究。深入研究故障机制有利于从动力学模型角度去描述故障，通过故障力的响应特征，选择更具有代表性的特征量凸显故障特征。这是故障诊断最根本的理论支持，对提高诊断准确率具有重要意义。

（2）数据信息挖掘方法研究。发动机历史试车数据中包含了大量的有用信息。例如，发动机振动趋势的发展，不同工况下振动的均值方差是否一致，多次试车之间数据的内在联系等。一般情况下，建立精确的物理模型有一定难度，数据隐含着发动机的历史状态，从数据出发进行故障诊断将是一个趋势。深入挖掘这些数据信息，有助于掌握发动机的状态。研究历史数据和当前测试数据之间的差异有助于提高故障诊断和预测的准确性。

（3）专家经验与数据信息融合方法研究。基于数据驱动的故障诊断方法常常是一个黑盒过程，外界无法去干扰其建模过程，这种方法常常会出现过学习的现象，导致推广能力下降。专家经验针对典型或特殊的故障具有极高的故障诊断率，但其是以人的智慧形式存在的，经验传播受到很大的限制。如果能够将专家经验和数据驱动结合起来，并移植到智能平台将有助于完善故障诊断与振动预测技术，进一步提高其诊断和预测准确性[6-8]。

但是，仍存在以下难题：如何建立合理的、开放的故障诊断和振动预测体系；如何根据发动机的运行特点建立趋势模型；如何结合发动机的结构特点选择预测特征量；故障诊断和振动预测如何有机地结合在一起。

12.2　趋势模型建立与识别

本书暂不考虑发动机转子幅频特性的影响,假设在时间 t 内转速平稳,即 $|\Delta n| \leqslant 200$ r/min(约为最大转速的 1%)。在此基础上讨论稳定工况下整机振动响应幅值趋势模型的建立与识别。

发动机整机振动趋势可以描述为

$$x_t = T_t + d_t + \varepsilon_t \qquad (12-1)$$

T_t 表示整机振动特征量的趋势变化。长时趋势项可能由发动机的渐发性、原发性结构故障决定;短时趋势项由发动机的突发性、失稳性和共振性结构故障引发。当发动机处于正常状态时,趋势项应为幅值为均值的水平直线,可以采用零点均值平移法消除;当发动机处于故障状态时,将因为故障类型不同而发生不同的趋势变化。

d_t 表征随机振动特性。鉴于气流、燃烧等因素的随机激振,发动机整机振动响应是一个典型的随机过程,导致下一个时刻的振动无法用准确的函数描述,只符合数据的统计特性规律。

ε_t 表示噪声影响。这一项主要来源于振动测试系统和信号离散数字化。

12.2.1　平稳波动模型

大多数情况下,发动机运行状态平稳,振动特征量没有趋势变化,同一次台架试车的整机振动时序 x_t 符合正态分布。数学表达为

$$\begin{cases} x_t - T_t = d_t + \varepsilon_t \sim N(0, \sigma) \\ E(T_t) = C \end{cases} \qquad (12-2)$$

此时,该模型的识别函数采用单位根检验(Augmented Dickey-Fuller test, ADF)检验准则。根据 ADF 检验准则,当时序 $\{x_t\}$ 平稳时,ADF 准则返回值为 1;反之,返回值为 0。

当 ADF 检验返回值为 $r = 1$ 时,即认为发动机整机振动时序符合平稳波动模型,运转状态平稳。此处不再详述 ADF 准则,本书主要讨论故障情况下模型的建立与识别。

12.2.2　周期摆动模型

多频、多源耦合振动是发动机整机振动的显著特点,高压转子、低压转子、锥齿轮轴和附件传动轴都是振源。这些轴不可避免地存在不平衡量,会产生激振力,当

两个激振力比较接近时,发动机就会出现拍振现象。

设 2 个独立激振的振动响应分别为

$$\begin{cases} x_1 = A_1 \cdot \cos(\omega_1 t + \phi_1) \\ x_2 = A_2 \cdot \cos(\omega_2 t + \phi_2) \end{cases} \tag{12-3}$$

式中,A_1,A_2 为 2 个振动响应的振幅;ω_1,ω_2 为 2 个激振的频率;ϕ_1,ϕ_2 为初始相位。

在机匣测振点上,两个振动响应耦合表现为

$$X = x_1 + x_2$$

$$= \sqrt{A_1^2 + A_2^2 + 2A_1 A_2 \cdot \cos\left[(\omega_1 - \omega_2)t + \phi_1 - \phi_2\right]} \cdot \sin\left[\frac{\omega_1 + \omega_2}{2}t + \frac{\phi_1 + \phi_2}{2} + \Delta\phi\right]$$

$$\tag{12-4}$$

式中,$\tan\Delta\phi = \dfrac{A_1 + A_2}{A_1 - A_2}\cot\left[\dfrac{(\omega_1 - \omega_2)t + \phi_1 - \phi_2}{2}\right]$。

可以看出,拍振发生后,振动幅值出现摆动的现象,振动将长时间维持在高幅值水平,为发动机的运行和可靠性带来严峻的考验。故须及时检测和识别出拍振的发生,并快速摆脱这种振动现象。

周期摆动模型中幅值随时间变化趋势的数学描述可以写成:

$$x(t) = \sqrt{a + b\cos(\omega t + \varphi)} \tag{12-5}$$

当出现振幅摆动现象时,理论上应有 1 个确定的摆动周期。连续测量多个周期,周期长度应当符合正态分布。由此,可以预先设定 1 个 σ_0,只要获得周期长度分布 σ 小于 σ_0,即认为出现振幅摆动。上述问题是 1 个小样本单边检验问题,故选择 χ^2 检验更合适。

根据正态总体参数的单边 χ^2 检验可定义该模型的识别函数为

$$r = \sum_{j=1}^{m}\left(\Delta_{Mj} - \frac{1}{m}\sum_{j=1}^{m}\Delta_{Mj}\right)\bigg/\sigma_0^2 \tag{12-6}$$

式中,$\{\Delta_M\}$ 为序列 $\{x(t)\}$ 的周期间隔序列。

假设 H_0: $\sigma \geq \sigma_0 \leftrightarrow H_1$: $\sigma < \sigma_0$,拒绝域为 $\chi^2 \leq \chi_\alpha^2(N-1)$。本书取置信区间为 95%,根据经验,周期摆动一般为 10 s,故选择 $N = 10$。在此条件下,计算得到 $\chi_{0.05}^2(9) = 0.7107$。定义 POM(periodic oscillation model) 准则为 $r \geq 0.7107$,当条件满足时即认为振动时序 $\{x_t\}$ 符合周期摆动模型。

12.2.3 线性发展模型

对于发动机高压(低压)转子,可以建立运动微分方程:

$$m\ddot{x} + d\dot{x} + sx = F(t) \tag{12-7}$$

如果激振力随时间线性变化,即会造成整机振动幅值的线性变化,符合线性发展的模型。例如,风扇叶片结垢就是典型的线性发展案例,此时运动方程可以改写成:

$$m\ddot{x} + d\dot{x} + sx = (m + pt)\varepsilon\Omega^2\sin(\Omega t + \phi) \tag{12-8}$$

方程两边同除 m 可得

$$\ddot{x} + 2\omega_n D\dot{x} + \omega_n^2 x = \left(1 + \frac{pt}{m}\right)\varepsilon\Omega^2\sin(\Omega t + \phi) \tag{12-9}$$

式中, $D = \dfrac{d}{2\sqrt{ms}}$ 为阻尼比(相对阻尼系数); $\omega_n = \sqrt{\dfrac{s}{m}}$ 为系统无阻尼自振频率。

此 2 阶常系数非齐次线性微分方程的 1 个特解为

$$X = \left(1 + \frac{pt}{m}\right)\frac{\varepsilon\Omega^2\sin(\Omega t + \phi)}{\sqrt{(\omega_n^2 - \Omega^2)^2 + (2\omega_n\Omega D)^2}} \tag{12-10}$$

在转速稳定的情况下,线性发展模型随时间幅值变化趋势的数学描述可以写成:

$$x(t) = pt + a \tag{12-11}$$

据 12.2.2 节所述:发动机振动时序 x_1, x_2, $\cdots x_n$ 是相互独立的;对于给定 t 值, x 值应该服从正态分布。因此可根据回归分析理论,假设它们之间存在线性关系,假设的正确与否可通过一元线性回归显著性检验验证。

故该模型的识别函数可以定义为

$$r = \frac{p}{\dfrac{1}{n-2}\sum_{i=1}^{n}(x_i - p - ai)^2}\sqrt{\sum_{i=1}^{n}\left(i - \frac{n+1}{2}\right)^2} \tag{12-12}$$

根据一元线性回归显著性检验理论,假设 $H_0: p = 0 \leftrightarrow H_1: p \neq 0$,拒绝域为 $|t| \geqslant t_{\alpha/2}(n-2)$。本书取置信区间为 95%,当 $|r| \geqslant t_{0.025}(n-2)$ 时,说明线性回归是显著的。当 $n = 100$ 的,定义 LVM(linear vibration model)准则为 $|r| \geqslant 1.9840$,当条件满足时即认为发动机发生了线性发展振动情况。

12.2.4　阶跃突起模型

由第 6 章内容知转子运动微分方程为

$$\ddot{x} + 2\omega_n D\dot{x} + \omega_n^2 x = \frac{F_0}{m}\cos \Omega t \qquad (12-13)$$

当高速运转的转子发生叶片掉块而产生突加不平衡,式(12-13)中的不平衡力可以表示为

$$F_0 = \begin{cases} m\varepsilon\Omega^2, & t < r \\ m\varepsilon\Omega^2 + m_s\varepsilon\Omega^2, & t \geqslant r \end{cases} \qquad (12-14)$$

式中,$m\varepsilon\Omega^2$ 是原始不平衡力;$m_s\varepsilon\Omega^2$ 是突加不平衡力。

解得掉块发生前,$t < r$ 时的方程解:

$$x = -X_{\text{before}}\mathrm{e}^{-\omega_n Dt}\left[\frac{D\omega_n\cos\psi + \Omega\sin\psi}{\omega_n\sqrt{1-D^2}}\sin(\omega_n\sqrt{1-D^2}\,t) + \right.$$
$$\left. \cos\psi\cos(\omega_n\sqrt{1-D^2}\,t)\right] + X_{\text{before}}\cos(\Omega t - \psi) \qquad (12-15)$$

式中,

$$\begin{cases} X_{\text{before}} = \dfrac{\varepsilon\Omega^2}{\sqrt{(\omega_n^2 - \Omega^2)^2 + (2\omega_n\Omega D)^2}} \\[4mm] \psi = \arctan\dfrac{2\omega_n\Omega D}{\omega_n^2 - \Omega^2} \end{cases} \qquad (12-16)$$

解得掉块发生后,$t \geqslant r$ 时方程的解:

$$x = \mathrm{e}^{-\omega_n Dt}\left[\frac{x_r + \omega_n Dx_r}{\omega_n\sqrt{1-D^2}}\sin(\omega_n\sqrt{1-D^2}\,t) + x_r\cos(\omega_n\sqrt{1-D^2}\,t)\right]$$
$$- X_{\text{after}}\mathrm{e}^{-\omega_n Dt}\left[\frac{D\omega_n\cos\psi + \Omega\sin\psi}{\omega_n\sqrt{1-D^2}}\sin(\omega_n\sqrt{1-D^2}\,t)\right.$$
$$\left. + \cos\psi\cos(\omega_n\sqrt{1-D^2}\,t)\right] + X_{\text{after}}\cos(\Omega t - \psi) \qquad (12-17)$$

式中,

$$X_{\text{after}} = \frac{(m \pm m_s)\varepsilon\Omega^2}{m\sqrt{(\omega_n^2 - \Omega^2)^2 + (2\omega_n\Omega D)^2}} \qquad (12-18)$$

故振动稳定以后,阶跃突起趋势模型的数学表达式可以写成:

$$x = \begin{cases} X_{\text{before}}, & t < r \\ X_{\text{after}}, & t \geqslant r \end{cases} \qquad (12-19)$$

当振幅发生突变时,可利用突变前后的幅值差构造判别函数。为了排除振幅的偶然跳变,应当以突变点前后某段时间内振幅的均值差为度量标准。当均值差超过所设定的阈值时,即认为发生了振幅突变。故该模型的识别函数可以定义为

$$r_t = \frac{\left| \dfrac{1}{m} \sum_{i=1}^{m} x_{t-i} - \dfrac{1}{n} \sum_{j=1}^{n} x_{t-j} \right|}{\dfrac{1}{n} \sum_{j=1}^{n} x_{t-j}}, \quad m < n \qquad (12-20)$$

本书选择 $n = 100$, $m = 2$。定义 SCM 准则为 $r \geqslant 0.2$。当满足 SCM(step change model)准则时,可以认为振动时序 $\{x_t\}$ 适合阶跃突起模型,否则不适合。

12.3　基于趋势模型的故障预测

12.3.1　线性发展预测模型

将线性发展趋势项和平稳波动模型叠加即可得到线性发展预测模型[9-13]。

$$x_t = S_t + \varepsilon_t = \beta_0 + \beta_1 t + \sum_{i=1}^{n} \varphi_i x_{t-i} - \sum_{j=1}^{n} \theta_j a_{t-j} + a_t \qquad (12-21)$$

线性发展预测的具体流程如图 12-1 所示。

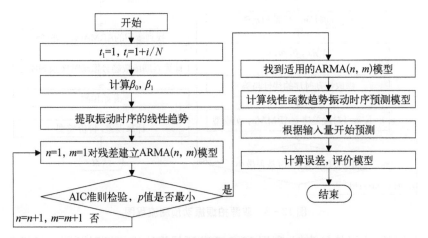

图 12-1　线性发展模型振动预测流程图

图 12-2 显示了某型发动机某次台架试车高压转子基频幅值随时间的变化趋势图。经模型选择得趋势项模型为 $S_t = \sqrt{16.357\,3 + 1.322\,5\cos(0.771\,4t + 6.501\,9)}$，对残差项建立了 ARMA(1, 2) 模型，得到一步预测平均相对误差为 4.06%；三步预测平均误差为 4.25%。

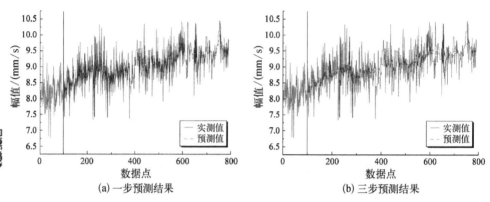

(a) 一步预测结果　　　　　(b) 三步预测结果

图 12-2　线性发展模型预测结果

12.3.2　双源拍振预测模型

叠加双源拍振趋势项与平稳波动模型即可得到双源拍振预测模型。

$$x_t = S_t + \varepsilon_t = \sqrt{a + b\cos(\omega t + \phi)} + \sum_{i=1}^{n}\varphi_i x_{t-i} - \sum_{j=1}^{n}\theta_j a_{t-j} + a_t \quad (12-22)$$

双源拍振振动预测的流程图如图 12-3 所示。

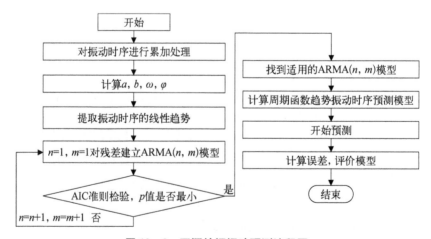

图 12-3　双源拍振振动预测流程图

以前机匣水平信号为例，利用 12.2.2 节所提算法进行短时预测。经模型选择得趋势项模型为：$S_t = \sqrt{16.3573 + 1.3225\cos(0.7714t + 6.5019)}$，对残差序列建立 ARMA(8, 15) 模型。得到一步预测平均相对误差 5.67%；三步预测平均相对误差为 9.16%。图 12-4 显示了双源拍振的预测结果。

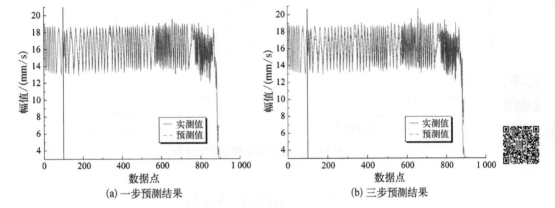

(a) 一步预测结果　　　　(b) 三步预测结果

图 12-4　双源拍振预测结果

12.3.3　振幅突变预测模型

实际工作中发动机可能出现振幅突变的现象，如图 12-5 所示。例如，当发动机转子出现突发性质量不平衡故障或非线性影响下的双稳态振动现象。

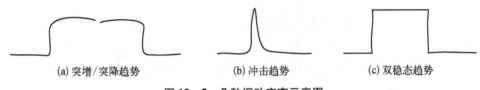

(a) 突增/突降趋势　　　(b) 冲击趋势　　　(c) 双稳态趋势

图 12-5　几种振动突变示意图

对振动时序建立 ARMA(n, m) 模型，组合振幅突变趋势项模型，得到预测模型为

$$x_t = S_t + \varepsilon_t = X + \sum_{i=1}^{n} \varphi_i x_{t-i} - \sum_{j=1}^{n} \theta_j a_{t-j} + a_t \qquad (12-23)$$

式中，$X = \begin{cases} X_{\text{before}}, & t < r \\ X_{\text{after}}, & t \geqslant r \end{cases}$。

振幅突变振动预测流程图见图 12-6。

对前机匣水平信号的数据进行预测，得到一步预测平均误差为 12.61%；三步预测平均误差为 16.99%。图 12-7 显示了预测结果。

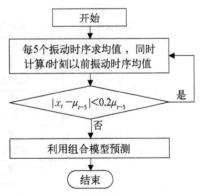

图 12-6　振幅突变振动预测模型

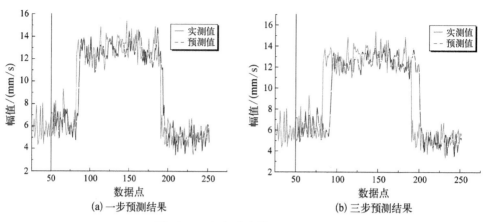

(a) 一步预测结果　　　　　　　(b) 三步预测结果

图 12 - 7　振幅突变模型预测结果

12.4　预测案例分析

本节以实测发动机振动数据为例,验证本书方法。图 12 - 8 为制定的航空发动机台架试车振动故障辨别与预测流程。具体步骤如下。

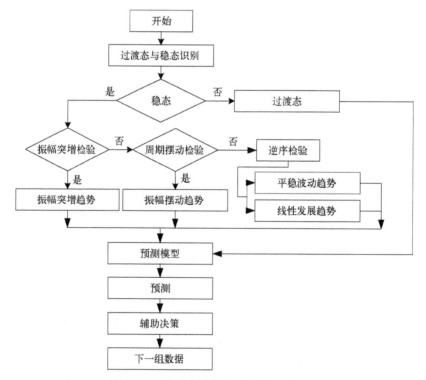

图 12 - 8　航空发动机整机振动预测流程

步骤 1：首先要区分数据处于稳态还是过渡态，如果是稳态，转入步骤 2；否则转入步骤 3。

步骤 2：模型辨别顺序为先进行振幅突增检验，不符合再进行双源拍振检验，如果依旧不符合则进行逆序检验。根据检验结果建立相应的趋势项，转入步骤 4。

步骤 3：依据平移法估算过渡态。转入步骤 4。

步骤 4：结合趋势项建立预测模型，进行预测。转入步骤 5。

步骤 5：进行下一个工况预测。

步骤 6：完成全部工况。

图 12－9 是发动机台架试车实测数据，描述了转速和振幅随时间的变化过程。图中由上至下依次是转速数据、垂直测点振幅数据和水平测点振幅数据。通过查阅试车工艺记录，该次试车在 7 个工况下停留，即共有 7 个稳态工作状态。

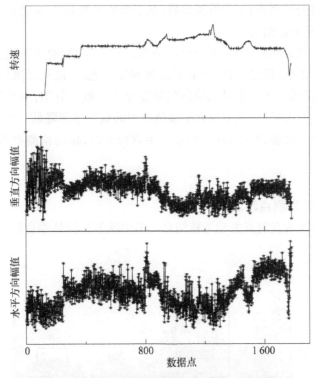

图 12－9　发动机实测数据的转速与垂直、水平测点振幅

12.4.1　历史数据情况

台架试车考核结果包含状态识别、幅值预测和概率预测。

1. 状态识别

依据试车数据对振动信息进行识别分析，根据不同的振动特征判定发动机所处的工作状态,因此,能够准确识别发动机的故障十分重要。

2. 幅值预测

依据状态识别、模型辨别准则选用合适的振动预测模型,经建模计算就可得到幅值预测的预测值。理论上,幅值的预测值是振动实测值最有可能出现的值。

3. 概率预测

概率预测是指由发动机振动预测值通过振动预测带宽指数计算得到的振动预测值的范围。

振动预测带宽指数是用来衡量预测精度的参数。定义振动预测带宽指数为

$$H_t = \int_0^x \frac{1}{\sqrt{2\pi}} e^{-\frac{(x-p_t)^2}{2\sigma^2}}, \ x > 0 \qquad (12-24)$$

式中,p_t 为 t 时刻预测值;x 为带宽参数,本书取 0.1 和 0.9;σ 为同台份同次装配同工况历史试车数据的方差。

下一个时刻的预测带宽是 1 个概率分布,当下一时刻的实测值落入预测带宽内,则预测结果正确;反之,当实测值超出预测带宽范围,说明预测失效,并会导致概率预测精度降低。下一个时刻的预测带宽是 1 个概率分布,中心位置出现的概率最大,随着向两边扩展,大幅值和小幅值出现的概率逐渐降低。当带宽指数差较小时,振动预测更灵敏,控制更严;当带宽指数较大时,振动预测更迟钝,预测范围更大。

12.4.2 垂直测点预测结果

图 12-10 是垂直测点振动考核结果。图中纵坐标轴是垂直测点的幅值;横坐

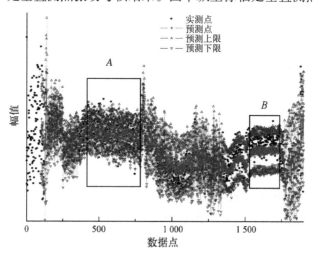

图 12-10 垂直测点振动考核结果

标轴是数据点;圆点是实测数据;实心星形线是预测值。空心上三角形线是振动预测的上限值,空心下三角形是振动预测的下限值,振动预测的上限与下限形成了预测带宽,用来衡量预测的概率精度。由于 A 和 B 处的数据长度最能反映预测效果,所以放大了图中 A 和 B 处的数据,分别见图 12-11 和图 12-12。

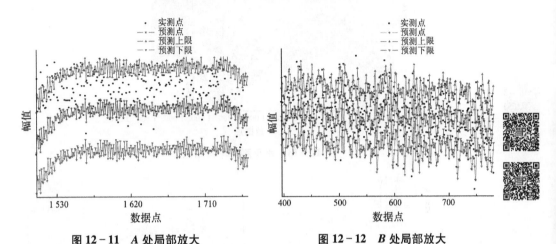

图 12-11　A 处局部放大　　　　　　图 12-12　B 处局部放大

1. 状态识别结果

状态识别结果表明共识别出 6 段稳态工作状态,识别率为 85.7%。返回值依次是 3,2,3,3,3,3,3。

2. 幅值预测结果

图 12-10 中实心星形线是振动预测值。预测值平均相对误差 39.85%。

3. 概率预测结果

由图 12-11 和 12-12 可见多数实测值落入了振动预测带宽中。经过数据分析,垂直测点的发动机实际预测值的个数为 1 871 个,超出预测上下限的点有 226 个,概率预测精度为 87.9%。

12.4.3　水平测点预测结果

图 12-13 是水平测点振动考核结果。图中纵坐标轴是水平测点的幅值;横坐标轴是数据点;圆点是实测数据;空心星形线是预测值。空心上三角形线是振动预测的上限值,空心下三角形是振动预测的下限值,这两条线形成了预测带宽,用来衡量预测的概率精度。由于 A 和 B 处的数据长度最能反映预测效果,所以放大了图中 A 和 B 处的数据,分别见图 12-14 和图 12-15。

1. 状态识别结果

状态识别结果表明共识别出 6 段稳态工作状态,识别率为 85.7%。

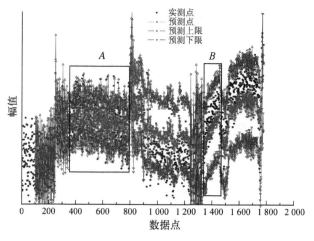

图 12 - 13 水平测点考核结果

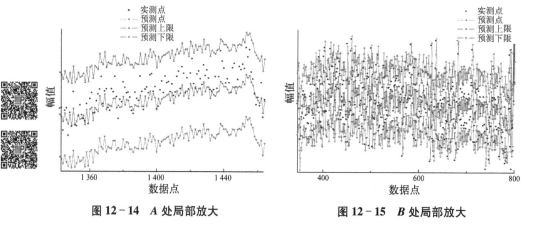

图 12 - 14 A 处局部放大   图 12 - 15 B 处局部放大

2. 幅值预测结果

图 12 - 13 中空心星形线是振动预测值。预测值平均相对误差 31.82%。

3. 概率预测结果

由图 12 - 14 和图 12 - 15 可见多数实测值落入了振动预测带宽中。经过数据分析,水平测点的发动机实际预测值的个数为 1 871 个,超出预测上下限的点为 128 个,概率预测精度为 93.15%。

12.4.4 误差分析

由图 12 - 16 和图 12 - 17 可知,误差主要来源于个别工作状态,其中个别数据点的误差特别大,直接影响了平均相对误差,主要由于工作状态识别的偏差、原始数据波动较大等原因造成。当然,相对于测振传感器 10% 的误差,预测值小于 50% 的偏差,应该在工程能够接受的范围内。

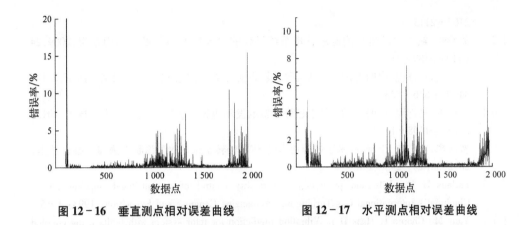

图 12-16　垂直测点相对误差曲线　　　　　图 12-17　水平测点相对误差曲线

12.5　工程应用中的要点

（1）发动机整机振动趋势类型多样,特征明显,且多数故障趋势都表现出非平稳的特性,不能采用差分运算后的 ARMA 算法。

（2）发动机整机振动特征量的趋势项 T_t 和 S_t 的建模是发动机振动预测的核心与关键,直接决定预测方法的正确性、适用性和推广能力。

（3）多源耦合振动、振幅缓增和振幅突变故障模式是几种最常见的异常振动现象。

（4）建立的周期摆动模型、线性发展模型和振幅突变模型具有明确的动力学背景,反映了工程中最常见的几种趋势变化类型。

（5）基于模型的振动趋势预测方法能够正确区分书中所提的 3 种故障趋势。周期摆动与缓慢变化案例预测的平均相对误差均小于 10%,振幅突变案例的平均相对误差均小于 20%,预测效果良好。

小　结

为了应对航空发动机恶劣工况及高性能带来的结构复杂性,故障及振动预测越来越受到关注。发动机整机振动预测通过对性能状况和机械状况参数进行趋势分析和预测,实现故障预测,给出维修建议。本章介绍了发动机整机振动趋势模型的建立与识别过程,并基于趋势模型进行了故障预测。振动预测可以帮助航空公司指导维修安排任务,制定飞行计划,提升安全保证,并且可以统计该型号发动机的寿命规律,为发动机提供科学的状态评估。

参考文献

[1]　尉询楷.军用航空发动机 PHM 发展策略及关键技术[J].航空动力学报,2011,26(9):

2107 - 2115.

[2] 姜彩虹.航空发动机预测健康管理系统设计的关键技术[J].航空动力学报,2009,24(11):2589 - 2593.

[3] 王俨剀,马进锐,廖明夫,等.发动机振动趋势预测模型研究[J].振动、测试与诊断,2014,34(3):516 - 523.

[4] 王俨剀,马进锐,廖明夫,等.基于趋势分析的发动机振动故障识别[J].推进技术,2013,34(8):1108 - 1114.

[5] 费成巍,白广忱,李晓颖.基于过程功率谱 SVM 的转子振动故障诊断方法[J].推进技术,2012,33(2):293 - 298.

[6] Ballans H M. Vibration prediction and quality control of a centrifugal impeller [C]. Cincinnati: International Gas Turbine and Aeroengine Congress and Exposition, 1993: 1 - 5.

[7] Yang M, Chopra I, Haas D J. Vibration prediction for rotor system with faults using coupled rotor-fuselage model [J]. Journal of aircraft, 2004, 41(2): 348 - 358.

[8] Carnero M C, Pedregal D J. Forecasting turbine problems by means of the state space framework [J]. Journal of Loss Prevention in the Process Industries, 2011,(24): 432 - 439.

[9] 王治华,傅惠民.广义时变 ARMA 序列预测方法[J].航空动力学报,2005,20(5):714 - 717.

[10] 曹昕燕,邹英永.基于 ARMA 模型的振动信号建模与预测[J].长春大学学报,2010,(20):52 - 55.

[11] 刘颖,严军.基于时间序列 ARMA 模型的振动故障预测[J].化工自动化及仪表,2011,38(7):841 - 843.

[12] 吴庚申,梁平,龙新峰.基于 ARMA 的汽轮机转子振动故障序列的预测[J].华南理工大学学报(自然科学版),2005,33(7):67 - 73.

[13] 刘林刚,李学仁,陈永刚,等.基于支持向量机的航空发动机振动预测模型研究[J].微计算机信息,2008,24(16):289 - 291.

第 13 章
发动机健康状态评价

本章关键词:

专家知识	(expert knowledge)	健康状态	(health condition)
智能诊断	(intelligent diagnosis)	损失风险	(loss risk)
模式识别	(pattern recognition)	故障程度	(fault degree)
分类决策	(classification decision)	故障概率	(fault probability)
否定检验	(negative inspection)	综合评价	(comprehensive evaluation)

基于人工智能算法的航空发动机故障诊断研究已广泛开展,并取得了重大的突破。这些算法得到的诊断结果通常是发动机发生某种故障的概率,甚至是无物理意义的系数。即便发生某种故障的概率值是确定的,但它所代表的含义却是模糊的:发动机目前的工作状态到底是安全还是危险,必须对发动机的健康状态进行量化。安全与危险是一个相对的、逐渐过渡的概念,很难用具体的数值表示。本书用健康状态等级来描述发动机的健康状态,每个等级代表明确的安全性与危险性意义,并可以与维修等级相对应,具有较强的工程背景和良好的可操作性。

13.1 发动机健康状态识别的框架

13.1.1 健康状态识别

制约我国航空发动机状态识别技术最大的问题是健康管理技术与发动机设计脱离,没有采用可靠性设计与健康管理技术同步发展的科学发展思路,过于重视设计改进,忽视了健康管理,对于设计上无法解决的技术问题,要采用状态监视手段时刻监视发动机的健康状态,保证飞行的效率和安全性。因此,加强状态识别与健康管理技术十分必要[1-2]。

目前针对发动机飞行安全开展的状态识别和健康管理技术的主要工作是建立一种有效实用的发动机故障识别算法,一方面,能够较高效率地对发动机的故障进行识别与诊断;另一方面,可以指导开发监控发动机性能和功能参数的发动机故障诊断和识别系统,力图提高航空发动机可靠性和寿命,降低发动机使用成本[3-5]。

1. 故障识别方法主要完成的工作

基于工作需要,从专业领域知识出发建立发动机故障识别的方法,其工作流程参见图 13 - 1。

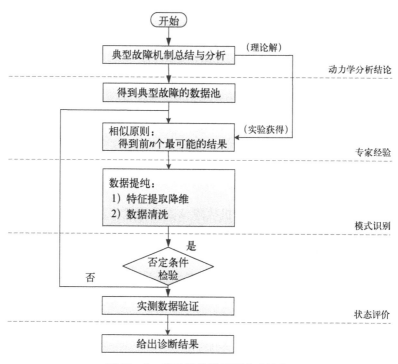

图 13 - 1 发动机故障识别方法流程

按照典型故障特征合理设置算法结构;依据动力学知识挖掘样本特征;选择尽可能符合领域专家诊断思维的学习策略和建模框架。

1) 按照典型故障特征合理设置算法结构

每一型号的航空发动机故障复杂多样,但其典型故障均可穷举。每种故障的影响因素冗杂繁多,但典型故障的特征都是有限并可描述的,因此进行多种故障模式的诊断,可以采用层层筛选的结构,逐步减少诊断的特征维数。这与智能诊断算法在深度学习架构上遵循下一层的维数小于上一层的单位编号数,以便与编码过程是一个数据压缩过程或特征提取过程的原则相符。

2) 依据动力学知识挖掘样本特征

依据故障动力学知识总结典型故障模式的诊断特征量,而不是由数据驱动算法自动进行特征挖掘。对于待诊样本,提取故障库中所有类型的特征。通过诊断规则进行推理,筛选出有限个疑似故障,将算法学习、识别范围限定在有限个疑似故障中,而不是对故障库进行全盘学习。

3) 选择尽可能符合领域专家诊断思维的学习策略和建模框架

领域专家现场诊断时会做出确定性判断与模糊性判断,并在验证后下定论,为模拟该过程,诊断时包括不同确定程度的诊断规则。

2. 故障识别框架的基本原则

构建该结构时,应遵循如下原则。

(1) 学习样本不包含与本故障类型无关的特征。如对于不平衡故障的学习样本,不包括轴承特征倍频成分。

(2) 使用模式识别算法时,针对库中的每个故障类型建立子算法。子算法对待诊样本的识别结果为-1与1,这一结果表示待诊样本的特征属于或不属于该种故障类型。

(3) 否定检验对诊断结果具有最终决定权,不符合检验规则的结构均舍弃。

(4) 图13-1中各步骤前后顺序固定。

(5) 各条推理规则前后顺序随转子不同而不同,但对同一转子规则的前后顺序固定。

其中,降低虚警率的关键在于否定检验规则的设置。从故障动力学方程中抽象出参数变化规律,作为否定检验规则。不属于该故障的数据如干扰,很大概率上不具有这样的参数变化规律。如果算法将此类数据识别为故障,通过否定检验,能够纠正虚假警报。

提高诊断效率的关键在于通过故障推理,减小模式识别算法的输入维数与学习的样本种类。这意味着算法的识别对象是对应故障的有效特征,如对于不对中故障,2倍频成分是其有效特征,高、低次组合频率是与不对中故障相关度低的额外特征。但获得的待诊样本中,同时包含这两者。实际诊断时将额外特征纳入考虑范围,尽管这样能缩小对训练样本集的误差,但在预测、识别训练集外样本时,额外特征成了无用信息,干扰诊断结果,降低诊断效率。

保持诊断准确率的关键为在上述两者的基础上,将诊断算法和领域知识进行结合,包括构建能充分反映故障动力学知识的特征空间,能模拟领域专家诊断思维的诊断方法。

3. 识别规则库的建立

1) 识别规则

充分考虑先验知识不对称的特点,建立识别规则库。识别规则库由若干规则组成,包括转子对象、信号采集方式、信号处理方法、特征参数、关系运算、逻辑运算、参数阈值及位置敏感度矩阵等。

转子对象：高压转子和低压转子。

信号采集方式：高压转速信号触发整周期采集、低压转速信号触发整周期采集。

信号处理方法：傅里叶变换、进动分析、希尔伯特变换、时延相关解调和时域平均等。

特征参数：时域统计量（峰值、有效值）、频域特征（基频、倍频、次谐波）等。

关系运算：大于、小于、等于。

逻辑运算：逻辑与、逻辑非、逻辑和。

参数阈值：振动限制值。

2）分类

得到识别规则可以分为以下3类。

完全支持规则：主要指出现了相应的振动特征就能够确定某种故障已经发生，不需要再考虑其他的情况。例如，滚动轴承故障特征频率成分的幅值，达到一定的阈值后，即可断定轴承出现故障。

不确定规则：主要指虽然出现了相应的振动特征，但还不能确定某种故障就一定发生，因为可能存在两种对应于同一振动特征的情况。例如，高、低压转子基频幅值较大，可能是多种故障出现的表征。

完全不支持规则：主要指出现了某种振动特征，就可以判断一些故障不可能发生。例如，振动幅值随转速不发生明显的变化，即可判断不是不平衡故障。

4. 故障库的建立

构建故障库，进行数据的预处理。选取有限批次、不同工况下各种故障类型的振动数据，提取数据的动力学特征作为模式识别算法的学习样本。根据故障机制总结故障的推理规则与否定检验规则。如对不平衡故障，选取各倍频成分占比作为学习样本，将1倍频成分占优作为疑似推理规则，选取振动幅值随转速变化作为否定检验规则。

开始诊断后，对待诊样本提取故障库中所有类型的诊断特征量。如库中存在各倍频成分占比、进动比、各倍频振动能量3种特征量，则经过数据分析，待诊样本从原始振动数据集变为只包含这3种特征量的数据集。

在故障推理阶段，根据推理规则，进行故障模式筛选，从故障库的所有故障类型中得出与待诊样本特征最相近的故障类型，作为疑似故障。

对疑似故障进行模式识别。此时，待诊样本中只保留与疑似故障对应的特征项，其余无关特征归0。这里的模式识别方法根据不同需要可以选择神经网络、支持向量机及模糊推理等方法。模式识别方法的学习对象为疑似故障在故障库中的学习样本。识别结束后，对识别结果进行否定检验，只接纳通过检验的结果。图13－2为一种融合故障推理与模式识别的诊断方法的诊断结构。

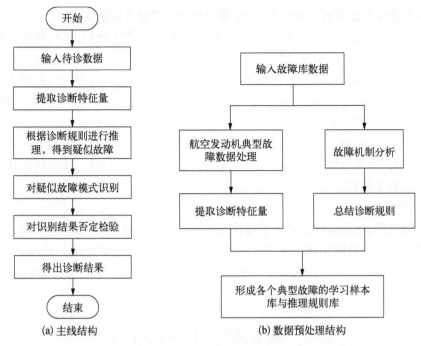

(a) 主线结构　　　　　　　　　(b) 数据预处理结构

图 13-2　一种融合故障推理与模式识别的诊断方法的诊断结构

13.1.2　评价指标

1. 虚警率

虚警来源于两个方面,一是由于诊断系统通过干扰信号及正常状态下的数据样本来识别某种故障,产生了虚假警报,这一情况无法做故障复现;二是由于稳定的特征空间的不完备,导致某两种或多种故障在有限的特征维数上无法做有效的区分,从而产生对某种故障的虚警,这种常常发生。虚警率 λ 是指对自身学习样本集、规则库、案例库范围外的样本产生虚警的样本数 P 占自身知识库中总样本数 C 的比值:

$$\lambda = P/C \qquad\qquad (13-1)$$

虚警率高,表示算法过于敏感。

2. 诊断效率

诊断效率包括用于确定学习范围的查全率、用于描述诊断快慢的诊断时间。

查全率:定义故障库所有故障总记有 sum 个特征类型,其中用于智能诊断的特征种类数为 k, $k = 1, 2, 3, 4, \cdots$,则

$$\eta = k/sum \qquad\qquad (13-2)$$

η 小意味着诊断的盲目性小,对于疑似故障的搜索范围更加精确。

诊断时间:表示诊断算法在模式识别过程中所耗费的时间,不包括模式识别前故障特征提取、数据清洗、特征筛选所耗费的时间。不同的诊断方法在这些步骤上采用的方法不同,诊断对象和实际应用条件也各不相同,将这部分时间纳入评价指标无比较意义。此处记诊断算法对已提取好特征的数据样本进行模式识别时所耗费时间为诊断时间。

两个指标中,由于查全率代表了算法识别范围的精确程度,而诊断时间如前所述,受各种因素影响较大。所以查全率作为评价效率的第一指标,诊断时间作为评价效率的第 2 指标。

3. 诊断准确率

诊断准确,包括对故障样本不漏诊与不错诊两个方面,准确率是指诊断正确的样本数占总样本数的比例。尽管实际当中并不存在百分之百正确的诊断系统,但一个有效的诊断算法,无论对于小批量数据还是大数据,都应该保持较高的准确率。

13.2 基于数理统计的识别方法

13.2.1 贝叶斯诊断理论

数学上,贝叶斯决策的基础是贝叶斯定理,即条件概率的表示。假定互不相容事件 A_1, A_2, $\cdots$, A_k 构成事件 A 的完备集,则事件 A 与事件 B 的联合概率分布为

$$P(A, B) = P(A \mid B)P(B) = P(B \mid A)P(A) \tag{13-3}$$

式中,形式 $P(X \mid Y)$ 表示事件 X 对于事件 Y 的条件概率,即在事件 Y 发生的前提条件下,发生事件 X 的概率。即

$$P(A \mid B) = \frac{P(A)P(B \mid A)}{P(B)} \tag{13-4}$$

发生事件 A_i 的条件概率为

$$P(A_i \mid B) = \frac{P(A_i)P(B \mid A_i)}{\sum_{i=1}^{k} P(A_i)P(B \mid A_i)}, \ i = 1, 2, \cdots, k \tag{13-5}$$

这就是数学上的贝叶斯定理,它给出了 1 个关于更新参数值的先验分布,从而得出参数后验分布的数学方法:A 在条件 B 下的更新的(后验)概率密度函数可以由 A 的初始(先验)概率密度函数和 B 对 A 的条件概率密度函数表示,根据这个更新的概率密度函数,可以对 A 做出推断[6]。

记 $D = \{a_1 = A_{x1}, a_2 = A_{x2}, \cdots a_n = A_{xn}; A_{xi} \in A\}$ 为重复 n 次实验得到的振动数据样本。其中：a 为随机变量；A 为发动机健康状态模式的类别。记参数 θ 为事件 $a = A$ 发生的先验概率，$\pi(\theta \mid \xi)$ 为它的概率密度函数，其中 ξ 为观测者的先验知识。现在关心的问题是：在已知先验概率密度 $\pi(\theta \mid \xi)$ 和拥有样本数据集合 D 的前提下，如何估计第 $n + 1$ 次试验中的事件 $a_{n+1} = A_{x, n+1}$ 发生的概率 $P(a_{n+1} = A_{x, n+1} \mid \xi, D)$。

由全概率公式得

$$
\begin{aligned}
P(a_{n+1} &= A_{x, n+1} \mid \xi, D) \\
&= \int P(a_{n+1} = A_{x, n+1} \mid \theta, \xi, D) P(\theta \mid \xi, D) \mathrm{d}\theta \\
&= \int \theta \cdot P(\theta \mid \xi, D) \mathrm{d}\theta \\
&= E\{P(\theta \mid \xi, D)[\theta]\}
\end{aligned}
\tag{13-6}
$$

这说明，事件 $a_{n+1} = A_{x, n+1}$ 发生的概率即为先验概率 θ 相对于后验概率 $P(\theta \mid \xi, D)$ 的期望值，即贝叶斯后验概率是事件 $a_{n+1} = A_{x, n+1}$ 发生概率的 1 个无偏估计。

13.2.2　健康状态的贝叶斯分类问题表述

贝叶斯理论是一种重要的决策方法，其广泛应用于各种统计推断领域。下面将结合发动机健康状态识别的物理背景，讨论贝叶斯分类问题的数学表述。本节以两类别分类模型为例进行讨论，所得到的结论可以做适当推广，适用于多类别分类问题。

对测试数据的两类别（$\omega_1 - \omega_2$）分类实际上是两点分布 $b(1, P)$ 的参数 P 的估计问题，即发动机为正常（状态 ω_1）的概率为 P，为故障（状态 ω_2）的概率为 $1 - P$。在已知先验概率 $P(\omega_i)$，以及样本集中特征参数 X 条件分布的情况下，利用贝叶斯后验概率可以分别估计新数据处于不同健康状态 ω_i 的概率，即

$$
P(\omega_i \mid x) = \frac{P(\omega_i) P(x \mid \omega_i)}{P(x)}, \ i = 1, 2
\tag{13-7}
$$

这时，基于最小错误率的贝叶斯决策规则为：判断新数据的健康状态与最大后验概率的状态类别相同，

$$
\text{如果 } P(\omega_i \mid x) = \max_{j = 1, 2} \{P(\omega_j \mid x)\}, \text{则 } x \in \omega_i
\tag{13-8}
$$

利用贝叶斯公式（13-4）还可以得到几种最小错误率的贝叶斯决策规则的等价形式：

如果 $P(x \mid \omega_i)P(\omega_i) = \max\limits_{j=1,2}\{P(x \mid \omega_i)P(\omega_i)\}$，则 $x \in \omega_i$ （13-9）

若 $l(x) = \dfrac{P(x \mid \omega_1)}{P(x \mid \omega_2)} > \dfrac{P(\omega_2)}{P(\omega_1)}$，则 $x \in \omega_1$，否则 $x \in \omega_2$ （13-10）

若对式（13-10）的 $l(x)$ 取自然对数的负值，可以写成：

$$- \ln[lx(x)] = - \ln P(x \mid \omega_1) + nP(x \mid \omega_2) < - \ln\left[\frac{P(\omega_2)}{P(\omega_1)}\right]，则 x \in \omega_1$$

（13-11）

式（13-9）是利用贝叶斯公式共同削去分母而得出的，式（13-10）中 $l(x)$ 在统计学中称为似然比，而 $P(\omega_2)/P(\omega_1)$ 称为似然比阈值，式（13-11）中将似然比写成负对数的形式，在计算时比利用似然比本身更为方便[7]。

如前所述，发动机健康状态评估中两类错误所造成的损失是不同的，因此在最小错误率决策规则的基础上引入最小风险决策规则是很重要的。

对于给定的 x 和损失函数 λ，如果我们做出决策 α_i，选择 $x \in \omega_i$，则可能造成的期望损失为

$$R(\alpha_i \mid x) = E[\lambda(\alpha_i, \omega_j)] = \sum_{j=1}^{2} \lambda(\alpha_i, \omega_j)P(\omega_j \mid x)，i = 1,2$$

（13-12）

在考虑错判带来的损失时，希望损失最小。如果在采取每一个决策或行动时，都使其条件风险最小，则对所有的 x 做出决策时，其期望风险也必然是最小的。

最小风险的贝叶斯决策规则：

如果 $R(\alpha_k \mid x) = \min\limits_{i=1,2}\{R(\alpha_i \mid x)\}$，则 $x \in \omega_i$ （13-13）

在2个选择 $x \in \omega_i$，$i = 1,2$ 的决策中，如果设损失函数为 0~1 损失函数，则

$$\lambda(\alpha_i, \omega_j) = \begin{cases} 0, & i = j \\ 1, & i \neq j, \end{cases} \quad i, j = 1,2$$

（13-14）

根据式（13-11），条件风险为

$$R(\alpha_i \mid x) = \sum_{j=1}^{2} \lambda(\alpha_i, \omega_j)P(\omega_j \mid x) = \sum_{\substack{j=1 \\ i \neq j}}^{2} P(\omega_j \mid x)$$

（13-15）

这时，贝叶斯最小风险决策函数就转化为最小错误率决策函数的形式。由此可见，最小错误率决策函数就是在 0~1 损失函数条件下的最小风险贝叶斯决

策[8-9]。换句话说,前者是后者的特例。将发动机正常状态误判为故障和对故障发动机的漏诊将会带来不同的损失,最小风险决策更适合发动机健康状态评估。

13.2.3　贝叶斯网络和朴素贝叶斯

贝叶斯推断从概念上看要比非贝叶斯推断直接得多,且概率形式优美,然而它的数值解法常常具有难度。贝叶斯后验分布通常只能根据复杂的解析函数来表示,主要的难度来自联合概率函数和边缘概率函数的求解。当多个特征参数参与推断时,这些函数的求解实际上是一个多重积分问题。可以说,贝叶斯方法广泛应用的障碍主要集中在计算方面。

1988 年,Pearl 在总结并发展前人工作的基础上,提出了贝叶斯网络。贝叶斯网络实际上是多元贝叶斯推理的一种算法推广。通过一个有向无环图和后验概率的综合分析结构,贝叶斯网络作为一种对动态系统进行建模和推理的工具,迅速地成为一个研究热点,并且在实际应用中取得了令人瞩目的成功,如 Intel 公司的微处理器故障诊断系统、美国通用电气公司的辅助汽轮机故障诊断系统、美国国家航空航天局和 Rockwell 公司联合研制的太空船推进系统故障诊断系统、美国国家科学研究委员会研制的核电站状态评估系统、普惠公司的打印机系统故障诊断决策支持系统等[10-11]。

贝叶斯网络是在一定前提基础上简化计算的一种思路。根据统计学定义,n 维随机变量的联合概率密度为

$$
\begin{aligned}
p(x_1, x_2, \cdots, x_n) &= \int_{-\infty}^{x_1} \int_{-\infty}^{x_2} \cdots \int_{-\infty}^{x_n} f(X_1, X_2, \cdots, X_n) \mathrm{d}X_1 \mathrm{d}X_2 \cdots \mathrm{d}X_n \\
&= \int_{-\infty}^{x_1} f(X_1 \mid X_2, \cdots, X_n) \mathrm{d}X_1 \cdots \int_{-\infty}^{x_n} f(X_n \mid X_1, \cdots, X_{n-1}) \mathrm{d}X_n \\
&= P(x_1 \mid x_2, x_3, \cdots, x_n) P(x_2 \mid x_1, x_3, \cdots, x_n) \cdots P(x_n \mid x_1, x_2, \cdots, x_{n-1}) \\
&= \prod_{i=1}^{n} P(x_i \mid x_1, \cdots, x_{i-1}, x_{i+1}, \cdots, x_n)
\end{aligned}
$$

$$(13-16)$$

如果随机变量 x_1 与 x_2, x_3, $\cdots$, x_n 相互之间独立,则联合概率密度可以简化为

$$
\begin{aligned}
P(x_1, x_2, \cdots, x_n) &= \prod_{i=1}^{n} P(x_i \mid x_1, \cdots, x_{i-1}, x_{i+1}, \cdots, x_n) \\
&= P(x_1) P(x_2 \mid x_3, \cdots, x_n) \cdots P(x_n \mid x_2, \cdots, x_{n-1})
\end{aligned}
$$

$$(13-17)$$

研究者发现,在大多数应用中都满足一定的条件,这些条件可以保证一些参数向量之间是不相关的或是弱相关的。由此,高维联合概率的多重积分计算得到简

化,使得对它们的计算变得可行。

贝叶斯网络 S 由一个二元组 $\langle G, P \rangle$ 组成。其中: G 是有向无环图; P 是局部概率分布的集合。图 13-3(a)显示了贝叶斯网络的一个例子,在网络中,用节点 X_i 表示变量,有向边表示变量间的依赖关系,相互独立的 2 个变量之间没有连接。

贝叶斯网络充分利用了先验知识和样本信息,取得了较好的应用效果,但网络结构的建立,主要依靠研究者的经验和先验知识,是贝叶斯网络研究的难点。朴素贝叶斯算法是在一定前提假设下,解决这一问题的有效方法。朴素贝叶斯是 1 种和网络结构无关的贝叶斯网络特例,其只有两层节点,首层只有一个节点为数据类别,第 2 层的 N 个节点,代表 N 个特征参数,两层节点之间的有向边表示因果关系(依赖关系),特征参数之间没有有向边,其结构如图 13-3(b)所示。

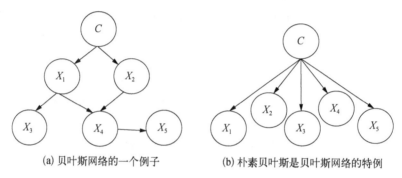

(a) 贝叶斯网络的一个例子   (b) 朴素贝叶斯是贝叶斯网络的特例

图 13-3   贝叶斯网络

朴素贝叶斯的假设前提是:所有特征参数只和类别信息具有依赖关系,特征参数之间全部相互独立。在这一假设前提下,根据式(13-17)的思路推广,式(13-16)被简化为

$$P(x_1, x_2, \cdots, x_n \mid C) = \prod_{i=1}^{n} P(x_i \mid C) \qquad (13-18)$$

则贝叶斯公式可以写成:

$$
\begin{aligned}
P(C \mid x_1, x_2, \cdots, x_n) &= \frac{P(C)P(x_1, x_2, \cdots, x_n \mid C)}{P(x_1, x_2, \cdots, x_n)} \\
&= \alpha P(C)P(x_1, x_2, \cdots, x_n \mid C) \\
&= \alpha P(C)\prod_{i=1}^{n} p(x_i \mid C)
\end{aligned} \qquad (13-19)
$$

式中, $\alpha = 1/P(x_1, x_2, \cdots, x_n)$ 。

这时,据式(13-8)至式(13-11)推导出的贝叶斯分类规则将得到极大的简

化。例如,将式(13 - 19)代入,可将式(13 - 10)简化成:

$$
若\ l(x) = \frac{P(x\mid\omega_1)}{P(x\mid\omega_2)} = \frac{\prod\limits_{i=1}^{n}p(x_i\mid\omega_1)}{\prod\limits_{i=1}^{n}p(x_i\mid\omega_2)} > \frac{P(\omega_2)}{P(\omega_1)},\ 则\ x\in\omega_1,\ 否则\ x\in\omega_2
$$

$$(13-20)$$

据以上理论建立朴素贝叶斯分类器,其伪代码为

```
Classify_Naive_Bayes(Train_data(_),Train_label(_),Test_data(_),P)
{
    %给定先验概率
    for c = 1 to Sort_Num
            Transcendental_p(c) = P(i)
    end
    %给定每个特征参数的取值范围,并将值域区间划分成为若干分
    for i = 1 to Chara_Num
        Maxi(i) = Ci
            Mini(i) = Di
            Interval(i) = [Maxi(i)-Mini(i)]/Part_Num
    end
            %训练过程
    for i = 1 to Chara_Num
            for j = 1 to Train_Stylebook_Num
                    %计算样本落在那个统计区间
                    Index = (Train_data(j,i)-Mini(i))/Interval(i)
                    %该统计区间频度累计
                    Times(i,Train_label(j),Index) = Times(i,Train_label(j),
Index)+1
            end
    end
    %识别过程
    for i = 1 to Chara_Num
            for j = 1 to Test_Stylebook_Num
                    %计算样本落在哪个统计区间
                    Index = (Test_data(j,i)-Mini(i))/Interval(i)
                    %类条件密度标记
```

```
                    for c = 1 to Sort_Num
                         Flag ( c ) = Flag ( c ) * Times ( i, c, Index ) *
Transcendental_p( c )
                    end
                end
        end
        %评估结果
        Result_label = c|{Max{Flag(c)}}
        }
```

尽管条件独立性假设在一定程度上限制了朴素贝叶斯网络的适用范围,然而许多研究表明,在实际应用中,即使在变量具有明显依赖性的情况下,朴素贝叶斯网络也表现出了相当的健壮性和高效性。在一些情况下,与决策树、支持向量机相比,朴素贝叶斯网络具有更高的分类准确度。分析原因,条件独立性假设可以理解为相对意义下的独立,如果当特征参数之间的依赖性相对于它们和类别之间的依赖性是微不足道的,就可以认为它们之间相对独立。特别是在发动机健康评估中,第4章研究了特征参数的优化选择,更保证了参数之间的相对独立性,在一定范围内满足了朴素贝叶斯的前提假设。

13.2.4　朴素贝叶斯分类器的错误率

当类条件概率密度及先验概率均为已知时,对于相同分布的测试数据,分类器的理论错误率应该是固定的。错误率反映了分类问题固有复杂性的程度,可以认为它是分类问题固有复杂性的一种度量。

首先讨论一元统计的情况,对两类别问题,从式(13 - 7)最小错误率规则可知,如果后验概率 $P(\omega_1 \mid x) > P(\omega_2 \mid x)$,则决策应为 ω_1。这时 x 的条件错误率为 $P(\omega_2 \mid x)$,反之,则应为 $P(\omega_1 \mid x)$。可表示为

$$P(e \mid x) = \begin{cases} P(\omega_1 \mid x), & P(\omega_2 \mid x) > P(\omega_1 \mid x) \\ P(\omega_2 \mid x), & P(\omega_1 \mid x) > P(\omega_2 \mid x) \end{cases} \tag{13 - 21}$$

如果令 t 为正常与故障的分界面,则在特征向量 $\boldsymbol{x}$ 是 1 维时,t 为 x 轴上的一个分界点,将 x 轴分成两个区域 $\mathscr{P}_1$ 和 $\mathscr{P}_2$。$\mathscr{P}_1$ 为 $(-\infty, t)$,$\mathscr{P}_2$ 为 (t, ∞),这样有

$$\begin{aligned} P(e) &= \int_{-\infty}^{t} P(e_2 \mid x) p(x) \mathrm{d}x + \int_{t}^{\infty} P(e_1 \mid x) p(x) \mathrm{d}x \\ &= \int_{-\infty}^{t} P(\omega_2 \mid x) p(x) \mathrm{d}x + \int_{t}^{\infty} P(\omega_1 \mid x) p(x) \mathrm{d}x \\ &= \int_{-\infty}^{t} P(x \mid \omega_2) p(\omega_2) \mathrm{d}x + \int_{t}^{\infty} P(x \mid \omega_1) p(\omega_1) \mathrm{d}x \end{aligned} \tag{13 - 22}$$

如果令正常状态为类别Ⅰ,故障状态为类别Ⅱ。这里用 $F(10,10)$ 模拟正常状态下的类条件概率密度 $P(x\mid\omega_1)$,用正态 $N(\mu,\sigma)$ 模拟故障状态下的类条件概率密度 $P(x\mid\omega_2)$。图 13-4(a)显示了错误率的积分面积。图中,两部分面积分别代表两类错误率,两部分面积之和则表示分类器的理论错误率。

推广到执行风险最小化的多元统计情况,则式(13-22)成为

$$P(e) = P_1(e) + P_2(e)$$

$$= \int_{-\infty}^{t_1}\int_{-\infty}^{t_2}\cdots\int_{-\infty}^{t_d} P(x\mid\omega_2)P(\omega_2)\mathrm{d}x + \int_{t}^{\infty}\int_{t_2}^{\infty}\cdots\int_{t_d}^{\infty} P(x\mid\omega_1)p(\omega_1)\mathrm{d}x$$

$$(13-23)$$

由于朴素贝叶斯分类器假设各特征参数相互独立,式(13-23)可以写成:

$$P(e) = \prod_{i=1}^{m}\int_{-\infty}^{t_i} P(x_i\mid\omega_2)P(\omega_2)\mathrm{d}x + \prod_{i=1}^{m}\int_{t_i}^{\infty} P(x_i\mid\omega_1)P(\omega_1)\mathrm{d}x$$

$$= P(\omega_2)\prod_{i=1}^{m}\int_{-\infty}^{t_i}\frac{1}{\sqrt{2\pi}\,\sigma}\mathrm{e}^{-\frac{(x_i-\mu)}{2\sigma^2}}\mathrm{d}x + P(\omega_1)\frac{\Gamma(10)}{\Gamma(5)^2}\prod_{i=1}^{m}\int_{t_i}^{\infty}\frac{x_i^4}{(1+x_i)^{10}}\mathrm{d}x$$

$$(13-24)$$

式(13-24)为多元参数的朴素贝叶斯分类器的理论错误率。若令式中 $m=1$,就转化成为一元统计的错误率。图 13-4(b)给出了基于最小风险的一元贝叶斯分类器的理论错误率。

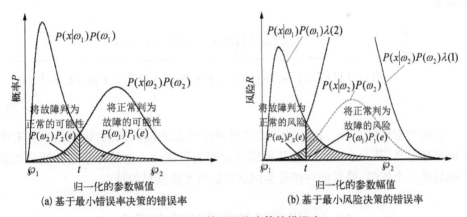

(a)基于最小错误率决策的错误率　　　　(b)基于最小风险决策的错误率

图 13-4　基于两种决策的错误率

13.2.5　发动机健康状态模式识别的结果解释

应用朴素贝叶斯分类算法进行发动机健康状态的模式识别,其核心思想是估计待识别数据属于不同模式的后验概率,并认为后验概率最大的模式就是发动机

最可能的健康状态模式。后验概率具有明确的物理意义,就是待识别数据处于不同健康状态模式的可能性[12-13]。

对于二类别分类情况,也就是对"发生 X 故障(ω_1)"和"未发生 X 故障(ω_2)"的判断。对于一元参数幅值为 x 的振动数据,其发生 X 故障的概率为

$$P(\omega_1 \mid x) = \frac{P(\omega_1)P(x \mid \omega_1)}{P(\omega_1)P(x \mid \omega_1) + P(\omega_2)P(x \mid \omega_2)} \tag{13-25}$$

其未发生 X 故障的概率为

$$P(\omega_2 \mid x) = \frac{P(\omega_2)P(x \mid \omega_2)}{P(\omega_1)P(x \mid \omega_1) + P(\omega_2)P(x \mid \omega_2)} \tag{13-26}$$

式中,$P(\omega_i)$,$i = 1, 2$ 为先验概率,是统计得到的 X 故障发生的比例;$P(x \mid \omega_i)$,$i = 1, 2$ 为类条件概率密度分布,是发生/未发生 X 故障时,参数幅值的分布。

基于最小风险最小原则,可以得到发生 X 故障的概率为

$$P(\omega_1 \mid x) = \frac{P(\omega_1)P(x \mid \omega_1)\lambda(\omega_1 \mid x)}{P(\omega_1)P(x \mid \omega_1)\lambda(\omega_1 \mid x) + P(\omega_2)P(x \mid \omega_2)\lambda(\omega_2 \mid x)}$$

$$\tag{13-27}$$

式中,$\lambda(\omega_i \mid x)$ 为幅值为 x 的损失函数。

基于朴素贝叶斯分类算法的独立性假设,推广到多元参数,得到发生 X 故障的概率为

$$P(\omega_1 \mid x) = \frac{P(\omega_1)\prod_{i=1}^{n}P(x_i \mid \omega_1)\lambda(\omega_1 \mid x_i)}{P(\omega_1)\prod_{i=1}^{n}P(x_i \mid \omega_1)\lambda(\omega_1 \mid x_i) + P(\omega_2)\prod_{i=1}^{n}P(x_i \mid \omega_2)\lambda(\omega_2 \mid x_i)}$$

$$\tag{13-28}$$

应用朴素贝叶斯分类算法进行发动机健康状态的模式识别,识别结果具有明确的物理意义,其大小表示发生某种模式故障的可能性。这是朴素贝叶斯分类算法的另外一个优势,是其他一些分类识别算法所无法满足的特点。

13.3　发动机健康等级综合评价

13.3.1　发动机健康状态等级的划分

对于发动机健康状态的描述,可以建立健康状态函数 $f(n, P_i, D_i, r_i, \cdots)$,$i = 1, 2, \cdots, n$,其为发动机可能发生故障模式的数目 n、发生特定故障的概率 P_i、特

定故障的发展程度 D_i 以及特定故障所造成损失的风险 r_i 等诸多因素的函数,函数的精确解表示了发动机的健康状态。但是,多自变量性质决定了健康状态函数复杂的数学表达形式,给数学建模以及精确计算带来诸多不便。另外,基于解析数学建立的健康状态函数,在工程实践中有时会引发"本本主义危机"——一个实际的问题是如何划分正常和故障的界限? 如何划分合格和不合格的界限? 如何划分需要维修和不需要维修的界限? 界限"1"将"0.99"和"1.01"划分为 2 个状态有时并不是一个合理的结果。

将发动机的健康状态划分为"健康""合格""故障"等一系列状态等级,是一种合理的描述方法。各等级之间没有明确的边界划分,只有模糊的过渡区域。也就是说,处于健康-亚健康边缘状态的发动机可能既隶属于"健康"状态,也隶属于"亚健康"状态,只是两种等级的隶属度不同,这是一种合理的健康状态的评估结果。当然,针对不同健康等级的发动机将采取不同的措施,至于采取哪种处理措施,可以根据不同状态的隶属度函数得出模糊决策。

发动机健康状态划分的等级既不能太少也不能太多,常用的是 1~9 级标度法[14]。不同等级包含了两层物理意义:一个是"安全性",随着状态等级的减小,发动机安全性减小;另一个是"危险度",随着状态等级的减小,发动机危险性增大。等级数目为奇数能够保证"安全性"和"危险度"的对称性和互补性质,更符合表述习惯。因此,应选择奇数作为发动机健康等级数目。

将发动机健康状态划分为 3 个等级过于粗泛,而划分为 9 个等级又过于繁琐,不符合工程实践习惯;奇数 7 作为除数可能产生无限循环小数,造成等级区域均匀划分的不便;数字 5 在十进制体系中具有良好的被整除性质,因此将发动机健康状态划分为 5 个等级是最科学的[14]。

本书将发动机健康状态划分为"健康""亚健康""合格""异常"和"故障"5 个等级,每个等级所代表的安全性和危险度如表 13-1 所示。

表 13-1　发动机健康状态等级

等级	健康等级	安 全 性 描 述	危 险 度 描 述
I	健康	安全性指标优秀,发动机很安全	发生故障的可能性很小
II	亚健康	安全性指标合格,发动机比较安全	发生故障的可能性较小
III	合格	安全性指标基本合格,处于超标边缘,发动机不太安全	发生故障的可能性在可以接受范围内
IV	异常	安全性指标不合格,但处于超标的边缘,发动机不安全	发生故障的可能性较大,需要尽快检查维修
V	故障	安全性指标严重偏离安全区域,发动机很不安全	发生故障的风险很大,必须立刻返厂维修

13.3.2 影响发动机健康等级的主要因素

目前,在基于振动的发动机健康状态评估领域,振动烈度几乎成为描述发动机健康状态的唯一标准。但是,有时仅仅依靠振动烈度判断出的结果是错误的,还有一些因素影响着发动机的健康状态,在健康状态等级评估时必须考虑。

故障概率:通过智能分类识别算法,将得到发动机处于不同故障模式的概率。故障概率是评估发动机健康状态的主要因素。处于故障状态的概率越小,发动机工作状态越好,其健康状态等级安全性也就越高;否则反之。

故障程度:振动烈度是发动机结构故障程度最直接的描述。振动幅值大,发动机相应的健康状态危险度高;振动幅值小,发动机相应的健康状态安全性高。由于不同型号发动机执行的振动标准不同,将振动绝对幅值与该型发动机该测点位置振动报警值的差值除以振动报警值,将得到相对振动幅值。利用相对振动幅值表示故障程度将消除发动机型号、传感器类型以及传感器安装位置的影响。

损失风险:不同的故障模式发生,将会造成不同的后果和不同的损失。例如,相同的振动幅值情况下,发动机处于不平衡与处于叶片掉块故障状态下,造成的后果可能是不同的。发动机转子不平衡是绝对的,平衡是相对的。在一定范围内的不平衡状态,发动机有时甚至可以坚持完成本次运转;但如果发生了叶片掉块,很可能造成机毁人亡的重大事故。因此,不同的故障模式将带来不同的损失风险,这是发动机健康状态评估必须要考虑的因素[14-16]。

当然,还有许多其他因素决定发动机健康状态等级的评估。这里,以上3个因素为例说明模糊综合评价方法,并且认为这3个因素对于健康状态等级评估结果的影响作用是相同的。这样,3个因素重要性的权值 α_i 就是相同的,都等于0.33。

13.3.3 发动机健康等级的综合评价原理

发动机健康状态等级由故障概率、故障程度和损失风险等因素决定,这些影响因素具有随机性或模糊性。且系统安全状态的模糊性已成为人们的共识,可以说,模糊集方法是评价系统安全度的最好方法之一[14,17]。因此,本书将模糊综合评价方法应用于发动机健康状态的评价。

所谓模糊综合评价方法就是综合考虑不同因素对发动机健康状态的影响,在研究各种因素的重要性权值向量和不同健康状态等级的隶属矩阵的基础上,将各因素指标值大小转换成为隶属于上述5个健康状态等级的隶属度向量,最后基于最大隶属度原则确定发动机的健康状态等级。

13.3.2节已经讨论了决定发动机健康状态的重要因素,并确定故障概率、故障程度和损失风险的权重系数均为0.33。以上3个因素的隶属度函数分布是另一个重要的研究内容。

　　讨论不同故障概率时,发动机被评估成不同健康状态等级的隶属度函数。这里暂不考虑多故障并发时,故障之间的诱发、加强和削弱等相互作用。这样,对于耦合故障,可以逐个考虑单故障对发动机安全性的影响,分别评估健康状态。发动机最终的健康状态由这些单故障评估健康状态的最高等级决定。即单故障中所引发的最高危险度作为决定耦合故障危险度等级的依据。由此,以下讨论均以单故障为研究对象。

　　如表 13-1 所示,现有 5 个健康等级。从低到高,等级的安全性逐步降低,危险性依次增加。不妨将故障概率的值域空间 [0, 1] 也等分成 5 份,每 1 份的宽度为 0.2。在一定置信区间条件下,故障概率越低,发动机的安全性越高;故障概率越高,安全性越低。因此,如果故障概率低于 10%,发动机的安全性最佳,最应该被划分为"等级 I:健康",亦即此时等级 I 的隶属度函数值最大。同理,如果故障概率高于 90% 时,等级 V 的隶属度函数值应该最大。不失一般性讨论,如果故障概率处于区间 [0.2i, 0.2(i+1)],$i = 0, 1, 2, 3, 4$ 时,等级 i 的隶属度函数值最大,等级 $i+1$ 和等级 $i-1$ 的隶属度函数值次之,等级 $i+2$ 和等级 $i-2$ 的隶属度函数值再次之。

　　根据上述分析,选择三角分布作为不同故障概率隶属上述 5 个健康状态等级的隶属度分布模型。式(13-29)是 5 个健康等级的隶属度函数的数学表示。图 13-5 显示了 5 个健康等级的隶属度函数曲线。对于一个确定的故障概率,代入式(13-29)中得到 5 个健康状态等级的隶属度值,由这 5 个值组成的隶属度向量表

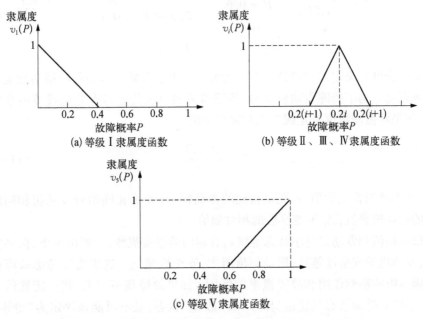

图 13-5　不同故障概率隶属于 5 个健康状态等级的隶属函数

示这个故障概率下,发动机健康状态处于 5 个等级的程度。例如,如果经过模式识别算法,得出发动机处于不平衡故障的概率为 90%,代入式(13 - 29)中得到隶属度向量为 $[0 \quad 0 \quad 0 \quad 0.5 \quad 0.75]$,它的物理意义是:此时,发动机处于"健康"状态的模糊程度为 0,而处于"故障"状态的模糊程度为 0.75。如果不考虑其他因素,仅根据故障概率单因素评估发动机健康状态,依据最大隶属度原则,应该评定发动机为"故障"状态。这是一个合理评估的结果。

$$v_1(P) = \begin{cases} 1, & P = 0 \\ \dfrac{0.4 - P}{0.4}, & 0 \leqslant P < 0.4 \\ 0, & 0.4 \leqslant P \leqslant 1 \end{cases} \quad (13 - 29a)$$

$$\underset{i = 2, 3, 4}{v_i(P)} = \begin{cases} 0, & 0 \leqslant P < 0.2(i - 1) \\ \dfrac{P - 0.2(i - 1)}{0.2}, & 0.2(i - 1) \leqslant P < 0.2i \\ \dfrac{0.2(i + 1) - P}{0.2}, & 0.2i \leqslant P < 0.2(i + 1) \\ 0, & 0.2(i + 1) \leqslant P \leqslant 1 \end{cases} \quad (13 - 29b)$$

$$v_5(P) = \begin{cases} 0, & 0 \leqslant P < 0.6 \\ \dfrac{P - 0.6}{0.4}, & 0.6 \leqslant P < 0.1 \\ 1, & P = 1 \end{cases} \quad (13 - 29c)$$

故障程度是决定发动机健康等级的另一个重要参数。本书利用振动烈度来表示故障程度。为了排除发动机型号、传感器类型以及传感器安装位置等因素的干扰,需将绝对振动幅值变化成为相对振动幅值。

$$A_r = \frac{A - B}{B} \quad (13 - 30)$$

式中,A 为绝对振动幅值,即测试得到的振动幅值;B 为相同型号发动机相同测点位置的振动报警值;A_r 为变换后的相对幅值。

振动幅值和发动机健康状态等级具有相同的递变规律,一般情况下,振动幅值越小,发动机的安全性越高;振动幅值越大,安全性越低。这里需要考虑故障程度对健康等级的影响作用和故障概率的区别:如果故障概率很大,在一定置信水平下,发动机的健康状态只能是"异常"或"故障"状态,是不可能被评定为"健康"状态的,因此,表示其隶属于"健康""亚健康"和"合格"状态的隶属度值为零;但是,故障程度却不同,即使发动机振动幅值不大,也不能肯定发动机一定处于健康状态。此时发动机处于 5 个状态的可能性都存在,即隶属度向量的 5 个元素的值都不为零。但如果发动机振动幅值超标,其健康状态必不能是"健康"。因此,选取模糊分布模型应该是全值域上平滑函数,且偏大型函数[图 13 - 5(a)]和偏小型函数[图 13 - 5(c)]不具有对称性。通过修改三角模糊分布模型,得到 5 个健康等级的隶属度函数(式 13 - 31),其函数曲线如图 13 - 6 所示。

$$v_1(A) = \begin{cases} \dfrac{A_x}{A_{rmin}}, & A_{rmin} \leqslant A_x < 0 \\ 0, & 0 \leqslant A_x \leqslant A_{rmax} \end{cases} \quad (13-31\text{a})$$

$$\underset{i=2,3}{v_i(A)} = \begin{cases} \dfrac{0.8A_x + 0.2a - A_{rmin}}{a - A_{rmin}}, & A_{rmin} \leqslant A_x \leqslant a \\ \dfrac{A_x}{a}, & a \leqslant A_x \leqslant 0 \\ 0, & 0 \leqslant A_x \leqslant A_{rmax} \end{cases} \quad (13-31\text{b})$$

式中, $a = A_{rmin} + \left(i + \dfrac{1}{2}\right) \times \dfrac{A_{rmax} - A_{rmin}}{5}$ 。

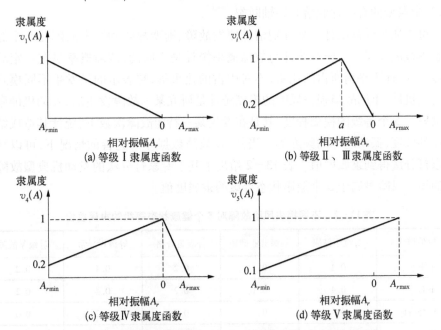

图 13 - 6　不同故障程度隶属于 5 个健康状态等级的隶属度函数

$$v_4(A) = \begin{cases} \dfrac{A_{r\min} - 0.8A_x}{A_{r\min}}, & A_{r\min} \leqslant A_x < 0 \\ \dfrac{A_{r\max} - A_x}{A_{r\max}}, & 0 \leqslant A_x \leqslant A_{r\max} \end{cases} \qquad (13-31c)$$

$$v_5(A) = \dfrac{0.1A_{r\max} + 0.9A_x - A_{r\min}}{A_{r\max} - A_{r\min}}, \quad A_{r\min} \leqslant A_x \leqslant A_{r\max} \qquad (13-31d)$$

损失风险是发动机健康状态评估必须要考查的因素。不同故障模式,可能造成的损失是不同的。按照故障发生的特性,可以将故障分为原发故障、渐变故障以及突发故障。原发故障的发生是在发动机的制造过程中产生的,例如,不平衡故障、不对中故障。这类故障的特点是只能降低故障程度,无法彻底消除,故障程度不会随发动机的运转时间增加而加重,其振动特征相对稳定,只要运行时振动幅值在许可的范围内,一般不会造成重大的损失。渐变故障是指其故障特征会随着时间的推移而加重或变化,故障的发生表现为一种逐步的过程,一些轴承磨损表现出这一特点。另外,渐变故障有时属于诱发故障,例如,碰摩。它被其他故障诱发,并可能诱发其他一些故障。这类故障危险性大于原发故障,无法预料故障的发展过程,因此损失风险较大。损失风险最大要数突发故障,这类故障都是疲劳破坏。在疲劳极限以前,故障特征很小,在超越疲劳极限时,故障突然发生,并表现为结构破坏,其中典型的有叶片脱落和转轴断裂[18-20]。

可以通过模糊统计法来分别估计原发故障、渐变故障和突发故障对 5 个健康状态等级的隶属度。模糊统计与故障概率统计是不同的,故障概率是在一定故障次数下,统计不平衡所占的比重,不对中占的比重等,它表示的是发生不同模式故障的随机性;不同故障损失风险的模糊统计是研究某一故障发生后,发动机健康状态隶属于 5 个等级的模糊程度,其是在发生某一特定故障次数下,统计其造成结构破坏的频度,振动超标的频度等。当然,在故障数据库不完善的情况下,可以结合专家打分法得到隶属度值。表 13-2 给出了基于专家打分法的发动机典型故障模式的损失风险隶属于 5 个健康状态等级的隶属度值。

表 13-2　不同损失风险故障对 5 个健康状态等级的隶属度值

故障模式	等级Ⅰ健康	等级Ⅱ亚健康	等级Ⅲ合格	等级Ⅳ异常	等级Ⅴ故障
不平衡	0.1	0.1	0.2	0.4	0.2
不对中	0.1	0.1	0.2	0.4	0.2
转静碰摩	0	0	0.2	0.2	0.6
转子松动	0	0	0.2	0.2	0.6

故障模式	等级 I 健康	等级 II 亚健康	等级 III 合格	等级 IV 异常	等级 V 故障
轴承失效	0	0	0.2	0.5	0.3
气流激荡	0	0	0.2	0.4	0.4
转轴裂纹	0	0	0	0.2	0.8
叶片掉块	0	0	0	0.2	0.8

13.3.4　发动机健康等级的确定

13.3.3 节讨论了发动机健康状态的重要因素,确定故障概率、故障程度和损失风险的权重系数 $\alpha_1 = \alpha_2 = \alpha_3 = 0.33$。并得到故障概率对于 5 个健康状态的隶属度函数,代入式(13 - 29)中,对于确定的故障概率,可得隶属度向量 $\begin{bmatrix} v_{11} & v_{12} & v_{13} & v_{14} & v_{15} \end{bmatrix}$;将确定的相对振动幅值代入式(13 - 31)中,得到故障程度隶属于 5 个健康状态的隶属度向量 $\begin{bmatrix} v_{21} & v_{22} & v_{23} & v_{24} & v_{25} \end{bmatrix}$;通过查表 13 - 2 可以得到损失风险隶属于 5 个健康状态的隶属度向量 $\begin{bmatrix} v_{31} & v_{32} & v_{33} & v_{34} & v_{35} \end{bmatrix}$。

为了综合考虑三种因素的综合影响,评估发动机的健康状态的等级,可采用下述综合评估数学模型:

$$\boldsymbol{B} = \begin{bmatrix} b_1 & b_2 & b_3 & b_4 & b_5 \end{bmatrix} = \begin{bmatrix} \alpha_1 & \alpha_2 & \alpha_3 \end{bmatrix} \times \begin{bmatrix} v_{11} & v_{12} & v_{13} & v_{14} & v_{15} \\ v_{21} & v_{22} & v_{23} & v_{24} & v_{25} \\ v_{31} & v_{32} & v_{33} & v_{34} & v_{35} \end{bmatrix}$$

$$(13 - 32)$$

计算得到的评判向量 $\boldsymbol{B} = \begin{bmatrix} b_1 & b_2 & b_3 & b_4 & b_5 \end{bmatrix}$ 是发动机健康状态对 5 个等级的隶属度,将发动机健康状态划分为隶属度值最大的等级,即最大隶属度原则。

如果发动机处于耦合故障模式,以组成耦合故障的单故障逐一计算健康状态等级,最终发动机的健康状态等级等于其中最高的健康状态等级,即最大危险性原则。

归一化的评判向量 $\boldsymbol{B}$ 尽管具有概率的形式,但并不具有概率的物理意义。它表示发动机健康状态可以被评估为 5 个健康状态等级的隶属程度,根据最大隶属度原则确定的健康等级具有确定的意义。但是必须指出的是,被评估为健康状态,并不能保证一定不发生事故,同时被评估故障状态并不意味着一定会发生事故。事故与不安全是两个既有联系又有区别的概念。可以说,一切事故是由于不安全引发,但并非一切不安全便会导致事故的发生。对发动机健康状态等级的评估以安全性(危险性)为描述对象,力图在事故发生之前预测到事故的发生,采取必要的措施避免事故的发生,这正是对发动机健康状态等级评估的意义。

13.3.5 发动机健康等级评估实例

以发动机故障模拟实验器的两组实验数据为例,说明上述发动机健康状态综合评价的方法,并分析评价结果的准确性和合理性。

使发动机故障模拟器在不同故障模式及正常状态下工作,在压气机盘水平方向安装传感器,采集振动数据。该通道的振动报警值为 20 mm/s。建立朴素贝叶斯分类器,将不同模式的振动数据作为训练集,用以实现发动机健康状态的模式识别。

首先利用发动机故障模拟实验器模拟不平衡故障。通过在压气机盘上配加配重,可以模拟不平衡量对发动机健康状态的影响。第一次实验配加一个螺母(约 23 g·cm),得到振动信号 a,其振动幅值为 21.70 mm/s,代入式(13 - 30),转换成相对振动幅值为 0.085,将振动信号 a 进行状态模式识别,识别结果为:发动机为不平衡状态的概率为83%。将故障概率 0.83 代入式(13 - 29),得到故障概率因素影响下,振动信号 a 对 5 个健康状态等级的隶属度向量 $[0\ \ 0\ \ 0\ \ 0.85\ \ 0.58]$;将相对振动幅值 0.085 代入式(13 - 31),得到故障程度影响下,隶属度向量 $[0\ \ 0\ \ 0\ \ 0.72\ \ 0.67]$;查表 13 - 2 得到不平衡故障可能引起损失对 5 个等级的隶属度向量 $[0.1\ \ 0.1\ \ 0.2\ \ 0.4\ \ 0.2]$,由此可得归一化的评估向量:$\boldsymbol{B}_a = [0.02\ \ 0.02\ \ 0.06\ \ 0.52\ \ 0.38]$。

根据最大隶属度原则,振动信号 a 所反映的发动机健康状态被评定为等级Ⅳ:异常状态。

第二次实验配加两个螺母(约 46 g·cm),得到振动信号 b,其振动幅值为 25.05 mm/s,转换成相对振动幅值为 0.252 5,将振动信号 b 进行状态模式识别,识别结果为:发动机为不平衡状态的概率为 85%。将故障概率 0.85 代入式(13 - 29),得到故障概率因素影响下,振动信号 a 对 5 个健康状态等级的隶属度向量 $[0\ \ 0\ \ 0\ \ 0.75\ \ 0.63]$;将相对振动幅值 0.252 5 代入式(13 - 31),得到故障程度影响下,隶属度向量 $[0\ \ 0\ \ 0\ \ 0.17\ \ 0.93]$;查表 13 - 2 得到不平衡故障可能引起损失对 5 个等级的隶属度向量 $[0.1\ \ 0.1\ \ 0.2\ \ 0.4\ \ 0.2]$,由此可得归一化的评估向量:

$$\boldsymbol{B}_b = [0.03\ \ 0.03\ \ 0.06\ \ 0.38\ \ 0.50] \tag{13 - 33}$$

根据最大隶属度原则,振动信号 b 所反映的发动机健康状态被评定为等级Ⅴ:故障状态。

发动机健康状态的模糊综合评估算法对两次不平衡故障都进行了正确的评估,并且将由一个螺母模拟不平衡量(g·cm)的振动信号 a 评判为等级Ⅳ,将由两个螺母模拟不平衡量(g·cm)的振动信号 b 评判为等级Ⅴ,实现了发动机健康状态的定量分析,得到的评估结果准确、合理。

动静碰摩也是发动机常见的故障之一。利用发动机故障模拟实验器进行局部碰摩故障模拟实验，得到振动信号 c，其压气机盘水平方向机匣测振通道的振动幅值为 21.47 mm/s。转换成相对幅值为 0.073 5。将振动信号 c 进行状态模式识别，识别结果为：发动机为动静碰摩故障的概率为 83%。依照上述的分析方法，可以得到隶属度矩阵：

$$\begin{bmatrix} 0 & 0 & 0 & 0.85 & 0.58 \\ 0 & 0 & 0 & 0.75 & 0.66 \\ 0 & 0 & 0.2 & 0.2 & 0.6 \end{bmatrix} \qquad (13-34)$$

代入式（13-32），得到归一化的评估向量 $\boldsymbol{B}_c = \begin{bmatrix} 0 & 0 & 0.05 & 0.47 & 0.48 \end{bmatrix}$，根据最大隶属度原则，振动信号 c 所反映的发动机健康状态被评定为等级 Ⅴ：故障状态。

通过振动信号 a 与振动信号 c 的比较发现，信号 c 的振动幅值小于信号 a，但被划分的健康状态等级却高于信号 a。分析可知，信号 a 是不平衡故障的数据，信号 c 是动静碰摩故障数据。尽管信号 c 的振动幅值暂时小于信号 a，但碰摩故障会对叶片的强度产生严峻的考验，继续发展可能引发叶片折断等结构破坏，造成严重的后果。此时，信号 c 反映发动机的危险性要大于信号 a。因此，这种健康状态评估结果准确且合理。

13.4　工程应用中的要点

（1）将发动机健康状态划分为 5 个等级是科学的。

（2）有时仅仅依靠振动烈度判断出的结果是错误的，在健康状态等级评估时必须考虑包括故障概率、故障程度和损失风险在内的多方面因素。

（3）归一化的评判向量 $\boldsymbol{B}$ 尽管具有概率的形式，但并不具有概率的物理意义。它表示发动机健康状态可以被评估为 5 个健康状态等级的隶属程度，根据最大隶属度原则确定的健康等级具有确定的意义。

（4）如果发动机处于耦合故障模式，可以按组成耦合故障的单故障逐一计算健康状态等级，最终发动机的健康状态等级等于其中最高的健康状态等级，即最大危险性原则。

（5）发动机故障模拟实验器振动数据验证结果表明，利用模糊综合评价方法对发动机健康状态的等级评价结果准确且合理。

-------- 小　结 --------

本章建立了一种发动机故障诊断流程，包括获取数据、对数据进行预处理、故

障特征提取选择以及分类决策四个环节。

　　基于贝叶斯理论等统计学方法对航空发动机健康管理问题进行了数学表述，并基于待识别数据属于不同模式的后验概率，应用朴素贝叶斯分类算法进行发动机健康状态的模式识别。

　　建立了发动机健康状态函数将发动机的健康状态划分为"健康""合格""故障"等一系列状态等级。影响健康等级的主要因素为故障概率、故障程度和损失风险。

　　基于模糊综合评价方法，结合最大隶属度原则确定了发动机的健康状态等级范围。

参考文献

[1]　钟诗胜.航空发动机健康管理系统研究进展[C].北京：2017年中国机械工程学会机械自动化分会暨中国自动化学会制造技术专委会学术工作进展报告,2017.
[2]　李军,杨旭.航空发动机健康管理系统功能架构[J].航空动力学报,2019,(1)：71-74.
[3]　刘远航,王铁楠,郑丽.航空发动机故障在线监测系统的研究[J].中国新技术新产品,2018,(17)：49-50.
[4]　陈联卿.基于振动信号分析的航空发动机状态监测与故障诊断技术研究[J].现代制造技术与装备,2018,(8)：97-98.
[5]　彭军,郭晨阳,张赟,等.基于深度学习的航空发动机部件故障诊断[J].系统仿真技术,2018,14(1)：20-24.
[6]　万宏强,高刚,丁锋.基于贝叶斯评估的航空发动机涡轮盘疲劳寿命可靠性研究[J].机械制造与自动化,2016,45(5)：13-15.
[7]　曹惠玲,杜鹏.基于贝叶斯网络的航空发动机燃油泵故障诊断[J].中国民航大学学报,2016,34(4)：27-30.
[8]　王晓钢,刘振岗,邹刚,等.基于贝叶斯诊断理论的航空发动机燃气涡轮机故障原因分析[J].西安航空学院学报,2016,34(1)：3-6.
[9]　刘晓凌.贝叶斯决策论在小型航空活塞发动机MAP修正中的应用[J].内燃机,2015,(05)：34-37.
[10]　Hao Y, Sun J G, Yang G Q. The application of support vector machines to gas turbine performance diagnosis [J]. Chinese Journal of aeronautics, 2005, 18 (1)：15-18.
[11]　Xu K L, Chen B Z, Chen Q. Characteristic quantity of safety grade and its calculation method [J]. China Safety Science Journal, 1999, 9(6)：6-12.
[12]　王华伟,高军,吴海桥.基于贝叶斯模型平均的航空发动机可靠性分析[J].航空动力学报,2014,29(2)：305-313.
[13]　崔晓飞,蒋科艺,王永华.基于贝叶斯信息融合的航空发动机健康状态评估方法研究[J].燃气涡轮试验与研究,2009,22(4)：39-42.
[14]　王俨剀,廖明夫.航空发动机健康等级综合评价方法[J].航空动力学报,2008,23(5)：939-945.
[15]　谢平,陈矛,祝刚.基于功率谱熵距的航空发动机转子振动故障诊断方法研究[J].电子测

量技术,2018,41(21):99-102.

[16] 王伟生,肖金彪.航空发动机健康管理系统及其标准分析[J].航空动力,2019,(1):68-70.

[17] 蔡光耀,高晶,苗学问.航空发动机健康管理系统发展现状及其指标体系研究[J].测控技术,2016,35(4):1-5.

[18] 丁力.基于 NI 设备的航空发动机健康管理器测试平台[C].上海:2016 航空试验测试技术学术交流会,2016.

[19] 张书刚.民用涡扇发动机在线健康诊断关键技术研究[D].西安:西北工业大学,2014.

[20] 杨述明,邱静,刘冠军.面向装备健康管理的监测参数选择与健康评估方法研究[J].中国机械工程,2012,23(13):1513-1517.